丛书主编　王忠静　张国刚

河西走廊水利史文献类编

讨赖河卷

（上册）

张景平　郑　航　齐桂花　主编

科学出版社

北京

内 容 简 介

《河西走廊水利史文献类编·讨赖河卷》是《河西走廊水利史文献类编》丛书首卷。本卷收录方志、奏折、私家著述、碑刻、考察报告、民国报刊、民国档案、民国工程计划书、20世纪50年代档案、单行本政府公文、文史资料、当代重要水利文献与口述文献等13类历史文献，涉及历史时期讨赖河流域水系变迁、水利建设、水利管理、水利纠纷与水利文化等方面的各类一手资料。

本卷既可作为原始史料供历史学、水科学、环境学、经济学、社会学等相关学科研究者使用，亦可为流域水利事业与社会经济发展提供必要的参考。

图书在版编目（CIP）数据

河西走廊水利史文献类编. 讨赖河卷. 上册 / 王忠静，张国刚主编；张景平，郑航，齐桂花分册主编. —北京：科学出版社，2016.8
　　ISBN 978-7-03-041941-5

Ⅰ.①河…　Ⅱ.①王…　②张…　③张…　④郑…　⑤齐…　Ⅲ.①河西走廊–水利史　Ⅳ.①TV-092

中国版本图书馆 CIP 数据核字（2014）第 219515 号

策划编辑：杨　静
责任编辑：付　艳　宋开金　王昌凤 / 责任校对：钟　洋
责任印制：肖　兴 / 封面设计：黄华斌　陈　敬

科 学 出 版 社 出版
北京东黄城根北街 16 号
邮政编码：100717
http://www.sciencep.com
中国科学院印刷厂 印刷
科学出版社发行　各地新华书店经销
*
2016 年 8 月第 一 版　　开本：787×1092　1/16
2017 年 1 月第二次印刷　　印张：29
字数：518 000
定价：158.00 元
（如有印装质量问题，我社负责调换）

《河西走廊水利史文献类编》丛书

编纂指导委员会

《河西走廊水利史文献类编·讨赖河卷》
编纂委员会

主　　任　王忠静　刘　强

委　　员　韩稚燕　李　耀　杨永生　吴浩军

　　　　　王丽君　何正义　薛万功　李奋华

　　　　　许兆江　王大忠　运启昌　杨兴基

主　　编　张景平　郑　航　齐桂花

参与编纂单位

主持单位　清华大学

　　　　　甘肃省水利厅讨赖河流域水资源管理局

合作单位　甘肃省酒泉市档案局

　　　　　甘肃省酒泉市水务局

　　　　　甘肃省酒泉市文物管理局

　　　　　甘肃省嘉峪关市水务局

　　　　　甘肃省酒泉市肃州区水务局

　　　　　甘肃省酒泉市肃州区档案局

　　　　　甘肃省金塔县水务局

　　　　　甘肃省金塔县档案局

依 托 课 题

国家自然科学基金重大研究计划重点项目

水权框架下黑河流域治理的水文—生态—经济过程耦合与演化（项目批准号：91125018）

清华大学、甘肃省水利厅讨赖河流域水资源管理局联合课题

讨赖河流域水利史文献抢救性整理与研究

《河西走廊水利史文献类编》总序

雷志栋

（清华大学水利水电工程系教授，中国科学院院士）

忠静教授来看望我，请我为《河西走廊水利史文献类编》丛书写一篇总序。在听完丛书的整体计划并翻阅了已完成的成果后，我感到十分高兴。在我国"一带一路"战略布局中，河西走廊是重要的纽带和通道，《河西走廊水利史文献类编》丛书的编撰和出版，更显现出其重要的历史意义和现实价值。

清华大学水利系研究西北干旱区水资源问题有不短的历史。在这片自汉代以来就在中国的历史中具有重要战略地位的干旱区域，其边疆稳定、经济发展、文化繁荣，都与水利事业的发展密不可分。沿用上千年的新疆坎儿井就是古代著名的水利灌溉系统，至今仍在发挥作用；河西走廊的锁阳城遗址附近，密布着近百公里的汉唐旧渠遗址，在"丝绸之路"现存遗址中亦十分罕见。这些看似不起眼的水利工程构成了支撑干旱区文明的血脉。中华人民共和国成立以来，中央和地方政府都十分重视河西走廊的水利开发，在政策与资金上加强投入，经过数十年的艰苦奋斗形成了比较完善的现代水利工程体系，形成了较为稳定的绿洲经济与社会格局，这是历史上从来没有的事情。在其中，水利科研工作者也贡献了自己的一份力量，我们是历史的亲历者，并在某种意义上参与了创造历史的过程，也为此感到自豪。

历史意味着经验，注重总结经验是我国水利事业自古以来的优良传统。水利史作为水利科学的一部分，必须首先用科学的态度去发掘、整理丛脞芜杂的历史文献，在远绍旁搜的基础上去伪存真，才有可能将研究建立在可靠的材料之上。我们的祖先早已在做这样的工作，从《史记·河渠书》到《行水金鉴》莫不如此；当代各种水利行业志、水利年鉴的编纂，亦可谓水利史料整理的一种新的形式。

明清以来的河西走廊作为一个欠发达地区，文献积累不丰、保存状况较差，因此对其水利开发历史的研究还不充分。但令人深感欣慰的是，清华大学历史学科和水利学科的师生们合作从事河西走廊水利史文献、特别是明清以来水利史文献的搜集整理工作，并在当地水务、档案、文物、地方志等部门同志们的大力支持下，编纂出版《河西走廊水利史文献类编》丛书，必然会对相关研究产生促进作用。这是不同学科间相互交流促进的很好尝试，同时也是一种很好的工作模式，值得推广。衷心希望水利、历史两学科的研究者以及环境、经济、社会、法律等领域的研究者们能携起手来，将河西走廊水利史、乃至整个中国的水利史的研究更好地深入下去。

回顾历史是为了更好地创造未来。虽然河西走廊的水利工作已取得了重大的成就，但当前也面临一系列新问题，如工程建设不能满足经济发展的新要求、管理机制有待完善、生态环境恶化的趋势还没有得到全面遏制等。借着《河西走廊水利史文献类编》的编纂出版为契机，我真诚地希望新一代水利工作者能够鉴古知今、未雨绸缪，努力解决好这些新问题，使得我们的工作不但能接受现实，更能够接受历史的检验，也为创造美好的未来打造更坚实的基础。

雷志栋

2014 年 9 月 16 日

《河西走廊水利史文献类编·讨赖河卷》序

刘昌明

（中国科学院地理科学与资源研究所研究员，中国科学院院士）

《河西走廊水利史文献类编·讨赖河卷》编纂完成。因为我与讨赖河有一段半个多世纪前结下的缘分，编委会邀我撰写一篇序言，我当即允诺。

上世纪五十年代，我曾作为中国科学院甘青考察队水源分队的一员，于1958年4月至10月在讨赖河流域实地踏勘。我和我的同事们大都是大学刚毕业，响应国家号召，到最艰苦的地方去，建设祖国，改造河山。当时的酒泉、金塔一带，城镇萧条、乡村凋敝，工作环境十分艰苦，但考察队同志们热情都很高涨。当时交通不便，很多地方需要徒涉过河，那种于大漠戈壁中"当流赤足蹋涧石，水声激激风生衣"的奇妙记忆一直萦绕在脑海中。我们风餐露宿地考察了讨赖河及河西主要水系上游的祁连山水源地，初步估算了各水系的水资源量，并为兴建酒泉钢厂讨赖河引水工程提出了水文测验数据。后来，我虽然转战其他流域和地区，但始终记挂着讨赖河水资源开发利用事业的发展。

2012年，清华大学王忠静教授陪同我再次考察了讨赖河流域。重访龙王庙故址、再登鸳鸯池大坝，满目所见，竟全是欣欣向荣的景象。作为一名曾经在此工作过的水利工作者，我为此感到由衷的骄傲。就在这次考察中，我第一次知道清华大学与讨赖河流域水资源管理局等单位正在联合编纂《河西走廊水利史文献类编》丛书，其中《讨赖河卷》是第一卷。经过各位参编人员的不懈努力，这部书终于付梓，在此我向他们表示祝贺。虽然对讨赖河并不陌生，但翻阅《河西走廊水利史文献类编·讨赖河卷》时，我仍然为历史巨变的波澜壮阔而惊讶。而今在讨赖河畔长大的年轻人，大概很难想象20世纪三四十年代流域上下游之间、灌区之间惨烈的水利纠纷；而民国时期那些丧生于争水械斗的不幸民众，恐怕也很难想象在共产党领导下，当代流域水利秩序的平稳有序。中华人民共和国成立以来陆续兴建的现代灌溉渠系及高标准农田，足以告慰历代开荒凿渠、胼手胝足的屯田军民以及抗战期间筚路蓝缕、风餐露宿的现代水利工程先驱们。这些鲜活的历史，是不能也不应该被遗忘的。因此，不仅在工程技术与管理制度的层面，更着眼于从社会演化、文化变迁等角度保留水利史文献，这是水利行业以及其他领域同仁们所应该予以重视的问题。我认为，"全面搜集"与"科学编纂"是《河西走廊水利史文献类编·讨赖河卷》的突出特征，在这两个方面清华大学与讨赖河流域水资源管理局开了个好头。我相信，丛书的出版将为读者喜闻乐见。

在未来很长一段时间内，河西走廊水资源短缺的局面不会明显改善，经济高速发展带来的用水矛盾会更加复杂化，对水利工作者们和社会管理者们提出了新的挑战。因此，应进一步深化水利史和水文化研究，分析气候变化下水资源开发分配与社会经济发展之间的互动规律，及早谋划、防范未然，让那些我们不愿回首的历史不再重演。《河西走廊水利史文献类编·讨赖河卷》以主要篇幅展示了历史上该流域水利开发遇到的种种困难甚至危机，这在举国上下齐心合力建设"丝绸之路经济带"的今天，更应得到广泛重视，其意义或许已经超出单纯的史料整理本身。

是为序。

2014 年 11 月 28 日

《河西走廊水利史文献类编》前言

  河西走廊是我国西部重要的工农业生产基地与生态屏障，是内地通往新疆、青海以及中亚、西亚和欧洲的关键通道，是今日"一带一路"战略布局中的重要建设区域。河西走廊是多民族共同生活的家园，几千年来曾数度创造繁荣的经济社会格局，留下了丰厚的文化遗产，在历史上具有举足轻重的地位。从清代中后期起，河西走廊已经为专治"西北史地之学"的学者所重视；19 世纪末，中外探险家、考古学家以及地理学家纷至沓来，揭开了河西走廊的神秘面纱，使之为世界瞩目，至今仍是地理学、生态学、历史学、人类学等学科共同关注的热点区域。

  由于气候干旱少雨，水资源始终在河西走廊的开发中具有先决性与关键性地位。近年来，国家相继在河西走廊各流域实施了水资源合理利用与生态保护规划，通过"以水为纲"的管理调节，遏制了生态环境的恶化趋势，维系了区域经济社会的可持续发展。在规划与治理进程中，社会各界普遍感受到，河西走廊的水利问题不仅是一个工程技术问题，更是一个在漫长历史进程中逐渐积累的复杂社会问题。因此，解决当前水利问题更需引入社会的和历史的视角。而在史学工作者看来，一部河西走廊开发史也是一部浓缩的水利史，其中隐藏着中国干旱区社会几千年发展变化的密码。因此，对河西走廊水利史的研究兼具现实与学术两方面的意义，可回应不同出发点的多种关怀。

  长期以来，河西走廊水利史相关问题一直在历史地理、田野考古、屯田史以及区域开发史等研究方向中得到讨论，前贤时彦的一系列研究成果具有重要的学术意义。然而，相比华北、江南等区域的水利开发史研究在水利社会史、水利环境史等新方向中的高歌猛进，河西走廊水利史的研究在数量、质量方面都感到明显不足，与学术界的期待差距较大。此种局面形成的原因是复杂的，但历史文献的"稀薄"无疑是最为关键的因素。当前水利史的研究以所谓"近世"即明清以来为主要关注时段，高度依赖方志、碑刻、渠册、契约等特定类型的文献；而"近世"的河西走廊早已沦为偏远的经济欠发达区域，上述类型的文献传世数量有限，保存、整理状况更为不佳，难以为学者充分利用。因此，"无米之炊"的窘境是造成河西走廊水利史难以深入开展的最大障碍。

  从 20 世纪 50 年代起，清华大学水利系的几代研究者对河西走廊水资源问题予以了长期的关注，近年来更与清华大学历史系围绕河西走廊主要内陆河的历史与现实水利问题展开了一系列联合研究。两系同仁意识到，一套经过广泛搜集、系统整理的历史文献，将会吸引更多学者投入到河西走廊水利史研究中，促进相关问题的充分探讨。为此，我们开始了《河西走廊水利史文献类编》的编纂工作。

《河西走廊水利史文献类编》丛书共分为《讨赖河卷》、《黑河卷》、《疏勒河卷》以及《石羊河卷》。这种以流域为单位的编纂方法，既是对《水经注》、《行水金鉴》等传统水利文献的继承，也充分考虑到河西走廊水利事务与社会发展的内在规律。丛书除努力搜集当前水利史研究所关注的热点史料外，也力图展现河西走廊水利史文献自身的特点。例如，出土文献的存在使河西走廊水利史文献的上限不局限于近世；诸多的近代中外学者考察报告、近代水利工程文献以及大宗民国水利档案等在其他地区较为罕见；当代水利文献以及见证人的口述资料蕴含着大量的历史信息，体现了河西走廊水利工作的历史连续性。在尊重文献的原始形态并分类编排的情况下，丛书针对河西走廊水利史文献驳杂、散碎的特点，对史料进行了考订、标点、缀合、分类、提要等整理工作，以期更好地服务不同学科背景的读者、兼顾学术界与当代水利工作的共同需求。

《河西走廊水利史文献类编》的出版是清华大学水利、历史两系同仁精诚合作的成果。大家深感到从解决具体问题出发、打破各学科间的楚河汉界，对于响应国家重大战略需求、培育新的学术增长点具有不可替代的重要意义，如何建立一种良好、高效的跨学科合作研究机制，也是我们在丛书编纂中力图探索的课题。丛书各卷的具体编纂工作由清华水利、历史两系的青年学者担纲，这对于年轻人而言是一项极好的锻炼，有助于充分挖掘他们学术潜力、促进他们的成长。

《河西走廊水利史文献类编》的编纂工作得到了多位两院院士以及水利、历史两个领域专家学者的指导，他们以极大的热情与严肃认真的态度，为丛书的编撰给予了巨大支持，谨向他们表示敬意与感谢。在丛书尚未付梓之时，为丛书惠赐总序的雷志栋先生以及本书顾问陈志恺先生等前辈竟归道山；捧颂他们的鼓励与教诲，我们在沉恸之余深感责任重大，希望我们的工作能够告慰他们的期望。

《河西走廊水利史文献类编》能够顺利面世，还有赖于地方各级水务、档案、文博、地方志等部门以及各兄弟院校的大力支持，体现了社会各界对于水利问题的高度重视，我们在此对他们表示由衷感谢。来自全国各地的各位耆宿、领导、专家以及广大同仁，以不同方式参与支持了丛书的编纂工作，学术作为天下公器的特点由此得到了生动体现。

文献整理是学术研究的基础。我们希望《河西走廊水利史文献类编》能够为河西走廊乃至整个中国干旱区历史与现实问题的研究起到新的推动作用，希望我们的工作为"一带一路"、生态文明以及节水型社会建设，为推动中国的可持续发展贡献一份应有的力量。

王忠静　张国刚

于清华园

2016 年 1 月 15 日

《河西走廊水利史文献类编·讨赖河卷》叙记

经过多年努力，《河西走廊水利史文献类编》首部成果《讨赖河卷》终于与读者见面了。在此，编者将对讨赖河流域水利开发的历史与现状进行简要介绍，并对本卷编纂缘起与经过等相关问题略作说明，以方便读者阅读与理解。

一

讨赖河是甘肃河西走廊中部的一条重要河流，为我国第二大内陆河黑河的最大支流，河名亦曾写作"讨来"、"洮赉"、"托勒"、"托赖"等，盖为少数民族语言音译。流域位于东经 97°22′46″—99°27′11″、北纬 38°24′16″—40°56′08″间，东起马营河，西抵嘉峪关市黑山，南至托勒南山北麓，北达金塔盆地马鬃山，跨越青海省祁连县，甘肃省张掖市肃南、高台两县，酒泉市肃州、金塔两县区，以及嘉峪关市，流域总面积 28 100 平方千米。

讨赖河流域共有 6 河、3 坝和 11 沟，均发源于南部祁连山地，主要河流从西往东依次为讨赖河干流、洪水河、红山河、观山河、丰乐河、马营河，多年平均径流量最大的三条河依次为讨赖河干流、洪水河与马营河。按目前地表水力联系及其尾闾归宿，讨赖河流域可分为两大相对独立的子水系。东部子水系由马营河、丰乐河、观山河及涌泉坝、榆林坝、黄草坝组成，为浅山短流，归宿为肃南县明花区—高台县盐池盆地，流域面积 6000 平方千米；西部子水系由红山河、洪水河、讨赖河干流和 11 条小河沟组成，以黑河干流为归宿，流域面积 22 000 平方千米（参见书末附图 1）。西部子水系绿洲密集、人口众多，嘉峪关市、酒泉市肃州区、金塔县城均在其中，是本流域的核心区域，亦称狭义的讨赖河流域。

讨赖河干流发源于托勒南山之高山冰川，上游蜿蜒于祁连山区的青海省祁连县与甘肃省肃南裕固族自治县境内，自冰沟出山后，除一部分河水被引入大草滩水库外，主要径流在嘉峪关市文殊镇河口村进入中游酒泉盆地，东北流经酒泉市肃州区城北，又名北大河。第一大支流洪水河又称红水河、洪水坝河，发源于祁连山北坡冰川区，在汛期可流至酒泉盆地东北部，从右岸汇入讨赖河干流。酒泉盆地北缘横亘一条名为"夹山"（又名"佳山"）的东西向低山，构成流域中、下游之天然界线，讨赖河切穿夹山后即进入下游金塔盆地（今属金塔县），东北流注入黑河干流。讨赖、洪水等河的出山径流构成流域水资源的绝对主体，其中随各自河道下泄的部分被称为山水，渗入地下而复涌出地面的部分被称为泉水。酒泉盆地北部有一片广阔的泉水溢出带，大小泉水分别在讨赖河干流左右岸汇成清水、临水（其下游与洪水河河道重合）两条泉水河，并与讨赖、洪水两条山水河一起成为今讨赖河流域工农业生产的主要水源。讨赖河切穿夹山处建有鸳鸯池水库，总库容 1.05 亿立方米，其下游建有解放村水库（为鸳鸯池水库的反调节水库）。20 世纪 70 年代以后，除个别特丰水年外，解放村水库以下河道已无径流，与黑河干流失去了水力联系。

讨赖河流域上游祁连山区，山高谷深、峰锐坡陡。高山区海拔 2700—5564 米，海拔 4700 米以上终年积雪，呈高寒荒漠景观。中高山区海拔 2200—3800 米，水流侵蚀作用明显，主要为河流沟谷的切割地貌景观，两岸可见各个侵蚀轮回留下的痕迹。靠近走廊地带的中低山区，海拔 1500—2200 米，气候干燥、植被稀疏，为山地荒漠草原地带。

讨赖河流域中游酒泉盆地，南起祁连山前，北至金塔夹山，东接高台县，西至赤金盆地分水岭（白杨河附近），盆地内地形由南西向北东方向倾斜。新城—酒泉城南—上坝—下河清以南至祁连山前是洪积扇裙，称为山前戈壁带，地形坡降 5‰—12‰，坡面变化较大，海拔 1500—2200 米；以北至夹山子边缘为冲洪积细土平原，地形平缓、开阔，沟谷洼地零星分布，坡降 1.5‰—10‰，海拔 1340—1500 米。

讨赖河流域下游金塔盆地南起夹山，北至马鬃山，东以黑河大墩门后冲洪积扇西缘为界，西与玉门市花海灌区相连。盆地内地形由南西向北东倾斜。县城以南地面坡度 10‰—20‰，县城以北仅为 1‰—2‰，海拔高程 1220—1350 米。主要灌溉农业区分布在县城以北，地形平坦开阔，周围被戈壁荒漠包围。盆地南缘的夹山海拔 1350—1450 米，北部的马鬃山—阿拉善地台丘陵带海拔 1230—1325 米，盆地南部可见讨赖河二级阶地，高差 20 米左右。

讨赖河流域地处欧亚大陆腹地，属大陆性气候。上游祁连山地，地势高峻，气候阴湿寒冷；在海拔较高地带，常年积雪；多年平均降水量随高程由南向北递减，从 300 毫米至 100 毫米，平均 272.7 毫米，全年降水量的约 80% 集中于 6—8 月。讨赖河中下游地势平坦，光热充足，但干旱少雨，春季多大风。据酒泉市肃州区、金塔县多年气象资料统计，流域中下游平均气温分别为 7.3℃、8.0℃，极端最高气温分别为 38.4℃、38.6℃，极端最低气温分别为 -31.6℃、-29℃，昼夜温差较大；多年平均降水量分别为 83.6 毫米、59.7 毫米，5—9 月降水量占全年的 80%；多年平均蒸发量分别为 2149 毫米、2539 毫米，干旱指数皆高达 20 以上。流域中下游全年日照时间长，平均为 3033—3193 小时，光照充足，有利于作物生长；冬季寒冷，冻土极值深度 132—141 厘米。流域中下游全年无霜冻日数为 136—153 天，最大风速 21—25 米/秒，年平均风日 40—51 天，沙尘暴、干热风时有发生，对农作物生长有一定危害。

讨赖河流域多年平均地表水资源量 11.62 亿立方米、与地表水资源量不重复的地下水资源量 0.51 亿立方米，两者之和为 12.13 亿立方米。其中东部马营河、丰乐河、观山河片为 2.55 亿立方米，占流域内水资源总量的 21%；西部红山河、洪水河、讨赖河干流片为 9.58 亿立方米，占流域内水资源总量的 79%。具体分布如表 0-1。

表 0-1　讨赖河水系水资源构成表

河流		集水面积 /平方千米	出山口径流量 /亿立方米	纯地下水资源量 /亿立方米	水资源总量 /亿立方米
西部子水系	讨赖河	6883	6.26	0.04	6.30
	洪水河	1581	2.46	0.29	2.75
	红山河	117	0.26	0.00	0.26
	浅山区	942	0.16	0.06	0.23
	平原区降水入渗量			0.05	0.05
	小计		9.14	0.44	9.58
东部子水系	观山河	135	0.17	0.01	0.17
	丰乐河	568	0.97	0.01	0.97
	涌泉坝	75	0.12		0.12
	榆林坝	53	0.09		0.09
	黄草坝	49	0.08		0.08
	马营河	619	1.00	0.01	1.01
	浅山区	296	0.05	0.06	0.11
	平原区降水入渗量			0.00	0.00
	小计		2.48	0.07	2.55
合计			11.62	0.51	12.13

讨赖河流域山水各河的出山径流中，山区降雨为主要补给方式，冰川融水补给次之，所占比重从 0.9% 到 35.4% 不等。径流年际变化不大，年内分配极不均匀，汛期 7—9 月来水量占全年来水量的 47%—77%，夏季常有洪水发生。相比之下，泉水河径流年内分配较为均匀稳定。

讨赖河流域土壤类型多种多样，地带分布类型十分明显。源头区自上而下分别为高山寒漠土、沼泽土、草甸土、山地栗钙土、山地草甸土、高山草甸土、栗钙土，森林植被单一，高原高寒灌木林分布广泛，以沙棘、高山柳、锦鸡儿、金露梅为主，草原植被以山地草原、高寒草原、山地草甸、高山草甸、高寒沼泽为主。酒泉、金塔盆地，出山口南部为积砂砾石冲洪积扇，植被较少，中北部为冲洪积细土平原，在地势低洼处局部有湖泊及沼泽分布，是绿洲的主要分布地带。盆地内为广泛的第四系地层所覆盖。土壤主要为灌漠土、潮土、青白潮土、盐化潮土等。

讨赖河流域是河西走廊人口较为集中的区域，也是重要的工农业生产基地与旅游胜地。2013 年流域总人口 80.99 万人，其中肃州区 37.72 万人、金塔县鸳鸯灌区 12.48 万人、嘉峪关市 30.73 万人、边湾农场 0.07 万人，计有城镇人口 53.55 万人、农村人口 27.44 万人，绝大多数分布于中下游，上游山区人迹罕至。2013 年流域内总灌溉面积 100.46 万亩，除粮食种植外，这里还是西北重要的酿酒葡萄种植基地。2013 年流域工业总产值 293.99 亿元，西北最大的钢铁联合企业酒泉钢铁公司即位于此流域内。

讨赖河流域中下游分布着发达的灌溉系统，支撑着绿洲社会经济的发展。讨赖河西部子水系中，讨赖河干流水量最丰，中游在嘉峪关市文殊镇河口村建有总渠首，在河流左右岸分别建有北、南干渠，输水至嘉峪关市与酒泉市肃州区的六片灌区，统称讨赖灌区，2013 年灌溉面积 104.29 万亩；干流下游则是以鸳鸯池水库为调蓄工程、解放村水库为总渠首的金塔县鸳鸯灌区，灌溉面积 64.67 万亩。洪水河灌区开发历史悠久，除由洪水河东西干渠供水外，尚经过引讨济洪渠从讨赖河南干渠引水，灌溉面积 30.72 万亩；临水河灌区多从河道直接引水，水库较少，灌溉面积 22.38 万亩；清水河则建成“长藤结瓜”式的水库渠道网络，水库众多，并从讨赖河北干渠引水，灌溉面积 11.63 万亩（图 0-1）。讨赖河流域东部子水系总计灌溉面积 23.62 万亩，其中以马营河灌区、丰乐河灌区为大，两灌区合计面积 22.04 万亩。

讨赖河流域设有管理机构讨赖河流域水资源管理局，为甘肃省水利厅直属机构，驻酒泉市肃州区，负责对干流水资源进行统一集中调度管理，并直接管理讨赖河中游渠首与南、北干渠。嘉峪关市水务局、酒泉市肃州区水务局、金塔县水务局、边湾农场分别管理下属灌区事务与城市供水。流域最大的三座水库中，鸳鸯池水库、解放村水库由金塔县水务局管理，大草滩水库由酒泉钢铁公司管理。在今日河西走廊诸河的水资源分配制度中，唯有讨赖河干流及其附属的清水、临水两河在全流域以时间为水权单位进行分水，即将流域分为若干水权区域，进行定时轮灌。讨赖河干流的分水在中游讨赖灌区、下游鸳鸯灌区与酒泉钢铁公司之间进行，清水、临水两河分水在清、临水灌区与鸳鸯灌区之间进行。从流域整体来看，目前讨赖河流域水资源供需状况总体良好，能够满足工农业生产需要，生态环境未出现明显恶化。但由于历史与技术原因，流域内调蓄工程仍显不足，未来计划分别将在讨赖河干流上游与洪水河上游修建中型水库，届时将重新统筹规划流域社会经济与生态用水的分配方案。

二

讨赖河流域水利开发的历史，至少可追溯至公元前 2 世纪。汉代讨赖河名为呼蚕水。武帝开拓河西，于讨赖河流域设置福禄、会水二县，皆属酒泉郡，其中福禄县为酒泉郡郡治。《史记》中明确记载，酒泉郡从河道引水以灌溉耕地，此即近世以来所谓“山水灌区”之滥觞。① 西汉在河西筑塞屯田，各郡置都尉分区守御，

---

① 《史记》载：“朔方、西河、河西、酒泉皆引河及川谷以溉田。”（汉）司马迁：《史记》卷二十九《河渠书》，北京：中华书局，1959 年，第 1414 页。

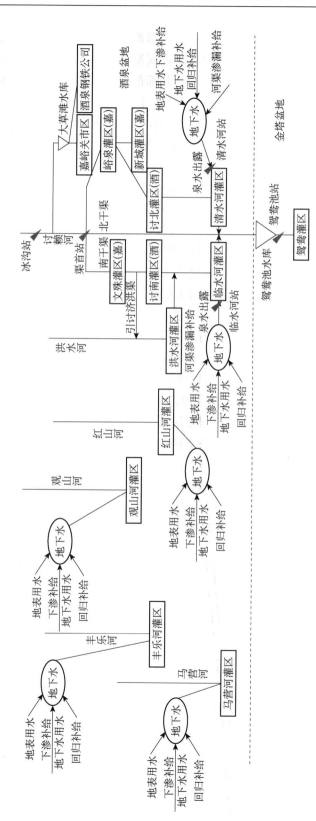

图 0-1　讨赖河流域水系渠系概化图

其中酒泉郡有东部、北部、西部三都尉，西部都尉在乾齐县，属疏勒河流域，东部、北部都尉皆在会水县。河西各郡都尉以汉塞为防御重点，酒泉郡汉塞横亘于今金塔盆地北部，根据吴礽骧先生推断，北部都尉与东部都尉当以北海子为界。东部都尉辖境在今日讨赖河最下游入黑河处，汉塞紧邻河道北岸，而北部都尉所辖地今日则深居戈壁流沙之中。[①] 然汉魏时期，北部都尉辖境当有水源保障。北部都尉驻地名为"堰泉障"，所谓"堰泉"者，当为以塘坝拦蓄泉水之意。魏文帝黄初元年（220 年），敦煌太守马艾在任上去世，适逢酒泉发生叛乱，阻断西域与京城交通，主持敦煌政务的长史张恭派出军队沿酒泉北部汉塞绕开酒泉郡，借道黑河，迎来新任太守尹奉。[②] 长途行军必有水源支持，泉水是其主要来源，这表明汉魏时期金塔县北部的地下水状况应好于今日，而对于泉水的利用，亦早已有之。

十六国时期，凉武昭王李暠着意经略酒泉，在讨赖河流域新置会稽、广夏、武威、武兴、张掖五郡，迁入居民在 23 000 户以上。史载，李暠"既迁酒泉，乃敦劝稼穑"，必然带来水利事业的勃兴。[③] 但北魏攻取河西后，大批士民被强迫东迁，河西大为萧条，讨赖河流域之水利开发恐亦因此背景而低落。隋文帝仁寿年间，在讨赖河流域置肃州；炀帝大业年间天下改州为郡，讨赖河流域仅有隶属张掖郡的福禄一县。[④] 入唐，天下改郡为州，讨赖河流域恢复肃州，治酒泉县，同时于他处另设福禄县。彼时讨赖河似名"多乐河"，肃州刺史王方翼曾引河水形成护城河系统。[⑤] 据《元和郡县图志》记载，在酒泉县东北 140 里处出现一个名为"白亭海"的湖泊。[⑥] 有研究者据此认为，白亭海为唐代讨赖河之终端湖，讨赖河水一度不再注入黑河。[⑦] 然此条史料之可靠性值得谨慎对待，谭其骧主编《中国历史地图集》第五册中《唐时期·陇右道东部》图幅亦未明确定位标注。[⑧] 公元 8 世纪后半叶，讨赖河流域为吐蕃占据，此后长期处于中原王朝统辖之外。后晋时高居诲出使于阗，记载从甘州"西北五百里至肃州，渡金河"，[⑨] 可知讨赖河在晚唐五代时又名金河。元代，世祖在肃州兴办屯田，水利开发有所恢复。[⑩]

① 吴礽骧：《河西汉塞调查与研究》，北京：文物出版社，2005 年，第 123—128 页。
② （晋）陈寿：《三国志》卷十八《魏书第十八·阎温传》，北京：中华书局，1959 年，第 551 页。
③ （唐）房玄龄等：《晋书》卷五十七《凉武昭王传》，北京：中华书局，1973 年，第 2264 页。
④ （唐）魏徵等：《隋书》卷二十九《地理志上》，北京：中华书局， 1973 年，第 815 页。
⑤ 《旧唐书》记王方翼在肃州事迹云："时州城荒毁，又无壕堑，数为寇贼所乘。方翼发卒浚筑，引多乐水环城为壕。又出私财造水碾硙，税其利以养饥馁，宅侧起舍十余行以居之。"（后晋）刘昫等：《旧唐书》卷一百八十五《良吏上》，北京：中华书局，1975 年，第 4802 页。
⑥ 《元和郡县图志》载："白亭海，在县东北一百四十里。一名会水，以众水所会，故曰会水。以北有白亭，故曰白亭海。"（唐）李吉甫：《元和郡县图志》，卷四十《肃州酒泉县》北京：中华书局，1983 年，第 1027 页。
⑦ 鲁挑健、郑炳林：《晚唐五代时期金河黑河水系变迁与环境演变》，《兰州大学学报》（社会科学版），2009 年第 3 期。
⑧ 《元和郡县图志》编纂期间，河西已陷于吐蕃多年，所记河西地理信息舛错尤多。如卷四十"甘州张掖县"条记居延海在张掖县"东北一百六十里"，显误。又如同卷"瓜州晋昌县"云："合河戍，在（晋昌）县东北八十里，在（瓜）州西二百步。盖神龙元年置也。"晋昌既为瓜州郭下县，则合河戍位置之记录实为荒谬。酒泉县北之白亭海，不见于其他文献，或为误植唐代凉州东北、石羊河下游之白亭海，亦未可知。"会水"之名，恐系将汉代会水县名之解释掺入。
⑨ （宋）欧阳修：《新五代史》卷七十四《四夷附录第三》，北京：中华书局，1974 年，第 917 页。
⑩ 《元史》卷十一《世祖本纪八》载："（至元十八年二月）己丑，发肃州等处军民凿渠溉田。"同书卷一百《兵志三》："世祖至元十八年正月，命肃州、沙州、瓜州置立屯田。"当是一事。（明）宋濂：《元史》，北京：中华书局，1976 年，第 231 页、第 2569 页。

明王朝建立后，讨赖河流域的水利建设迎来一个高潮。明太祖洪武年间，讨赖河干流南岸陆续修成兔儿坝、黄草坝[①]、沙子坝三条干渠，洪水河流域则建成红水坝灌区，并在洪水河出山口西岸的悬崖绝壁上修成西洞子渠工程[②]。这些干渠沿用 400 余年，其间数次改建，一直至 20 世纪 50 年代仍然是酒泉盆地灌溉系统的骨干，名称亦未发生明显变化。明代水利开发集中于讨赖河中游干流右岸区域与洪水河流域，整个下游地区及清水河、临水河流域并无大规模持续开发。明代在夹山子南麓修筑边墙，讨赖河下游区域仅有少数烽燧、城堡，其中今金塔县境内的威房城、金塔寺堡等最为著名。与"讨赖河"发音类似的"讨来河"一名，亦从明代开始出现，而在《明一统志》之中已使用各种颜色来命名讨赖河水系的各条河流，此种称谓方法尚可在今日酒泉一带的民间俗语中寻得其遗风。[③]

清朝初年，讨赖河流域因受战乱影响，人口凋敝、渠道堙废，长期未能恢复。康熙五十四年(1715 年)，清廷兴办屯田，夹山以北的讨赖河下游地区开始有移民进入；雍正年间通判毛凤仪主持了新渠道修筑与扩大水源工程。讨赖河切穿夹山一段，山峡逼仄、泄水不畅，诸河洪水在峡南潴为湖泊，名鸳鸯池，历代或有拓宽山峡增加泄水之举。《隋书》曾记载，福禄县有"石渠"，或许系指此段经人工拓宽的河道。[④]毛凤仪为给下游增加水源，或曾再次拓凿夹山峡谷，遂在民间演绎成李冰开凿宝瓶口式的传说。雍正八年（1730 年），清廷将肃州升为直隶州，设肃州州同一员主管下游屯田事务。雍正十年（1732 年），马营河流域完成千人坝水利工程，朝廷设肃州州判一员专门负责此一屯田区域的管理工作；同时，洪水河流域的西洞子渠得到重建。至此，讨赖河流域水利开发格局基本形成。

随着水利开发的深入，洪水河大概在清代中期已不能常年汇入讨赖河，此或可从"临水河"一名的出现窥测。"临水河"系讨赖河干流右岸、洪水河下游的泉水汇聚而成，其河道与洪水河下游河道重叠，然河名甚为奇特。"河"即为水，又何必更临他水？可见其命名方式与"清水河"等不同。各种文献中，清中期以前未见"临水河"之名。"临水"当是地名，即建于明代之临水堡，处于洪水河汇入讨赖河之处。或许在洪水河断流后，泉水在临水堡一带汇成河流，因每年大部

---

① 讨赖河东部子水系中亦有一小河名黄草坝，与此不同。

② 由于洪水河出山后河道深切于地面之下，古人为了灌溉近山一带耕地，即在上游峡谷中引取部分河水，在悬崖峭壁内凿隧作渠数十里，当地呼为"洞子渠"，此与明清时代关中平原引泾渠首的"龙图渠"相似。为了方便施工，引水隧道每隔一定距离即向侧旁开窗洞一座，以利倾倒土石，自外观之，崖壁表面状如笛箫之孔。钟兴麒在《中原井渠法与吐鲁番坎儿井》（《西域研究》，1995 年第 4 期）一文中以为肃州洞子渠的窗洞系向地面垂直开凿，近似新疆坎儿井之属，殆误。

③ 《明一统志》卷三十七《陕西行都指挥使司》记载了肃州附近的六条河流，未见专门水利记载，原文如下："清水河在肃州卫城北四十里，下流会讨来河；沙子河在肃州卫城东四十里，源出雪山下，流入讨赖河。讨来河在肃州卫城北一百里，源出雪山，下流三百里入黑河。……黑水源出肃州卫城西北一十五里，地志云：'黑水出张掖县鸡山。'白水源出肃州卫城西南二十里，下流与红水、黑水合。红水在肃州卫城东南三十里，源出卫南山谷中，下流与黑水、白水合。"此处"讨来河"所入的"黑河"与"黑水"并非同一条河，"黑河"即今日之黑河，《明一统志》另有记载。今酒泉市肃州区北部有地名"黑水沟"，与此"黑水"方位差似。又所谓"白水"即今讨赖河中游干流，"红水"即今洪水河，"清水河"古今名称相同，"讨来河"即指今日讨赖河下游河道。唯"沙河"不易判定，或为红山河、丰乐河等河流。

④ （唐）魏徵等：《隋书》卷二十九《地理志上》，北京：中华书局，1973 年，第 815 页。

分时间与洪水河无径流联系，当地人视其为一条独立河流，遂有"临水河"之名出现。

自乾隆直至同治初期，讨赖河流域的水利开发未曾中断，不断有新渠开凿。清代肃州历任官员亦颇能重视水利。其中最著名者，乃是乾隆时任肃州知州的康基渊，《清史稿》记其在肃州主持水利事云：

> 洪水渠岸峻易崩，基渊度势于南石冈引凿渠口，以避冲陷之害。野猪沟有荒田，无水久废。基渊询访耆旧，加宽柳树闸龙口，别开子渠。界荒田为七区，招民佃种，区取租十二石，给各社学，名曰兴文渠。州东南九家窑，凿山后开渠屯田，旧驻州判主之，久之田益薄瘠，民租入不足支官役；基渊请汰州判，改屯升科，为筹岁修费，民于是有恒产。[①]

讨赖河流域的渠道，除少数由地方官员专门主持开凿的渠道称为"渠"以外，山水灌区之干渠为"坝"、支渠为"沟"，泉水灌区则不论干支渠一般直接称"沟"。"坝"、"沟"之别，体现出山水、泉水渠道在渠首设施上的明显差别。所谓"坝"的原意应泛指山水渠道渠首的各种水工建筑，包括导水墙与拦河坝，不似今日水工学"有坝渠首"、"无坝渠首"中的"坝"特指"拦河坝"；"坝"后来被借指整个干渠。至于泉水灌区的渠首则相对随意简单，一般只需挖掘陂塘、汇集泉水即可。从空间分布上来看，讨赖河干流下游王子庄灌区与洪水河红水坝灌区似从开发伊始就采用了有坝拦河渠首；而讨赖河干流中游灌区则经历了一个从无坝渠首向有坝渠首的转变过程。山水各渠的引水口最早称为"龙口"，从明代方志来观察，讨赖河干流中游的龙口顺河分布、彼此相距较远，但至迟到同治年间，这些干渠的"龙口"已经逐渐合并，并且有了一个新的名称——"坪口"，即各干渠共用的有坝渠首。由于缺乏石材与优良木材，山水灌区一般采用石困堆累法修建渠首，即以芨芨草搓绳编笼、内装卵石，以此堆为拦河坝，当地一般称为"柴草坝"或"石笼坝"。由于祁连山区在每年夏、秋两季会有较集中的降雨，讨赖、洪水两河年年都有猛烈的山洪暴发，足以将各种"柴草坝"完全冲毁。因此，讨赖、洪水灌区的渠首工程必须年年重修。每年春天的枯水期，各干渠都会集中人力、物力对渠首进行整修，此称为"春修"、"旱修"或"打干坝"；如洪水来临过早而灌溉尚未完成，又必须临时加以整修，此统称为"夏修"或"水修"。此种一年一次甚至数次的渠首修建活动称为"上坝"，需耗费大量人力、物力。

由于讨赖河流域纬度较高，气候寒冷，其耕作制度为一年一熟，作物因收获季节不同分为"夏禾"、"秋禾"两种，"夏禾"中的小麦是本区最重要的作物。每年5、6月份是流域灌溉用水的高峰，当地旧有"灌溉端资立夏初"之俗语。然而，此时河流的汛期却并未到来。此种灌溉高峰与汛期的不吻合，使得本流域的用水存在着季节性的紧张，当地至今称之为"卡脖子旱"。在灌溉渠系的管理方面，清

---

① 赵尔巽等：《清史稿》卷四百七十七《循吏传二》，北京：中华书局，1977年，第13027页。

代讨赖河流域普遍于干渠设置"渠长"，民国时酒泉县改称为"水利"，金塔县部分地区仍习惯称"渠长"。"水利"或"渠长"任期一年，由民众轮流担任，负责组织各干渠当年的水利事务，特别是工程修造类事务，其下属有负责文字工作的"字识"（金塔也称"先生"）、负责寻渠护堤的"长夫"与"夫头"等。"水利"等人没有专门薪俸，但在灌溉用水方面拥有一定特权。

讨赖河流域各干渠皆设有龙王庙（金塔王子庄灌区称为"石庙子"），为处理日常水利事务、举行各种水利仪式的地点，逐渐形成酒泉红水坝龙王庙（亦称总寨龙王庙）、金塔青山寺与酒泉西河口南北龙王庙三大中心。20 世纪 50 年代之前，每年立夏前后都会在上述三大中心相继举行分水镶坪仪式，开始正式灌溉。所谓"镶坪"，即根据各干渠所灌田亩之田赋比例确定各渠"坪口"之宽度，并由地方官员负责现场监督，亦标志每年"春修"活动的完结。讨赖河流域干渠分水，即所谓"镶坪"活动的依据，在清代一般被称为"老字据"，其编写根据则是地方征粮时所使用的"红册"。同时，各干渠一般都有各自特定的渠规，一般记录本坝每年"春修"、"夏修"需要的物料人工总数、渠长等人当年用水特权，以及对水利活动中拖欠人工物料者的惩罚规定等内容。至于干渠以下部分支渠以及全部的斗、农、毛渠的配水以至田间灌溉，则通过传递水牌、筷子测影、点香计时等手段进行控制，皆以"时间"作为水权的基本计量单位。20 世纪 50 年代之前，政府亦允许民间水权交易活动的存在。

水利活动的稳步发展带来了流域人口的迅速增长。根据方志统计，清雍正十三年（1735 年），肃州直隶州丁数不过 2000 多人，王子庄州同辖境人口数不详[①]；但至六七十年后的嘉庆年间，上述两地加上黑河流域的高台县，总人口数竟然达到 45 万人[②]；根据当今金塔县、酒泉县肃州区两地人口数与高台县人口数的比例计算，当时讨赖河流域人口应在 37 万人左右，该流域当今人口也不到 70 万人。虽然在人口统计的单位方面存在"丁"与"口"的区别，但 18 世纪下半叶的这一轮人口增长给人印象仍然十分深刻。清代讨赖河流域并未形成一个全流域性的轮灌制度，仅乾隆二十八年（1763 年）肃州下属的茹公渠灌区与王子庄州同下属之金塔坝灌区之间存有针对临水河水的局部分水协议，水量最丰的讨赖河干流，其水量分配并无制度。这在流域人口较少的时代尚可维持，而随着人口增多，中、下游之间的用水矛盾必然日益凸显。爆发于同治年间的陕甘回民起义再次使得讨赖河流域的人口剧减，水利事业亦遭到极大破坏，但同时亦将流域性水利危机的发生大为推迟。自清末开始，流域人口开始回升，中、下游水利矛盾逐渐激化。在宣统元年（1909 年）进行的人口统计中，肃州共有 43 438 人，王子庄州同 7400

---

① （清）沈青崖、黄文炜：《重修肃州新志》，《肃州》分册《户口》，酒泉：酒泉县博物馆，1980 年翻印本，第 133 页。
② （清）穆彰阿等：《嘉庆重修一统志》卷二百七十八《肃州直隶州·户口》，上海：商务印书馆，1934 年影印本，当卷第 3 页。

人①；至民国二十七年（1938 年），由肃州改置的酒泉县为 99 957 人，由王子庄州同改置的金塔县则为 29 746 人。② 30 年间，中游人口翻了一番多，下游则翻了两番多。民国时期酒泉、金塔两县基本没有现代工业，传统商业亦不兴盛，净增人口皆依靠农业维持生计，尤其下游人口的激增，使得本不富余的水源更觉不敷。土改时期的调查显示，酒泉一些农户所有的土地中，新开垦但无水灌溉的荒地为数不少，即可反映此种情形。③ 在多种因素的共同作用下，讨赖河下游与中游的水利矛盾终于在 20 世纪 20 年代全面激化，下游金塔地区要求中游酒泉地区实施均水的呼声日渐强烈。然而，此时流域人口规模远远小于清嘉庆年间，何以在 19 世纪前期未产生在流域进行全面均水的动议？笔者推断似有三种可能：一是下游人口规模在清代长期维持在一个较低的水平，中游人口所占比例远较今日为高；二是嘉庆时人口统计数字有误；三是清代讨赖河来水远较民国时期为多。原因究竟为何，尚待深入讨论。根据本书所收录之民国档案文献，民国时期讨赖河来水似较先前大为减少的说法多次出现，但因本流域系统水文资料始于 1947 年，尚不能精确判断此种说法是客观事实抑或为博弈借口。

　　1936 年，甘肃省政府颁布了在讨赖河流域实行均水的训令，在流域内引发了中、下游之间的严重冲突，史称"酒金水案"，各级政府屡次设法处置，均未奏效，遂有修建水库动议之提出。进入 40 年代后，国民政府加强了从青海、宁夏以及新疆地方实力派手中争取西北实际控制权的努力，甘肃之战略位置逐渐凸显，长期停滞的甘肃水利由此获得了新的转机。1941 年，由中国银行与甘肃省政府按七三比例合股组建甘肃水利林牧公司，宋子文任董事长，并从重庆等处聘请水利专家沈怡任总经理、周礼为水利勘测总队队长。经甘肃省政府建议，甘肃水利林牧公司首批勘测设计三处水利工程并分别成立筹备处，其中肃丰渠（曾命名为酒金渠）筹备处即为解决酒泉、金塔争水问题而设立。时任中央大学水利系主任、著名水利专家原素欣被聘为筹备处主任。④ 原素欣到任后，立即带领技术人员展开实地勘测，确定修建鸳鸯池水库为肃丰渠工程之首要工作。⑤ 肃丰渠筹备处是甘肃水利林牧公司在河西走廊最先设置的工作单位，肃丰渠也是全省唯一为解决水利纠纷而启动的工程项目。1943 年鸳鸯池水库开始兴建，期间几经曲折，至 1947 年正式竣工，曾被媒体誉为"全国第一水利工程"。原素欣等人在讨赖河期间，除主持鸳鸯池水库的勘测、设计、施工外，还主持了流域内的一些旧渠改建工程，并制定了初步的流域水利规划。1946 年，中华民国水利部直属河西水利工程总队成立，著

---

① 《肃州直隶州地理调查表》，甘肃省图书馆藏宣统元年（1909）抄本；《王子庄州同地理调查表》，甘肃省图书馆藏宣统元年（1909）抄本。
② 甘肃省档案馆：《甘肃历史人口资料汇编》第二辑下册，兰州：甘肃人民出版社，1998 年，第 23 页、第 45 页。
③ 据《县土改委员会关于划分、变更成分的请示报告》（酒泉市肃州区档案馆 2—1—6），酒泉县多数农户拥有之土地总面积并不匮乏，问题在于实耕地仅占土地所有面积的一半甚至三分之一，大部分土地因没有灌溉水源而无法耕种。
④ 佚名：《水利林牧公司公司大事记》，《同人通讯》，1942 年总第 1 期。
⑤ 佚名：《甘肃省发展农田水利三年计划大纲》，《同人通讯》，1942 年总第 2 期。

名水利专家黄万里任队长，在吸收原素欣等人初步规划的基础上，对流域内重要水利工程进行了全面规划设计，但因时局关系，大多未能实现。

中华人民共和国成立后，讨赖河流域的水利开发工作进入了一个全新的时期。工程方面，全流域的灌溉网络经历几轮改造，现在已基本现代化，众多中小型水库广泛建设；制度方面，一整套由政府主导的水利管理体制日趋完善，流域性的分水制度得到强化与巩固。水利事业的快速发展，不但使水利纠纷趋于绝迹，也有力保障了流域内农业生产的蓬勃发展，更支持了流域内工业化、城市化进程的快速推进，西北最大的钢铁联合企业酒泉钢铁公司与新兴城市嘉峪关在讨赖河畔的戈壁滩上迅速崛起。与此同时，指导、服务水利工作的各种科研活动亦蓬勃展开。20世纪50年代，中国科学院组成甘青综合考察队，其中的水利水源分队设计了鸳鸯池水库大坝的加高工程，并针对讨赖河流域的水文与水土资源撰写了专门报告，其执笔者之一即为著名水文学家刘昌明院士。[①] 1959年，由中国科学院地理研究所、西安交通大学水利系、甘肃省水利厅等单位联合组织的讨赖河流域水利考察队深入讨赖河上游山区，在对多个坝址进行地质条件分析、施工成本估算与蓄水量估算后，提出了短期内不宜在上游修建水库的建议。[②] 从20世纪80年代开始，中国科学院寒区旱区环境与工程研究所、兰州大学等单位亦对讨赖河流域的地下水问题进行了持续关注。这些研究都对流域水利事业的发展起到了不同程度的推动作用。

三

在河西地区诸多河流中，讨赖河较之敦煌所在的党河、近10年来因坚持实行向居延海调水的黑河干流以及因生态濒临崩溃而得到重点治理的石羊河，其"声名"并不显赫，然而《河西走廊水利史文献类编》丛书以讨赖河为发轫，是基于一种独特的机缘。作为流域管理机构，甘肃省水利厅讨赖河流域水资源管理局一向重视开展研究工作；为了更好地总结历史经验、研究当前该流域水利工作中的新问题，科学谋划未来流域水利工作的新局面，讨赖河流域水资源管理局与清华大学合作，于2009—2010年共同开展了"讨赖河流域传统分水制度与现代水资源管理模式相结合研究"。通过此项研究，清华大学的师生们与讨赖河流域水资源管理局的同仁不但建立了良好的合作关系，更注意到了讨赖河流域水利开发史中蕴含的丰富信息与巨大学术价值。经过酝酿与讨论，清华大学与讨赖河流域水资源管理局在2010年年底启动了"讨赖河流域水利史文献抢救性整理与研究"课题的

---

① 参见中国科学院甘青综合考察队水利水源分队《关于北大河流域土地与水量利用的规划》，1958年9月编订。此报告中的部分数据成为进一步研究河西内陆河水文特征的重要资料，随后又有多篇相关论文发表。刘昌明、张云枢：《甘肃内陆河流水文特性的初步分析》，《地理学报》，1959年第1期；刘昌明、陈永宗：《甘肃河西走廊的径流》，《地理学资料》，1959年第5期。

② 刘荣：《从事水利工作五十年的回忆》，《甘肃文史资料》第39辑，甘肃人民出版社，1994年，第206—212页。

相关工作。2011 年年底，清华大学王忠静教授主持的国家自然科学基金重大研究计划"黑河流域生态-水文过程集成研究"重点项目"水权框架下黑河流域治理的水文-生态-经济过程耦合与演化"正式启动，讨赖河作为黑河最大支流，对其流域水利史文献的整理工作亦在此课题框架下得到了新的支持。

在"讨赖河流域水利史文献抢救性整理与研究"课题开展亦即《河西走廊水利史文献类编·讨赖河卷》的编纂过程中，本卷编者一方面希望展现出流域水利史文献的原始文本面貌，另一方面又要尽量符合现代读者的学术要求及习惯，尤其是要照顾到不同学科读者的需要，因此在编排体例方面颇费了一些思量。最终，编者鉴于流域水利史文献内容差异巨大、时代分布不均的特点，决定综合考虑流域水利史文献的原始体裁及其载体形态，将全部文献分为方志、奏折、私家著述、碑刻、考察报告、民国报刊、民国档案、民国水利工程计划书、单行本政府公文、20 世纪 50 年代档案、文史资料、口述史料与当代重要水利文献共十三类，此即所谓"类编"的题中之义。编者认为，上述各类文献之间或可合并，每一种文献内部还可进行分割，但文献体裁或载体形态形成的天然区分却难被轻易打破。一部资料性作品的任务是为学界发现更多的历史面相提供可能，而不是展示某种历史面相本身，文献体裁或载体形态作为一种边界而存在，就不至于使不同类型的文献因为只言片字的勾连而过分轻易地生成某种具有特定指向的阐释。

上述十三类文献中，每类单独成章，但篇幅差异很大。大部分篇幅适中或较小的类型，文献按照成文时间排列即可；但某些类型如档案文献则因其条目多、内容杂，就需进一步细分。本卷编者针对每一类文献撰写了文献提要，说明该类文献选取的原因与依据，并进行了必要的解题与提要工作。为方便读者快速建立起流域水利开发史的时间坐标，本卷编者撰写《明清以来讨赖河流域水利开发大事记》附于书末，以便参考。

需要特别说明的是，以流域为单位编纂水利史文献优势虽多，但其不利之处在于往往需割裂原始材料，有时会导致个别内容过于破碎，无法卒读；然如果全篇收入，明显于体例不合，篇幅亦不允许。《讨赖河卷》在编纂时也遇到了这一问题。本卷编者遇到的不少文献，如方志、游记、考察报告等，往往是将整个河西视为整体，其重心多在石羊河与黑河流域即武威、张掖一带，对讨赖河流域或一笔带过，或只字未提。对于此类文献，编者以为与其支离字句，不如根据其主要内容，在编纂其他流域文献时再予收入。在各单元之《文献提要》中，也将分别对一些未予收录的文献做出说明、留下线索。

《讨赖河卷》初稿完成后，编委会组织了三次集中评议工作。2012 年 7 月、2013 年 7 月在酒泉举行的两次评议会上，来自牵头单位和各合作单位的编委与专家对书稿编纂提出了大量宝贵的意见。与会各位领导专家对地方水利事务的热爱与熟稔给编写组成员留下了深刻印象，他们不但帮助编写组解决了许多地名与人名方面的疑难问题，更提供了许多历史文献的新线索。2012 年 11 月，应丛书主编王忠静教授与张国刚教授的邀请，中国社会科学院边疆史地研究中心厉声教授、中国水利水电科学研究院水利史研究所谭徐明教授、北京大学历史学系辛德勇教授、北京大学城市与环境学院韩茂莉教授、南开大学历史学院王利华教授、清华大学历史系梅雪芹教授、厦门大学人文学院钞晓鸿教授，以及全国政协中国经济社会理事会研究部主任罗义贤教授在清华大学召开了闭门评议会议。与会的各位学者在充分肯定编纂思路与成果的基础上，指出了初稿中存在的若干具体问题和改进意见，对本书的定稿具有重大指导意义。

在《河西走廊水利史文献类编·讨赖河卷》的编纂过程中，雷志栋院士与杨诗秀教授始终给予了鼓励与指导，使我们受益良多；刘昌明院士慨然惠赐本卷序言，对全体编纂人员产生巨大鼓励。清华大学水利水电工程系王忠静教授与历史系张国刚教授作为丛书主编规划了整体编纂构想，并在编纂工作的各个阶段提出了很多具体建议。两位教授虽然专业背景不同，但同样具有广阔的学术视野，在很多问题上有着惊人的契合，保证了跨学科团队顺利开展工作。本卷编委会主任、甘肃省水利厅讨赖河流域管理局刘强局长，不但高瞻远瞩地推动了编纂工作的立项与开展，更以其丰富的工作经验和深厚的专业造诣，解决了编纂工作中的诸多疑难问题。酒泉市档案局慨然开放尚在整理中的民国档案，使编纂工作在资料搜寻方面打开了局面；本卷编委韩稚燕局长、王丽君局长，以及李兴革副局长、王杰元副局长、谢长英主任都为本书的编纂提供了许多宝贵帮助。本卷编委、讨赖河流域水资源管理局薛万功副局长与李奋华副局长为编纂工作创造了各种具体条件，花费了很多时间与精力。酒泉、嘉峪关两市各级档案、水务、文物部门的各位领导作为编委，无不对我们的工作给予了大力支持，在此难以一一备述。本卷编委、河西学院文学院吴浩军教授，为本书提供了宝贵的金石与方志材料，俱已在相关章节说明。以河海大学顾淦臣教授、交通部科技司原副总工刘德豫先生、金塔县水电局原局长葛生年先生为代表的各位前辈，作为流域水利工作的历史见证者与亲历者，给予了我们巨大的帮助，在此特别予以感谢。

《讨赖河卷》的具体编纂工作，主要由清华大学水利、历史两系与甘肃省水利厅讨赖河流域水资源管理局的青年同仁携手完成，同时得到了兄弟院校诸多学友的支持。本卷三位主编中，清华大学水利系博士后张景平确定了编纂体例与文献细目，完成大部分文献的搜集工作，对民国档案类文献进行了案卷次序复原，执笔完成《叙记》、全部《文献提要》与《明清以来讨赖河流域水利开发大事记》，并对全书进行统稿；水利系郑航博士参与确定编纂体例并全程参与本卷编纂工作，完成全书技术内容与图表的校核工作；讨赖河流域水资源管理局齐桂花副局长则担负各个阶段中的衔接协调工作，并负责当代水利文献的搜集遴选。西北师范大学历史文化学院王新春博士义务承担了考察报告类文献与文史资料类文献的编纂工作，陕西师范大学历史文化学院牛敬飞副教授、新疆大学西北少数民族研究中心李硕博士亦为编纂工作搜集了部分资料。

清华大学中文系博士后王炳文作为最早介入本课题的编写组成员，与主编一起见证了文献搜集之初筚路褴褛的艰辛；水利系博士生黄鹏飞、朱金峰等人则为本卷的编纂提出了诸多意见与建议。由张建成科长、闫宏华科长、刘开清主任等领衔的讨赖河流域水资源管理局广大同仁，在繁重的日常工作之余也加入到编纂工作中，完成了当代重要水利文献的筛选与录入工作。在此还要特别感谢兰州大学历史文化学院的李加福、杨易宾、高玉娇、封磊以及邢誉田五位硕士生同学，由于地缘相近、专业相关等原因，他们主动加入了编写队伍，付出很大心血、克服各种困难，按期完成了不少材料的录入工作，为进一步的分类整理工作打下了基础。在此谨对他们表示感谢。

《讨赖河卷》书稿交付科学出版社后，社科分社付艳社长与宋开金先生、杨静女士等编辑同仁为本书的出版付出了极大的努力。但由于本卷文献类型复杂、原始文献时代跨度巨大，原稿在全书技术标准统一与版式设计方面距离出版要求尚有较大距离，亦无同类作品可以借鉴。本卷主编张景平与出版方一道经过曲折艰苦的反复努力，经历前后两载、累计 11 次的标准厘定与版式修改，方使本书呈现出今天的面貌，基本确定了丛书整体的技术与版式标准，为后续三卷的编辑工作减少了障碍。虽然编辑出版过程中的困难大大超乎想象，但本卷编者与出版方在共同努力中发现、思考、解决了许多水利史文献编辑出版中普遍存在的问题，并获得了出版行业诸多前辈的指导，我们共同的受益是极为巨大的。

《讨赖河卷》作为《河西走廊水利史文献类编》丛书第一部面世的作品，全体参编人员都感到责任重大。我们希望，本卷能对包括水利科学与历史学在内的多学科研究者提供一部实用资料集，能为之后的《黑河卷》、《石羊河卷》与《疏勒河卷》编纂提供经验。限于水平与学力，我们虽勉力而为，本卷的错误、疏漏仍然在所不免，敬请方家、读者不吝指正。对于这样一种凝聚集体心血与智慧的史料类编而言，所有失误理应由本卷主编承担。可以预见，随着研究的不断深入与史料的不断发现，本卷未曾收入的文献仍将时有发现，适时启动修订工作，是本书乃至《河西走廊水利史文献类编》编纂工作中的固有计划。我们也衷心期待，丛书其他三卷的编纂工作能够得到社会各界的更多关注与支持。

张景平　郑　航　齐桂花

2016 年 1 月 15 日

《河西走廊水利史文献类编·讨赖河卷》凡例

一、原始文献不论其字体为何，全部统一为简体字；对于文中异体字，除人名、地名外，一律径改为标准字。对于历史档案中公文用语与当代标准用法不同者，如"彻查"作"澈查"、"同上"作"仝上"、"海拔"作"拔海"、"零星"作"另星"等保留其原貌。对于原文件中的别字一般不予改动，不影响阅读的语法错误予以保留，错讹过大的以脚注说明。难以识别的文字，以"□"代替，如系文献残损，则予以注明。

二、由于原始文献时间跨度大、类型差异明显，对于标点的使用情况不尽统一。对于原本没有断句的文献，编者进行了断句，对于虽断句但不尽规范的文献则保留其本来面貌。编者断句时，以使用逗号、句号为主，疑问语气明显的加问号；尽量不使用省略号、破折号、感叹号、分号，此四符号出现而未有特别说明者，皆为原文自带。断句时亦不轻易使用引号、冒号、括号，本卷文中出现者多数为原文自带，系编者主动添加者集中于档案文献。

三、本卷原始文献的作者，凡在各部分《文献提要》中已说明的，正文中不再显示；《文献提要》中未予说明的，在题目下或脚注中显示；档案文献根据正文内容确定其作者，不另行标注或单列责任人。

四、原始文献中，年代、数字以及序列符号的书写方式不尽相同，编纂时也未做统一，基本保持原貌；有改动处则予以特别说明。

五、原始文献中的计量单位多与当今标准体系不同，为如实反映历史，一律遵循原貌，未予更改，个别生僻单位，在脚注中予以说明。

六、原始文献的图表基本遵循原始面貌，个别图表因清晰度与排版原因，进行了格式调整，对其内容文字或数据则不做更动。

七、原始文献中地名、人名多音近而字异，如"牧厂沟"又作"苜场沟"、"原素欣"作"袁素钦"等，皆有其形成之原因，概维持原状，不作统一修改，个别易有歧义处以脚注注明。

八、编者需要对内容进行必要说明时以脚注出现，并加"编者按"。原文献自带注释，则以"原注"冠之。

九、原始文献的格式复杂、版式各异，编者为便于阅读进行了统一。如传统书写格式中表尊敬的转行、提格等形式，表谦逊的缩小字体、侧写等形式，本卷未予保留；夹批、眉批、双行注释等内容，改在脚注中表现；遇有涂改等，正文保持其改后面貌，抹去部分以脚注展示。《私家著述类文献》中《秦边纪略》一书因形式特殊，原注释文字在正文中以缩小楷体显示。

十、本卷正文字体以宋体为主，但遇奏折中的朱批、档案中的处理意见等内容时，为便于读者区分，改用楷体。

十一、档案类文献的整理牵涉具体问题较多，其整理方法详参第柒部分第一节《本类文献提要》，兹不赘述。

十二、由于时代局限，历史文献中有个别文字存在地域歧视、特定的意识形态色彩以及对兄弟民族的不公正态度等问题，相信读者自会分辨批判。本书为保留文献的原始特征，对此未作删改。

十三、本卷各种类型的原始文献标题层级众多，表现方式差异很大、排列分散，影响到阅读效果。为使全书中相同类型的文献标题统一、方便读者阅读利用，对，进行了如下处理：全书中可单独成篇的白话类单篇文章如报刊、文史资料总标题汇总按一级标题宋体字排版；文言类单篇文章，除奏折类文献外按一级标题宋体字排版，其余诗、文标题按三级标题黑体字排版，部分省略二级标题；档案、公文类文献题目按三级标题黑体字排版，部分省略二级标题。

十四、本卷各部分第一节《本类文献提要》的编写目的主要是介绍文献的保存、流传、版本等信息，对整理中遇到的主要问题进行说明；为与原始文献相区分，以仿宋体排版，希望引起读者注意。

十五、本书表格中的数字对齐方式，有小数点的采取小数点对齐，有千位分隔符或以空格表示千位分隔的，按千位分隔符对齐。

十六、本书中的一些法规排版，有的原始文件采取悬挂式排列（横排或竖排）、有的按照一般方式排版，谨遵循原貌并考虑各部分具体情况，未作统一。

目　录

上　册

方志类文献

本类文献提要

中华人民共和国成立前，讨赖河流域传世方志类文献计有明代方志一种（万历《肃镇华夷志》）、清代方志两种（乾隆《重修肃州新志》、光绪《肃州新志》）、民国方志一种（《创修金塔县志》）、民国采访录一种（《金塔县采访录》）。此外在明、清、民国所编各版一统志、省志中亦有与流域水利事务相关的零星记载。

明万历四十四年（1617年），肃州兵备副使李应魁纂成《肃镇华夷志》四卷，卷一中《山川形胜》、卷二中《水利》两节记录了明代肃州辖境的河渠分布及水利开发概况，还谈到"管水老人"的设立以及红水坝龙王庙的祭祀简况。今依据甘肃人民出版社2006年出版之高启安、邰惠莉点校本摘录有关内容，略去校记。

清乾隆二年（1737年），肃州分巡道黄文炜、军需观察沈青崖纂成《重修肃州新志》，其记事范围包括了整个肃州直隶州。原书不分卷，肃州与下辖各县、卫、所单独成册，其中涉及王子庄州同（今金塔县）的史事附于肃州部分。该书《肃州》册之《山川》、《水利》两节在完整抄录《肃镇华夷志》相关内容的基础上有所增补，其记述范围从中游的酒泉盆地扩大到下游金塔盆地，反映出清代前期水利开发所取得的进展。此外，《肃州》册之《田赋》一节以干渠为单位记录田赋数额，在一定程度上反映了各渠灌面积之比例，《屯田》则记载了开渠活动的工价问题，《文》中沈青崖所撰《创凿肃州坝庄口东渠记》一文则详细记录了雍正年间在洪水河上游开凿"洞子渠"的整体过程。编者还注意到，《肃州》册之《祠庙》中记载了各类祠庙84座，其中龙王庙3座，一座即为肃州区境内明代所建的红水坝龙王庙，另外两座在今金塔县境内，皆《肃镇华夷志》所不载。在此根据酒泉县博物馆1980年翻印本摘录有关内容。

雍正《甘肃通志》、宣统《甘肃新通志》两书亦曾提及讨赖河之水利问题，基本系直接抄撮《肃镇华夷志》与《重修肃州新志》，故未录。《嘉庆重修一统志》相关内容虽然亦多沿袭前代志书，但其叙述乾隆时期讨赖河流域新开水渠之事不见他书，在此根据商务印书馆1934年影印版予以摘录。

清光绪年中，又有不分卷之《肃州新志》问世，编者不详，其主体为抄撮《重修肃州新志》，加入乾隆至同治年间的人物事迹，无《水利》一节。但其中收录《康公治肃政略》一文记录康基渊任肃州直隶州知州时的各种善政，其中颇有与水利相关者。经嘉峪关市地方志办公室同仁考证，作者或为同治四年署肃州直隶州知州的湖南人李元嘉[1]，对此编者在本卷第26页脚注中有商榷。同书亦收有《毛公

---

① 吴生贵、王世雄等校注：《肃州新志校注》，北京：中华书局，2006年，第544页。

墓志铭》一篇，系概述流域重要水利人物毛凤仪生平，虽至为简略，亦收入。在此根据中华书局 2006 年出版之吴生贵、王世雄等校注本收录全文，略去其校记。

民国时期张维所撰《甘肃通志稿》系资料长编式作品，关于讨赖河流域之水利问题所胪列的材料虽有不少见于其他方志，仍有数条晚清、民国资料不见于他处，今根据中华全国图书馆文献微缩复制中心 1994 年出版之《中国西北稀见方志》第一辑中所影印之 1936 年抄本摘录相关内容。

民国二十三年（1934 年），金塔乡绅赵积寿等编成《创修金塔县志》十卷。其中，卷一中《河流》《渠系》以及卷四中《水利》等节记载水利情况较详，特别是《水利》一节收录水利碑刻两通，记述了原王子庄州同辖境内部水利纠纷的裁处以及茹公渠与金塔坝分水事宜，皆为重要史料。此外卷二中《生计》一节涉及饮水问题，予以全录；卷三中《庙宇》一节中，将所有与水利相关之庙宇摘出。另外，卷四中《党务》、卷十中《诗文》等节亦有零星涉及水利事务者，今予摘录。《创修金塔县志》自编成后始终以抄本流传，新中国成立后亦未正式出版，存在甘肃省图书馆西北文献部藏 1957 年抄本、史尚英抄本两个版本。甘肃省图书馆西北文献部藏抄本错讹较多，特别是诗歌部分常遗漏韵脚，无法卒读。相比之下，史尚英抄本质量较好，但删去所有诗文中作者自带的小注，丢失重要信息。因此编者以史尚英抄本为底本摘录相关内容，同时根据甘肃省图书馆西北文献部藏抄本补足诗文中小注。

此外，甘肃省图书馆西北文献部、原酒泉县博物馆等单位收藏之民国三十年（1941 年）金塔县政府所编《金塔县采访录》一卷，其中《地理》一节略涉及水利问题，《官绩人物传》一节中介绍了金塔水利史上重要人物周志拯的相关事迹，在此予以摘录。

中华人民共和国成立后，各种与水利相关的原始材料保存数量较多，读者可方便查阅，故编者未将大部分新中国方志列入选编对象，惟对《河西志》与《酒泉市水利电力志》进行了摘录。《河西志》为张掖地区文化局 1956 年编纂，是时河西走廊经过政区调整，统一处于张掖专区管辖之下。该书对于 1949 年之前河西水利开发的具体情况进行了统一记述，其中对于所谓"封建水规"的列举颇为珍贵，涉及讨赖河流域者甚多。为保持文本原始面貌，编者将相关水利内容统一摘录，不再将讨赖河流域单独析出。《酒泉市水利电力志》为酒泉市水利电力局于 1988 年编纂，从资料来源与编纂体例上来看已是典型之新方志，但其中第三章关于新中国成立后酒泉金塔分水制度的演变梳理清晰，第九章还收录有诸多民间水利传说以及金石材料一通，甚为珍贵。以上两书皆为油印本，虽在地方行业内部颇有流传、收藏，但终非正式出版物，非一般读者所易见，故予收录。

最后要特别指出，新中国成立后新编纂且已正式出版的各种新方志在保留当代史料方面亦有重要价值，但因印数大、收藏广、搜寻易，本卷未予收录。

肃镇华夷志（节录）

卷一　山川形胜[①]

讨来河：城北一百里，源出祁连山，下流合清水河同沙河，经会水县入张掖河。

清水河：城北五十里，流入讨来河。

沙河：城东四十里，源出雪山，入讨来河。

……

酒泉：出城下，其味如酒，因以名郡。

……

红水：城东南二十里，源出南山谷中，下流合黑、白二水，出名石。

……

天仓河：城东北三百里，即讨来河之水与城东水磨渠同派东流至岔口，合镇夷黑河同向东北以流。俗云黑河为雄河，天仓河为雌河，以黑河之水能冲断天仓之水，故云。讨来河之水至威虏，又名广禄渠。

沙枣泉：城东北二百三十里，北虏顺天仓河西行，必至此泉歇马，孤红山、石城儿等虏亦常至此住歇。此冲要之地也。

羊头泉：城北三百三十里，北虏由天仓河北来者，咸至此歇马，亦贼之所必由之要路也。

榆树泉：城西北小钵和寺，去城八十五里，山口有泉，西虏常潜于此，屡袭境内。嘉靖二十七年，肃州参将崔麒查议申呈巡抚杨博，修墩一座，西虏至后难藏。

九眼泉：城北三百八十里，近羊头泉，北虏必由之路，亦军夜哨贼之处。

卯来河泉：城西南二百五十里烂泥山下有大泉，水流自西南向东北去。

暖泉：城东一十五里，大湖一围，中有涌泉，冬夏不涸不冻，时人谓之暖泉湖。有一堡，此水浇灌其地。

鸳鸯池：城东北四十里，出白盐。

崔家泉：东关厢，城东北一里，涌出清水，碧澄北流，人疑以为酒泉，但色味不同，因在崔家庄侧地旁，故名崔家泉。

路家海子：旧在城西二十五步，有水汪洋不竭，俗传曾见水兽，至今枯干，昔时水色稍黄，人亦以为酒泉焉。

---

① 编者按：摘录讨赖河水系相关部分。

放驿湖：城东南一里，周围六里余，即站家湖，故云。

郑家湖：城北七里，郑家堡前。

仓儿湖：城北二十五里，大湖场也。

花城儿湖：城北八十里，大湖一处，北房常袭于此，地属新城儿堡。先年，肃州蝗起天仓地方，本道兵备石州张批作祝辞告于南坛，而蝗皆入此湖食草，径飞入赤斤峡而死，禾不为灾。

铧尖湖：城东南二十二里，有二处，肃营官马常在此牧放。

肃州山川居多，湖荡无数，如祁连南山崎而红水绕于东南，孤红北延，而来河复经于西北，此其巨显者耳，姑即其有名而得闻者附之，其不及闻见者尚阙之，以俟再考。

卷二　水利①

按肃镇田土，全赖山泉浇溉，但水有消长，地有远近，故水利稍有不均，嘉靖二十七年，本道兵备副使王仪立管水老人，通淤塞渠坝，肃州参将崔麒又出己地以开渠，虽水得通，而远田尚未尽及。嘉靖三十五年春，本道行庵陈其学每于戎务之暇，亲视原隰，因沙子三坝地远水泻，又开通济渠于肃郡东南，斯水利周遍，三坝农民无亢旱之忧，三坝赖之。

……

黄草坝：龙口起于肃州城西南讨来河，渐于城东北水磨渠。坝阔一丈，深三尺五寸，延六十余里，千户曹赟督修。

沙子坝：在黄草坝南，水起龙口，亦在讨来河岸，去城西三十余里，尽头果园，东延七十余里，中分小坝甚多。若遇河水微细，远田常旱。嘉靖二十六年，参将崔麒见坝有树根盘结，水不甚涌，遂捐己地，别挑五十余丈，以避旧坝不通。形阔一丈五尺，深三尺，亦曹赟修。

洞子坝：城南有二处，一名东洞子，一名西洞子，水向东、西流，故云。二水俱在洪水河起，凿石崖为洞，引水渐上者也，甚为奇异。今西洞子流水，东洞子倾崩，西洞子止有明坝流水。二处东西约三十里远。谣曰："有人修起西洞子，狗也不吃麸刺子。"以其食极足。亦曹赟开修。

兔儿坝：城西南文殊山口外，亦讨来河之水也。沃田数十顷，坝不甚远，仅延二十余里。

红水坝：肃城南二十五里，水由南山发源，夏流冬涸。山中有红土，水山经其地，故红色，遂曰"红水"。内起二坝：一曰红水坝，在南；一曰花儿坝，在北。红水坝为肃州总寨、西店子、乱古堆等堡浇田之坝，延一百余里，沃田极多，但水坝不时倾崩，盖因水涌势恶，多石无土，故耳。嘉靖三十六年，副使陈其学拨

① 编者按：摘录肃州卫相关部分。

军修通，水得流行，而总寨一带之耕收，其比近城尤丰稔，力田者益众焉。但此水盛涨，有侵城之势。先年将头果园地漂崩不知几千顷。自参将崔麒统兵通绝，至今水不近崖。此处花儿坝，水则又及于地，名小泉儿。每年春暮，本道亲诣此坝行礼，用太牢以祀，重民事也。坝口有庙，塑山川之神，俗呼为龙王庙。闻千户杨矗亲经督修所开也。

花儿坝：在洪水坝河内起水。成化间修，浇小泉儿一带田土。

河北沙子坝：城北，亦讨来河水也，城北一带，皆赖此水之利。

老君坝：亦讨来河水，去城七里。大河南崖临城田土，咸赖此水沃溉，坝属河北沙子坝。遇警反将人畜赶此，甚不便者也。

石家坝：在老君坝南，黄草坝内起水。城西田地近北者，老君坝使水亦便，但老君坝水大，而此坝微细，不知何人开也。

葡萄渠：亦黄草坝之分渠也。

东暖泉坝：城东三十里，乃乱古堆北湖中，名曰滚锅泉，水流冬夏不涸，遂成渠以灌小泉儿、暖泉堡诸田焉。

钵和寺坝：城西北四十里，新城堡田地赖此灌焉。

观音山坝：即观音山口中所出水也。遇旱无水，有则灌本堡田。

榆林坝：城东南一百五十里，乃黄草坝南山口起水，延二十里，马营、清水堡皆赖灌田。

丰乐川坝：城东南边山，水出南山丰乐川口，下分十余坝，南山边堡赖此水以资溉禾稼，而边堡之民遂足食矣。

河西头坝：谓之河西，即丰乐川河而言也，在西者为河西，在东起水为坝者，为河东头坝，专水浇金佛寺田土亦灌溉，民咸赖此焉。

河西二坝：此坝起水而红寺堡田地赖以灌溉，与金佛寺地相连，亦用此水。

河西三坝：此坝之水浇红寺堡与永清田土。

河西四坝：此坝通渠，直抵溉永清堡西、南、北三面田地。

河西五坝：此坝分水独向北注，竟浇河清堡田土。

河西六坝：俗人称为旱六渠，以其坝远，水常不及故也。此水亦溉河清田土，诸堡不用。

以上诸坝不甚相远，但地有远近，分水者因地远近，以为时刻多寡，渠之深浅，以视其水之消长也。

河东头坝：此丰乐川之东坝，浇清水堡所属半坡、大庄二堡田地。

河东二坝：二坝之水亦浇清水堡所属大庄、中截二堡之田。

河东三坝：河东有清水堡，属三坝，堡北有车，浇此堡之田。

新沙坝：此又河西四坝之所在也。在永清堡西南，又有此派以济其不及，故名曰新沙坝。

红山新坝：俗呼仰坝儿，顺山取水，灌溉金佛寺、红山之田地，亦观音山口之水也。

红水新坝：乃红水坝之别名。红水有坝，时常崩颓，于旧坝之南，新挑一渠，故名。

柳树坝：即城东水磨渠是也，因此浇柳树、头墩一带田地，故名。

中渠：亦讨来河、红水坝、水磨渠之水，由二墩空起水，浇中渠、临水之田。

下古城新坝：肃城东柳树头墩东北起水，灌上古城、下古城田地。

老鹤窝坝：城北十里亦讨来河之水也，以溉本堡周围迤东田土，延二十余里。

安远寨坝：城西三十里，亦讨来河之水也，浇本营迤东田土。

丁家坝：城北一十里，沙坝之北清水河之水也。

通济渠：城东南。乃沙子坝第三坝、四坝之地界，地尽水尾，流不能至，耕者咸苦旱，节年荒芜。嘉靖三十五年，本道兵备登州陈其学于春初亲视所经，另开山水坝一道，以济二坝水利之不及，是以水得周济近城之田，因复得沃壤，故名曰通济渠。

肃州渠坝，不止以上数处，分流引派，坝口甚多，要其所本，皆赖讨来河、红水河、丰乐川之水耳。虽有湖泉，鲜济耕稼。

卷二 桥梁[①]

天生桥：西南、讨来河之西北，去城百里，南面有山，讨来河水从西南来，至此入地，如伏流之状，此地上人可行，亦虏潜行之处，如天生然。

楚坝桥：在观音山口内水关儿之北，亦古迹也。山口水盛，漂浮林木至此，纷纭交织，水从下流，其木日久坚定，渐积若桥，人可上行，俗云楚坝桥，亦似人力修成者。及询之乡老，又云阻坝桥，谓诸木皆阻于坝中，故云然。

公济桥：东关城外一里，跨磨河者也。先年止独木，以通徒行者，嘉靖二十一年，山西民人张玺买大树数株，修理各处桥梁，遂建。

镇朔桥：城北门外。旧桥微小低凹，凡遇水溢地潮，行人未便。嘉靖三十五年山西商人乔耀买木雇工，同僧二人修建此桥，地起通道，桥立石柱，使后人便于行，又建庙于桥北，有碑记。今因北门为镇朔门，遂以名之。

南门桥：南门外二十步，跨石河者也。若水涨溢，徒者未便。

北清水河桥：城北十里，即跨清水河者也。先年建桥，今废久矣。惟有独木以通人行。

南清水河桥：南门外东一里，旧有独木桥，以济徒行，如遇春秋地潮，则泥淖难行。此路系边山诸堡必由之地。嘉靖三十五年，山西商人杨栋发心修理，于是沿门告助米粮、雇工，再化木植为梁柱，运石块以砌根基，经行者甚便。

---

① 编者按：摘录肃州卫相关部分。

红桥：城东五里，跨磨河者也。先年新建此桥，上有栏杆，以红土饰之，遂以为红桥。

大桥：城东南放驿湖西，乃黄草坝之水尾，并湖中乱泉之水，亦先年官建者。大桥今废矣，基犹存。

卷二　屯田[①]

屯额定于正统三年，故断以本年为始。内有屯科田地，官军之别，粮草马价、书目，亦有官军顶补，起利不同，今特分载数目，以备稍考云。

……

正统三年额设：屯科田二千七百九顷二十四亩一分，屯科粮二万四千六百四十六石三斗六升四合。嘉靖二十九年，实征田二千二百七十五顷五十七亩七分六厘。屯田一千二百三十一顷九亩五分三厘五毫，科田一千四十四顷四十八亩二分二厘五毫，粮一万九千三百七十九石六斗三升四勺。屯粮一万五千八百二十一石，科粮三千五百四十九石六斗三升四勺；草一十四万四千六百二十束八分五厘，屯草九万四千九百二十六束。科草四万九前六百九十四束八分五厘。秋青草三十三万三千一百一十五束。地亩银二百五十六两四钱五分九厘八毫；桩朋银八百一十二两一分。万历四十四年，实征田二千一百八十一顷七十九亩零。屯田一千一百七十三顷三十五亩七分零，科田一千八顷四十三木四分零。其粮草、秋青、地亩、桩朋，详见兵饷。

重修肃州新志（节录）

肃州册·山川[②]

讨来河：在州北一百里，源出祁连，下流合清水河、沙河，经会水县入张掖河。至威虏，又名广禄渠。

天仓河：在州东北三百里，即讨来河之水。与城东水磨渠同派，东流至岔口，合镇夷黑河，同向东北流。俗以黑河为雄河，天仓河为雌河，以黑河之水能冲断天仓之水也。讨来河之水，在金佛寺南一百一十里。西流绕南山之后，其势甚急，人马不可涉，唯天生、楚坝二桥可渡，至卯来泉堡西南，分派北流，谓之讨来河。又折而东北，径州城西北，合清水、红水、白水、沙河。又东径下古城南，折而北流，出边，为天仓河。又东径金塔寺北三十里，至岔山镇夷界，合张掖河。

---

① 编者按：摘录肃州卫相关部分。

② 编者按：摘录讨赖河水系相关部分。

酒泉：出城下，其味如酒，因以名郡。师古曰："城东北一里许，有金泉，其色黄，而尝之略似酒味，因以名郡。"又《旧志》云：东关厢城东北一里，涌出清水，碧澄北流，人疑以为酒泉。因在崔家庄侧，故又名崔家泉。

沙河：在州东四十里，源出雪山，北流入讨来河。

清水河：在州北五十里，源出州西北清水泉，流入讨来河。

红水：在州东南三十里，源出南山谷中，下流合黑、白二水，产名石。至下古城东南入讨来河，水有红色，故名。《旧志》卫城南有红水坝，又分为东洞子坝，西洞子坝。昔时，地高水下，田不可艺。明景泰间，千户曹赟凿崖为碨，引水由下渐上，直透崖顶，分流而下，大为民利。

白水：在州西南二十里，源出州南山谷中，下与黑、红二水合流。

放驿湖，在州东南一里，周六里余，亦名站家湖。

路家海子，旧在城西二十五步，有水汪洋不竭，曾见水兽，至今枯干。昔时水色稍黄，人亦以为酒泉焉。

花城儿湖：城北八十里，大湖一处，地属新城儿堡。先年肃州蝗起天仓地方，兵备石州张批作祝辞告于南坛，而蝗皆入此湖食草，径飞入赤斤峡而死，禾不为灾。

铧尖湖：城东南二十里，有二处。肃营官马，常在此牧放。

郑家湖：在州北七里，郑家堡前。

仓儿湖：在州北二十五里，俗谓之大湖场。

灵泉：在州北门处，有记见后。

鸳鸯池：在州东北六十里，产白盐，夷人至秋，每牧于此。

暖泉：在州东一十里，大湖一围，中有涌泉，冬夏不涸不冻，时人谓之暖泉。湖有一堡，此水浇灌其地。

卯来河泉：在州西南二百五十里烂泥山下，有泉水向东北流。

九眼泉：在州西嘉峪山下，水清碧不竭，溉田数顷。又城北三百八十里有九眼泉，近羊头泉，为番人必由之路，亦军夜哨贼之处。

沙河：在州东四十里，源出雪山，北流入讨赖河。

榆树泉：在州西北八十五里，小钵和寺山口有泉。西番尝潜匿于此入寇。明嘉靖中，参将崔麒修墩台一座，以防之。

羊头泉：在州北三百三十里，金塔寺北一百二十里。北虏由天仓河北来者，咸至此歇马，亦贼之所必由路也。

沙枣泉：在州东北二百三十里。北虏顺天仓河西行，必至泉歇马，为冲要之地。

按：肃州山川居多，湖场无数，如祁连山南峙而红水绕于东南，孤红山北延，而来河复经于西北，姑即其彰灼者载之。如不及闻见者，尚阙之，以俟考。

肃州册·水利

肃州城西南四十里，有讨来河一道，水源出自雪山口，水势东流，冬系泉水，夏系雪水，融化流入大河，分成渠坝，浇灌临城各坝田地。

兔儿坝：源流系讨来河。坝口起于东岸，宽一丈五尺，深五尺，长二十余里。凡分沟四道，内名二分沟、亥家沟、大墙沟、东边沟。

沙子坝：源流系讨来河。坝口起于东岸，宽一丈六尺，深六尺，长五十里。分沟一十二道，内名冯家沟、侯家沟、张良沟、司家沟、苜蓿沟、石头沟、教场沟、二分沟、常家沟、上仰沟。

黄草坝：源流系讨来河。坝口起于东岸，宽一丈四尺，深五尺，长六十余里。分沟十三道，内名：葡萄渠、上来家沟、三百户沟、项家沟、高桥沟、南石河沟、北石河沟、官南沟、官北沟、站家官沟、四坝沟、站家深沟。

城东坝：源流系讨来河。坝口系黄草坝、沙子坝并附近临城各湖潮出泉水。分沟九道，内名上暖水沟、下暖水沟、花寨沟、水磨沟、小沙渠沟、大铧尖沟、小铧尖沟、二墩沟、三墩沟、河西沟。

嘉峪关外黄草营儿：水源出自黑山湖泉水。

野麻湾：源流系讨来河。

新城子：源流系讨来河。水分二道，内名罗圈沟、后头沟。

河北坝：源流系讨来河水并泉水。分沟十道，内名安远沟、丁家坝、老鹳闸、老君闸、丁家暖水沟、新沙坝沟、达子沟、蒲草沟、谭家沟、中所暖水沟、清水河。

两山口坝：源流系附近湖内泉水。

下古城坝：源流系讨来河、清水河二水。

肃州城南二十五里，有红水河一道，源流出自南山中，积雪融化，夏流冬涸，分成渠坝，浇灌肃城东南总寨、西店子、乱古堆、沙河等堡田地。

东洞子：源流系红水河东岸。

西洞子：源流系红水河西岸。

滚坝儿：源流出自红水河西岸。

以上东、西洞子、滚坝三处，俱系凿石崖为洞，引水灌田。

上花儿坝：源流系红水河之水。

中花儿坝：源流系红水河之水。分沟四道，内名树林东沟、树林西沟、直沟、牌楼沟。

中渠堡辖下花儿沟：源流系红水河之水并泉水。沟分七道，内名：东沟、闸渠沟、火烧沟、且石头沟、前所沟、红庄沟、崔家沟。

红水坝源流系红水河之末。分闸七道，内名：头闸、小闸、店子闸、单闸、双闸、柳树闸、新渠闸。

小泉儿坝：源流系附近泉水。

临水坝：源流系红水河水尾，并城东坝、小泉儿、下花儿坝水尾。

茹公沟：源流系红水河之水。康熙五十七年，副使道茹公仪凤招民开垦，故名。

金塔寺东、西坝：源流系讨来河并红水河水尾。分沟四道，内名：东沟、石头沟、边沟、破营儿沟。

户口坝：源流系讨来河并红水河水尾。

梧桐坝：源流系讨来河并红水河水尾。分上、下二截。

三塘坝：源流系讨来河并红水河水尾。

王子庄西坝：源流系讨来河并红水河水尾。分沟五道，有头、二、三、四、五沟。

王子庄东坝：源流系讨来河并红水河水尾。分沟四道，有头、二、三、四沟。

威虏堡回民坝：源流系讨来河并红水河水尾。分上、下龙口二道，浇灌吐鲁番归化回民田地。

肃州城东南边山一百里，有河一道，名丰乐川。水势北流，源系南山融化雪水，夏流冬涸，下分河西、河东十余坝，浇灌边山各堡田地。

河西头坝：源流自丰乐川河西。内分：上截、东二截、西二截、上三截、下三截、四截。

河西二坝：源流出丰乐川。分上、下二截。

河西三坝：源流出丰乐川。分上、下二截。

河西四坝：源流出丰乐川。分东、西二截。

河西五坝：源流出丰乐川水。

河西六坝：源流出丰乐川水。

以上五、六两坝，独浇高台县所属之下河清堡田地。

河东头坝中截下坡：源流出丰乐川河东。

河东二坝大庄报：源流出自丰乐川。

河东三坝：源流出自丰乐川。

清水坝：源流系丰乐川之水尾。

红山坝：在城南七十里。水源即系本山内雪水融化，冬涸夏流。

肃州城东南一百五十里，有千人坝一道，水势东流，源系南山融化雪水，夏流冬涸。坝分西、北，浇灌清水堡东、西二截，并红墙筐各堡田地。

千人坝河西岸：升任福州府童华开石洞一道，名曰九家窑，灌溉上寨南田地。

千人坝中寨堡：源流系千人坝分水。

千人坝上盐池堡：源流系千人坝分水。

千人坝上寨堡：源流系千人坝分水。

千人坝马营堡：源流系千人坝分水。田地粮草，系高台县所辖。

肃州城南一百里，有观音山坝一道，水源出于本山口，水势北流，分为东、西二岔，冬有泉，夏系融化雪水，浇灌金佛寺田地。

观音山东坝：源流系山内泉水，并本山融化雪水。

观音山西坝：源流系山内泉水，并本山融化雪水。

卯来泉口：在城西一百里山内。源流即本山口泉水。有住牧番夷报垦种田。

磁窑口：在红水河东、西山口，源流即本山口内泉水，遇旱则涸。有住牧番夷报垦种田。

野韭坪口：离城七十里，水源出于山口内泉水，水微细，遇旱则涸。有住牧番夷报垦种田。

红山口：离城七十里。水源系本山融化雪水，亦有些微泉水，遇旱则涸。有住牧番夷报垦种田。

干坝口：在丰乐川河东。水源即本山口内泉水。有住牧番夷报垦种田。

榆林坝：在丰乐川河东。水源即本山口内泉水。有住牧番夷报垦种田。

黄草坝口：在丰乐川河东。水源即本山口内泉水。有住牧番夷报垦种田。

又按《肃州旧志》所载，水利源委较详，与此稍有异同，且土田粮草内，有缺荒未垦地八百顷七十五亩零，岂非水利淹没以致然欤？今录以备参考，或俟后人之修举焉。

黄草坝：龙口起于肃州城西南讨来河，尽于城东北水磨渠。坝阔一丈，深三尺五寸，长六十余里，千户曹赟督修。

沙子坝：在黄草坝南，水起龙口，亦在讨来河岸，去城西三十余里。尽头果园，东延七十余里，中分小坝甚多，若遇河水微细，远田常旱。嘉靖二十六年，参将崔麒见坝有树根盘结，水不甚涌，遂捐己地，别挑五十余丈以避。旧坝阔一丈五尺，深三尺，亦曹赟修。

洞子坝：城南有二处。一名东洞子，一名西洞子，水向东、西流，故名。二水俱在红水河，凿石崖为洞，引水渐上者也，甚为奇异。今东洞子倾崩，西洞子止有明坝流水，二处东西约三十里。邦人谣曰"有人修起西洞子，狗也不吃麸刺子"，以其食极足也，亦曹赟开修。

兔儿坝：城西南文殊山口外，亦讨来河之水也。沃田数十顷。坝不甚远，仅长二十余里。

红水坝：城南二十五里。水由南山发源，夏流冬涸。山中有红土，山水经其地，色变红，遂名红水。内起二坝，一曰红水坝，在南；一曰花儿坝，在北。红水坝为肃州总寨、西店子、乱古堆等堡浇田之坝，长一百余里，浇田极多，但水坝不时倾崩，盖因水涌势恶，多石无土故耳。嘉靖三十六年，副使陈其学拨军修通，得水流行，而总寨一带之收成，比近城尤丰稔，力田者益众。但此水盛涨，有侵城之势。先年，将果园地亩漂崩不知几千顷。自参将崔麒统兵通垒，至今水不近田。又此处花儿坝，水及于地，名小泉儿。每年春暮，余率所属亲诣行礼，用太牢以祀，重民事也。坝口有庙，塑山川之神，俗呼为龙王庙，系千户杨鸾督修。

花儿坝：在红水坝河内起水，成化间修。浇小泉儿一带田土。

河北沙子坝：在州城北，亦讨来河水也。城北一带，皆赖此水之利。

老君坝：亦讨来河水，去城七里，大河南岸。临城田土，咸赖此水沃溉，属河北沙子坝。

石家坝：在老君坝南，黄草坝内起水，城西田地近北者，老君坝使水亦便。况老君坝水大，而此坝微细，不知何人所开。

葡萄渠：亦黄草坝之分渠也。

东暖泉坝：城东三十里，乃乱古堆北湖中，名曰滚锅泉，冬夏不涸，遂成渠。以灌小泉儿、暖泉堡诸田焉。

钵和寺坝：城西北四十里，新城堡田地赖此灌焉。

观音山坝：即观音山口中所出水也。遇旱无水，有则灌本堡田地。

榆林坝：城东南一百五十里，乃黄草坝南山口起水，长二十里。

马营、清水堡皆赖灌田。

丰乐川坝：城东南边山，水出南山丰乐川口，下分十余坝。南山边堡，赖此水以资溉禾稼。而边堡之民，遂足食矣。

河西头坝：谓之河西，即指丰乐川河而言也。在西者为河西，在东者为河东。金佛寺田土，资以灌溉，民咸赖焉。

河西二坝：此坝起水，而红寺堡田地赖以灌溉，与金佛寺地相连，亦用此水。

河西三坝：此坝之水，浇红寺堡与永清田土。

河西四坝：此坝通渠，直抵灌水清堡西、南、北三面田地。

河西五坝：此坝分水独向北注，竟浇河清堡田土。

河西六坝：俗呼为旱六渠。以其坝远，水常不及故也。此水亦灌河清田土。

河东头坝：此丰乐川之东坝，浇清水堡所属半坡、大庄二堡田地。

河东二坝：二坝之水，亦浇清水堡属大庄、中截二堡之田。

河东三坝：河东有清水堡属三坝堡，此水专浇此堡之田。

新沙坝，此又河西四坝之子渠也，在永清堡西南，又有此派以济其不及，故又曰新沙坝。

红山新坝：俗呼仰坝儿，顺山取水，以灌金佛寺、红山之田地，亦观音山口之水也。

红水新坝：乃红水坝之别名。红水有坝，时常崩颓，于旧坝之南，新挑一渠，故名。

柳树坝：即城东坝水磨渠是也。因此浇柳树头墩一带田地，故名。

中渠：亦讨来河、红水坝、水磨渠之水。由二墩空起水，浇中渠、临水之田。

下古城新坝：肃城东柳树头墩东北起水，灌上古城、下古城田地。

老鹳窝坝：城北十里，亦讨来河之水也。以灌本堡周围、迤东田土，长二十余里。

安远寨坝：城西三十里，亦讨来河之水也。浇本堡迤东田土。

丁家坝：城北一十里，沙坝之北，清水河之水也。

通济渠：城东南，乃沙子坝第三坝、四坝之地界。地尽水尾，流不能至，耕者咸苦旱，节年荒芜。嘉靖三十五年，兵备陈其学另开山水坝一道，以济二坝水利之不及。是以水得周济，近城之田因得复成沃壤，故名曰通济渠。

右按肃州渠坝，原不止以上数处，分流引派，坝口甚多，要其所本，皆赖讨来河、红水河、丰乐川之水耳。虽有湖泉，鲜济耕稼。

肃州册·田赋

按《肃州新志》所载，土田粮草，定于正统三年额设：屯科田二千七百九顷二十四亩一分，屯科粮二万四千六百四十六石三斗六升四合。嘉靖二十九年，实征田二千二百七十五顷五十七亩七分六厘，内屯田一千二百三十一顷九亩五分三厘五毫，科田一千四百四十四顷四十八亩二分二厘五毫，粮一万九千三百七十石六斗四升四勺，内屯粮一万五千八百二十一石，科粮三千五百四十九石六斗三升四勺。草一十四万四千六百二十束八分五厘，内屯草九万四千九百二十六束，科草四万九千六百九十四束八分五厘，秋青草三十三万三千一百一十五束。地亩银二百五十六两四钱五分九厘八毫，桩朋银八百一十二两一分。万历四十四年，实征田二千一百八十一顷七十九亩零，内屯田一千一百七十三顷三十五亩七分零，科田一千八顷四十三亩四分零。其粮草、秋青、地亩、桩朋，详见《兵饷》。此"旧志"所载之大略也。本朝顺治初，经逆回米、丁之乱，人民废业，于是有缺荒未垦地八顷七十五亩三分六厘零。后于康熙五十八年起，至雍正四年，陆续开垦，亦尚未能补足。今查肃州原额并开垦熟地，共一千七百一十三顷四十五亩二分九厘九毫九忽。实征本色正粮一万三百三十二石七斗四升五合一勺二抄一撮九粟五粒五颗，马粮五百四石三斗四升一勺三抄一撮五粟五粒，本色大草九万三千五百三十束六分一厘六毫九丝三忽八纤五尘五渺，折七斤小草二十四万五百七束三分六丝七忽九微三纤四尘一渺四漠。历年征收本色粮草，支放肃镇各营，并酒泉、临水二驿马夫粮料，以及廪饩孤贫、丁祭等项支食在案。

各川坝征收细数：

观音山东坝：各征屯、科不等。共征本色正粮二百九十七石五斗五升，大草二千六百七十六束九分二厘。

观音山西坝：各征屯、科不等。共征本色正粮一百四十四石九升，大草一千八十三束八分。

卯来泉口：有住牧番夷，报垦种田。共征收本色正粮三石九斗六升，大草二十三束二分。

磁窑口：有住牧番夷，报垦种田。征本色正粮一石七斗六升，大草一十束五分。

野韭坪：有住牧番夷，报垦种田。征本色正粮一石六斗五升，大草九束九分。

红山口：有住牧番夷，报垦种田。征本色正粮一石一斗，大草六束六分。

干坝口：有住牧番夷，报垦种田。征本色正粮一十一石，大草六十六束。

茹林坝：有住牧番夷，报垦种田。征本色正粮一十一石，大草六十六束。

黄草坝：有住牧番夷，报垦种田。征本色正粮一石一斗，大草六束六分。

兔儿坝：各征屯、科不等。共征本色正粮二百九十二石七斗四升二合，大草二千四百六十六束二厘。

沙子坝：各征屯、科不等。共征本色正粮六百六十一石七斗五升，大草七千二十三束。

黄草坝：各征屯、科不等。共征本色正粮七百九十四石八斗五升，大草八千四百一十五束。

城东坝：各征屯、科不等。共征本色正粮七百四十六石一斗八升，大草七千五百九十四束。

嘉峪关坝：各征屯、科不等。共征本色正粮一百八石三斗一升，大草七百四十四束。

嘉峪关外黄草营儿：共征屯、科正粮二十二石五斗，大草一百三十五束。

野麻湾：各征屯、科不等。共征本色正粮四十三石八斗六升，大草二百五十束。

新城子钵和寺坝：各征屯、科不等。共征本色正粮一百三十四石一斗三升，大草一千四百三十九束。

河北坝：各征屯、科不等。共征本色正粮七百二十六石七斗一升，大草七千一百三十二束。

两山口坝：各征屯、科不等。共征本色正粮二十三石七斗七升，大草三百三十六束。

下古城坝：各征屯、科不等。共征本色正粮一百二十七石八斗八升，大草一千一百四十二束。

东洞子坝：各征屯、科不等。共征本色正粮八十七石五斗六升，大草五百二十五束。

西洞子坝：各征屯、科不等。共征本色正粮一百一十二石零五升，大草九百四十四束。

滚坝儿：各征屯、科不等。共征本色正粮一十二石六斗五升，大草一百五十七束。

上花儿坝：各征屯、科不等。共征本色正粮九十六石三斗五升，大草八百三十五束。

中花儿坝：各征屯、科不等。共征本色正粮三百一十五石四斗七升，大草二千八百六十一束。

中渠堡：各征屯、科不等。共征本色正粮三百一石五斗四升，大草二千九百八十八束。

红水坝：各征屯、科不等。共征本色正粮一千一百二十七石六斗，大草八千八百一十二束。

小泉儿坝：各征屯、科不等。共征本色正粮五十四石二斗八升，大草五百七十七束。

临水坝：各征屯、科不等。共征本色正粮六百三十三石七斗，大草六千一百九十九束。

金塔寺东、西坝：各征屯、科不等。共征本色正粮三百七石一斗三升，大草二千四百六十二束。

户口坝：各征屯、科不等。共征本色正粮一百七石八斗，大草六百四十六束。

梧桐坝：各征屯、科不等。共征本色正粮一十六石九斗五升，大草一百零一束。

三塘坝：各征屯、科不等。共征本色正粮二十二石，大草一百三十二束。

王子庄西坝：各征屯、科不等。共征本色正粮一百二十八石一斗八升，大草七百六十九束。

王子庄东坝：各征屯、科不等。共征本色正粮一百一十八石二斗三升，大草七百九束。

河西头坝：各征屯、科不等。共征本色正粮四百二十二石五斗五升，大草三千八百零八束。

河西二坝：各征屯、科不等。共征本色正粮二百二十石七斗三升，大草两千一百九十束。

河西三坝：各征屯、科不等。共征本色正粮一百六十七石五斗四升，大草一千五百零七束。

河西四坝：各征屯、科不等。共征本色正粮一百八十五石七斗六升，大草二千二百束。

河东头坝：各征屯、科不等。共征本色正粮三百五十石七斗六升，大草三千零五十二束。

河东二坝：各征屯、科不等。共征本色正粮二百五十五石五斗二升，大草二千四百六十三束。

河东三坝：各征屯、科不等。共征本色正粮一百三十四石七斗七升，大草一千一百九十七束。

清水堡坝：各征屯、科不等。共征本色正粮二十八石八斗二升，大草二百九十七束。

红山坝：各征屯、科不等。共征本色正粮二百八十二石，大草二千二百三十五束。

千人坝西北清水堡东、西二截并红墙匡：各征屯、科不等。共征本色正粮一百九石三斗八升，大草一千二百五十三束。

千人坝河西岸上寨堡南：尚未升科。

千人坝中寨堡：各征屯、科不等。共征本色正粮九十六石八斗四升，大草九百一十四束一分。

千人坝上盐池堡：各征屯、科不等。共征本色正粮六十一石一斗二升，大草四百八十束。

千人坝上寨堡：各征屯、科不等。共征本色正粮一百二十六石一斗六升，大草一千二百七十五束。

千人坝草沟井：各征屯、科不等。共征本色正粮三十五石四斗二升，大草四百九十二束。

千人坝马营堡：田地粮草，系高台县所辖。

续增：

肃州卫守备曹锡钺于康熙五十八年，招民王远怀等三十五户，在于金塔寺边外，新增开垦户口坝地九顷八十亩。照依上屯、科则之例，每亩征正粮一斗一升，马粮五合五勺，旧例大草六分六厘。共新增征正粮一百七石八斗，马粮五石三斗九升，大草六百四十六束八分。

曹锡钺又招民刘朝海等，在肃属边外王子庄，新增开垦地四顷五十四亩。亦照上屯、科之例，共征正粮四十九石九斗四升，马粮二石四斗九升七合，大草二百九十九束六分四厘。

雍正四年，监收肃镇临洮府通判毛凤仪，招民范英等三百一十八户，在于金塔寺边外王子庄东、西两坝，开垦荒地二十五顷三十七亩七分。照上屯、科之例，每亩征正粮一斗一升，马粮五合五勺，大草六束六分。共征正粮二百七十九石一斗四升七合，马粮一十三石九斗五升七合二勺五抄，大草一千六百七十四束八分八厘二毫。

肃州册·祠庙[①]

龙王庙，在金塔寺堡内，雍正四年建。

龙王庙，在王子庄东坝之西，雍正十八年建。

红水坝龙王庙，在肃城南十里，康熙二十年重修。

---

① 编者按：摘录与水利相关祠庙信息。

肃州册·屯田①

屯田总论

按河西之重屯田，其来久矣。自汉武开疆度河，自朔方以西至令居，往往通渠，置田官吏卒五六万人。又自敦煌以西轮台、渠犁，北胥犍、莎车、伊循皆有屯田。居延海上、金城、湟中莫不田作。于是，凉州水草畜牧，为天下饶，人民富庶，甲于内郡。晋、魏、有唐，亦皆因其遗制，故明朝《旧志》，凡河西田地，通曰屯田。而内中又分别屯田若干，科田若干。现在纳粮、上草、当差，与内地民田无异，则后日之民田，皆当日之屯田也。今志中，已列入田赋一项，毋庸复议。惟自雍正十年以来，因西方用兵，军需繁重，大学士西林鄂公巡边，考汉唐故事，总以屯田为第一义。于是总督武进刘公，与协办军需侍郎蒋公，在嘉峪关以东屯田。大将军查公与都御史孔公，在嘉峪关以西屯田。在关西者，今已分授营兵耕种；在关东者，则募百姓充当屯户。现在设官督种分粮，以为驻防军糈之用，以省河东挽运之烦，真百世久长之利也。计所开屯田，在肃州属曰九家窑、三清湾、柔远堡、毛目城、双树墩、九坝；在甘州属曰平川堡；在凉州属曰柳林湖、昌宁湖。在肃属者，应见肃州、高台志内，在甘、凉者之志，然统为肃州军需起见，而《甘省通志》中，此项又无开载，恐后世无凭稽考，因亦附载于此云。

屯田条例

雍正十一、二等年，总督刘公与侍郎蒋公上议：

凡开渠、筑坝、平地，雇募人夫，每日每名给工价银六分，面一斤八两，米四合一勺五抄。若米面本色不便愿领折色者，照依各地方时价计算给银。

招募屯户既定之后，所需籽种或州县存仓之粮，或不敷，方行采买。总系在官借给，秋成后先行扣还，然后将余粮官民各半平分。

凡开渠、筑坝、打墙、盖屋、丈尺工程，总照依土方部颁定例。

凡屯田需牛车、农具，计籽种每百石需牛二十四只，每只银十两；需车六辆，每辆银七两；又，凡牛一只，需农具银一两六钱。凡有多寡，依此核算。官为借给，分作五年扣还。

地居口外无房屋者，每籽种一百石酌给窝铺五间，每年给银二两四钱，牛圈六间，每间给银一两二钱，日后免其追缴。

管理屯田，需用委官、生监、农民。若地在口外，照依嘉峪关西屯田事例，一官二役，每日给银六钱。若在口内，照口内佐、杂、办差之例，一官一役，每

---

① 编者按：摘录总论以及九家窑屯田部分。

日给银二钱六分。其生监，无论口内外，每日给银一钱八分。农民，无论口内外，每日给银一钱。

地居口外，委官人等，未便露处，每一千石酌盖土房十间，每间给银八两或五两不等。

屯田所收草束，屯户等需喂牛之用，故不分于官，全归屯户。

青黄不接之时，酌量借给口粮，当年秋收，照数于屯户所分之内扣还。

所下籽种，因地土厚薄，每亩多寡不同。小麦则每亩一斗六、一斗四、一斗二以至八九升不等。青稞、豆照依小麦。糜子则每亩五、六、七升不等。粟谷则颗粒尤细，每亩一、二升不等。

九家窑屯田

署肃州事童公华记云：九家窑，在肃州南山之麓，去州城百五十里。其下为千人坝，坝水至马营庄渗入漏沙，伏流不出，民间不争之水也。有地一二万亩，皆平原沃土。顾地高于河十余丈，必凿山开洞，取水于十五里之外，升之二十丈之高，然后泻出山麓，纵横四布，以溉以耕，工险而费巨，莫有任其事者。雍正十年，大学士鄂公经略陕甘至肃，议筹边要务，以屯垦为第一义，檄华专司其事，并州判李如琏分工协理。于是鸠集夫匠，凿通大山五座，穿洞千余丈。洞高七尺，阔五尺。开渠千五百丈。其悬崖断岸，水不能过者，架槽桥四座。越明年癸丑三月引水试洞，堤善崩，成而复溃者数。因顺水势所至，相其高下，而平治导利之。又一年，始达龙尾。甲寅夏四月，水到地成，种期已迫，试种四千亩。明年乙卯，种至万亩。两年皆丰收。召贫民认种，分半租为边贮。设屯田州判一员，制府奏请，皆报可。计穿洞、开渠、筑堡、建房并两年牛、犁、籽种之费，用银三万两。华捐盖龙神、山庙二座。中间改建龙口者三，改穿山洞者四，渠决而复塞者不可胜计，前后捐用三千余金。按九家窑屯田，初时雇种，本与三清湾等处屯户承认者不同。今记云，召贫民认种，分半租，则其例无异矣。

肃州册·文[①]

创凿肃州坝庄口东渠记

沈青崖

南山讨来川之派曰红水河，自南而北，流衍延袤，至城东北汇讨来河，出塞垣，经金塔寺，而北为三岔河，会黑水，即亦集乃路也。昔人于城南堰红水为七闸，至今田土受厥利焉。其东、西二洞子坝，则皆穿隧为渠者也。土人师其故智，

---

① 编者按：摘录水利相关内容。

合请太守童君华闻于朝，凿山数十里，开九家窑渠洞，二年而竣。既有成效，于是相度南原旷土，若从坝庄口堰红水上流，凿洞十里，可灌田数百顷。其西岸工亦相若，民复环吁以请，太守额之。以雍正十二年秋兴作，至十三年冬，官民弁营费约万金。几垂成告。余偕按察使浮山张公、参政新安黄公共襄厥工。乃于乾隆初元端月上浣莅之，以省其成。

出肃郡南门外十里许，即河流所经之道，冬月水涸，行枯碛中，轮蹄訇击，碛尽处，有莆畬庐舍，为东洞子坝。其南，平皋弥望。约行三十里，黄壤青莎，可犁为田，独鲜灌溉耳。上阪数武，即新渠龙尾，俯瞰河底，睿而深，东西两岸，皆百丈陡崖。东壁有一线蜗涎，人马蚁缘而下，大不盈寸。壁间隔十余丈启一窦，盖凿工出沙土处。凿者钻穴施技，灯火相望，高等于身，广可攘臂，冬温暑凉，食息不离其处。尤异者，以暗工摸索，而及其穿通，莫不吻合。以故外窦栉比，行列整齐，如排笙凤箫然，可怪也。余扶杖牵裾，缩趾伛躯，骇怖汗浃而下。踏石磊砢，乘马遑如，约行三里余，监工官结庐数椽，役夫、治工以数百，营窟以居。其南筑小庙，祠祀龙神。又南有废渠数丈，皇石尚存。又南为小干沟，山水冲激，已成断崖，拟作飞槽度水。相度者虑其流细，而不坚久，乃改凿沟坳，纡通南壁。自此明渠暗洞互相接递。又里许，至大陡崖，尤峻削。夫役缘梯以上，绳缧而下，如猱如鸟，真非人境。乃谛视壁根，故已穿隧。特阅世既久，沧桑易变，堙圮不能行水，遂致废弃耳。再南，少坦夷，间用明沟三四段，有瀑布泻悬崖间，晶莹壁立。此渠成后，亦可引泉入洞。又南，凿暗洞里许，至薛家弄大干沟，其断壁更甚。沟后通羌族，纵纡其隧，不能联属，乃从涧底通阴沟，以达于龙口，更为险怪，疑于鬼工矣。再南二百余丈，始筑偃张嗉以受水，自此至龙尾，计十里有奇，洞工什七八。西岸亦开新渠，洞工什四五。岁乙卯克藏事，如蚁穿九曲珠，如虫蛀木，如蚓食壤，五丁之开蜀道，神耶？人耶？余又安从而测之耶？

夫古圣人开物成务以前，民用莫不劳心殚力，贻后世以乐利。至于疆理亩浍，焚林别薮，山泽陂池，虞衡是司。岂无化险阻为平陆，改硗瘠为沃壤者欤？然而禹平水土，行所无事，今乃以凿为智，而竟超古人意计之表，是岂心思才力之果优于前人哉？盖尝论之，上古浑噩，中古文明，运会攸迁，时势随之，汗樽杯饮，结绳钻燧，岂能至今不变。苟可变通以宜民即行，所有事以利斯民，亦未必非劳民劝相之一端。而况禹凿龙门砥柱，随刊之下，必用伐山攻石，以利疏浚，岂仅任水悠悠？即成导水之功，则兹洞之开，亦犹行古人之道也。

渠成，可灌田数百十顷，岁增官私粟麦约二万石。河西边郡，获此利济，无旷土，无游民，高廪亿秭，惠此边氓，是可补《周礼》、《禹贡》之缺，以佐王道，而非开阡陌、尽地利之所可比也。余故乐得而书之。

嘉庆重修一统志（节录）

卷二七九肃州直隶州·山川①

讨来河：在州南，下流合张掖河，即古呼蚕水也。《汉书·地理志》：福禄县呼蚕水，出南羌中，东北至会水入羌谷。《寰宇记》：呼蚕水，一名潜水，俗谓之福禄河，西南自吐谷浑界流入。《行都司志》：在肃州卫北一百里，源出祁连山，下合清水河，同沙河，径古会水县，入张掖河。《州志》：河水与城东水磨渠同脉，至威虏城，又名广福渠，又东至岔口，与镇夷黑河合流，一名天仓河，在卫东北三百里。《西陲今略》：讨来川，在金佛寺南一百十里，西北径南山之后，其势甚急。至卯来泉堡西南分流，北流谓之讨来河，又折而东北，径渭城西北，合清水、红水、白水、沙河，又东径下古城南，折而北流出边，为天仓河，又东径金塔寺北三十里至岔口，合张掖河。

按：《舆图》，今讨来河，发源州西南五百余里番界中，有三脉，最西曰讨来河，其西又有辉图巴尔呼河，北流百余里，与讨来河合，又东北百余里，南有巴哈、额济纳二河，分流二百里许，合流，又北数十里，与讨来河会为一，又东北二百余里入边，绕州南，至州东北，合西来之水，又东北出边墙过金塔寺，稍折而北，又转东与张掖河合。又北五百余里，入居延海。其发源甚远，与《汉志》出南羌中、《寰宇记》出吐谷浑界流入之说相合。《都司志》谓在州北百里。今略又以为西流，皆误。辉图巴尔呼，旧作哈土巴尔呼。巴哈额济纳，旧作巴哈额济馁，今并改。

……

白亭海：在州东北，《元和志》：在酒泉县东北一百四十里，一名会水，以众水所会，故曰会水。以北有白亭，故曰白亭。方俗之间，河北得水，便名为河。塞外有水，便名为海。

按：《汉志》，呼蚕水至会水入羌谷，今讨来、张掖二河会流之处，在州东北三百余里，此白亭海，当指讨来河潴水之处，非《汉志》之会水也。

红水：在州东南三十里，源出南山，北流合白水，至下古城东南，入讨来河，水有红色，故名。又白水，源出州西南二十里，下合红水。又有沙河，在州东四十里，源出雪山，北流入讨来河。

清水：在州北五十里，源出州西北清水泉，东流入讨来河。又有黑水在州西北一百二十里，源出黑水泉，会清水流。

---

① 编者按：摘录讨赖河流域相关内容。

放驿湖：在州东南一里，周六里余，亦名站家湖。

铧尖湖：在州东南二十里，有二湖，皆放牧之所。

郑家湖：在州北七里郑家堡前。又仓儿湖，在州北二十五里，俗谓之大湖场。又花城儿湖，在县北十里，地属新城堡。

……

黄草坝渠：在州西南十五里，自西南至东北长六十余里。又沙子坝，在黄草南，去州西南三十余里，长七十里。兔儿坝在州西南文殊山口，长二十余里，俱引讨来河水溉田。

按：肃州引讨来河为渠十四，共溉田五百余顷。又红水坝，在州南二十五里，长一里。其北有花儿坝，长十五里。洞子坝，长十里，俱引红水。又王子庄大河，引讨来河、红水坝河、临水河各处尾水，分渠十一，溉田六百二十三顷。乾隆三十二年，增渠十三。五十年，又增渠一。

按：红水共引渠十二，溉田四百余顷。又丰乐川坝，在川东南，其下又分为河东、河西等十坝，共支渠十四，溉田二百二十余顷，皆引丰乐川水。溉清水、金佛寺、河清等堡田。又暖泉坝，在州东三十里，乃乱石堆北湖中，有滚锅泉水流成渠，溉小泉儿暖泉堡田。又钵和寺坝，在州西北四十里，溉新城堡田。

肃州新志（节录）

毛公墓志铭

赐进士　杨俊烈

故承德郎正五品、监督肃镇等处仓场、临洮府分府毛公，讳凤仪，字虞来，号抑菴，湖广荆州人也。父养斋先生忠勇公，以从戎征六诏，功加左都督，议叙，缘亲老不仕，后蒙覃恩，封荣禄大夫。母王氏，诰封一品夫人。公生而颖异，才智绝伦。弱冠博极群书，有经济天下志。旋以拔贡应扬州太守熊公聘，一切刑名、钱谷暨教养斯民之道，赖公悉心筹画，郡大治。迨熊公入觐，偕公北上，值运河冲崩，简天下才能襄厥事，公与首选。至康熙三十年四年，公上书执政，从征噶尔丹，以军功授汉中宁羌州州同。时川省岁歉，委公办挽运，调理悉当。四十二年，授临洮府通判，分治酒泉郡。未之任，圣祖皇帝西巡，大宪简公能委办差，因得附百职司侍觐，召对称旨，蒙赐宸翰、诗章及镜、鱼、参、烟等物。

公之在酒泉也，连起废凡三任，善政不可枚举。修文庙，建仓廒，详免人丁差徭。而其功最大而利最久者，莫如开垦王子庄地，招民居种，浚渠引水，以数百年龙荒沙漠之区，一旦而化为鸡犬桑麻之境，平畴弥望，烟火相错。上裕国赋，下育黎元。以故民感公德，建生祠而享祀，至今不衰也。且风雅素擅，尝著《塞上吟》以表以忠。呜呼，以公之才，膺大位，晋台阶，天下苍生无不受其福者。志虽不获大展，而文武才略，凡所设施，亦足彪炳当时而表见后世矣。

乾隆庚午冬十二月，嗣君佐卜葬公于酒泉郡之东，乾山巽向，丁亥丁巳分金，嘱余为文以志，因系以铭曰：

　　　　天挺异才，经文纬武；功昭当时，名表千古。

　　　　郁郁佳城，水环山绕；子姓振绳，于兹攸肇。

康公治肃政略

佚 名

肃，古酒泉郡，地阻边关，扼引西域。夙安耕凿，俗朴习陋，养亟需教。莅斯土者，率以使车络绎，差务劳心，未暇顾此。前山建书院、社谷诸政，至今感戴。嗣自甲午夏，山右康公以名进士来牧是邦，约己爱民，加意整饬，凡有关利弊，徐公所未竟者，悉审时度势，酌缓急而次第布之。实心实政，沾溉肃民多矣。顾上以实施，下必以实应。谨胪列善政著册，以志弗谖。非歌五绔、讼两岐、徒侈美诞谈，而谓有加于我公也。

改修洪水渠道。肃境洪水一坝，下连七闸。总寨等堡田衍土厚，农民蕃庶。旧渠入口垒筑峻岸之上，经由骆驼项各险地十里，涨暴渠崩，水卸落河底。五六月间，苗正望水，频遭此患。皆因骆驼项一带地险工巨，民力不能补救，因受重困。公为相度形势，于南石港别凿渠道，引水行戈壁滩上，永避水冲陷之患，农民便之。

开兴文渠。总寨东十余里地名野猪沟，有古荒，纵十里，横三里，亦有额粮。因无水久废，年月已不可计。公经视，即询旧耆保，于柳树闸龙口加宽六分，无碍本坝水利。别开子渠一道，名曰"兴文渠"，界分荒田为七区，引流灌溉，招佃七户。每区议设额租仅市斗粮一十二石，俾荒熟无欠，分拨各社学收租，以供馆师修膏。其额粮则佃户自纳。是举也，引余波灌弃田，即作兴文之资，公有苦心焉。

改屯归民。肃郡东南九家窑，于雍正十一年凿山浚渠，开设屯田，招民百户佃种平分。岁移，驻州判主之。民视官田非己产，一切垦治粪壅不无遗力，而田渐跷瘠，岁入平粮仅千石有奇。加以馆役之供支，屯田重困。公悉其弊，详情题准，裁汰州判，改屯升科，按上、中、下三则定赋，岁输粮草一千余石，于赋额无损，而百户屯民得有恒产，地无遗利矣。

筹置岁修公田。九家窑渠道，于山坳筑坝，截流穿山，山垒石沟，引而北，明渠暗洞十余处，计五百余丈，始达屯田，支费帑项三万余金。渠成后，奏设岁修银二百两，以为油灰、铜、铁、人夫饭食之需。岁修之有无，即关渠道之有无，实百户屯民之命脉也。公详办升科，声请仍留岁修。旋以调摄兰郡，未得力请，格于例议，并归裁汰。公四十三年春回任，首举此事，廉得本屯内有邱姓认粮地二分，用价契置，作为岁修公田，每岁令屯民同力合作，所获粮石收贮公所，以备春工需用，详明各宪，并改渠名曰"升屯"。计二分地租，岁获市斗粮一百五十六石，可易价三百余两。百屯民永远之福利，孰非我公之再造也。

均清水六堡水利。肃郡东山、清水、盐池、上中寨、马营、草沟井六堡，皆资仙人河水灌溉。自九家窑开屯，踞截上流，盛夏河涨发，尚沾余泽。遇阴寒水微，屯政厅官主之，尽拦归屯渠。各堡不特禾苗旱槁，而涝池亦涸。民畜苦渴，不能聊生，至有携家远遁。公悯之，照会屯官均水利，每月酌闭屯坝水口以济下流。升科后，更采顺舆情，同存案，而六堡之民困以苏。

劝民广种树株。郡城民用柴薪，远从王子庄边墙外采取。往返八阅日，每车得价四百余文。公于东北郊关外，相得湖地、废滩二区，不堪艺禾，适堪种树。因劝城东、黄草、沙子、河北四坝，予农隙协力浚深沟洫，以泄卤碱，种植杨柳十万余株，引各坝灌田余水浸浇。虑官为经理，久滋弊废，擢坝民之有行谊者董理其事。详明各宪，照下则例，按亩升科，俾永为民业。建立民亭三楹，守户住屋八所。于今树以成株。间有剥损，每春，坝民不烦董劝，自为树植，盖愚民亦知为己利而不遗余力也。十年之计在木，转瞬樵薪。合郡农末均沾惠利矣。又广谕乡堡种植，于总寨屯军营、临水、图迤等坝，弥望树荫，踵而增者，利更无穷，孰非我公之留遗欤？

建置社学。肃郡土瘠民贫，西极边关。经三次军兴，五方杂处。城民囿于习染，不肯就学；乡民营谋衣食，不能就学。南山僻野之民，有终身不知诗书之为贵者。公于甲午莅任，即筹建社学，乙未春底成，共二十一所。城关、近郊东西、临水、嘉峪暨南山之河东、河西，棋布星罗，莫不有学。其学舍则修葺废廓及无僧道梵刹，其修脯则取诸各社无主绝业及兴文渠地租；其馆师则取本学之明经绅士；其董事则本社之端谨老成。兴事之始，不许绅士捐助，防禁里保派扰。成事之后，不假手吏胥出纳。规画默定，措置随时，酌定学规十六条，颁使各学，务崇实学，端蒙养。今通计，城乡社学内师生几及千人。不特为边方兴廉耻礼让，而兼为边氓谋衣食生全。推寻意义，涵育甚广。每社修膏各足二十四金，亦有三四十金者。租地新旧二十余分，皆为造册，通详立案，以防日久侵隐。又虑馆师春夏闲月无资日用，准予春初借社仓谷八石，秋收即以学租完纳。谋设周详，虑事久远。前郡伯徐公期建三四学而未果，今得二十一所，何其盛欤！而我肃士牖户绸缪于未雨，食椹永怀乎好音。保兹社学，永勿替坏，尤宜相交戒勉者。

筹设乡试盘费。肃郡距西安省城三千余里，乡试往返需资三十余金，是以寒士裹足，每科赴试仅三四人。公念其苦，悉心筹办，倡捐银五百两，又绅士捐银五百两，共得千金，交典商生息。通详立案，以垂永久。计三年获息银五百四十余两，可供省试二十余人之费。何地无才，局于方隅不能自拔耳。从此多士奋兴，观光者众，庶几科名有望。

建仓便民。肃郡征收粮石，近城各堡收贮城仓，边山离城遥远。旧例：丰乐、河西各堡就近于金佛寺收贮，河东各堡就近于清水堡收贮。而二处仓廒无几，历年借贮民房至四十余处，久假不归。小民几世积累，幸得有余力修建数椽，以图栖止，而竟没为贮粮公仓。妻孥早夜警心看守，不得安居，冤苦谁可告诉者？公甚悯恻，详请于金佛寺、清水各建廒二十余间，移粮归仓，房还业主。兴工之日，催夫购料，山民实有子来之乐。

时发籽粮。肃民贫穷，不能积聚。每岁春耕甚早，迟则秋霜堪虞，成熟难望。当青黄不接之时，全赖官粮接济。口粮籽种到期处急需，必待详文报可，然后散给，每至缓不济急。农民早向商贾借贷，重利盘剥，散给之粮又随手花消，秋收公私并索，民受重困。公甚念之，每岁详请，籽口即于农工未动按数散给，以资春耕，不准借商贾重利。秋收完官，欢跃输将，宕欠殊少。苟利于民，利害弗恤，公之谓矣。

催科用亲催帖。肃州地亩粮草，旧例按限征比。临城四坝、边山各堡各里，俱发原差提究各催头，而催头又催众户。其中原差藉端吞讹，催头借事滋扰，吏胥从中侵渔，害难枚举。公莅任，悉革差役，绝不用签票，止照旧征印簿，查开户民欠数，注官衔帖内亲催，俾粮完赍缴。间有负欠未完不能缴帖者，姑为宽限。肃民淳质，此法一行，从未傅齐较比，一施敲朴，而民皆输将恐后，较严征密比者，完纳更多。

禁赌博，严匪贼。肃郡经军需之后，五方杂处，积棍盘踞，专诱良家子弟聚赌，赌穷而盗、匪、窃丛生。四野远乡，民不安枕。公下车出谕严禁。更漏夜，亲巡访拿，且令甲里互相盘诘。行之期年，法立不犯，而赌棍潜踪，贼匪远遁，四民乐业。其惩处扰害东洞子之雷定、大庄之郏正朝，除暴安良，乡民尤颂祷焉。

词讼速结。肃民淳谨畏事。户婚田土不得已涉讼者，签票一出，各弊丛生。讼棍讼师乘机唆弄，胥吏提人，延搁需索，一词之案，久悬不结，害不堪言。公莅任，讼师讼棍，严禁查拿，几于绝迹。于呈禀细事，当堂收阅，即时审结。其或诉未到，方用票提，勒期到案，随到即审，随审即结，从无经月管押班房者。其审断也，毫无瞻顾，明若目睹。有辩似理直而审曲，有懦弱词穷而得伸。为之绝根株，断葛藤，谕以利害，导以情理，必使两造俯首无词而后绳之以法。以故历年来，肃民敬畏若神，而敲朴褫革者未经一见也。

禁革差务派累。肃郡当新疆孔道，每遇差使，过往驿站额马供支不敷，则计里按粮，公帮骡马车价。差派一出，四野骚然。公莅任，悉为革除。凡支应骡马车辆，皆捐廉雇办，绝不派累民间。前后五十年，从未用里民一车一马，而大差数过，乡民若罔闻焉。

铺行逐用发价。肃衙供给新疆一切货物，需用数繁，势不能不买之。行户或买，物无定数，价值违时，估更发价，迟延岁月，商民受累。公于买货时，制用两联印票。执票取货，存根备查，缴票领价，以防吏胥私买多买之弊。应领价值，定于每月底全数给发，商民称便。

革除番民派累。肃南山麓三山口，黄黑数种番民罗居，古制止有茶马，别无派扰，以其不耕而食，难为征求也。军兴时，皮革羊毛等物暂着采取，后沿为例。文武各衙门派头目借名派之番众，穷番苦累，无可告诉。公得其情，即详各营悉为除革，使不得扰派番族，而番民之颂声作焉。

以上十六条，俱悉实心善政，教养切务，惟公以诚，求保赤之心，协同好恶之理。公生明，明生断，为吾肃民遗美利于无疆也。公自甲午入觐，旋省即署首郡，再署五凉，前后五年驰驱道路间，实莅我肃事者仅二年耳。此二年中，未明而起，日昃弗遑，几于无利不兴，无害不除。然犹时自言曰："我于肃事，惟河北坝沙压地赔粮十四石有奇，请豁免，未蒙议准，此心终歉耳。"

阙题文一则[1]

佚 名

崇文教。学校之兴，由来久矣。我肃自启疆以来，历蒙列宪栽培，建书院，立社学，而各乡好义绅耆又捐设义塾，统计阖郡不下百数十处。其间英华特出，概不乏人，而卒未获大显，良由积弊成风，师道不立，致令狂简小子无所栽成，洵可慨也。余谓造士固宜设学，而设学尤宜择师而崇道。盖道不崇则师不尊，欲子弟之钦且敬也难矣。尝见村塾先生口授数十童，率以数多为幸，甚有设学经年而宾东不相识者，推原其故，盖为师者贪馆谷以养身家，延师者亦捐脩金以误子弟，而师乌乎尊？道乌乎重？所望贤人君子力革旧弊，每岁察士子品学素优者，使绅董郑重敦请，厚其脩脯，俾得尽心传授，再酌设膏火以奖勤学。乡党中不知重道者教育之，开导之，敢侮师长者罚之，庶乎圣功著而蒙养正，师道立而善人多，风气有不蒸蒸日上也哉？

维食本。我郡俗尚务农，而致富者卒少。一遇凶年，且虑悬釜。勤而不俭，罔知积蓄故也。窃念一粒一粟，物力维艰，勿论嗜酒喜博，即冠婚丧祭，不量有无，亦足重困，甚至借贷典卖。虽丰收不免冻馁，况凶年乎？尝与乡约计秋收所入多寡为程，每十存一，以备缓急。除纳粮若干，供差若干外，粮纵有余，犹当节省。设有不足，更宜经营，总不可羡人丰盈，强无为有；笑人俭啬，以是为非。

---

[1] 编者按：此题目为编者所加。吴生贵、王世雄等在《肃州新志校注》将此段文字系于《康公治肃政略》之中，并认为作者为同治年间署理肃州的李元嘉。但《康公治肃政略》中多径以干支纪年而不称年号，集中记录康在肃期间之所为，应是作于康离任不久；此段文字则称年号，所记事体横跨百年，间有作者自发议论。由此观之，二者当非一文，二者写作时间当相差百年。又此篇文中主张兴六事、禁六事，结构明晰，惟其首尾似有阙文。

至于骄纵淫逸，尤当互相戒劝，共敦朴俗，将见耕田力穑，比户可封矣。尤望司牧者勿害民时，勿竭民力，省耕敛，时补助，禁奢靡，广积蓄，庶闾方丰足，凶年有备矣。

足衣源。采桑养蚕，其利溥矣。而肃郡地硗，树桑甚少，绝无养蚕者。咸丰年间，邻有树桑者，试令养蚕，亦能成丝，因力劝大家种桑养蚕，尚无成效。而金王一带，近颇种棉，丝细而柔，纺织之利兴焉。变后道路梗塞。外布殊少，全赖土布蔽体，而种者渐多。近又蒙相国左公刊发棉书，布散乡里，果能如法播种，则以后享利无穷矣。

立义仓。常平仓法善矣，而后世行之不能无弊。非法不善，用之者不善也。盖积久弊生，或因官役克扣，民畏莫前；或被绅董中饱，奸顽拖欠，仓竟成空。甚至粟红谷蛊，强散追偿，则利民者反害民，岂法之果不善欤？尝于金石小沟捐麦十余石，设一义仓，未及十年，积麦一百七十余石。乃议起庙宇，一切鸠工庀材皆取给焉，尚余麦四十余石，众户称便。其法：初息五分，继四分，又减三分。冬季酌发食粮，春季酌发籽粮种，秋季并收本利入仓。无论贫富，接额粮垫领均发。其富而不愿领与贫而不得领者，准转求富户保垫支借，收时限富户十日催收入仓，贫民不缴与缴不齐仍由承领富户垫纳以重公款，越岁抗延不还者，即由该管绅董禀官缴，年年出陈入新，酌减月利，则贫民永不受富豪盘积之苦，即富民亦绝无狡猾骗赖之端矣。惟人有贤愚，事有变迁，所望贤司牧养善为因革，于秋末着各处备册存案，免其纳费，并查验贤否，酌示劝惩。庶乎法可常行，而兆民永赖矣。

均水利。我郡水源不一，清洪各异，而均水总以粮之轻重为衡。粮重而地肥者，其水广；粮轻而地瘠者，其水缺。古人按亩均水，酌定国赋，法良意美，无可訾议。但水路无常，而人心不古。即如二沟在城东二坝口上，该沟粮轻而水有余，每于立夏后拦河截水，灌淹间湖，不肯让二墩坝得浇涓滴，虽扯降兴讼，定有成案，而该坝踞水上流，每当使水吃紧之时，故意刁难，二墩众户望水如命，只得致酒纳贿，冀其放水一缕以救燃眉。每年花钱不下二三百串，均纳国赋而苦乐如此。凡此之类，所在皆有。后之宰斯土者，凡遇水案，必须详察地势高下远近，依照成案相时度势，准以至情至理，庶民心悦而永息争端矣。

筑堡寨。坚壁清野，诚御寇之善策也。咸丰初年，东南发捻猖獗，识时者唱举此议，保全甚多。当时司牧者屡饬兴筑，奈承平日久，人不知兵，且惮于兴役，不即奉行。乙丑之变，四乡居民率皆窜避，即有堡可守，亦皆弃而之他，遂使踞逆得以为利。比百计复之，乃相聚筑堡，练团防守，卒得保全无数。此身经阅历而益信其法之良也。伏愿我方人民思患预防，于已筑之堡随时补葺，勿致倾圮。于应筑之堡，悉力兴修，务成犄角。设再有警，即将财务、牲畜，尽数入堡，互相保守。不惟我有所据，可恃无恐，且使寇无所掠，不战自去矣。此条并上五条，皆前哲遗意，今复申而明之，有志时务者当共励焉。

六禁：

黜异端。异端之误人甚矣，圣训四言韵文最详且切，夫复何言？惟我郡地杂番戎，人尚佛老，愚夫愚妇误入迷途者，不一而足。甚有身列校庠，甘入匪教，煽惑良民，种种恶习，刺骨酸鼻。顾其会，有清茶、白蜡、大成、黄菊、龙化等名，而总不离乎悄悄者近是。何为悄悄？盖其道夜聚晨散，惟恐人知；男女混杂，其间伤风败化，莫此为甚。且私校官爵，自夸富贵；一朝发觉，万死不足蔽辜。而蚩蚩愚氓，方且如狂如痴，奉若神明，反视明理读书为迂途，所为害一至此乎！所望贤大夫查拿严办，以息邪说。不惟圣教昌明，即人心亦复在。光绪二年，有贡生陈豫讷等揭蒙前任知州杖毙匪首杨国瑞，此风稍息。

戒争讼。是非曲直，非讼不明；奇冤惨祸，非讼不伸。讼亦安可少哉？然与其鸣冤而逞志于人，何若忍气而反责于己？且一入公门经年不结，旷时废事，纵使得理，而花无数冤钱，受无限闷气，亦应自悔多事矣。况公堂之上，讵尽明良？图圄之中，保无屈枉乎？此圣谕十六条中所切训者也。更书之，以为好讼者戒。

杜淫端。《易》曰："漫藏诲盗，冶容诲淫。"盖其祸皆自招也。最可恶者，凡遇城乡社会，妇女入庙焚香，玩灯看戏，混杂众男之中而不知羞，丧尽廉耻，于斯极矣。所望正人君子，广为戒劝，力挽浇风，尤望司牧者出示严禁查究，庶乎此俗可移也。

禁罂粟。鸦片之流毒中国也久矣。我郡地瘠民贫，食者尚少。近因谷贱伤农，渐种罂粟，冀以生财。而南山为地土所宜，利尤倍蓰，而不知群相吸食，而害亦随之现。蒙相国左公出示严禁，又得贤司牧实力查办，如得从此锄尽祸根，则造福一方也，岂浅鲜哉？

禁游荡。饮博无赖，倾家荡产，夫人而知之矣；而游手好闲，不理正业，亦多冻馁。所愿四民人等，各自激励，有恒产者勤于耕，无恒产者食其力，庶几民生在勤，勤则不匮欤。

革习弊。习俗之坏，莫坏于重财轻义。我郡自军兴以来，五方杂处，人民罔顾廉耻，妻妾转相鬻卖，养一女郎如居奇货，亲勒取聘赀，动以数百计，至少亦须五六十金、三四十金。多有因娶妇致累者。且有因贫终鳏，致绝宗祀者，其弊可胜言哉！尤有放债利加十分，犹子母盘计者。更有街坊门面设局拐骗，陷害平良者；赁房租地，生端吓骗者。种种恶习，不可悉举。所望有司查明重惩，俾知畏惧！庶风可移而俗可变矣。再，先年乡人籴粮，每一斗买主掬一小抄，一石掬一大抄，谓之记码，百姓病之。回变后，此弊革。

创修金塔县志（节录）

卷一 河流

金塔县河流共源在祁连山之阴，东曰红水川口，西曰讨赖河口。讨赖川口出而为讨赖河，至肃州城西北，分一支西北流，入新两野各地浇灌，出边墙，潴为花城湖。讨赖河至肃州城北即为北大河，至酒泉下古城与清水河合流。红水川口出而为红水河，由肃州东南蜿蜒北下，至临水称临水河，北流则与讨赖、清水二河合流，北流即至金塔县境，过青山寺西山下之水峡口而入金塔县南境，分一支为金塔坝，由东北分流，河水直通下流，至王子六坝总坪口分为六大坝，由东列西，一曰户口坝，二曰梧桐坝，三曰三塘坝，四曰威虏坝，五曰王子东坝，六曰王子西坝，总计则为金王七坝。七坝又各分为若干小岔，资以灌溉。至于天仓、夹墩湾、营盘各地，赖有鼎新黑河之水浇灌，由黑河之西岸分出者，一流于夹墩湾，一流于营盘，一流于天仓，而均系于黑河。

卷一 渠系

金塔水源由酒泉西南百余里讨赖、红水二河发源，经过酒泉县西北乡下古城与临水河汇归，北流入金塔夹山口，分一支为金塔坝，由东分流，河水直通下流为王子六坝。金塔坝又分为两岔，一曰金东坝，一曰金西坝。金东坝分坪三，一曰金石坝，一曰金大坝，一曰金双坝。金西坝分坪二，一曰金西坝，一曰三小岔。王子六坝总分坪六，由东渐西，一曰户口坝，二曰梧桐坝，三曰三塘坝，四曰威虏坝，五曰王子东坝，六曰王子西坝。

计开王子六坝分水坪口尺寸：

户口坝坪口一丈五尺，分坪三，一曰兵坝河，一曰榆树沟，一曰户西官坝；

梧桐坝坪口九尺，分坪七，小梧桐、梧厨大坝岔、三小岔、新八分、木敞口、二杰岔；

三塘坝坪口一丈五尺，分坪三，三上、三下、旧寺墩，再有六沟岔河坝；

威虏坝坪二丈零五寸，分坪四，东上、东下、磨三分、东新沟；

王子东坝坪口一丈九尺五寸，分坪二，东三沟、西二沟；

王子西坝坪口二丈二尺，分坪五，西三、小沟、西四、西红、西头。

卷二　生计

金塔地处边塞，人民生计多不充裕，亦不尚奢华。衣则多用土布，小康之家有用洋货者，穷乡僻壤，亦有用毛褐者。食以麦黍为重，自耕而食者多。如果每年雨旸及时，若全县之所产，全县之人民用之可以无饥矣。若遇雨旸愆期之年，非转运外县之麦黍，不足以保全县之生活。水则凿井而饮，县城左右饮渠水之时多，即井水亦佳。其余乡间饮渠水之时少，间或有之，为日不多。其土质亦不同，更有凿不出能饮之地，非碱即苦、取水于十余里之外者。水之艰难，莫此为甚。居住大半是茅屋，仅能遮风避雨，间有称华美者也，不过四面房屋整齐，而砖瓦阙如。路不通大道，一概未事修理，任其天然自有，高则高之、低则低之，平坦地多，危险无之。烟火则煤炭艰难，人民亦不借赖，北山虽有煤矿，历年采挖，储水为患，近年时有时无，多不可恃。乡村烧柴，有在戈壁牵牛车取者，亦有临时在田边取者，大约茅茨、红柳等类甚多。县城烧用仰给乡人牵牛车来运卖之劈柴，或榆树、沙枣树、杨树不等，不成材者劈之贩卖，作为烧料。冬日城乡皆用火盆，煨木炭而御寒。此炭出自额济纳旗古地，鼎新县之人民运卖之。

卷三　庙宇[①]

东坝龙王庙，在东坝五分，乾隆年建，圣母宫、清宫附之。[②]

东坝上三分龙王庙，清康熙五十七年建，光绪十八年重修，有钟一口，康熙年铸。

雷坛在县城北六十里旧寺墩。

……

毛公祠，在县城正西二十里，地点西坝，即毛凤仪祠。公名凤仪，字虞来，湖广荆州府江陵县拔贡，官肃州直隶州。

……

龙王庙，城西东岳庙之东，光绪十年要家德建。光绪壬午不雨，州同秦敦义斋戒设坛祈祷，大雨滂沱，详请制宪谭奏准，钦赐"应节合宜"匾额。民国十四年有赵积寿、吴兴宗等邀集各农约酌议摊钱建筑左右廊房六间，乐台三楹，继续告竣。

……

东坝头分龙王庙，又曰沙滩庙，嘉庆五年重修。

……

---

① 编者按：节录与水利相关内容。
② 编者按："清宫"难解，估计乃道教宫观常用名"上清宫"、"太清宫"之类。

维新村雷坛庙在二分，同治五年被焚，光绪三十一年重修。

……

仁和村龙王庙，雍正十年建，光绪三十二年修。

东坝三分龙圣宫，乾隆年建，光绪二十七年修。

……

户口坝三墩龙王庙，光绪三十四年建。

三下东三沟雷祖宫，嘉庆二十五年建，同治六年毁，光绪二十八年修。

……

大庄子屯庄龙王、二杰庙。

六坝六坪下各有龙王庙，名曰石庙子，用以治水，清时督修住宿，民国以来水利员每年住宿，专事水利。

卷四　党务（节录）

党务沿革

民国十六年六月，甘肃临时省党部委派翟玉航、尹尚谦为西路指导委员，指示各县成立临时县党部。二员又介绍贺多善、宋执中为金塔县临时县党部筹备委员，并与酒泉县党部青年部长李上林、党员金从寿筹备一切，即于七月三日假会馆地点照章成立金塔县临时县党部。未及，奉令停止工作。

十七年元月，金塔选送第一次在省党务训练班毕业之万俊业，由省党部委为金塔县党务筹备委员，并介绍委定李上林、宋执中、金从寿为委员，帮助工作。于二月四日成立金塔县党部筹备委员会，工作一切至三月，又奉省党部通令停止事务。

十七年十二月，中央第四次会议议决举行全国总登记甘肃省指导委员会，又委省政治训练班毕业之周登瀛、张生禄为金塔党务指导委员，成立登记处。登记结束后，而甘肃全省第二次代表大会又将开幕，即由登记处成立独立区，分部开会议决，在省垣就近选周立孝为金塔县代表参加大会，并将酒金分水各议案电知周代表提交大会上力争办理。

登记后由省党部核准党员五十二人，依次成立九区，分部三区党部于十八年三月二日开金塔县第一次代表大会。第一区党部代表李经年、王克明、王哲武，第二区党部代表王安世、李上林、公兆麟，第三区党部代表赵积寿、黄文中、何培基，开会之日讨论案件甚多，选举执监各委员呈请圈定于五月一日正式成立金塔县党部。

十九年春，金塔选送第二次在省党务训练所毕业之金从寿、梁学诗、何维汉等返金。除由省党部委梁学诗、何维汉为鼎新县党务工作员外，即委金从寿为金塔县党务工作员，赞理党务。八月，省党部召集各县市代表联席会议，即选李上林为代表出席省联席会议，返回时又委为金塔县整理委员，未几，停止活动。

二十二年春，由省党部划分金塔党部为酒泉附属，并由酒泉县党部委董祥国为金塔县整理委员，于二月二十二日假县府中山堂成立办事处，征收预备党员，并审查合格党员十一名。至九月二十一日成立直属第一区分部，推金从寿为常务委员，照常工作。

卷四　水利

小河口渊源：酒泉县之讨来、洪水、清水三河，下流至县城南青山寺之南麓，名曰小河口。自此节次分流七口，名曰金王七坝，而七坝田亩，均由此水灌溉焉。

金塔坝自小口山麓下分流一口，灌田一百一十四顷一十三亩二分八厘。

金塔于每年谷雨第五日寅时与王子六坝按三七分水，金塔坝以三分为度。至立夏五日，金塔坝将六坝之七分水尽行堵拦灌浇，而六坝只待山水发下始有水灌田，县署立有水碑。

户口坝：自小口山下流十五里，当县城五里之西南，而王子六坝渠口均在此，渠口并列形如栉齿。该坝分水灌田五十八顷三十亩五分。

梧桐坝分水灌田四十顷四亩。

三塘坝分水灌田四十顷四亩。

威虏坝分水灌田一百二十二顷九十亩五分。

王子东坝分水灌田一百二十一顷八亩二分。

王子西坝分水灌田九十一顷五亩七分五厘。

酒泉县属之新城坝、老鹳闸二水浇灌新两野田二十七顷六亩二分，新城村有与该坝按粮分水碑记。[①]

黑河水在县治东，与鼎新连界。我县属之天夹营田三十二顷亩藉资浇灌。

水碑一[②]

钧命花翎三品衔，分巡安肃兵备道，嘉峪关监督抚治番彝兼管屯田水利驿传事务，会开内防军营务处，加三级记录十次廷，严定水程勒石垂久以资遵守事。照得金王各坝争水一案互控三年，前经批饬肃州讯断，

---

① 编者按：此碑内容本志未收录，考诸相关史事，或为本卷第四部分《碑刻类文献》所收录之《新城坝徐公渠开垦水程碑记》。

② 编者按："水碑一"三字为编者所加。《创修金塔县志》中收录水碑两方，所据抄本两种皆无题名与断句。根据其内容中分别提到的"详示勒石"、"刊立石碑"确定为碑刻，并分别冠以"水碑一"、"水碑二"字样。其中水碑一为金塔坝与王子庄六坪分水事务，应是上文所谓立于县官署者；水碑二为金塔坝与茹公渠分水事务，"酒金水案"相关档案中屡提及之民初变三七分水为五五分水事，即此碑所记载之内容。

旋据该前州潘牧详称，"按三七分水，分别开堵日期，公立合同、刊碑照示"等情，因即批准在案。兹据两造复控来辕，当经本道提讯，除各供省繁不叙外，查肃州原断尚属平允，未便再事更张。但开堵之期稍迟，且不准上游拦柴，以致两造翻控，自应略加变通、以顺舆情。本道秉公俎酌，断饬令金塔坝自谷雨日起第五日卯时开水，立夏日起第五日酉时堵水，如水势微小不足三分者，准其金塔各坝拦柴以浇足三分为度，所有王子六坝水程仍照七分浇灌，不得拦柴，自贻后悔。凡开水堵水之日，两造禀请地方官亲诣，照章均分、以杜争端。至于三小岔界处下游往往分水不足、易启龃龉，饬令金西王子各坝协济分水，自堵水后起至小满日止，永远定限总以浇遍为度。如上游勒指浇水不足，惟金西坝是问。该两造士农等均各悦服，情愿遵断，当堂具结、永不反悔。其余各节，仍照旧合同办理。惟前碑词不合体例，姑存于后，兹特详示勒石以垂不朽。如再有刁生劣监、无知愚民胆敢藉端生事者，定行按律严惩。至金王各坝士农，以后守定水规、工溥为怀，慎自干咎戾、以身试法。其各怀遵，毋违特示。

大清宣统元年岁次己酉六月初吉

署王子庄州同张秉督同镌石并书

水碑二[①]

酒泉有大河三，曰北大河、曰清水河、曰临水河，其三河为金塔全县之水源。但北、清二水流至下古城与临水河合而为一，经茹公渠来金百有余里。经查老案，清乾隆二十七年经金塔士庶等具呈陈明，前分州张会同前肃州州同徐判令金塔坝得水七分、茹公渠得水三分，立案为例、各资灌溉。后茹公渠因河低渠高，往往堵河塞水，以致两造纷争不已。至民国十一年，蒙酒泉县长沈奉安肃道尹王谕令，会同金塔县长李斟酌情形，秉公判令两造在临水大河内各得水五分，复令于河口镶坪均分，刊立石碑、尊为成例，并断令于屡年立夏后五日分水，同请金酒两处县长会同来渠监视，以昭慎重，永免争端。两造尊服，具结立案，兹将列宪为民之苦心及分水之成数谨刻于碑，以期永垂不朽云尔。

酒泉初等国民小学校教员兰谷茹生惠书丹

河南南阳府王盛义镌石

---

① 编者按："水碑二"三字为编者所加。

卷九　循卓（节录）

　　彭以懋，字免之，四川华阳人，清乾隆己卯科举人，五十年奉委署理州同掾务，由噶里戈什徙治金塔，借寓民房，疏渠分水、筑修城垣，创建柳堤书院，有碑记。摄掾六载，事皆开创。后令敦煌，善政甚多，著有《劝民歌》十首。

　　冀修业，山西汾州府人，介休县人，由举人大挑知县。道光十七年，修导渠坝，兴筑逼水堤岸，长约二十余里，皆用破山石暨沙石条，崇厚丈余，岸高曰七八尺不等。河工告竣，书立沙石界碑，上刻王子六坝重修长短截数尺寸，民到于今遵守弗替。且各坝石河龙王庙悬有匾额，坪口及逼水、堤岸丈数尺寸丝毫不乱。而又劝课士子以兴文教，严治邪教、以正风俗。

卷十　诗文（节录）

北海晴烟①

李士璋

　　一片晴漪断复连，　北邻瀚海浩无边。
　　班超出塞三千里，　苏武牧羊十九年。②
　　水草萃成游牧地，　烟波远映蔚蓝天。
　　寻源何必探星宿③，　自有汪洋万斛泉。

黑水环流④

李士璋

　　西渡流沙任所之，　黑水应不到三危。
　　谁言水道经梁域，　曾过山丹请禹碑。⑤
　　讨赖名川劳考证⑥，　通天派别更支离。⑦
　　题于八景增惆怅，　始信重来为补诗。

---

　　① 编者按：《北海晴烟》、《黑水环流》分别为李士璋所作《金塔八景诗》之第五、第八首，组诗末有"丁巳年四月初抵金塔口占，蜀北李士璋作"之语。根据《创修金塔县志》卷七《官职》记载，李士璋系四川遂宁人，民国七年、民国十一年两度出任金塔县长。《北海清咽》诗前有小序云："在西北境，常年有水，虽旱不涸，东西长有十里，南北宽有一里。"
　　② 原注：苏武出使匈奴牧羊十九年，或云是镇番旧地。
　　③ 原注：海名黄河之源。
　　④ 编者按：诗前有小序云："黑河之水环绕天仓，为金塔各坝退水之尾。闲考《禹贡》，黑水界雍、梁二州之域，恐非此水，姑阙疑焉。"
　　⑤ 原注：山丹县有碑曰大禹导弱水处。
　　⑥ 原注：金塔县之水云讨赖河来源。
　　⑦ 原注：土人呼梧桐坝河为通天大河。

谷雨后五日分水即事

李士璋

年年均水起嚣喧，　荷重如云人语繁。

沙浅冲平杨岸堤，　提穿旁溢杏花村。

寸香细刻分阴晷①，　一滴俱关养命源。

安得甘泉随地涌，　万家沾溉自无言。

辛酉仲冬月十一日到小梧桐坝勘水
一片汪洋竟成泽国民有巢居屋上者赋此志慨

李士璋

洪水横流弱水西，　拦河未固溃金堤。

下民应有其鱼叹，　中泽微闻哀雁啼。

鸦背寒翻红锦绮②，　马蹄蹋碎白玻璃。③

荒凉景象谁曾见，　人在高房似鸟栖。

腊月中旬渠水暴涨淹至南郊固前宰拦河
失修致有此患星夜派民夫凿冰修筑补救匪易

李士璋

伏秋几涨寻常事，谁言冬来灌百川。

一片汪洋成泽国，数家村落变江田。

击冰难透波心月，厌草经浮水底天。④

筑堰未成堤又溃，焚香祷告转凄然。⑤

四月六日宿梧桐坝之大庄子中
有龙神祠又名大庄庙居民十余家筑有堡墙

李士璋

夕阳影里见崇垣，中有居民自结村。

处处赛神隆庙享，我今讬足又龙门。

---

① 原注：分水时刻，以燃香几寸为度，有规定。
② 原注：时值夕阳西下。
③ 原注：马蹄从水河蹋过，的的有声。
④ 原注：下柴压石仍被冲动。
⑤ 原注：曾作文祷祝神意。

四月六日过三塘坝雷祖庙小憩

李士璋

荒凉古庙有高台， 路转三塘书景开。

奎门凌虚关斗极[①]，神威惊世挟风雷。[②]

但教荞麦铺田野， 莫使罂花杂草莱。

寄语老农应记取， 木棉好趁夏初栽。[③]

四月二十三日回署闻茹公渠争水
几酿重案随即会同酒泉县往勘渠坪定成二五
均分刊碑勒石至闰五月十五日碑成赋此纪事

李士璋

农田水利费筹思， 民命攸关待主持。

此日碑成应堕泪[④]，他年认作岘山碑。

金塔县采访录（节录）

一、地理类（节录）

水利：其源在祁连山之阴，东为红水川，西为洮赖河，一支由肃州城西北流至新两野浇灌，肃州城北即为北大和，至酒泉下古城与清水河合流，红水河由肃州东南蜿蜒流入临水河合流，即至金塔县境，由青山寺西分二支流，一支向东北流入金塔坝，一支向西流入王子庄，户口、梧桐、三塘、威房、东坝、西坝等六坝，以资灌溉，至天夹营各地俱赖鼎新黑河之余水灌溉。

二、气象类

1. 各县雨量、风向及水文纪载

本县地连蒙沙，在甘西北部，为大陆气候，寒暑俱剧，冬季严寒，冰雪满地，夏日炎热，蒸人难堪，每年多风，以四季而言，春季多西风，夏季多东风，有时吹来如织，空气干燥，若连刮三四日，即有发山水之望，秋季多西风，冬

---

① 原注：有魁星阁高矗霄汉。
② 原注：观雷祖庙匾额。
③ 原注：故演说劝导种棉。
④ 原注：先是，两县之械斗已殒一命矣。

季多东风，较西风为酷烈，有时尘沙飞扬，树木摧折，春夏二季下雨多至二三次，间有每年不雨，近几年来秋雨较多，农业受害不浅，冬季落雪不过三四次而已。

2. 各县主要农作物种收时期

本县重要农产即小麦、大麦、青稞、莞豆、稷，春季惊蛰后下种，夏季中伏后收割，糜子芒种下种，秋风收割，胡麻清明下种，末伏收割，芝麻立夏下种，中秋节后收拔，棉花四月初间播种，八月底摘棉，山药三月间播种，九月间挖取，西瓜四月初间点籽，七月底成熟，韭三月生芽割食，萝卜有二种，其春首或半春种者，为熟萝卜，夏初种者为冬萝卜。

3. 天旱、地震及灾异状况

民国二十六年荒旱成灾，比岁不登，饥馑荐臻，食用维艰，咽糠粃而充饥者，拾沙枣以延生者，比比皆是，鹄面鸠形，触目伤心，凄惨状况，莫此为甚。二十年秋三塘、梧桐各坝被遭冰雹，大如鸡蛋，秋禾失望，树木枝叶击落，迄今尚有枯萎之树株。

十二、官绩人物传（节录）

周济，字志拯，浙江嘉县人。民国二十二年东来宰金邑，时地方旱灾频仍，供应浩繁，农商交困。兼之高利贷放赈，剥削人民，周公下车伊始，□□在抱，视民如伤，对于放高利贷之辈，尤为痛恨，于是煞费苦心，维持市面，商承地方士绅，将地方结存公款，办理农民低利借贷所一处，用以铲除重利盘剥，活动地方金融。嗣后，又感杯水车薪，呈请省府发放贷款，幸蒙恩准贷款两万元成立合作社十处，从此如涸鱼得水，相欣复苏。莅政一载，不辞劳瘁，躬亲赴乡，巡视辖境，周察民隐，将各乡社仓，饬令恢复，并将上峰拨充县政经费之仓粮一百余石分划各社仓，各县社仓获此臂助，得以复兴者十处，俾人民得沾实惠，又见河栏水坝不堪蒂固，每年间有山洪暴发，水流旷地，影响人民灌溉非浅，遂鸠工尼材，摊派民夫车辆，修补河栏，不特此也。彼时完小地址窄狭，设备简陋，公抱大无伟之精神，提倡改建筹措经费，将南门外音寺旧址，添建教室，增置棹橙，不遗余少，此皆周公之知所先务者也，古之循吏，第不过他。如讲求水利，补修道路，广植树株，次第举行者，不一而是，主政三载，循声卓著，而仁风扇野有口皆碑，兹将周公之事实脍炙人口者，胪列数端，藉资表扬懋绩云。

甘肃通志稿（节录）

卷三十四　民政四·水利二

酒泉县

元至元十八年二月，发肃州等处军凿渠溉田。（《续通志》）

清康熙五十五年十月，肃州巡抚绰奇往勘肃州迤北多可垦地，酌量河水灌溉。乾隆二十五年，陕西总督杨应琚请将肃州邻边荒土尽令开垦，相其流泉开渠引灌。（《东华录》）

清水河在龙王庙，距城十五里，源出乱泉，渠长三百余里。（《采访》）

马营河，距城一百八十里，源自祁连雪水，渠长百余里。（《采访》）

酒泉渠工每年夏历四月修浚，全县二十渠，大渠二，曰讨来，曰红水小渠。十八曰黄草，曰沙子，曰图迹，曰临水，曰花儿，曰新城，曰柳树，曰西洞，曰东洞，曰中花，曰兔儿，曰滚坝，曰西头，曰通济，曰屯升，曰马营，曰清水，曰丰乐，其流度各五六里，而大渠长约一百六十余里，溉田共三千二百一十一亩六分七厘。（《风土调查记》）

金塔县

讨来河水及洪水河尾水，引为金塔寺东西坝，分东沟、石头沟、边沟、破营沟四道。王子庄东西坝分沟五道，威虏坝分上下龙口二道。（《甘肃新通志》）

金塔七渠，清雍正七年开，曰金塔坝，分东西二渠，距城里许，灌田一千四百四十亩；曰梧桐坝，在城北七十里，灌田三百六十亩；又三塘坝，灌田四百八十亩；曰威虏坝，在城西北六十里，灌田一千五百亩；曰王子东坝，灌田一千二百亩；王子西坝，灌田一千一百八十亩。皆在城西北六七十里，各渠皆依北大、临水两河（即讨来、洪水）为来源，二水合流自县西南三十里两山口入境，分流各渠，或长六七十里至八九十里。春水解冻，流户口、梧桐、三塘、威虏及王子东西坝。谷雨后五日始归金塔坝东西分流。（《风土调查录》及《采访》）

新两野渠，在县西南九十里，清乾隆三十年开，源自洪水、讨来二河，长一百二十里，灌田三百六十亩。（《采访》）

天夹营渠，在县东北一百九十里，清雍正八年开，源自鼎新黑河，长十五里，灌田三百八十亩。（《采访》）

茹公渠，在城南三十里，清康熙七年引临水河，灌田一百二十亩。（《采访》）

河西志（节录）

第六章　水利

第一节　河西人民的生命

一、河西的水源

河西气候干燥，雨量稀少，自东向西年雨量 200—50 公厘[1]，农田和草原不赖天雨，全赖祁连山雪水灌溉。祁连山山高气寒，纵山深谷，有庞大的天然林和草原，终年积雪，成为冰川，冰川的总面积达一千平方公里，冰层厚度在四十公尺至一百多公尺间，储量共达三百亿公方，由于面积连绵广阔，水蒸气充足，加之气候变化骤烈，而降水量较大，年近 400 公厘，因此，祁连山便形成一座天然大水库。及到夏季千峰融解，万壑争流。较大的山水已查实者有 41 条，出山峡后，分渠道引水以资灌溉，有"日光代雨"之称。故水利设施，实为河西命脉所系。

河流皆发源于祁连山，走廊中部因有定羌庙（海拔 2600 公尺）和嘉峪关（海拔 1900 公尺）两个高台地带，故把河西走廊盆地分为三大流域。乌鞘岭以西，定羌庙以东的天祝（指乌鞘岭以西的地区，乌鞘岭以东属庄浪河流域）、古浪、武威、民勤、永昌四县属石羊河流域。定羌庙以西，嘉峪关以东的山丹、民乐、张掖、高台、酒泉、金塔、肃南七县属黑河流域。嘉峪关以西的玉门、安西、敦煌、肃北、阿克塞五县属疏勒河流域。各河上游水河湍急，河底卵石滚动甚多，且落差很大，出峡谷后，落于平地，流经砂砾河床，逐渐渗漏，至中游地区。潜流涌出成泉，众泉汇流，冬季不冰，再复下流潴为碱水之湖泊，故属内陆河流，便于灌溉。流出祁连山的年总水量为 78.55 亿公方，泉水成流的水量为 24.057 亿公方，合计年总流量为 102.607 亿公方。而山水在多盆地又形成大面积的沼泽区和水湖，因此蒸发和渗漏的损失很大，故上述出山水量不能代表祁连山可以利用的水源。地下水除已汇集成泉水露头地表者外，初步估计比较容易开发利用的水源约在 67.79 亿公方左右。

二、三大内陆河流

（一）东部的石羊河水系。石羊河水系以石羊河为最大，其支流有六：自东而西为古浪河（在古浪）、黄羊河、杂木河、金塔河、西营河（以上在武威）、东大河（在永昌）。各河流出峡后，因农田引用及河床渗漏之故，约流几十公里，即成干涸河滩，

---

[1]　编者按：1 公厘=1 毫米

变成潜流伏行，至中游地区，又复涌出地面，汇聚成流。如古浪河之潜流露头后为洪水河，黄羊河、杂木河之潜流露头后为白塔河，金塔河之潜流露头后为清水河（亦即石羊河之主流），西营河之潜流露头后为南沙河与北沙河，东大河之潜流露头后为乌牛坝，这六泉水在武威县北之三岔堡与民勤南部之蔡旗堡间，节次汇合后，即成石羊大河，北流至分水闸，又分为东西两支，东支又称外河，冬春流水，用以灌溉民勤的湖属各乡麦田[1]，如有余水则没入北部白亭海。西支又称内河（现内外河已合并），夏季流水，用以灌溉民勤的坝属各乡麦田，余流注入青玉湖中，石羊河主流全长约两百多公里，宽达二、三公里，分岔漫溢，无固定河床。此外本水系之东有大靖河（在古浪），源短水小，向东北流入永登县境内；西有西大河（在永昌），自成一系，自毛家庄出山口后，经水磨关，向东北流至县城北与露头之潜流金川河接流，北经宁远堡、当中沟，分东西两支，东支入昌宁湖（即今昌宁堡），西支注入玉海。本水系年总流量 33.713 亿公方（内有泉水 9.793 亿公方）。

（二）横贯中部的黑河水系。黑河水系，以黑河（一名张掖河，亦名弱水）为最大，讨赖河、山丹河次之。黑河源出祁连山之八宝山，至莺落峡出山后，向东北流，至平原堡汇东来之山丹河（即为弱水）折向西北流，穿临泽汇南来之梨园河，越高台又汇南来之摆浪河，出镇夷峡，沿金塔县东境（即原鼎新县）向北流过营盘，汇讨赖河余流，注蓄于内蒙古境内的居延海，源远流长 900 多公里。《木兰辞》中"朝辞爹娘去，暮宿黑水边"的黑水正是此水。[2]山丹河在山丹县之西，源出南峡口营，西北汇流过大草滩，至县城东会茨沟河，至李家桥汇马营河，又北流至城南，折向西北合南草等湖水，过祁家店经东乐、架子墩入张掖境，汇洪水河（在张掖境称九龙江）至平原堡入黑河。讨赖河发源于祁连山主峰讨赖掌（又叫托赖掌），出讨赖山峡，经朱龙关，傍酒泉城北（称北大河）至下古城，会临水、清水二河入鸳鸯池，北流入金塔（在金塔境内原称白河），过梧桐村，向东北流至营盘以北入黑河。在黑河、讨赖河二大干流之间，尚有支流多余条，由东向西有水关河、石灰关河、红沙河（以上在高台）、马营河、丰乐川、关山河、红山河、羊龙河、洪水河（以上在酒泉），皆长三、五十公里，灌溉后如有余水则分别汇入黑河、讨赖河，本水系年总流量为 52.824 亿公方（内有泉水 10.524 亿公方）。

（三）西部的疏勒河水系。疏勒河水系，以疏勒河为主，党河次之。疏勒河上游称昌马河，发源于祁连山之讨赖掌，与讨赖河同出一源，出讨赖峡后，落于昌马盆地，出昌马峡向西北流经玉门城西，折转西马潜流露头的十道口岸的泉水汇流，经蘑菇滩又纳南岸各沟泉水，过双塔堡会踏实河，经安西城北入敦煌，至双

---

① 原注：民勤的湖属各乡农田是指柳林湖的地，这部分地原来是浇灌的外河水，每年只浇一次冬水或春水，即所谓"安种水"，播种后再浇不上水；坝属各乡是指浇灌内河水的地，这部分地的庄稼每年可浇到三次水。

② 原注：黑河一名张掖河，亦名弱水。古人称水弱无波，掷草芥即沉下而不浮，故称弱水，其实水无不浮草芥之理。

河岔会党河后入哈拉湖，全长约六百公里。党河发源于祁连山之波罗大阪及崩口大阪，南源大水河，北源凯厅河，流至乌兰窑洞会为党河，向西北流经兰山子、鳖盖、到党城湾，经肃北绕鸣沙山脚折向西北流，过敦煌城节次会合各沟并两旁泉水，至双河岔入疏勒河。支流由东向西有白杨河、石油河，出山后，经玉门赤金堡到花海子，余水散入沼泽地，为玉门油矿工业用水之唯一水源，本水系年总流量 16.070 亿公方（包括泉水 3.740 亿公方）。

三、河西水利的几个特点

（一）全区地势平整，坡度均匀，约有百分之一到四百分之一，大都由南向北倾斜，而且连接成片，河床坡度较陡，在祁连山外，大致与地坡相仿，因而易于引水灌溉。

（二）解放前灌溉渠系，纵横交错，设置简陋，缺乏控制，因而灌溉组织极为混乱，河渠渗漏损失相当严重，田于田间工程粗放，灌溉方法守旧、串灌、漫灌、浪费甚大，一般河流全年水量的利用率仅为 35%左右，大部分地区的用水情况是"夏水紧、秋水闲，冬春两季用不完"。

（三）各河上游，灌溉用水多，渗漏损失较大，造成中、下游地区地下水位高，水量丰富，而且很多地区地下水露出地表，汇集成流，引灌田地，泉水灌溉虽约占总灌溉面积的 35%左右，但水量利用率不到 40%，造成许多沼泽草湖和碱化地区，以致不能利用。

（四）各河流的潜在压力很大，水能蕴藏也很丰富，均可资开发利用。又有建设水电厂的有利条件。

（五）在各个河流上游都可以找到筑坝蓄水的适宜地点，特别是几条较大的河流，条件更为优越。在南山（祁连山）和北山（合黎山）都有优良的坝址，可分别在上游、下游分级拦蓄山水和泉水，提高利用率。在各泉水河流上游和沼泽地区也有很多适宜建筑洼地蓄水和拦河小型水库的地址。

第二节 历代农民修浚下的农田水利工程

一、悠久的水利历史

河西在上古时代洪水奔流，相传在夏禹时曾凿张掖石峡口及高台镇镇彝峡，以导弱水于合黎，余波入于流沙。[①]镇夷峡即合黎山口，出镇夷峡经过鼎新则入于沙漠地带的额济纳旗境内之居延海（今为内蒙古自治区的辖地）。至于始有河道之形，因河西各水均发源于祁连山，以积雪融化随川流于低洼地带，淤积而成肥沃的平原，油绿的嫩草茂生于遍野，自然的沟渠浸润浇灌连绵的草原。秦汉以前纯

---

① 原注：《禹贡》："导弱水于合黎，余波入于流沙。"

为乌孙、月氏、匈奴等少数民族的游牧地区，由于逐水草而迁徙就经常发生争草原占水头的激烈战争。自汉武"逐"匈奴后，设郡置县，浚河开渠，移民屯田，始有灌溉。《史记·河渠书》云："用事者皆言水利，朔方、西河、河西、酒泉皆引河及川谷以溉田。"当时其主要河流有谷水（即白亭河）、弱水（删丹河，亦黑河）、呼蚕水（即白大河亦叫讨赖河）、南藉端水（疏勒河）。根据居延汉简的记载，在张掖居延屯垦的田卒中间就专门有一种"河渠卒"来担负溉田工作。《汉书·匈奴传》载"汉渡河，自朔方以西至令居（今永登县西北）往往通渠，置田官吏卒"，此吏卒中除田卒外，还有河渠卒等。居延汉简上也有田卒一千五百人为田官做放渠水工作的记载。赵充国在敦煌、酒泉时也莫不以开渠为首要工作。《后汉书·西羌传》又云"虞诩奏复朔方、河西、上郡使谒者[①]郭璜，激河浚渠为屯田"。张掖的千金渠，即为汉代所开，根据敦煌、居延所发现的汉简上可考得河西凿井灌溉工作在汉代也已开始。如居延汉简云："毋井者各积水亭（亭拟糜字误释）十石，渠井候长。辞故卅井候官。"由以上各简可知不但有井，而且可以用井溉田，卅井在简文虽为地名，然必因其地有三十口井方始得名，这些井大都是戍所的河渠卒所开凿，同时简文中还有阔二丈五的灌溉大井，并有专人守护，近来又从武威的汉墓中掘出很多的井陶制的井和水桶的模型，其井的形状有方的也有圆的。至唐初和元代时期，先后在张掖等地开屯浚渠[②]，张掖的盈科渠、大满渠、小满渠、加官渠、大官渠等皆为唐时所开。当时水车的使用在五代时也有了记载，大食作家伊宾黑尔在天福六年（公元943年）来中国游历了古山丹城后，他的游记中对当时的水车是这样记载的："墙上有一大川，分为六十支流，每支流向一闸流去，冲动一个转水之风轮，于是别一风轮又将水卷流之地面……"临泽的鸭子翅渠（即近鸭子渠）和张掖的大古浪渠、小古浪渠、巴吉渠、牙喇渠、小泉渠、城北新渠、旧塔尔渠、满峪泉水渠等即在元朝时所开。明代因屯田增多，水利事业也较为发达，如张掖的慕龙、梨园、小潢龙首、东泉、红沙、仁寿、鸣沙、汗树、德安、宁西等渠、山丹的树沟和白崖渠、临泽的板桥渠和亦昔喇渠，酒泉的通济渠等均为明嘉靖时所开，还有酒泉的洞子坝长三十华里，为明景泰中凿崖为碥，明隆庆年间在张掖所开的小满新渠和大满新渠，明万历时所开的马子渠、洞子渠、西洞渠。其次在清朝初期的水利事业也有所发展，如在康熙五十六年（公元1717年）开浚的玉门赤金渠，雍正年间所开的高台三清渠，鼎新县双树墩渠等。此外酒泉的茹公渠、金塔的户口坝、王子东坝、王子西坝等都是清代所开。

河西水利事业由于历代劳动人民的从事修浚，使泛滥为灾的洪水，逐渐驯服变为民利，以至成为人民的命脉。而到国民党统治时期，不但在水利事业上没有

---

① 原注："谒者"是汉代的一种官职。
② 原注：唐朝的李汉通任甘州刺史，元朝的刘恩都先后在张掖曾提倡开屯浚渠。

什么发展，相反的对水源和渠道的破坏是相当严重的，特别在马匪步芳统治河西时大量砍伐祁连山的森林，以致雪线上升，降水量日益减少，据记载每年雪线最低时为一月及十二月，最高时为七月及八月。其年总计：1935 年为 47.4，1936 年为 31.1，1937 年为 45.1，1938 年为 54.3，至 1939 年之趋势而论，雪线每年日渐升高，换言之即山上积雪日益减少。盛暑时因森林太少，温度太高，雪水冰块一倾而下，水渠不足以盛纳，加之渠沿树木也遭到很大的破坏，致使渠岸不固，造成决口倒水事故的不断发生，而流为无用，待以后需水时，则水源又感不足，上下游之间的用水矛盾日渐加剧，打架斗殴情况也亦见频繁。如安西和玉门、鼎新和高台、金塔和酒泉等等，每年在夏禾遇旱之时必有均水的争端。尤其 1938 年至 1942 年的五年时间，金塔和酒泉的打架斗殴情况最为剧烈，惨斗受伤者难以数计，伪专署为给金塔放水曾以军警用枪炮威胁掩护，结果还是放不下一点水，反而造成两县之间的矛盾更加尖锐。在这种情势的逼迫下，才进行修建鸳鸯池蓄水库，1943 年开始，到 1947 年才算基本"竣工"，1948 年开始蓄水，水深为 17.9 公尺，大坝高 30.26 公尺，计划需水量为 1,200 万公方，斯年秋天又用木板活动闸加高溢洪道一公尺五，可增需水量 450 万公方，前后共费民工 86 万多个，共费伪币亿元①。在施工中偷工减料粗制滥造，领工霸头苛扣民工口粮，监工们携枪监视，动辄毒打民工，甚至有的被打死，因此当时群众称之为"冤枉池"。竣工后恶霸当先操纵水权，反而表彰自己"用功"，使劳动人民的血汗成为"水利专员"的"劳苦功高"。此外，1947 年曾计划修建的古浪大靖河等 16 项工程，因未拨款连一项也未实施，1948 年始拨款 760 亿元，只修建了高台马尾湖水库及酒泉边湾截引地下水、夹边沟小型水库等三项工程。马尾湖水库的蓄水量为 780 万公方，同年并贷款 231 亿元进行了山丹截引地下水灌溉工程，又贷款 135 亿元修建了古丰渠（柳条河）灌溉工程。解放前的水利工程只有这几项，除马尾湖水库潦草竣工外，其他工程均未全部修成。又小又烂的鸳鸯池水库在当时来说是西北第一座水库的开始，尤其土坝是全国最大的水利工程了，除此外再无有什么水利工程。②

二、藉修渠坝勒索农民

至于渠坝的岁修工作，在表面上看起来很认真，实际上正是恶霸假借名义吸取农民膏脂的好机会，如高台县各坝每年春季起夫上坝时，先按地摊派"起夫钱"摆设酒席，名叫"春沟席"，邀请本坝"头星"和各渠"总甲"决定夫额，而做工的次数和时间均有"农官"掌握支配，冬水结束后，又按地摊派"农官工食使费"，这笔款由农官支配，官府不加过问，仅高台三清渠的总甲，每年就可"正式地"挣得小麦 15 石左右。在派沟夫、坝夫时，又可以从中押夫折价，所折收回来的欠

---

① 编者按：原文在"共费伪币"之后无数字。
② 原注：鸳鸯池水库修成后伪省府认为大恶霸赵积寿修水库"有功"，就给了一个"水利专员"的职位，以示其荣耀。

款，都归"农官"和"水差"的私囊。挑渠上坝时农官老爷们一人可顶三夫，美其名曰"坐夫"，因此不但不出夫，反而长下工，其长下的工又要向缺工的农民索要粮食，在张掖、高台每个工可取粮食二至三升，有时故意把做工地点指得很远，劳力少的农民，为了避免因地跑路浪费时间，就给总甲出些工钱，以顶所摊派的工日。另外在每年所摊堵水的柴草（又叫河柴）数量也很庞大，仅酒泉洪水坝的下四闸（该坝共有七个闸）每年照例所摊派的茇茇和柴就在 12 万斤以上，至于临时摊派的还不计其数，有些贫苦农民有时就连烧锅柴也成问题，所以往往有短欠河柴的情况，而每年中秋节以后由农官、总甲和夫头上庄"清夫"，所有缺工欠柴的户一律要以粮食和钱一次清结，这种清夫的做法相当苛刻，实际上就是对农民的一次抢劫，每缺一个工就要清六升糜子，有时清到八升到一斗；每缺一斤茇茇（河柴）要清四升糜子，实际上每百斤茇茇按当时的价格才能值到六升糜子。农民明知是概不合理，但还得忍受，否则这些豺狼式的强盗就是见啥拿啥，逢锅提锅，遇犁背犁，甚至把牛车和牲畜也赶走了，缺工缺柴多的农民便一抢而光，所抢去的这些生产工具和生活用品必须在限期内赎回，否则变卖以抵，其价值一般地超过所"欠"的半倍和一倍，甚至数倍，被受抢的农民，只得把辛勤劳动所收获的粮食送去赎物，有的因赎物借下了"还不清"的高利贷。如酒泉洪水坝的"水利老爷"每年仅藉"清夫"一项，就可勒索粮食 200 多石（每石约 380 市斤），因此谁当"水利老爷"谁就发了财。永昌农民的水利负担，除人工外，其河柴和水差等费每年每亩地平均不下二斗粮食。高台每亩地的水利负担，平均每年约在一斗粮食左右，最少的有四升，最多的达一斗五升（每斗均约 38 市斤）。农民无论在劳力和武力的负担确实是够沉重的了，按理说应当把渠坝修的很好了，但不然，仍是定例式地"年年挖渠，岁岁修坝"，越修的次数多则"水利老爷"就越勒索得多，如果把渠坝修得一劳永逸，则"水利老爷"的剥削收入就会减少，因为修下的渠坝多不坚固，一遇大洪水就被冲坏，但仍是农民的麻烦，"九沟十八湾，筛子把水拦，听到雷声响，背锅提干粮"。农民的这些话，很概括地总结了当时修渠坝的质量，遇有亢旱之事，又要起"锅底夫"到河里踩水。"踩水"又叫蹭水和踏水，是黑河上游的高台鼎新等地在水堵干后，他们发动成千成百的人到河里赤脚踩沙，可以挤出水来灌入农田。不论农民家中是否有充足劳力，均按户出夫，农民曾以这样的一段话反映了当时的情景："小伙子抓了兵，丫头出不了门，老汉走不动，硬要娃娃的命。"因贫苦农民家庭中的青壮年，不是给地主扛长工，就是被国民党抓了兵，有的是出外逃避兵役，留在家中的青壮年确实不多，但是无论老幼不去还不行，则地主家庭人多地广不出夫，只是到渠岸上指手画脚地呼唤别人，而踩下来的水，地主却优先浇灌，在平常的挑渠上坝时，地主也是出夫很少，但记工却多，结果缺工的还是贫苦农民。

三、水量流失的严重现象

旧渠道底宽身弯和并行交错的现象也是浪费水的主要原因，曾有"三十里的河湾，四十里的沔湾，水还未有淌到，就被黄羊兔子咋干"的流言，这些话虽然有些夸大，但具体的证明由于渠道的不规则，其渗漏蒸发是很大的，因此利用率很低，平均损失则在 50%以上。再如黑河上游引水的方法是每年筑拦河坝，堵引全河水量，历年来在黑暗的统治下总分水口的地方就是血泪与黑暗的总汇点，强凌弱、恶欺善，弊端重重，年年斗殴，在恶势力的把持下，各渠竞相深挖，平行而下，还有并行三十里以外的渠道，其渗漏的水量无法计算。岁修时中间渠道的沙石往外背运时必须架桥于他渠，渠与渠的夹岸上堆积的沙石，风吹鸟落都免不了使沙石滚到两边的渠内引起斗殴，其浪费的人工虽然很多，但对蒸发和渗漏的情况无法得到改变。

第三节　封建水规如枷锁，农官老爷似蛇蝎

一、吃人的"老爷"

汉代在各地设田官管理屯田和水利事情。唐代在各渠和斗门设置渠长和斗门长，直接管理灌溉事宜。明、清时代的各地水利工作，均有各州府县的同知、通判、县丞、主簿等佐理，知府、知州、知县管理。《明史·职官志》："同知通判分掌……治农、水利、屯田、牧马等事，无常职，无定员。"[①]《皇朝经世文编》："……故为沟洫，必访求于乡耆里长，而总其事于郡守，责其成于县令，分其任于县丞、主簿。"无县丞和主簿的县即委派典史办理。又"凡有修筑圩堤、闸坝、陂塘、堰圳等项工程，俱专责各该县县丞查勘督修，尚有并无县丞之属，即委典史、巡检"。由于朝代的更替，而通判县丞之类也不一定长期专管，有时只为临时专责。明成化十二年（公元 1476 年），巡按御史许进言："河西十五卫，东起庄浪，西抵肃州，绵亘凡二千里，所资水利，多夺于势豪，宜设官专理。"宪宗朱见深便命令屯田佥事兼管水利事情。在县境内的各坝（渠）又设农官或"水老"管理本渠之水利，《永昌县志》记载："治水无专官，统归县令，然日亲簿书，未遑遍履亲勘，于是农官、乡老、总甲协同为助，以息事而宁人。"《镇番县志》载："治水旧有水利通判，乾隆年裁，嗣后遂隶于县，而水老实董其役。康熙四十一年设水利老人，即今之水老也。"这些"农官""水老"绝大部分是地主阶级分子充任。辛亥革命后农村的管水制度仍相沿清制至1924年左右，有的县改"农官"的名称为水利，但通常仍以"老爷"称之，"总甲"改为渠长。以上的名称不过大体如此，而各地也还有不同的叫法，但藉以霸水是一致的，他们除利用各种手段向农民敲诈勒索和霸水外，还有"正式"的工资，酒泉洪水坝的"水利老

---

① 原注：斗门即是渠坝上的闸，斗门长即是管水闸的负责人。"屯田佥事"是管屯田的官。

爷"每年的定额工资是 14.4 石（约 5472 斤小麦）；高台的总甲，一年可挣得 15 石（约 5400 斤）小麦的"正式"工资，这些职务每年由各渠（闸）轮流更换，特别是"农官""水差"之职，统治阶级一位荣耀，生则称"老爷"凭权鱼肉乡邻，死则悬匾帐能装"豸虎"棺材①，故于每年立春前后由地主阶级分子争相夺职，权势盛炽的大恶霸从中可以收贿放官。武威的金塔河有个臧恶霸，辈辈都当"农官"，因他一家一贯无赖狡猾，比较"公正"些的人若当农官后他就故意为难，或策动他的狗腿胡闹，结果别人仍将农官力推于他了，因此当地群众有这样的一首歌谣："石山土压头，二龙两泪流，清官坐不住，赃官永不走。"此外该河灌区内还有胡、戴、文、周等四大恶霸，他们以不同的手段霸水，吮吸农民的血液，农民对他们的形容是："胡狼戴狗文猞猁，左右三坝有个周炒杓。"从整个河西的情况来看，水权完全操纵在地主恶霸之手，而浚渠堵水的劳动农民是没有权利的。

二、不合理的均水制度

　　旧社会的水规制度是极不合理的，由于在封建社会的黑暗统治下，水权完全操纵于恶力的手中，因此形成县与县、村与村、坝与坝的分水不公和打架斗殴。武威的成春堡、永昌的下石堡及古浪峡口等地的河口两岸，冢墓累累，据说都是因闹水斗殴而死者之故墓，流血事件尽管不断发生，而在资产阶级掌握政权的社会里，不可能得到合理的用水制度，所以上游者尽量浪费，下游者只有受旱，这种苦乐不均的现象长期存在，使水利不能发挥应有的效能，影响生产很大，首先是上下游的县与县之间的不合理，如黑河下游之鼎新县及金塔的天夹营，高台的正义五堡，共有耕地八万八千多亩，每年立夏后黑河水量全部由上游各渠堵引断流，直至天气炎热河水高涨时，才可长流灌溉，故在芒种前后夏禾迫切用水之际，河水离涨尚远，所以夏禾耕地皆赖旧有均水制度始可浇灌，然因河床沙多面宽，长期晒干，再加路途遥远，蒸发和渗漏的水量很大，所浇之地有限，致使金、鼎两县连年遭受严重旱灾，且旧的均水制度，又极不合理，即在芒种前十天闭临泽、高台上游所有渠道（高台柔远渠、三清渠和临泽的小新渠例不闭口），分给正义五堡七天，金塔、鼎新三天，这是清雍正时年羹尧②用武力才实施的，"永为定案不得更改"。在此以前的下游，芒种前后根本浇不上水，而这个均水制度又极不合理，高台的正义五堡只有耕地 26 000 多亩，就占均水十分之七，鼎新和金塔的天夹营共有耕地 62 000 多亩，且距离正义五堡平均在一百里以上，只占均水的十分之三。再如金塔和酒泉之分水制度，在清乾隆二十七年时规定金塔得水七分，酒泉茹公渠得水三分，实际上金塔连一分也放不下来，每年双方为水争闹，后于 1922 年经

---

　　① 原注：旧社会在农村当了农官即认为一生的荣耀，死后其他恶霸为了互相"歌功颂德"，送匾送帐。"豸虎棺材"是封建社会有"功名"有"地位"的统治阶级所享用，即在棺木外面彩画"豸虎"的样式和"龙"差不多。

　　② 原注：年羹尧是满人，清雍正初的"大将军"。"皇渠"是原来专门开下浇灌军垦田地的渠，浇水不受限制，后来军垦地改为民田后仍然相沿惯例，浇水仍不受限制，俗称之为皇渠，高台的柔远渠、三清渠即是皇渠，而临泽的小新渠和三清渠是一个渠口，在给下游放水时也藉皇渠的势力不闭口。天夹营：指天仓、夹墩湾、营盘等地。

安肃道会同两县"县长"定为各得五分，并与河口镶平，每年立夏后五日分水，虽然这样定了案，但仍是放不下水来，除非遇有大洪水，酒泉盛不了时才能流到金塔，平常也有以贿赂其渠口水差，故意以倒坝为名放一点水，俗叫"漏水"，但这些水只是金塔坝能浇上，而王子庄六坝根本浇不上，王子庄六坝的夏禾一般只浇一次冬水或春水后才能播种，播种后如不遇洪水时只有在干地里拔收，如此形成金塔"十年九旱"的情况。他如武威、民勤、永昌之间因均水也常有斗殴事故的发生。

三、地主恶霸操纵下的配水陋规

村与村、坝与坝之间的浇水制度更加不合理，主要是以恶霸势力的大小而形成的，如永昌的东乡和西乡的恶霸多，且势力较大，因此霸占的水也就多，如宁远堡的恶霸势力不及上两处，因此有时群众连吃的水也很缺，即所谓"东乡老虎西乡狼，宁远堡是死绵羊"的说法。张掖齐家渠的30多个闸，每闸的闸板上都有开一个碗口大的窟窿，名之曰"金斗月牙"，下游的农民给上游恶霸送了礼后，才能堵塞"金斗月牙"。民勤一县之内分为内河和外河两大区域，内河又称坝区，外河又称湖区，每年从谷雨后到小雪止全为坝区浇灌，如遇水多时硬浇泡闲滩，都不给外河放水，从小雪后到次年谷雨前为湖区浇灌，因而湖区每年只能浇一次冬水。除此外各地在恶霸势力的操纵下，还规定一些浇水"制度"，以蒙蔽和欺骗广大的劳动人民。

（一）分水制度：大部分地区均系按粮分水，渠口的大小是以交纳田赋的多少而定，即所谓"渠口有丈尺"。各户也是以纳粮的多少规定其浇水时程，而与实际种植的地亩面积无关（因纳粮的多寡，并非完全以土地的多少而定），这种制度对耕地面积的扩大有很大的限制，以致肥沃而广阔的可垦地，不能大量开垦，同时由于在土地的典当、买卖中间，浇水问题也有很大的变化，有卖地少而留水多，或卖地多而留水少，以及有些农民迫不得已将水全部出卖者，以致最后连水带地尽为地主阶级所占有，这些具体情况很复杂，但都免不了地主的从中愚弄。地主以各种手腕占有大量的土地和水，每年种一部分歇一部分，不但田禾浇足，就连草湖也泡过，并以多余之水反过来高价卖与农民，造成贫困农民的田禾往往受旱。

（二）点香制度：是按12个时辰燃香计时，河西各县普遍使用，这个制度是在按粮分水，这样一个极不合理的基础上，地主恶霸为了进一步限制农民的用水而产生的，表面上看起来"严格遵守"，但在实际施行中间，由于地主恶霸的操纵，鬼弊多端，吃亏的仅是贫苦农民，点香时则有干、湿、粗、细以及碱面香和含硝药香、香头迎风和背风等等之分别，也还有用夹底香盒暗点整板香烘烤，加快上层香的燃烧速度，偷掐香头和刮去香上硬皮的种种弊端，也是百出不穷，有的地方有专管点香的人，农民称之为"活龙王"，这些人在点香之际，大肆勒索敲诈，农民在浇水时给送肉、送饭、送馍、送瓜、送钱、送烟等等，否则对浇水时间扣得更苛，每逢浇水时地主恶霸总是浇得称心满意，而巡沟护岸的农民就不能浇到适时适量的水，干地的情况成为常事，永昌的宁远大坝除了白天浇点香水外，晚上实行浇"乱水"，又叫放炮水或"半夜水"，即从"起更"放二炮开始至半夜鸡鸣时，可以乱浇，人多的大户又可藉此抢浇，人少力弱的小户还是浇不上。

（三）干沟湿轮制度：即在规定的浇水日期内，不论有水无水，或水大水小均为一轮，如果浇到中间沟干了，第二轮水仍然从头浇灌，次序上好像均匀，但上游的地主恶霸却又仗势截浇，贫苦农民偶尔有截浇者就以"犯水"论，要遭到地主恶霸的鞭打绳拴的暴恶非刑，有时因"犯水"家中的门窗器具都被砸坏了，无论人身和器物受到怎样的摧残，过后还要罚款。

（四）上轮下次和下轮上次制度：自渠首到渠尾或从渠尾到渠首，一次浇灌，每从头到尾或从尾到头浇一次为一轮，每轮的天数各地不同，有十天或十五天不等，这种制度有永久定案，也有临时议定，也还有混合使用。不管哪一种都是以恶霸势力的强弱和其利益的大小而规定的，其混合使用者即第一轮若浇不完者，第二轮即为下轮上次，就要自下而上的浇灌，在此期间巡水的"差甲"除了偷卖一部分水外，还要给上游的恶霸送一部分水，即所谓"人情水"，以包庇其卖水的舞弊。卖水又有常年和临时之分。在酒泉卖一寸香的常年水约可得一石二斗（约450斤）麦子，如临时买浇灌一亩地的水，则需二斗麦子；武威卖一亩地的水可得二、三斗麦子，民乐卖一亩地的水可得四斗麦子，民勤卖一亩地的水可得一斗麦子，安西卖一个时节的（二小时）水可得二斗麦子。当然这些所得都是私下议定的，并没有什么规定，敦煌一向就是下轮上次制度，而卖水现象更为普遍。

上述各种浇水制度，多系在每年田禾迫切需水的季节里运用的，冬季和立夏前多乱浇，称之为"乱坝水"，如酒泉在每年八月十五以后至次年三月初一日为"乱坝水"；高台在立夏前三天和夏至后为"乱坝水"；安西在立夏的十天以前乱浇，夏田收割后如发了洪水也可以乱浇；永昌从降霜开始到次年立夏前为"乱坝水"；民乐是从立秋以后到次年清明节前为"乱坝水"；山丹一年四季轮浇，不乱水，不过在秋后浇水时制度就不太严格了。

四、以残暴的手段，夺得的特殊水权

此外还有很多的特殊水权，如临泽三坝的恶霸刘永恒因当了几十年的"渠主"而"有功"，挣下了一份浇树园子的水，名为树园子，实际树并不多，仅是一片无际的荒滩。农民为了不使这份水遭到浪费，得事前请酒席"让水"，事后还要送粮食"酬谢"。永昌和民乐还有一种"农官水"和"总甲水"，每年谁当"农官"和"总甲"就给谁留一昼夜水，别人不能违犯，否则谁先放了水，就在谁的苗地里起堆为记，事后就得仰人说情赔偿实物。民乐小坝渠有一道饮马沟长流不闭，据说是清雍正年间洪水营守备专为饮马的一道沟，后虽无马可饮，但这种制度相沿二百多年都不能变更。此外还有永昌高家庄的"嫁妆水"、敦煌的"唱戏水"①等等陋规。最残暴的是杀人"祭水"，张掖的洞子渠在初开时有个姓吴的地主杀了同族的哑子祭了水，因此就挣下了世袭农官（辈辈称为"吴老人"，又称吴老爷）和谯斗口大的一股长流水，名为"金斗水"，这股水权为吴地主所有，其灌溉余水可任意出卖，别人无权干涉。民乐河东坝有八十多户人家，于乾隆时在地主恶霸的主张下因开渠也买了一个哑子祭了"龙王"，因此就挣下了二尺五寸水口的特权。

除以上这些封建统治的锁链和水利特权外，农民的额外负担也很严重，如每年的酬神演戏也要花去很大的一笔款，这些款都是从劳动人民的身上骗来的，天旱时要祈祷，发洪水时又要酬神。酒泉讨赖河每年在立夏分水时也要举行分水大典，酬神演戏诵经祈祷，每逢祈、酬演戏时都要大摆酒筵，邀请地方"官吏"和"头星"大吃一次，美其名曰"散福"。仅酒泉讨赖河的七个坝每年所摊的酬神费不下 5570 市石。②旧社会吮吸农民膏血的花样，确实举不胜举，以上情况只不过是点滴而已。

五、封建水规束缚下的灌溉方法

在灌溉技术方面也很不讲究，虽然在浇夏禾时有"头水浅，二水满，三水过来洗个脸"的经验，但事与愿违，由于封建水规的不合理，再加上渠道多属于私有，且很紊乱，所以也就不可能把水浇得适时适量，水小则受旱，形成恨水思想的严重；遇有大水则深浇满灌，促成土壤的盐碱化。有些地区在同一道沟的上游，长期存在着"三不浇"③和"明浇夜退"的现象，造成同沟下游的农民，遭受淹庄淹地的损失非常严重。普遍的串灌也是相沿了千百年的旧习惯，以及地块的不平和大块地的情况普遍存在，都是浪费水量和促成土壤盐碱化的重要原因，民勤的大块地竟然有达二、三百亩的，十亩左右的大块地农村中到处都有，所以在同一块地内就常有旱涝的现象。同时对冬水的利用也很少，除部分下游地区有用冬水泡地的习惯外，一般都用秋水泡地，因此也就有"夏紧、秋松、冬不管"的情况。至于各种作物浇水的次数，各地多不相同。

总之河西的水利资源是丰富的，而且是应有尽有取之不竭的，虽然历代农民的千辛万苦激河浚渠，使水害变为水利。但这些丰富的水利资源，在解放前不但没有开发利用。反而遭到官僚军阀特别是马匪帮的破坏，再加农田水利的失修和修建水规的压迫，水小则被地主恶霸霸占，水大则决口倒坝，蒸发和渗漏的严重现象也日渐加剧，因而形成旱灾频仍，特别是贫苦农民有水无水经常受旱，致使农作物不能得到所需的水量，而产量相应地降低，农民的生活亦随之不断下降，使广大的农村成为一片荒凉的景象。

---

① 原注：永昌西五坝高恶霸的姑娘嫁给了毛家庄的人后，就给毛家庄送了一般长流不闭的水，农民称为"嫁妆水"或"姑娘水"。敦煌的"唱戏水"是戏唱到哪里就给哪里额外放一股水，恶霸藉此浇灌自己的田地。

② 编者按：原文如此。

③ 原注："三不浇"即天阴不浇，刮风不浇，下雨不浇。

表1　祁连山各河出山径流量及泉水径流量统计表

水系	县别	河名		平均年径流量（亿公方）
		全区山水总计		78.550
		全区泉水总计		24.057
石羊河	古浪	山水	大靖河	0.190
			古浪河	0.960
			柳条河	0.160
			小计	1.310
		泉水	大靖	0.100
			暖泉	0.100
			土门	0.130
			小计	0.330
	武威	山水	黄羊河	1.720
			杂木河	2.930
			金塔河	1.500
			西营河	4.600
			小计	10.750
		泉水	金羊河	0.716
			大柳条河	0.768
			清源河	0.840
			永昌河	1.818
			小计	4.143
	民勤	山水	石羊河	5.140
			小计	5.140
		泉水	外河	1.360
			内河	1.280
			小计	2.640
	永昌	山水	东大河	3.940
			西大河	2.780
			小计	6.720
		泉水	泾川河	0.680
			乌牛坝	1.180
			四坝	0.820
			小计	2.680
		石羊河山水总计		23.920
		石羊河泉水总计		9.793
黑河	山丹	山水	山丹河	0.860
			小计	0.860
		泉水	马营河	1.448
			霍城河	0.667
			小计	2.115
	民乐	山水	洪水河	1.480
			童子坝	1.180
			海潮坝	0.710

续表

水系	县别		河名	平均年径流量（亿公方）
黑河	民乐	山水	小堵马	0.110
			大堵马	1.100
			马蹄寺	0.060
			小计	4.640
		泉水	童子坝	0.110
			泉水	0.080
			小计	0.190
	张掖	山水	苏油口河	0.820
			大野口河	0.070
			小野口河	0.220
			黑河干流	14.970
			小计	16.080
		泉水	永丰渠	0.620
			东泉渠	0.640
			小计	1.260
	临泽	山水	梨园河	2.450
			小计	2.450
		泉水	黑河潜流	2.168
			五眼泉	0.103
			九眼泉	0.516
			小计	2.427
	高台	山水	大河	0.190
			摆浪河	0.720
			水关河	0.480
			石灰关河	0.350
			红沙河	0.190
			小计	1.930
		泉水	黑河潜流	2.272
			河子沟	0.001
			小计	2.273
	酒泉	山水	马营河	1.710
			黄草坝	0.200
			榆林坝	0.250
			涌泉坝	0.250
			丰乐川	2.180
			观山河	0.310
			洪水河	3.310
			红山河	1.710
			讨赖河	6.420
			小计	16.340
	酒泉	泉水	清水河	1.219
			临水河	1.040
			小计	2.259

续表

水系	县别		河名	平均年径流量（亿公方）
黑河	黑河山水总计			42.300
	黑河泉水总计			10.524
疏勒河	玉门	山水	白杨河	0.280
			石油河	0.250
			昌马河	7.850
			小计	8.380
		泉水	十道口岸	0.485
			小计	0.485
	安西	山水	踏实河	0.590
			小计	0.590
		泉水	布隆吉	0.200
			榆林坝	0.090
			昌马河	0.370
			双塔堡	2.200
			小计	2.860
	敦煌	山水	党河	3.360
			小计	3.360
		泉水	南湖	0.110
			山水河	0.095
			西头沟	0.190
			小计	0.395
	疏勒河山水总计			12.330
	疏勒河泉水总计			3.740

表 2　解放前河西各县主要渠坝情况表

县别	河名	发源地	汇入何处	备注
古浪	古浪大河	龙沟	石羊河	出芥菜坡，向北会东来之龙沟水，又北流会西来之张家河水，再北流会东来黄羊川水。
古浪	黄羊川水	不毛山之北分水岭	入古浪大河	出分水岭北流，会南来之庙儿沟河水。
古浪	古丰渠	牛头山	古浪河	原名柳条河。
古浪	大靖河	不毛山	入海子滩	出不毛山北流，会上下直沟、下上茅茨沟、上下条子沟，出南峡长岭大河等坝。
武威	黄羊河	磨棋山	入红水河	经张义堡川流出水峡口，东分天桥沟头、二、三、四、五、六坝，西分缠山沟、黄小七坝、黄大七坝。
武威	杂木河			
武威	西营河			
武威	金塔河			

续表

县别	河名	发源地	汇入何处	备注
民勤	石羊河	武威清水河及海藏寺等泉水	入大河	出清水河，及沿途海藏寺、观音堂、雷台、龙王庙、储备泉水，北流至深沟堡，分岔出石羊河，东收白塔河，西收石桥堡泉水及南北沙河余流。
民勤	洪水河	武威之高沟寨	入大河	出高沟寨北，由五里墩入边墙，至蔡旗堡入石羊河。民勤水源，合众小流而为一河，至蔡旗堡总名大河。
永昌	转洞口河（东大河）	祁连山	入沙河河滩至武威界	
永昌	大河（西大河）	平羌脑儿	入乱泉河滩	出源平羌脑儿都山下，诸山之水与会，自西水关出，又名考来河及大河，分灌五坝。
山丹	删丹河	焉支山	入黑河经东乐西北张掖	删丹河，即弱水，分五大坝，为草湖渠、暖泉渠、东中渠、童子渠、慕化渠。
民乐	洪水河	祁连山	入张掖九龙江与山丹河汇黑河	洪水大河有二源，一自祁连山内分水岭大湖窝发源，一自考金山下谷镇南沟发源。
民乐	童子河	祁连山扁都口	入山丹河	出山分为二渠，一向西北流名无虞渠，一向东北流至永固东湖甘柏山下，至童子寺嘴。
民乐	海潮河（虎喇河）	祁连山内之龙沟	入洪水河	自海潮山下谷流出，东灌海东、海西两坝田亩。
民乐	大都麻河	临松山	入山丹河	自临松山下流出，灌慕化各渠。
民乐	小都麻河	小都嘛山	入山丹河	出山口三里许，经山寨子东北流五十里入山丹河，浇小沐上下田亩。
民乐	苏油河	八宝山	入黑水河	出山后分灌东西二坝田亩，西坝属张掖，名均坝；东坝属民乐，名板坝。
民乐	马蹄河	马蹄山	入山丹河	出马蹄山蘁谷中，经马蹄寺，河水甚微，灌田无多。
民乐	补达河	金山麓茨儿沟	入洪水河	有三源，一自石门流出，一自茨儿沟流出，两水相合，称清水；一自金山麓石头沟流出，称浊水。
民乐	香沟河	老金山	入洪水河	源出老金山下，长流不息，自香沟口奔流入洪水大河实为洪水河之一源。
张掖	黑河	祁连山野马川	会弱水出正义峡会讨赖河入天仓	出山后自西向南向东北流，至城西北会东来之山丹弱水，向西北经高台，出正义峡至鼎新，会讨来河于天仓注入居延海，在张掖共分五十四渠。
临泽	黑河	祁连山莺落峡出山	经高台鼎新汇入居延海	自张掖龙首堡莺落峡出山，西岸浇明卖等渠。
临泽	响山河（梨园河）	祁连山梨园营冰沟门	入黑河	自梨园出山，开梨园南北两渠，北接开县城东南之东海、鸭儿、通济三渠，从张掖汇沙河而西。
高台	黑河	祁连山莺落峡经张掖临泽	入居延海	出山后经张掖、临泽，至正义石峡口，至酒泉会白河，至鼎新北流入蒙古额济纳旗，而注于居延海。

续表

县别	河名	发源地	汇入何处	备注
高台	摆浪河	祁连山	入黑河	出山北流，经镇羌、暖泉、顺德诸堡，至苦水口与水关河合流北行，又名羊达子河，注入黑河。
高台	水关河	祁连山	入摆浪河	自水关口出山，北流经红崖、从仁二堡而南，向东北行注入摆浪河。
高台	石灰关河	祁连山石灰关口	入水关河	亦名西河，自红崖堡西东北流入水关河。
高台	岸门河	祁连山	入红沙堡沙漠中	即红沙河，北流过红沙堡入沙碛中。
酒泉	讨赖河	祁连山	经金塔鼎新天仓入黑河	出山后下流会清水河、沙河灌临城各坝田地。
酒泉	马营河			
酒泉	洪水河	祁连山	入讨赖河	出山后至下古城东南入讨赖河灌洞子等坝田地。
酒泉	丰乐川河	祁连山	入讨赖河	分河西、河东十余坝浇灌边山各堡田地。
金塔	讨赖河（白河）	祁连山讨赖掌经过酒泉	至营盘入黑河	出水峡口约十余里分为金塔坝、三塘坝、梧桐坝、户口坝、威虏坝、王子东坝、王子西坝。
金塔	讨赖河	祁连山讨赖掌流经酒泉西北	入花城湖	灌溉野马湾、新城子、八格楞等地。
金塔	黑河	祁连山之八宝山经张掖高台	入居延海	浇灌黑河西岸之夹墩湾、营盘、天仓、沙门子等地。
鼎新	黑河	祁连山经张掖高台	入居延海	经高台正义峡入口。
玉门	昌马河	祁连山	入黑崖子	经过昌马水峡口，分二支，西北一支流入安西，向北一支流入玉门黑崖子戈壁，又分两支，城东为巩昌河，城西为西河。
玉门	孔昌河	昌马水峡口	入疏勒河	下流到蘑菇滩流入黄渠河，入安西疏勒河。
玉门	石油河	祁连山	入花海子	
安西	疏勒河	祁连山疏勒脑儿	入哈拉脑儿	出山峡至玉门五百余里，与昌马河汇北流四道柳沟、桥湾，向西汇柳沟诸水以达于党河之尾。
安西	黑水河踏实河	沙窝泉	入疏勒河	至沙窝泉，西流入芦草沟，向北流布隆吉河，西北经双塔堡入疏勒河。
敦煌	党河	祁连山	入疏勒河	经过波罗大阪及野牛沟脑，进入疏勒草原，为疏勒河上游草地，大水河与凯厅河会合于乌兰窑洞，本境内共分十渠。

表3　解放前浇水次数情况表

县别	夏田浇水次数	秋田浇水次数
古浪	山水地浇二次泉水地浇四次	山水地浇二次泉水地浇三次
民勤	渠坝的一部分地浇二次水一部分只能浇到一次水湖区在播种后浇不上水	一般浇二次水湖区只浇一次下种水
武威	一般浇三次水最多可浇六次	一般浇三次水
永昌	东大河可六次水西大河可浇四次水	同夏田次数
山丹	浇二次水	同夏田次数
民乐	一般浇三次水	同夏田次数
张掖	浇四至五次水	浇四次水
临泽	同上	同上
高台	1/2 的地可浇八次水个别有浇二次水的一般可浇四至五六次水	最多浇六次水最少浇四次水
鼎新	一般浇四次水	一般浇四次水
酒泉	泉水和山水的上游地区可浇到五至六次水山水下游的一部分地只浇三次	一般浇五次水
金塔	1/6 的地能浇二次水 2/6 的地能浇一次水 3/6 的地播种后浇不上水	1/6 的地能浇二次水 5/6 的地能浇一次水
玉门	一般浇三至四次水	一般浇四次水
安西	浇三次水	同夏田此水
敦煌	一般浇三次水	一般二至三次水

酒泉市水利电力志（节录）

第三章　水利管理（节录）

第三节　建国前的用水管理

一、分水制度

中华人民共和国成立以前，酒泉各流域均系按粮分水，渠口的大小是以交纳田赋的多少而定，即所谓"渠口有丈尺"。各户也是以纳粮的多少规定其浇水时程，而对实际种植的地亩面积无关（因纳粮的多寡，并非完全以土地的多少而定）。这种制度对耕地面积的扩大有很大的限制，以致肥沃而广阔的可垦地，不能得以大量开垦。同时由于在土地的典管、买卖中间，浇水问题也有很大的变化。有卖地少而留水多，或卖地多而留水少。有些农民迫不得已将水全部出卖者，以致最后连水带地尽为地主阶级所占有。这些具体情况都很复杂，但都免不了地主的从中愚弄。封建地主、富农以各种手段占有大量的土地和水权，每年种一部分歇一部分，不但田禾浇足，就连草湖也可泡过了，并以多余之水反过来高价卖与农民，造成贫苦农民的田禾往往受旱。

二、历代封建水规制度

点香制，即按一天十二个时辰燃香记时。这一制度，在河西各县普遍采用，酒泉各流域亦不例外。这一制度是在"按粮分水"这样一个极不合理的基础上，地主豪门为了进一步限制农民的用水而产生的。表面上看起来都在"严格遵守"，但在实际施行过程中，由于地主豪门的操纵，鬼弊多端，吃亏的皆为贫苦农民。点香时则有干、湿、粗、细以及榆面香和含硝药香，香头迎风和背风等等之分别。也还有用夹底香盒暗点整板香烘炙加快上层香的燃烧速度及偷掐香头和刮去香上硬皮的种种舞弊，也百出不穷。各分水口都有专管点香的人，农民称之为"活龙王"。这些人大都由地主富户充任，在点香之际，大肆勒索敲诈，农民在浇水时必须给这些人送肉、送饭、送酒、送烟，甚至直接送钱等等，否则对浇水时间百般克扣，极为苛刻。每逢浇水时，地主富户总是浇得称心满意，而巡沟护岸的农民却不能浇到适时适量的水，干地的情况成为常事。有些地方除了白天浇点香水之外，晚上实行浇"乱水"，又称"放炮水"或"半夜水"，即从"起更"、"放二炮"开始至半夜鸡鸣时，可以乱浇。人多的大户又可借此抢浇，人少力薄的小户还是浇不上。

干沟湿轮制，即在规定的浇水日期内，不论有水或无水，也不管水大水小，均为一轮，如果浇到中间沟干了，第二轮水仍然从头浇灌。这种制度表面上看好像很有次序，实际上地主富户常常仗势截流，贫苦农户则往往受旱或偶有截浇者，就以"犯水"论，遭到鞭打绳绑的非刑，还要罚钱、粮，罚服杂役。有时因"犯水"把家中的门窗器具都被砸坏，无论在人身和财物受到怎样的摧残，事后还要罚款。

上轮下次和下轮上次制，这种制度即是自渠首到渠尾或从渠尾到渠首依次浇灌，每从头到尾或从尾到头浇一次水为一轮。每轮的天数各地不同，有十天或十五天的，有八天至十二天的不等。这种制度有永久定案的，也有临时议定的，还有混合使用的，其混合使用者即第一轮若浇不完者，第二轮即为下轮上次，就要自下而上的浇灌。在此期间巡水的"差甲"除了偷卖一部分水外，还要给上游有势力的富户送一部分水，即所谓"人情水"，以包庇其卖水的舞弊。卖水又有常年和临时的分别，在酒泉卖一寸香的常年水约可得一石二斗（约 450 市斤）小麦。当然这些所得都是私下议定的，并没有什么规定。

上述各种浇水制度，多系在每年农作物最需要水的季节使用。冬季和立夏前多乱浇，称之为"乱坝水"，如酒泉各渠、坝在每年八月十五（农历）以后至次年农历三月初一（农历）为"乱坝水"。

建国前历代的封建水规制度，都是为封建地主阶级服务的。各乡都有一些"水霸"，他们垄断水权，压迫人民，使广大贫苦农户的农田连年受旱。在干旱十分严重的季节，许多农民不得不向土豪水霸买水浇地。另外，天旱时要举行大型的祈祷活动，发洪时又要做酬神道场。酒泉讨赖河每年在立夏分水时也要举行"分水大典"，酬神演戏，还要大摆酒筵，邀请地方官吏和"头星"大吃一顿，称作"散福"。仅讨赖河的七个坝每年所摊的"酬神费"不下 5570 市石。

三、灌溉方法

在封建水规束缚下的灌溉方法非常落后。在浇灌夏田时通常为"头水浅、二水满、三水过来洗个脸"的常规。由于封建水规的不合理，再加上渠道多属于私有，且很紊乱，所以也就不可能把水浇的适时适量。小水则收旱，形成恨水思想；遇到大水则深浇满灌，促成土壤的盐碱化。有些地方在同一道沟的上游，长期存在着"三不浇"（即天阴不浇、刮风不浇和下雨不浇）和"明浇夜退"的现象，白天放水浇地，夜晚把水放入野地荒滩，造成同沟下游农民，遭受淹地的损失。普遍的串灌也是相沿了千百年的旧习惯，地块七高八低不平整，大块地漫灌的情况也很普遍，这些都是浪费水量和促成土壤盐碱化的重要原因。同时对冬水的利用也很少，除部分地方有用水泡地的习惯，一般都只有秋泡地，而无冬灌，即"夏紧，秋松，冬不管"。

各流域浇水次数，夏田泉水和山水的上游地区可浇到五至六次，山水下游的一部分地只浇三次，秋田一般浇五次水。

第七节　酒金水利纠纷及均水制度

酒泉市处于祁连山之北，居讨赖、洪水两河上游，自清代以来多为水利之事，酒泉、金塔两县之纠纷时有发生，屡次解决均无成果。建国后，在党的团结治水、上下游兼顾的方针指导下，虽也发生过纠纷，但在各级人民政府和组织的调处下，很快平息纠纷达成协议，解决了两县之间的许多历史上的矛盾。

一、民国时期的酒金水利纠纷

金塔、酒泉共用讨赖河之水。酒泉地处上游、金塔位居下游。在清朝乾隆二十七年（公元 1762 年）规定酒泉和金塔的分水制度：金塔得水七分，酒泉茹公坝得水三分。1922 年，经安肃道会同酒金两县县长开会议定，酒泉、金塔各得水五分。虽然如此，但酒泉仍不给金塔放水，只有在遇到山洪爆发之时，酒泉之水用不了，才能流到金塔。在酒金交界的临水坝、暗门等地，俗称"漏水"。酒金两县农民为争水，每年都有不同程度的争执和纠纷，械斗致伤情况时有发生，特别是

1938 年至 1942 年的五年间，酒泉和金塔的打架斗殴情况最为剧烈，参斗受伤者难以计数。国民党酒泉专署为给金塔放水，曾派军警用枪炮威胁掩护，结果还是放不下一点水，反而造成两县之间的矛盾更加尖锐。金塔乡绅赵德贵（人称赵老五）曾联络乡民筹集状告费从 1939 年开始连续四年，每年都乘马车上兰州国民党甘肃省政府告状，省政府为此曾两次派员到酒泉、金塔两县勘查，并写有专门报告。

二、建国以来酒、金历年均水制度

酒、金均水制度三十多年来修改变动较频繁，现以几个变动较大的年份为例：

1. 1957 年以前给金塔均水的只有讨赖河，清、临水河尽作临时调剂用水，但未有均水任务。讨赖河给金塔均水时，沿讨赖河两岸，清水河灌区的蒲上、蒲中、蒲下、夹边沟、古城堡，临水河灌区的头道坝、二墩坝、石腰沟、双桥、北沟口、石金沟、窑洞沟只引用原流量。

讨赖河年内均水只有一次，即 7 月 21 日至 7 月 31 日计 10 天。春、冬两季均水未做具体规定。春季酒泉利用清明至立夏一个月时间整修渠道及河口修建分水口。在此同时，将水自动放入金塔；冬季在立冬后十天即 11 月 20 日冬灌结束后，自动放入河道内，流入金塔。讨赖河灌区内冬、春人畜饮水放涝池无任何限度，年内讨赖河灌区用水 233 天。

2. 1956 年冬酒泉专员公署召集有关县、水管所负责人对均水制度作了修改。修改后的均水制度从 1957 年执行。

讨赖河年内给金塔均水三次，即 4 月 15 日至 5 月 5 日，20 天；7 月 21 日至 7 月 31 日，10 天；11 月 20 日至来年 3 月 5 日计 107 天，总计 137 天。

本灌区年内用水 228 天，4 月 15 日至 5 月 5 日，7 月 21 日至 7 月 31 日。清、临水河灌区沿讨赖河两岸各口一律引用原流量。

金塔每年立夏后即 5 月下旬抽 300 人利用 7 天时间，在清水河、临水河两河系上掏泉。清水河从三墩庙以上至酒泉城北门口，临水河从临水河桥上至沙滩坡。通过掏泉把增加的水量均给金塔；年内均水两次，即 7 月 21 日至 7 月 31 日计 10 天，11 月 20 日至来年 4 月 1 日计 134 天，年内灌区用水 221 天。

3. 1963 年 2 月 7 日原酒泉专署（63）酒署张字 031 号文件"关于酒泉市金塔县水利管理问题的决定"中的均水制度。

讨赖河年内均水四次，即 4 月 12 日至 5 月 5 日计 23 天；沿讨赖河清、临水各口，清水河只准开蒲上、蒲中两口，临水河只准开二墩坝、头道坝、窑洞沟三口，引用原流量；7 月 21 日至 7 月 31 日计 10 天；8 月 18 日至 8 月 31 日计 13 天。10 月 20 日至来年 3 月 20 日计 144 天。其中在 11 月 5 日至 10 日酒泉境内灌区利用讨赖河水 2—3 秒立米流量放涝池。3 月 1 日至 5 日用 2—3 秒立米流量放涝池。

本灌区年内用水 175 天。

清、临水灌区年内均水三次，即 7 月 21 日至 31 日计 10 天；8 月 18 日至 8 月 31 日计 13 天；10 月 20 日至来年 4 月 16 日计 179 天。本酒区年内用水 163 天。

4. 1976 年 11 月 28 日讨赖河流域水利管理委员会第一次（扩大）会议上规定的分水制度。

讨赖河灌区（包括嘉峪关、酒泉、农林场）年内均水七次，即 2 月 3 日至 3 月 25 日计 50 天；4 月 18 日至 5 月 5 日计 17 天；7 月 15 日至 7 月 31 日计 16 天；8 月 15 日至 8 月 31 日计 16 天；9 月 15 日至 9 月 25 日计 10 天；10 月 15 日至 10 月 31 日计 16 天；11 月 8 日至 12 月 20 日计 42 天。其中 3 月 1 日至 5 日讨赖河灌区用水 2 秒立米放涝池。7 月留 5 秒立米流量水使用 10 天。酒钢用水：12 月 20 日至来年 2 月 3 日计 45 天。

本灌区年内用水 153 天。其中：春、夏、秋给洪水河灌区分水 3000 万立米（春灌 1000 万立米、夏灌 800 万立米、秋冬灌 1200 万立米左右）。6 月下旬至 9 月上旬给酒钢供水 1900 万立米。

清、临水灌区年内均水三次，即 11 月 5 日至来年 4 月 10 日计 156 天；8 月 15 日至 8 月 31 日计 16 天；10 月 15 日至 10 月 31 日计 16 天。

本灌区年内用水 177 天。4 月 18 日至 5 月 5 日讨赖河金塔分水期间，清、临水两灌区沿讨赖河两岸的蒲上、蒲中、头道沟、二墩坝只准引原流量，其余各口都不得引水。7 月 15 日至 7 月 31 日、9 月 15 日至 9 月 25 日，沿两岸各口一律给金塔分水。

5. 1984 年 8 月 8 日讨赖河流域水利管理委员会第六次（扩大）会议修订的讨赖河流域分水制度。

讨赖河灌区（包括嘉峪关、酒泉、农林场用水）：年内给金塔分水七次，即 2 月 3 日至 3 月 25 日计 50 天；4 月 18 日至 5 月 5 日计 17 天；7 月 15 日至 7 月 31 日计 16 天；8 月 15 日至 8 月 31 日计 16 天；9 月 15 日至 9 月 25 日计 10 天；10 月 15 日至 10 月 31 日计 16 天；11 月 8 日至 12 月 28 日计 20 天。12 月 28 日至来年 2 月 3 日酒钢分水 37 天。其中：3 月 1 日至 5 日本灌区用水 2 秒立米放涝池。7 月本灌区留水 5 秒立米使用 10 天。

本灌区年内用水 153 天。其中春、夏、秋洪水河给洪水河分水 3000 万立米左右（春灌 1000 万立米、夏灌 800 万立米、秋冬灌 1200 万立米左右）。

清、临水灌区年内给金塔分水两次，即 8 月 15 日至 8 月 31 日计 16 天；10 月 15 日至连年 4 月 10 日计 177 天。本灌区年内用水 172 天。

清水河魏家湾水库以上，春季蓄水从 4 月 1 日开始。8 月 10 日至 8 月 25 日给金塔均水 10 天。4 月 18 日至 5 月 5 日，7 月 15 日至 7 月 31 日讨赖河给金塔分水期间，清、临水灌区沿讨赖河两岸的浦上、浦中、头道坝、二墩坝只准引原流量。其余各口不得引水。8 月 15 日至 8 月 31 日给金塔分水期间，临水坝、鸳鸯坝可利用洪水河下滩的洪水，临水坝只准引 1 秒立米、鸳鸯坝只准引 0.5 秒立米。当通过两坝口的洪水流量小于 2 秒立米时停止引洪。9 月 25 日，清、临水灌区沿讨赖河两岸各口，一律给金塔分水。

清、临水灌区沿讨赖河两岸各口给金塔分水。三河分水，停水都是以当日中午 12 时为准。

第七章　水利建设（节录）

酒泉县现有渠道统计表（1954 年 7 月 23 日制表）

工程名称	引用水源	灌溉区域所在地	单位	数量	灌溉面积（市亩）	备注
总计			条	38	745 320.65	实播面积为 523 695 亩，余为轮歇荒地。
联合渠	讨赖河	第一区五个乡，第十一区六个乡及城区	条	/	55 946.77	包括支渠 3 条
民主渠	讨赖河	第二区十个乡及金塔县二个乡	条	/	58 221.95	包括支渠 2 条，金塔 6 500 亩未算
温家渠	讨赖河	第四区头墩乡	条	/	1 125.00	
讨赖渠	讨赖河	第十一区泉湖乡及四区头墩乡一部分	条	/	3 126.00	
蒲草沟渠	讨赖河	第二区蒲金乡	条	/	4 565.19	
蒲潭沟渠	讨赖河	第三区蒲潭乡	条	/	5 731.97	
二墩坝渠	讨赖河	四区二墩、三墩二乡及五区石河乡一个村	条	/	18 934.95	
古城渠	讨赖河	第五区长城、常祁两乡	条	/	6 750.00	
清水渠	清水河	三区八个乡及二区中南乡一个村、五区常祁乡一个村	条	/	52 972.69	包括支渠 13 条
南石河渠	地下水	第四区四坝乡	条	/	5 340.23	
北石河渠	地下水	第四区花寨乡及头墩乡一个行政村	条	/	10 253.08	
茅庵渠	地下水	第四区小沙渠、沙滩两个乡	条	/	6 788.23	包括支渠 2 条
上花儿渠	地下水	第四区大华尖、小华尖两个乡	条	/	6 495.24	包括支渠 3 条
下花儿渠	地下水	第五区官下、中渠、黄泥堡三个乡及六区上三沟乡	条	/	19 777.79	包括支渠 11 条

续表

工程名称	引用水源	灌溉区域所在地	单位	数量	灌溉面积（市亩）	备注
前所坝	临水河	第五区前所乡	条	/	6 565.00	
临水坝	临水河	五区临水、临东、临镇三个乡	条	/	20 374.17	包括支渠 4 条
茹公渠	临水河	五区暗门、鸳鸯两个乡	条	/	5 465.00	包括支渠 5 条
小泉坝	地下水	六区集泉、漫水滩两个乡	条	/	9 619.92	包括支渠 2 条
新地坝	洪水河	一区新地乡	条	/	15 091.33	包括支渠 4 条
东洞坝	洪水河	十区东洞、四号、北沟三个乡	条	/	21 836.87	内有祁明渠祁连乡土地 464 亩
西滚坝	洪水河	一区西滚坝乡	条	/	6 109.84	
西洞坝	洪水河	一区西洞、骡马堡两个乡	条	/	8 205.64	包括支渠 2 条
洪水坝	洪水河	六区四个乡、七区十个乡、十区一个乡	条	/	144 852.94	包括支渠 8 条
红山坝	杨龙河	十区东平、西平两个乡	条	/	21 246.08	
西头坝	丰乐川河	八区上河清乡	条	/	17 251.99	
西二坝	丰乐川河	八区红寺乡	条	/	20 328.96	
西三坝	丰乐川河	八区丰乐乡	条	/	11 189.50	
西四坝	丰乐川河	八区头坝乡	条	/	11 655.98	
东头坝	丰乐川河	九区大庄、半坡、清水三个乡	条	/	29 908.00	
东二坝	丰乐川河	九区中截乡	条	/	18 425.00	
五坝	丰乐川河	九区下河清、东河两个乡	条	/	19 762.40	
观山坝	地下水	九区观东、深沟、观山三个乡	条	/	22 409.44	
屯升坝	马营河	九区东渠、西渠两个乡	条	/	30 624.59	
马营坝	马营河	九区马营乡	条	/	8 458.00	

续表

工程名称	引用水源	灌溉区域所在地	单位	数量	灌溉面积（市亩）	备注
大坝	马营河	九区新渠、清水、三合三个乡	条	/	27 738.00	
榆林坝	山洪水	九区三泉乡一行政村及祁明区祁林乡一村	条	/	3 128.00	
黄草坝	地下泉水	九区三泉乡两行政村及祁明区祁林乡二村	条	/	3 938.00	
涌泉坝	山洪水	九区涌泉乡及祁明区祁林乡三村	条	/	5 116.00	祁明区祁林乡土地均计算内

酒泉县水利资源使用现况调查表（1951 年 3 月 9 日制表，1987 年复制）

事业名称	讨赖河	洪水河	马营河	丰乐河	清水河	临水河
所在地点	西南嘉峪两区	西店总寨两区	河东区	河西河东两区	河北临水两区	临水城东两区
兴办管理	西南嘉峪河北联合水利委员会管理	区水委会掌握管理	同左	同左	同左	同左
用水标的	灌田 116 000 市亩	灌田 162 000 市亩	灌田 36 000 市亩	灌田 67 000 市亩	灌田 74 000 市亩	灌田 64 000 市亩
引用水源	祁连山讨来川	祁连山仁寿山	祁连山羊头沟	祁连山柳腰大阪	就地泉水	同左
引水地点	西南区龙王庙坝口	西店区新地坝上游	河东区屯升坝上游	河西区观音坝上游	清水河两岸	临水河两岸
引水方式	筑坝修闸引用	筑拦水坝引用	同左	同左	同左	同左
引用水量	水量不固定仅能灌溉十一万余亩	能灌溉现有耕地三分之一山洪在外	同左	同左	将就够用	同左
用水地点	西南嘉峪河北城东等区	西店总寨两区	河东区	河西河东两区	河北临水两区	仅能够浇临水一个区
最大流量（用水季）						
最小流量（用水季）						
平均流量（用水季）						
每年开始用水时间	春分前后开始引用	夏至前后	同左	同左	立夏后五日用水	谷雨后五日

续表

事业名称	讨赖河	洪水河	马营河	丰乐河	清水河	临水河
每种作物灌溉时间	小麦在立夏后十日用水糜谷在小暑前后用水	小麦在夏至前后用水糜谷在小暑后十日用水	同左	同左	小麦在立夏后五日用水糜谷在夏至前后用水	小麦在谷雨后五日用水糜谷在夏至前用水
用水量是否充足及有无纠纷	现有的耕地若调剂适当即够用	近三年因用水量不足有十分之四耕地改为歇地	同左	同左	够用	同左
解决纠纷一般方法	无大纠纷即或临时发生即用民主方式研究解决	同左	同左	同左	同左	同左
备注	用水季水源流量过去无该项记载故无法查填	同左	同左	同左	同左	同左

第九章 辑录①

第二节 民间传说

一、民愿屯升

在酒泉城东南九十公里的祁连山下，马营河畔，有千顷良田，万亩草滩，是丝绸路上一块肥美的绿洲，这地方名屯升。提起它的来历，这儿的人们就会满怀钦敬、感激的心情，为你讲述一段朴实而又动人的故事。

清代雍正年间，有一名姓屯名恩正的京官，因同情百姓疾苦，直言敢谏，背逆朝廷，被贬到古肃州南山的九家窑。屯恩正心想，自己为官半世，不能为国有所作为，现在虽被贬斥，但愿后半生为民有所建树，也不枉此生。他看到九家窑虽有终年积雪的祁连水源和千顷沃土之利，但因马营河道深达十余丈，下游尽皆漏沙砾石，难以灌溉，无益垦殖农事，百姓生活十分艰难。遂决心从深壑引水，造福农民。为了不加重百姓负担，屯恩正将个人积蓄全部捐出，置办工具，召集巧匠，亲自筹划施工。经过两年奋斗，挖通大山五座，穿凿隧洞十四里，开引水渠十五里。虽遇艰难挫折，但因屯恩正和众百姓艰苦努力，百折不挠，终于水到地成，使马营河畔大片沃土得以开垦。九家窑从此粮食连年丰收，百姓安居乐业，老百姓每恩念屯恩正为民谋利之苦，深感其德，遂为他立碑颂德，并联名上奏朝

---

① 编者按：此章第一节《酒金水利案钞》即本书第十一部分所收录之同名文件，从略。

廷要求为其昭雪并升迁。后来，朝廷闻知屯恩正屯垦有功，复升到京任职，当地民众为了永远缅怀他的功绩，遂将九家窑改名为屯升。

二、手迹崖和塔尔寺

酒泉城西二里，讨赖河（俗称北大河）南崖的沙崖上有一巨大手印，古称手迹崖。而讨赖河北岸，侧是齐刷刷一道断壁，人称北崖头。千百年来，每年夏秋季节，讨赖河山洪暴发，河水猛涨，但水到城西，便向北河道而去，酒泉城从来没受过讨赖河水的侵袭，这是何故呢？

相传，很早很早以前，有个姓刘名宰和的酒泉人，自幼出家为僧，法名惠达，由于他聪慧过人，力大无穷，因此很受人们的敬仰。明朝洪武年间，惠达东游说法到凉州（今武威），在凉州宝刹下榻。一日静坐参禅，不觉心血来潮，对众弟子说："明日酒泉有水厄，吾当往救！"惠达辰时西来，巳时抵酒。适逢讨赖河水泛滥，狂涛逼近城廓，惠达和尚出西门用一指，洪水北去，然因城北无河道，水无退路，故而更盛。惠达急手按南沙崖，足踏北山丘，就听山崩地裂一声响，北山丘突然北移，形成十数里长的齐崖。南沙崖留下了惠达的手迹。从此，北崖头与酒泉城对峙，手迹崖因此而得名。河水改道而去，酒泉城免遭水患。惠达和尚也因开河救城，使众生免遭一场水祸而心安理得地圆寂于故土酒泉。

酒泉人民为了纪念惠达和尚的功绩，在城西五里处修建塔尔寺并立碑铭志。

三、干坝口

酒泉县城东南八十公里的祁连山麓，干坝河边，有一个松柏青葱、泉映雪峰的美丽的村庄，人们称它为干坝口。

干坝口古名涌泉坝。相传在很久以前，干坝口有一眼清泉。车轱辘粗的一股甜水日夜翻涌奔流，泉水边长满了各种各样的花草树木，水中游戏着对对白天鹅。白天，草地花丛中一群群蝴蝶、蜜蜂飞来飞往，采花酿蜜；晚上，树林中夜莺婉转的歌喉唱着动人心弦的歌，山坡上住着勤劳纯朴的庄稼人，他们男耕女织，靠着涌泉的甜水，享受着幸福的喜悦，过着恬静美好的日子。

有一年春天，从外地来了三个和尚，他们被涌泉甜甜的泉水，美丽的风光迷住了，他们说这里风水好，如果筑庙塑神，吃斋念佛，一定会修成正果，便从褡裢里掏出大把的金银珠宝，想打动庄稼人的心，把这片肥沃的土地以及山、泉、树林都卖给他们当庙产。但是庄稼人谁也不愿意离开自己世世代代用辛勤的汗水开拓的美好家园。三个和尚一看好说不太中用，金银收买也不灵，又拿出官方的印信，采取威胁、恫吓的手段，想强行霸占这块宝地，忠厚的庄稼人实在忍无可忍，便悄悄联络起来，将三个和尚一齐逮住，扔进了涌泉，泡得个个活象落汤鸡。

和尚们当众出丑，恼羞成怒，又想出了一条毒计。他们念动咒语，抬来一块很大的磨盘石压住了涌泉，并且用一口盛满麸皮的大铁锅扣在磨眼上，翻涌的泉水顿时干涸了，白天鹅飞走了，花草树木凋谢了，庄稼人在干涸的侵袭下背井离乡，涌泉坝从此变成了干坝口。

后来逃难的庄稼人在离涌泉坝五十里开外的下河清滩上，发现了一个明海子。这里波光粼粼，泉水荡漾，水面上漂起很多麸星子，几只白天鹅游来游去，一面嬉戏，一面啄食，庄稼人认定，这漂着麸星子的泉水就是被三个和尚压住的涌泉，便在这里住了下来，辛勤开垦，安居乐业。

有些不愿离开家乡的农民，他们当了石匠，"叮当叮当"成天价开凿着泉眼，不知磨坏了多少铁锤和錾子，不知凿穿了多少石头和大山。他们勤劳的汗水总算没有白搭，终于凿破了和尚用魔法扣在涌泉上的铁锅，凿通了压在泉眼上的大磨盘，一股香甜的清泉又在干坝口流淌，滋润着这块肥沃的土地，孕育着这里勤劳的庄稼人。

四、洪水河和东坝庄

"有人开开东坝庄，猪狗不吃麸子糠。"这是流传在酒泉洪水地区的一句民谚，这句民谚多少年来成为人们众口相传的历史佳话。

从前，东洞子有一家姓王的豪绅，霸占着祁连山的水源，他家的地浇得水葱儿，穷苦人的地干得冒淌土。有一天，东海龙王从西王母那里赴宴回来，路过东洞子，看到穷苦农民的地干得冒淌土，禾苗快要枯死了，他心里很难过，于是就驾起祥云，回到龙宫，立即命令他的大太子带上东海水去拯救穷苦农民。

龙王大太子领命跳出龙宫，带着东海水，腾云驾雾，来到东洞子，化成一个白胡子老道，挨户去化缘，到每一家就说："今天午时祁连山雷响三声，未时山里要下雨，申时淌下水来，你们赶快准备浇水吧。"最后来到一家姓秦的农民家里吃了一顿面条饭后就走了。果然，午时祁连山里雷响三声，未时下雨，申时水就哗哗地流下来了，农民们高兴极了，都扛上铁铣前去浇水。可是，那个姓王的豪绅也领着儿子、狗腿了，去强迫农民给他浇那块黄土滩，说也怪，那股水，怎么拦也拦不到滩上。原来有一条五六尺长的蛇在前头引水呢；那豪绅气急败坏"咔嚓"一掀把那蛇剁成两段，只见蛇肚子里冒出了面条，那个姓秦的一见就是刚才他给了饭的那个老道所化，霎时，怒云满天，祁连山顶炸雷轰鸣，骤雨倾盆而下，数十丈深的洪水倾泻而来，一夜之间，就在平地上冲成了万丈深的一条大河，那个豪绅也被洪水冲走了，人们就把这条河叫做洪水河。

不知又过了多少年，肃州来了一位姓谭的州官，征调大批民工开挖东坝庄，想把洪水河的水引上东岸来浇灌那块土滩，被征去的贫苦农民，在监工的皮鞭下日夜不歇地挖洞子、抬石头，累得死去活来，呼天天不应，喊地地不灵。

这天，东海龙王又从西王母那里赴宴回来，路过东洞子，只见黑压压的一群人瘦得皮包骨头，光着膀子拼死拼活干活，起了怜悯之心，决心帮农民解除苦难。

龙王驾起祥云，回到东海，坐在宝座上低头沉思。龙子龙孙都来拜见，他们齐声问道："父王从西王母处赴宴为何不乐而归？"龙王说："我从西天回来路过东洞子地方，看见成百成千的农民在洪水河开挖东坝庄，他们日夜不歇地挖洞子、抬石头，累得腰弯背弓，死去活来，我想拯救他们呀。"三太子说："我带上东海水去把东坝庄冲毁。"龙王说："不行，这样会把无辜农民卷进洪流冲走了的，我儿既然也有救老百姓的心意，那么就命你带上东海水去储存到祁连山的九道雪洼里，你也在那里安家落户，冬天把水结成冰储存起来，夏天再化成了水，每年发一次大水把洪水河的河底往底里冲，使他们打消开挖东坝庄的年头，这样不就搭救了农民吗？"

三太子拜辞了父王，跳出龙宫门，带着东海水，驾起祥云来到祁连山的九道雪洼，就把海水储存起来，自己也在那里安家落户，现在我们看到的那个圆雪洼里的黑洞洞，据说就是龙王三太子的寝宫，还有那时候开了东坝庄挖下的三层洞子也在半崖里悬着呢。

直到现在洪水河和东坝庄的故事还在群众中流传着。

第三节　碑记

西坝庄新地村龙王庙有乾隆三十二年六月铸铁钟记："郡城西南有西坝庄，地间自雍正十年七月至十三年完工引水灌溉，户食其利，名永宁洞。"又："肃西有西坝庄者，从左之荒陬也。自汉唐以来，疏瀹既多，未有谋及兹土者，惟其地高水深，难于疏通。自雍正十年，有本方绅衿，监生宗呈瑞、崔毓珍、庠生刘宪汤、刘文瑞，生产斯土，同爱咨度，揆探旧趾，不忍旷其土遗其利，于是合意筹咨，众等公举四人，委为工头，探择水道源出红水两岸，遂鸠合夫头，郑慎统、冯士林起土穿凿，始开垦以尽其利，不惮穷苦，心与工间，竭力经营，由是一坝分流四沟，治水六十分，受水众户，捐资奉粮，无丝毫改退，数年之久，而工程乃告竣，灌地百余顷。"[①]

---

　　① 编者按：甘肃水利林牧公司酒泉工作总站《酒泉洪水河查勘报告及查勘图》（酒泉市档案馆未编目档案）中有相似文字，但二者差异较多，录其原文以两存之："新地坝，清乾隆二年及宣统二年所修肃州志无记载，采访所得，西坝庄新地村龙王庙三十三年（按西历一七六七年）六月所铸铁钟记曰：'郡城西南有西坝庄地开自雍正十年（西历一七三二年），于七月初十起之，初开水道至十三年完工告成，引流灌田，户食其利，取名曰"永宁洞"。'又记曰：'肃州西坝庄者，从古之荒陬也。自汉唐以来，疏浚既多，未有谋及兹土者，唯其地高水深，艰于疏通。自雍正十年，有本乡绅衿监生宋呈瑞、崔毓珍。庠生刘宪阳、刘文瑞，身产斯土，同爱咨度，揆探旧址，不忍旷其土而遗其利。于是令同筹咨，众等公举四人，委为工头，探择水道，源出红水西岸，遂鸠合夫头郑填统、冯士林起工凿水头，始开垦以尽其利，不惮劳苦，心口开之、竭力经营，由是一坝分四沟，治水三十分，受水众户捐资奉粮，无丝毫改退，数年之久，向工乃告竣，灌田百余顷。虽众户鸠合之力，实四人开创之苦心也。……'东洞、西洞、西滚三坝，以灌溉面积小，开凿较迟，史无记载，乡人无可靠答复。"引文中括号、引号、省略号均为原文件自带。

贰

奏折类文献

本类文献提要

　　自清康熙五十四年（1715年）开始，清廷为适应与准噶尔部长期作战的需要，开始在河西走廊大兴屯田，讨赖河流域由此进入水利建设的高潮阶段。直至18世纪后半叶西域彻底平定前，河西走廊作为朝廷经略西北边疆的战略支点，其军政事务频见于康、雍、乾三朝的各种奏折类文献之中，其中不乏涉及水利问题者。例如，雍正十二年（1734年）陕西总督的奏折中提到河西地区的"渠甲"等水利管理人员多由"生监充任"①，乾隆十六年（1751年）甘肃巡抚上奏中提及河西屯田区渠长的酬劳来源"系于耗羡项下"②，乾隆十七年（1752年）陕甘总督又在报告自兰州至肃州巡视情形时专门提到河西走廊水利秩序良好、"无争水之家"。③至于历年奏报甘肃全省雨量、雪量的奏折，更是要经常提及河西走廊的灌渠运行是否正常。然而，上述大多数奏折所提供的水利信息虽然弥足珍贵，但往往系只言片语，且多就河西情形统而论之，难以看出各州县、各流域水利事务的具体面貌。惟雍正年间，讨赖河下游曾安置维吾尔族移民，此事为朝廷所特别重视，因此能集中反映讨赖河流域水利事务面貌且信息量较大的奏折类文献主要集中于雍正朝朱批奏折之中，编者共选取七道奏折。

　　康熙五十七年（1718年），第一批汉族屯民数百户进入金塔寺、王子庄地区；雍正四年（1726年），吐鲁番等处的维吾尔人（即奏折中反复提到的"回民"）为避准噶尔部兵锋而陆续东迁，一部被安置在金塔寺下游之威鲁堡一带，并由肃州通判毛凤仪主持修建王子庄东、西坝，实行维、汉民众分渠灌溉；雍正七年（1729年），清廷采纳川陕总督岳锺琪建议升肃州为直隶州，设肃州州同一员分驻威鲁堡，"既可化诲弹压，兼令专司水利"；雍正十年（1732年），陕西总督刘於义因金塔盆地水量缺乏等原因，将大部分维吾尔族移民移往瓜州（今甘肃省瓜州县）；至乾隆四十四年（1779年），金塔盆地的维吾尔族移民全部迁回故地。编者所选择的奏折，多数即是上述事件的第一手史料。《川陕总督岳锺琪等奏遵旨查勘亦集乃等处情形折》提到"甘州、肃州等处将此两河之水上流截住灌溉田亩，所以春夏种田之际，水不能下"，表明讨赖河与黑河的水力联系在雍正四年之前已经呈断续状态，

　　① 《署陕西总督刘於义奏报高台县生监临场聚控缘由折》，《雍正朝汉文朱批奏折汇编》第26册，南京：江苏古籍出版社1989年版（下引版本同），第904—905页。
　　② 《甘肃巡抚奏报西路屯田事宜摺》，《宫中档乾隆朝奏折》第2册，台北：故宫博物院1981年编印版（下引版本同），第151页。
　　③ 《陕甘总督自兰城至肃州所见情形摺》，《宫中档乾隆朝奏折》第3册，第71页。

而此时金塔地区的屯田规模还很有限。《川陕总督岳锺琪奏请改肃州为直隶州并设州同一员分驻威鲁堡折》则直接涉及水利、民族等问题，其价值在当时已被时人重视，《重修肃州新志》予以收录，在民国档案中更是被屡次提及。《川陕总督岳锺琪奏请安插内迁土鲁番回民于肃州金塔寺并为筑房赏给器具银两折》则谈到讨赖河下游的水资源、水利状况适合安插移民，《川陕总督岳锺琪奏报内移肃州土鲁番回民之皮禅部落回目纠众打死总回目情由折》等奏折记录了一起维吾尔族移民的内部冲突，事关本流域重要水利人物毛凤仪的命运。《署宁远大将军臣查郎阿等奏覆商酌办妥土鲁番回众改移瓜州安插事宜请遵旨行折》则直接反映出金塔盆地灌溉水量有限的事实。上述奏折中，有一些称谓与表述体现出满清官员对兄弟民族的歧视，此系时代局限造成，相信读者自会分辨并予以批判。

应该说，康熙、雍正之际的河西走廊屯田活动中，疏勒河流域的安西卫（今瓜州县）、靖逆卫（今玉门市）、柳沟所（今瓜州三道沟一带），党河流域的沙洲卫（今敦煌市）以及石羊河下游的柳林湖（今民勤县）是重点区域。疏勒河、党河流域空间更为开阔、水资源更为丰富，又直当西进新疆之要冲；石羊河下游则因毗邻河西屯兵大镇凉州，供应军粮的任务更为迫切。相形之下，讨赖河流域的屯田在迁入人口和开垦地亩的数量方面都逊色许多，其战略地位亦不如上述区域重要。因此，在许多关于疏勒河、党河与石羊河流域的屯田奏折中，亦会附带涉及讨赖河流域零星水利资料，相关文献编者将在本丛书其他各卷中予以选编。此外，19世纪70年代左宗棠在平定陕甘回民起义的最后阶段以及谋划收复新疆时期，有不少奏折、文牍涉及讨赖河流域的水利问题。但根据总体内容来看，左氏及其幕僚常常是将甘肃西部地区的肃州、安西等地的水利恢复与农业增产等事宜作通盘考虑，而其中涉及疏勒河流域的比例更大。为避免人为肢解文献造成的碎片化，编者拟在《河西水利史文献类编·疏勒河卷》对此部分内容予以摘录。

本章内容全部选自第一历史档案馆编《雍正朝汉文朱批奏折汇编》（江苏古籍出版社，1989年），因其卷帙过于浩瀚，于每篇下注明卷数、页码，便于读者核对。

在奏折而外，《清实录》曾记载康熙五十四年甘肃巡抚绰奇等在嘉峪关内外实地勘察可能屯田之处，其中包括了讨赖河下游的王子庄、金塔寺地区，涉及到水利开发前当地水资源的原始状态。关于此次考察的详细报告，不见于朱批奏折之中，相关研究者可通过清史工程相关检索系统予以获取，本卷未予引用。

川陕总督岳锺琪等奏遵旨查勘亦集乃等处情形折①

四川陕西总督臣岳锺琪等谨奏为遵旨查勘事。正乡臣通智到陕所降谕旨：尔到，去下旨与岳锺琪，亦集乃、天仓、毛目城等外，若与尔等所过之路相近，就彼踏看；若相去路远，尔等酌量差员踏看。钦此。

钦遵，臣等抵甘州询问，得亦集乃等处在肃州之北镇彝口外约五、六百里。臣等不便就彼踏看，公同商议，差委总督衙门笔帖式奇书、守备卢度瑾、把总李馥、拨什库和尚前往查看，嗣据奇书回书。奇书等出镇彝口，沿亦集乃河丈量，到坤都伦搭连头海子，共六百五十八里有零。河之东边有内公营、毛目城、双城、平朔城、哨马营、狼心营、黄土营、扎法营、亦集乃城等旧城基址；河之西边有威房城、魏公城、三岔河营、天仓城、威远城等旧城基址。此等城之周围沿河一带地方，可垦之地甚多。亦有旧日种过热地痕迹，并废坏渠形，因年久沙壅。

查黑河一水，自甘州南边雪山之外流入内地，遂由甘州、高台、抚彝、镇彝等处流出北口。其桃赖河一水自肃州南边雪山之外流入内地，遂由肃州、下古城、金塔寺等处流出北口，至三岔河地方与黑河相会，向北流去，入于坤都伦海子。因甘州、肃州等处将此两河之水上流截住灌溉田亩，所以春夏种田之际，水不能下。直至灌过田土之期，放下无用之水。或大雨时行之际，山水突发，此河方能有水。现在土尔古特贝子丹准并伊属下人一百四、五十户驻牧三岔河及坤都伦海子一带地方，询问伊等，亦云"春夏内地用水灌田之际，此河不能有水，我们食用俱系乾河之内些微存注、并沿河刨取之水。及至秋冬田内不用水灌溉之时，河水始行涌流而下"等语。所有踏看地方情形，并询问驻牧蒙古人等河水缘由，理合禀明等语。臣等访问甘肃地方人民，与奇书等踏看无异，为此联衔谨具奏。

雍正四年六月初五日

川陕总督岳锺琪奏请安插内迁土鲁番回民
于肃州金塔寺并为筑房赏给器具银两折②

四川陕西总督臣岳锺琪谨闻请旨事。雍正四年六月二十日准靖逆将军臣富宁安咨到土鲁番回子情愿迁移口内之户口数目册一本，遵旨交臣定议安插，另行请

---

① 编者按：摘自《雍正朝汉文朱批奏折汇编》第 7 册，第 393—394 页。
② 编者按：摘自《雍正朝汉文朱批奏折汇编》第 7 册，第 545—546 页。

旨等因到臣。该臣窃思托克托麻木特及伊弟库撤克等，感戴圣恩，情愿率同所属之人共一百三十六户、男妇小儿共六百五十五口，迁移内地，永享升平。自当给以田土肥美之处，使其住牧开垦，方不负圣主柔怀远人之至意。

且其习俗喜食瓜果。臣查肃州属之金塔寺，现今可垦田地甚多，更宜种瓜果，应即以此田地，按其户口，每户给以肥美之地一顷，牛二只，及籽种器具。仍按月给以口粮，俟成熟之日停止支给。至于托克托麻木特与库撤克，若情愿多垦地亩，临时再行添给。其居住房屋，即就金塔寺东坝地方，圈筑墙垣，修建房屋，甚属妥便。但房屋之多寡应否，将托克托麻木特给与住房十二间。库撤克给住房十间。其属下之佐领五员，各给住房二间。倘蒙俞允，请动支布政司库贮捐修城工银两，委员确估，办料兴工。但伊等自土鲁番远来，恐其马匹疲乏。臣仰体皇仁，一面檄令安西同知张允震，俟其到安西之日，照例给以口粮，令其停住十日，并查其牲畜内如有疲困不堪骑驮者，再量给车马，差官护送前来肃州。

臣更一面预饬肃州道胡仁治于肃州地方查有可以住居之处，典赁民房，俟伊等到肃之日，暂为居住，亦照例按日给以口粮，务期充裕足用。俟金塔寺东坝房屋修完之日，即资送迁住，拨给田土，令其永远住牧开垦。

再查伊等初来，一切锅碗器具，在所必需。除檄行肃州道设法暂行借用外，其应否每户赏给器具银两若干之处，自圣主洪恩，非臣所敢擅专也。所有臣接准富宁安咨移，臣一面遵旨料理安插之处及现今暂令居住肃州缘由，合先具折恭奏。是否合宜，伏乞睿鉴。为此谨具奏请旨。谨奏。

雍正四年六月二十八日具

川陕总督岳锺琪奏报内移肃州土鲁番回民之皮禅部落回目纠众打死总回目情由折[①]

四川陕西总督臣岳锺琪谨奏为奏闻事。窃查土鲁番回民蒙我皇上柔远为怀，迁移内地，在于肃州所属威鲁等处筑堡益房，赏给田地牛羊，安插居住，允其大小回目人等，理应感激圣恩，安静住牧。前臣查得皮禅部落回目伊特格尔和卓户口众多，有不服总回目托克托麻木特之心，彼此渐致参差。臣恐日增嫌隙，缮折奏请，或蒙简派理藩院官一员驻扎威鲁堡，化诲弹压，令回民咸知礼法之后，再交地方官管辖。或交肃州镇道，即转令地方官管理。嗣准。部咨。经议政大臣议称，土鲁番回民已住居肃州年余，伊等情性，地方官自必知悉。若差部员前去，于事无益。令臣交与该地方官约束教诲等。因臣当即转行在案。今据肃州镇臣杨

---

① 编者按：摘自第一历史档案馆编：《雍正朝汉文朱批奏折汇编》第 12 册，南京：江苏古籍出版社，1989年，第 388—389 页。

长泰报称，总回目托克托麻木特于四月十四日被皮禅回目伊特格尔和卓等纠领九十余人，各持棍棒，摺殴立毙，并将托克托麻木特之弟库撒一并打死等情。

臣查托克托麻木特所属回民，较之皮禅部落原少。皮禅回目伊特格尔和卓平日虽不相睦，今当感戴圣主养欲给求之恩，改悔前非，安静住牧为是。乃竟野性难驯，恃其人众，辄将托克托麻木特打死，不法已极，自应按律重究。臣遂飞饬肃州镇道，确查起衅情由，将凶犯等按名查拏，并饬兰州按察司李元英严审定拟，按律究处，以彰国法。并将托克托麻木特家属抚恤安顿，其余无干之众回民，各令分别安抚。但查总回目托克托麻木特已被打死，皮禅头目伊特格尔和卓亦已拘拏，允此回民竟无一人管辖，似属散漫。臣复令肃州镇道确查回民内为众回民素所信服者，遴选二人，暂委头目，各行管理外，再查专管之地方官，并统辖之肃州镇道，平时不行教导化诲、整辑约束，以致众回野性未驯，逞凶不法，咎实难辞。现在查揭，另疏题奏，合先缮折奏闻，伏乞皇上睿鉴。为此谨奏。

雍正六年五月初七日具

川陕总督岳锺琪奏请酌议安置鲁布钦及
皮禅部落回民事宜请旨遵行折①

四川陕西总督臣岳锺琪谨奏为请旨事。窃查总回目托克托麻木特被皮禅回目伊特格尔和卓等打死一案，臣准部咨议，称钦奉谕旨，除在事罪犯外，其余回子或愿回归吐鲁番者，将伊等发回。如有遵守法度、情愿留存内地者，准其存留。令臣查明另议等。因臣仰体圣慈，委员前往宣扬圣谕，并行知肃州镇臣纪成斌会同委员甘州府知府李易等前至威鲁堡，传集回民，晓谕确询。据众回民佥称，感戴圣恩，情愿遵法住居内地，不愿回归土鲁番等情。臣已另疏题请，候旨遵行在案。

臣思众回民生长外番，素昧礼法。蒙我皇上洪仁广被，将伊等安插内地，教养咸周。讵伊等好勇斗狠，夙习尚未顿除，以致自干法网。今既荷宽大之圣恩，又蒙皇仁之轸恤，而众回民既已输诚遵法，自必共知悛改。恐怀私挟怨之心终未消释，若令同住一堡，则伊等朝夕相聚，易起报复之端。且皮禅部落查有八十九户，而托克托麻木特所遗之部落止有四十七户，人数既已倍少于皮禅，是又更不便令其同堡聚居。及委员等细查托克托麻木特之妻子实情，亦有移居远害之意。

今查威鲁堡之西相去十余里，有葛里葛什堡者，内仅住民户五、六家，其中余地甚多。如将威鲁堡内托克托麻木特部落原住之房屋折造葛什堡内，约费工价

① 编者按：摘自第一历史档案馆编：《雍正朝汉文朱批奏折汇编》第 13 册，南京：江苏古籍出版社，1989年，第 414—416 页。

二百余金。将伊等陆续迁往居住，庶强弱既不相形，自不至于复生他衅。再回民居住既久，凡其往来行走，亦须约束稽查。臣请于附近之肃州镇标拨兵三十名，金塔寺游击营拨兵五十名，下古城守备营拨兵二十名，派肃州镇标千总一员，即于威鲁堡外益造营房二百间，千总衙署十间，令官兵驻防弹压，统交与金塔寺营游击专辖，仍不时化导，并于朔望日期传集回民宣讲圣谕广训，务宜明白讲解，俾伊等耳聆心喻，相率凛遵，以范身于礼法之中，则日就月将，自必渐摩向化，成为圣世之良民矣。

至于现在各部落回民俱无头目管束，前经臣奏明于各部落内确选老成端谨、为众心所悦服者，各择一人，令其分管原辖之部落。今据皮禅部落公举麻喇木门一人，其鲁布钦部落即系托克托麻木特所属之回子。臣查托克托麻木特曾经出力报效，今虽痛遭非命，而其子现在，似不便另择头目。但本伊长子尼亚斯麻木特年仅一十三岁，未能管束众回。查有谷利麻迈，乃系托克托麻木特之妻父，为尼亚斯麻木特之外祖，亦众回民素所悦服之人。现今合词公举，若令其抚孤约众，似属妥协。仍俟尼亚斯麻木特长成知事之日，将部落交与管辖，是亦权宜继绝之一策也。惟查从前托克托麻木特等职衔有加至副都统者，今既移住内地，自不便复仍其旧。应照番目归诚之例，各给与土千户号纸，准其承袭，庶名分相宜，而地圣主绥辑远人之深恩，亦无不至矣。但臣知识短浅，所议是否合宜，未敢冒昧题请，理合缮折具奏。倘蒙圣恩俞允，或即将臣奏折勅部核议，或另行具题之处，恭请训旨遵行。为此谨奏请旨。

雍正六年九月初九日具

川陕总督岳锺琪奏请恩准
肃州通判毛凤仪革职留任折[①]

四川陕西总督臣岳锺琪谨奏为请旨事。窃查肃州通判毛凤仪，前因迁住威鲁堡安插之回民伊特格尔和卓等打死头目托克托麻木特一案，毛凤仪系专辖之员，不能约束教诲，以致回民聚众行凶。经臣题参，部议革职，奉旨依行。臣准部咨，随钦遵转行在案。臣查威鲁堡地方，系通判毛凤仪管辖。所有迁住回民，自应不时开诚劝导，俾使野性渐驯，各知法纪。乃毛凤仪不行严加约束，致滋事端，殊乖职守，部议革职，实为至当。但毛凤仪自檄委管辖以业，屡径申报前往巡查。嗣因准格尔来使特垒等到肃料理，是以不克分身前往伏查。肃州止有地方通判一员，有地方民事之责，又现同委员守备高勉承办沙州城工口粮籽种并安西兵米等

---

① 编者按：摘自《雍正朝汉文朱批奏折汇编》第13册，第475页。

项，在在均关紧要。肃州至威鲁堡相距一百余里，此等回民迁住日浅，心性未驯。臣比时不行详慎派委能员专司管束，疏忽之咎，臣实难辞。查毛凤仪莅任肃州多年，熟悉边情，诸务谙练，从前所办一切军需，均无贻误，间属老成历练之员。虽年近七旬，而精力尚健，委堪任使。况肃州地处边方，所辖边洞，事最繁剧。现在办理预办军需，责任纂重，必得干练之员，方于军务有益。今员缺一时，未得其人，臣是以冒昧奏请，倘蒙圣恩垂念边方劳吏，予以革职留任，不唯毛凤仪感激天恩，益加黾勉竭力办公，而臣亦得收指臂之效矣。臣因边地需才起见，理合据实奏闻，应否允准，出自圣恩。为此缮折恭奏，伏乞睿鉴，谨奏请旨。

雍正六年九月十六日具

朱批：

有旨谕部留任矣。

川陕总督岳锺琪奏请改肃州为
直隶州并设州同一员分驻威鲁堡折①

四川陕西总督臣岳锺琪奏为请旨事。窃查肃州地处极边，路当冲要，向设卫守备一员、通判一员经理地方事务，凡一切钱谷刑名案件俱由肃州道核明，转移兰州布、按二司转结。自雍正二年沿边卫所议裁，其肃州卫守备一缺，亦在裁汰之内。及甘州、凉州、西宁、宁夏四处改设郡县，而肃州之独仍其旧者，因肃州无属县可设，遂将地方事务总归通判管理，仍隶肃州道专辖。然边徼冲地，通判一官，已难兼顾，今又值肃州道移驻安西，通判之责任益重，且道员相距既遥，若将一切事宜复由肃州道核转，则纡廻往复，未为称便。是以兰州抚臣许容将肃州通判承办一切案件径向布、按二司核理缘由，会同臣合词提请在案。但臣伏查肃州乃口内口外必经之要区，而其地土浇瘠，民户畸零，凡公务一应所需，非本地所能猝办，虽与甘州府属之高台县接壤，而势处临属，未免呼应不灵，一遇紧要接替公务，不悟独力难支之累。况肃州之丰乐河、高台县之黑河水脉融贯，用水之时两地民人每至争讼，地方官又各私其民、偏徇不结。是以现有司道各员详称高台县之下河清、马营堡、上盐池三堡地方系用肃州丰乐河之水、请即归肃州管辖之议，但肃州地势旷阔，今复益以三堡地方，诚为鞭长莫及；若将高台县竟隶肃州，又无通判专辖属县之例。臣因地制宜，请将肃州通判裁汰，照沿边安设郡县之例改为肃州直隶知州，而以高台县改隶肃州管辖，则官制联署，凡往来接办之公务，既可协力共勷，即县属之下河清三堡人民亦在州属兼辖之内，自不致

① 《雍正朝汉文朱批奏折汇编》第13册，《雍正朝汉文朱批奏折汇编》第15册，第109—111页。

有偏徇之弊。再设肃州吏目一员，与知州同城驻扎，令其专司捕务。其儒学教官，向因卫属地方系设教授一员，及卫守备裁汰，教授一缺尚未议改。今若将肃州改为直隶州，应将教授照例改为学正以司学校。

再臣复有请者。查金塔寺营所属之威鲁堡地方既已迁住回民，而附近之王子庄、东坝等处又有招垦之民户，凡伊等授田屯种，全资水利，旧时虽有河渠一道，已为户民所有，且水势微细，民田灌溉之外，回民田土不能沾足，兼之汉回互用此水，将来农事所资，恐启争占之渐。臣于雍正四年前赴沙州，正值土鲁番回民移驻内地之时，臣即乘便将威鲁堡等处地利情形逐一确查，见水力乃必须之事，因行令肃州通判毛凤仪等趁筑堡、盖房鸠工之便相度讨来河水势，另开新渠二道，长四五十里不等，现在四百余顷之地灌溉有余，民户、回民各管一渠，分定界址，以杜混淆，计共需银二千六百余两，即在估拨盖造回民房屋银内动用，现在会案确核报销。惟是威鲁堡等处去肃州一百数十里，地方官稽辖颇遥，臣愚以为设立肃州州同一员分驻威鲁堡，既可化诲弹压，兼令专司水利，似于地方有益。以上事宜，系关增易官制，是否有当，臣未便冒昧具题，倘蒙圣鉴允准，臣当檄行兰州布政使孔毓璞将一切官役经制事宜并现在开垦地四百余顷应征课则升科年份逐一确查详议至日臣与抚臣许容合词会疏题请外理合缮折具奏，恭请训旨遵行，为此谨奏请旨。

雍正七年四月十八日具

朱批：

核总督岳锺琪所奏，甚属恰当，着悉照该总督所议行。其官役经制事宜、垦田升科年份着该巡抚确查详议，具奏该部知遵。已谕部矣。

署宁远大将军臣查郎阿等奏覆商酌办妥
土鲁番回众改移瓜州安插事宜请遵旨行折[①]

署宁远大将军臣查郎阿等谨为钦奉上谕事。雍正十一年正月初六日奉到。雍正十年十二月十七日奉上谕：前据署大将军查郎阿奏请将土鲁番回众在肃州所属之王子庄安插，经廷臣议，令署总督刘於义等确勘详查，妥协办理。朕思回民等输诚向化，自应选择水土饶衍、气候和煦之地拨给，俾得乐业安居，方为得所。肃州之王子庄水泉甚少，可垦之地不敷回民耕种。查瓜州地土肥饶，水泉滋润，气候亦觉和煦，与回民原住地方风景相似，且现在开垦可种之地甚为宽阔，足资

　　① 编者按：摘自第一历史档案馆编：《雍正朝汉文朱批奏折汇编》第 23 册，南京：江苏古籍出版社，1989年，第 883—884 页。

回民耕牧。由塔尔纳沁迁至瓜州，路不甚远，可免跋涉之劳。著总督刘於义、巡抚许容，将土鲁番回众即于瓜州安插，其筑堡造房、给与口粮牛种等项，亦即行估办，交原任潼商道王全臣料理。再令查郎阿即于军营派一武职大员先赴瓜州，会同王全臣悉心妥办。回众自塔尔纳沁迁移之时，著提督颜清如沿途照看，至瓜州安插事毕，颜清如仍回军营办事。钦此。

　　钦遵。臣等随即遴委副将陈经纶，派令速赴瓜州，会同原任潼商道王全臣悉心商酌，公同妥办。并移咨署督臣刘於义等知照外，伏思土鲁番回众于瓜州安插较之王子庄更为近便，而田地亦复宽广，可以安居乐业，仰见睿算精详，至周至备。臣等伏查回众暂驻塔尔纳沁，计大小九千二百余口，每月需口粮二千三百余石。若俟瓜州筑堡造房、办理齐备之后再行迁移，尚需数月之久。不特运送口粮糜费脚价，即回众一切日用所需，件件昂贵，亦未称便。查卜隆吉城内现有空闲兵房可以安身，而卜隆吉之去瓜州亦复相近。仰恳圣恩饬令署督臣刘於义将卜隆吉房屋稍为修理，即可居住。似应趁二、三月间春天和暖之时，乘回空粮车之便，先行迁移至卜隆吉暂住。其一应需用口粮茶封等项，照旧供支，可以就近估拨。即伊等日用，亦比塔尔纳沁轻省。仍令提督颜清如带领现在军营之安西镇官兵沿途照看，防送至卜隆吉驻扎料理。俟瓜州筑就城堡、盖就房屋、办理妥当之日，即令王全臣知会颜清如，将回民搬至瓜州安插。俟安插事毕，再令颜清如回营办理。其安西镇官兵即各归原汛，无庸再令赴营，似属均为便益。但是否可行，伏乞皇上训示遵行。为此谨奏请旨。

　　　　雍正十一年正月二十一日署宁远大将军臣查郎阿、副将军臣张广泗、
　　　　副将军臣常赉、散秩大臣参赞臣穆克登、内大臣参赞臣颜鲁

叁

私家著述类文献

本类文献提要

　　明清时期，讨赖河流域地处边隅，本土士人未见刊刻文集以传世者。至于仕宦、游幕、从军辈，颇有知名于世且编文甚富者，然多不记西陲之事。如明人陈棐仕至甘肃巡抚，多次巡边来肃，然其《陈文冈先生文集》于讨赖河流域之水利并无片言；清人康基渊虽然在肃州知州任上大兴水利，但其《烟霞堂文钞》亦无相关记录，估计与其受甘肃冒赈案牵连去职、不愿回忆此段旧事有关。编者以讨赖河流域各种方志中职官名录为依据搜得著作 30 余种，特收其中史料价值较高的 4 种，即《秦边纪略》、《怀葛堂文集》、《童氏杂著》与《潜研堂集》予以摘录。

　　《秦边纪略》成书于康熙末年，据当代学者考证应为清人梁份所作。梁份（1641—1729 年），字质人，江西南丰人，曾漫游西北、西南各边地，《秦边纪略》即是梁氏所撰边防舆地之书，向为研治边疆史地之学者重视。此书卷四《肃州卫》详细记录肃州四境情形，其中于河流、湖泊、泉水及沼泽特别留意，较直观地反映出清代中期大规模水利开发前肃州一带的水文状况。《秦边纪略》原刻本存在大小两类不同字体，且小字部分文字较多，不宜如全书其他部分一样放入脚注，故在此尊重原形式。梁份另撰有《怀葛堂文集》一种，其中《茹公渠记》以及为茹仪凤所撰墓志铭专门介绍了肃州分巡道茹仪凤开发水利的事迹。《茹公渠记》被魏源所编《皇朝经世文编》所收录。今分别根据赵世运等校注《秦边纪略》（青海人民出版社，1987 年）、康熙刻本《怀葛堂文集》摘录相关文字，略去今人校注。其中康熙刻本《怀葛堂文集》无卷次，亦不著页数，仅于每页鱼尾下取各文章名二字。

　　雍正年间一度署理肃州知州的绍兴人童华曾在马营河流域主持了著名的九家窑屯田工程，其所撰写不分卷之《九家窑屯工记》系其《童氏杂著》的组成部分，详细地记述了九家窑屯田工程，尤其是其渠系的建设过程，其所附诗文展现了工程中的诸多细节，有较高的史料价值。今据雍正十三年（1735 年）刻本《童氏杂著》（收入北京图书馆古籍出版编辑组编《北京图书馆古籍珍本丛刊》第七十九辑，书目文献出版社，2000 年）全文录入。

　　钱大昕是乾嘉学术的代表人物，曾为友人宋弼撰写神道碑，其中记载了乾隆三十一年（1766 年）或三十二年文殊沙河爆发的一次洪水。在大规模防洪工程兴建之前，来自文殊沙河的洪水直至 20 世纪 70 年代仍然对酒泉市构成重要威胁，钱大昕所撰神道碑则为考察该河历史时期的洪水状况提供了史料。今据吕友仁校点《潜研堂集》（上海古籍出版社，1989 年）卷四十一《碑》中《甘肃提刑按察使司按察使宋公神道碑》一文录入，略去校记。

秦边纪略（节录）

肃州卫①

肃州南边：清水堡 在甘州红崖西五十里，金佛寺 清水堡西五十里，永安堡 金佛寺西一十里，红山庄 永安堡西十里，文殊口 红山庄西四十里，卯来泉 文殊口西南七十里，嘉峪关 卯来泉西四十里。

肃州北边：嘉峪关 肃州卫西七十里，肃州卫 甘州卫西四百三十里，野麻湾堡 嘉峪关东北五十里，新城堡 野麻湾西十里，两山口 新城堡西三十里，下古城堡 两山口东三十里，金塔寺堡 下古城北五十里，临水堡 金塔寺南六十里，双井堡 临水堡东六十里，盐池驿 双井堡东四十里，深沟堡 盐池驿东四十里，镇夷所 深沟堡北三十里，沙碗堡 镇夷所东二十五里，胭脂堡 沙碗堡东二十五里。

肃州近疆：石灰关 在肃州之东南，清水堡之东，黄草坝 在清水堡之东，镇夷所之南，甘州之高台西南，讨来川 肃之南，祁连主山之北，速鲁川 肃州之南，草打班之西，卯来泉 在肃州西南，扇马城 在肃州之西，嘉峪关之外，赤斤蒙古卫 肃州之西，玉门旧县之南，玉门县故城 扇马城西，赤斤卫北，晋昌县故城 在赤斤蒙古卫北，玉门旧县之西，广至县故城 在肃州之西南，瓜州之东，坤都录 在肃州西北，赤斤蒙古之东北，黑山 在肃州之北，威鲁城 在肃州东北，金塔寺之北，北大路 在肃州之北，威远城 在肃州东北，镇夷所、金塔寺之北，毛目城 在镇夷所之北，平朔城 在镇夷所之北，兀鲁乃湖 在镇夷所北，甘州之西北，遮鲁障 在肃州镇夷之北。

肃州南边

清水堡：在南山之下，东接红崖，南通山口，皆夷人可以驰逐之途，非若九九山狭隘者比也。堡依山而地则平，黄草、榆林诸坝水利虽通，而黑番取之内府，输之外府，不亦异哉。则扼险防奸，兵宜同于明制，守宜严于他堡矣。西五十里至金佛寺。

> 清水堡，甘、肃之接界也。肃南皆山，统谓之南山，山外始为祁连。红崖属甘州，在东五十里。山口即南山口，在南二十里。九九山在东南三十里，其山口可通西宁，然狭隘难行，多重冈复岭焉。堡地平衍宜稼穑。黄草坝、榆林坝、干坝皆引水来灌田。三坝皆黑番喃唔儿住牧，其目曰蛇眼宛冲，今其目曰蛇眼宛卜，今纳乌斯藏达赖喇嘛添巴。明制，骑兵二百，步兵一百，番兵五十名。今堡有守备。北至镇夷一百五十里。

金佛寺堡：临山在南，井田在北，清水东达，红水内引，亦四达之地也。寺建于明初，堡扩于中叶，土地平衍，水泉可通。而堡之西南若观音山、红山、寒

---

① 编者按：摘录讨赖河流域内部分。

水石山、硫黄山，山外即讨来川也。楚坝桥为往来之溪径，苟断桥而守之，则堡之西南可稍舒焉。西十里之永安堡。

> 临山在南十五里。井田庄在北四十里。红水坝河在西六十里，其河源发南山，夏流冬涸。金佛寺建于天顺间，黄番宗释为建寺，封僧羁縻之而已。嘉靖二十八年巡抚杨博缮广堡城，曾置戍兵。观音山麓在堡西南二十里，其山则与祁连相连，相去甚远，因山有观音寺，故俗及以此呼之。红山在观音山之西，与观音山相连，寒水石山与红山相连，硫黄山与寒水石山相连。讨来川在堡南二百一十里。楚坝桥在观音山口内，山水漂浮林木，纷纭交织，水从下流，其木日久坚定，渐积如桥，人马行其上。黑番今其目曰官代完卜，纳达赖喇嘛添巴。明制：兵一百四十三名，番兵二十名。今堡有把总。西北至肃州九十里。

永安堡：在观音山口，丰乐川原从此而发，引渠折派，边堡之灌溉藉焉。肃南以祁连、火山为障，诸隘多险，独观音山口，路阔山宽，故讨来、速鲁二川，以及红泉之路，皆可通焉。夷苟内犯，至此而分，则肃南诸堡，随其所之矣。其口内之天生桥、楚坝桥，但一斩绝，则河水流渐，夷固不能飞渡，渡桥迤而南有重冈硖，凡犯肃南不经此硖，更无他途。但一人守之，万人莫能当者，二桥虽不断焉，可也。

> 堡亦谓之观音山堡，然山在南九十里，但堡在山口耳。祁连山在南一百二十里余，火山亦在其南，与祁连相连。讨来川、速鲁山今住牧西夷，曰麦尔干喀，曰阿尔赖青台吉。红泉在西南，今住牧西夷，曰索囊南占。天生桥在南八十里，其地南面重山，而讨来河水从此而至，入地伏流，不数武而出地如桥然，可通人马，如天造焉，故曰天生桥也。楚坝详金佛寺中。明参将焦麟曾斩断此桥。楚坝今历年久，徒杠舆梁又成矣。河水即讨来之水，源出祁连，绕肃南而西流者也。重冈硖在堡西南一百九十里，各山之总硖，硖窄而陡，马不可骑，必牵之而行，鱼贯以过。堡旧为黑番小宛卜族住牧，盖番僧长结思冬之后也。堡属于金佛寺，旧无戍兵。西北至苏州八十里。

红山庄：因近红山而得名。文殊在左，观音在右，庄居其中，左右可投之地也。其土宽衍，仰儿坝之水，远溉田畴，沃野可耕之地也。番僧悉居于此，广罗族类，为肃之南面外藩焉。今番族外附，则左右山口尤宜防闲。而卯来、金佛相去甚遥，必宜增屯兵于此，一以为金佛之传钵沙门，一以为观音、文殊之降魔护法也。西四十里则文殊口。

> 山色红故名红山，文殊口在西四十里，观音口在东十里。仰儿坝即红泉新坝也。明时乌斯藏之番僧曰普尔咱住牧于此，传至结思冬，其徒甚盛，乃分为大宛卜、小宛卜二支。而黑番贪其货贿、饮食多有种落焉。今黑番属官代宛卜所辖，仍纳达赖喇嘛添巴。卯来泉在西八十里，金佛寺在东二十里，卯来、金佛相去百余里。庄旧无戍兵。

文殊山口：凿山为洞，覆瓦为寺，番僧之居所也。山口两山对峙，水泉中流，南为滥泥山，可通天生桥。文殊无守，则夷由此以前，而塔儿湾、黄草坝等堡先受其荼毒矣。有明之监司斩断文殊口，筑嘉峪长城，而各堡始安堵焉。然断桥斩土，恃地为险，又不若守小硖，以人踞险，鼠斗穴中，夷之长技无所施也。西南七十里至卯来泉焉。

> 文殊山在南，而山口在寺后。寺甚多，旧云有三百禅室，皆唐初所创，俗谓之小西天。元太子喃达失有碑记在焉。滥泥山在西南百余里，其山多水泉而泥泞，故曰滥泥，一作淖泥。天生桥已详永安堡中。塔儿湾堡东北至肃州三十里，黄草坝堡东北之肃州十五里，清水堡亦有坝，于此名同而实异也。兵备李涵斩断文殊口，绝夷人南入之途也。筑嘉峪关长城绝夷人西来至路也。小硖在文殊口内，其硖峭壁窄径，人马难行，文殊口番族所住，旧无防兵，北至肃州三十里。

卯来泉堡：在山腰。泉流堡右，幽僻荒凉之地，黑番多居之。堡西可达肠子沟，红泉墩，长城所自起也。堡前后则牌楼山、松山环峙如城郭。堡西南远而小昆仑，虽无居之者，切近则小雪打坂，其外则速鲁、讨来二川，为夷一大都会也。则淖泥牌楼诸山之后，凡可以渡水者，必谨遏御之。昔人于堡屯兵，不为是也。今夷之在南在北者，有不以此为捷径耶。西北四十里则嘉峪关也。

> 堡在半山。西南依山阻险，东北直达肃州。堡小地僻，多山无田，黑番白刺宛冲族住牧，今其目曰掌印罗汉，与达赖喇嘛添巴。肠子沟至肃州一百九十里，红泉墩东北至肃州一百五十里。南山、讨来川及各夷欲入腹里，必从堡南渡河，若扼险峻防，则必从肠子沟至红泉墩，于长城尽处入也。牌楼山距肃州百里，形如牌楼。松山即松打坂，在淖泥山之东北，距肃州百余里。昆仑山在西南一百八十里，小雪打坂即祁连山，祁连至此渐卑，故呼为小雪打坂，即山坂，盖夷语也。讨来川即麦力干喀及阿尔赖青台吉住牧。淖泥山即滥泥山，水即讨来川水，自东而西，绕南山之后，其势甚急，人马不可涉，惟天生、楚坝二桥可渡。水至卯来分流一派入境，谓之卯来泉。泉水东北流向肃州，偃坝灌田，而河水差小，及合清水、红水、白水、沙河，从下古城由边东流，谓之讨来河。至岔口、镇夷界，合张掖河水，谓之天仓河，东北流向合黎焉。讨来河与讨来川不同，川在肃南，其分至肃北者谓之河也。有明时兵备王忠显置堡，设兵二百二十名，番兵五十名。今堡有把总。东北是肃州七十里。

嘉峪关：即璧玉山，亦谓之玉石山。明收河西地，而以嘉峪为中外巨防，此河西之极西，而譬诸吐舌之末也。地无居人，为屯兵焉。四面平川，而关在坡上。初有水而后置关，有关而后建楼，有楼而后筑城，长城筑而后关可守也。嘉峪关南连卯来，北接野麻，东达肃州，西出塞外。明以哈密主西域贡，故西域出入咸在嘉峪。及三卫内徙，闭关已久，关之西一民非臣，尺地非土。关外则有大草滩，水足草美，往来番夷所停骖而驻足也。西北有石关儿，石硖天险，扼塞之区。硖外则扇马营，营皆屯兵，今城已为颓墙堕瓦，而降阿饮池于其地者，骒牝三千矣。

更西则赤金蒙古卫，有山有河，有城有堡，今鹊巢不为鸠居也，自此益远。夫夷之在南方者，不过祁连、西海而止，其在西、在北、在西南、在西北者不胜数。三郡梗其中，故四方之往来咸绕于关前。则嘉峪之谓重地，岂三郡之一隅一径所可同日而语哉！循墙而北五十里，则为野麻湾矣。

> 嘉峪关在嘉峪山冈上。明洪武间，冯胜取河西，西抵瓜州，而以嘉峪为限。坡下有九眼泉，夏不致竭，冬不致冻。弘治七年闭嘉峪关，绝西域贡献。其后兵备李端建关楼，大学士翟銮阅边筑嘉峪关、长城，使兵备李涵监筑，起于卯来泉之南，以接于野麻湾之东北，板筑甚坚，锄耰莫入，夷常穴之，必不能穿，其综理之密可知。后之阅边经营之制，殊不睹焉。卯来泉在东南四十里，野麻湾在东北五十里，肃州在东七十里。明初，哈密卫封有忠顺王，主西域各国贡道。三卫者：曰赤斤蒙古卫，曰罕东左卫，曰哈密是也。嘉峪而西二百四十里为瓜州，即赤斤蒙古卫也。一千六百里为沙州，即罕东左卫也。一千八百四十里为哈密卫。正德间，三卫为吐鲁番侵扰，多内徙于甘、肃二州之间，而西域贡道遂绝。大草滩在关外之西二十里，名与甘、凉间之大草滩同。大草滩之南有山，亦名昆仑山，以其似昆仑而名之。石关儿在嘉峪西五十里，扇马营亦在西一百六十里，今扇马营城为索囊王建儿台吉及绰力兔合首气台吉住牧，此二部乃真西夷也，其他沿边者皆北夷，而臣伏于西夷之嘎尔旦焉。赤斤湖今为劳藏滚卜及绰尔吉住牧。三郡者武威、张掖、酒泉也。嘉峪关今有游戎。自关循边墙而东北，至野麻湾五十里。

肃州南边堡，自清水堡而西，至于嘉峪关，凡七所，二百七十里。其卯来泉而东皆山，卯来泉而西则长城也。

肃州北边

嘉峪关：肃州北边所自起，北接野麻湾者也。嘉峪关已载南边之末，可不复言。然野麻湾不足以冠北边，若肃州则居中为卫，不可谓之边堡，复载嘉峪关为北边之首。嘉峪关东至肃州七十里，东北至野麻湾五十里。

肃州卫：汉始开置酒泉郡，隋始为肃州，至今因之。卫地东依甘州，西极嘉峪，雪山南峙，紫塞北临，三面皆夷，中原版图于斯尽也。卫城面金佛而背新城，左临水而右卯泉，城小二坚，溪环而曲，兵民以饷为命，烽火之达为常，五郡之瘠薄孤危者，岂有过于肃哉！夷之南北往来，戕贼边吏，不严遏绝，不伸挞伐，则长此安穷哉？

> 肃州周为西戎地，秦为月支国，汉元狩二年，霍去病破昆邪，始开置酒泉郡。因城东北一里许有泉，色黄而味如酒，故以名郡。西凉李暠都于此。隋初始置肃州，炀帝废州而属之张掖。唐为肃州，又为酒泉。宋为西夏元昊所据。元为肃州路。有明，洪武二十四年，冯胜逐元守臣哈咎达鲁花乃置卫。自嘉峪关外，皆为羁縻地，于是以肃为华夷界矣。甘州在东四百三十里。嘉峪关在西七十里。雪山在南一百五十里。紫

塞即黑山，在北一百八十里。金佛寺在南九十里。新城堡在北三十里。临水堡在东四十里，卯来泉在西南七十里。卫环城皆水，但属小溪，尽红水、丰乐、讨来各水之资灌溉者，哈密卫徙居卫之东关厢者三族：曰畏吾儿族，其人与汉俗微同；曰哈喇灰族，其人与夷俗同；一曰白面回回，则回族也。今皆男女耕织，或为弟子员亦。商贾营伍皆有其人。城有寄住黑番为编户，其目曰永住，部五百余家，不纳夷人添巴，今不列番夷族中。肃州文有监司，武有总戎。西北至野麻湾五十里。

野麻湾堡：嘉峪列于西南，长城列于东北。贞壤平川，荒凉之地也。然长城外卫，则负耒荷戈，聊足自固。惟飞沙附墙，陂为之平，虽挑之障之，防夷逾越，亦目前苟且计耳。北边长城悉多沙患，安得有因地措宜者，以人力而御天风耶。东十里则新城堡焉。

> 堡筑于万历四十四年。西南至嘉峪关五十里，皆沿边墙；东南至肃州五十里，则为内地。堡虽荒凉，实可耕稼，而沙壅墙卑，常如平地。凡北边近山者无沙，平原广袤，风大沙多，沙干如西面，若游尘扬于空中，在在如是，旋挑旋壅，良无益也。惟有因地措宜，或筑内边，以为重险；或筑战台，以跨边墙；或植木于外，以障风势，在乎经营得人耳。堡有把总。

新城堡：渠水可引，平原可耕，长城可守。然西北边外，皆夷往来之路，恃一墙以隔，而苦于沙淤。从来边堡不在自守于内地，在乎觇外之水头。近有花城儿河，为伏奸之所；远有钵和寺为聚众之渊，则覆索侦候所宜密也。东三十里则两山口焉。

> 钵和寺坝，引水灌田，故可耕稼。花城儿河在西三十里，可以牧马。钵和寺有湖，在西一百里，又有小钵和寺，亦在西三十五里。山口有榆林泉，可以饮牧。钵和西即柏杨林，路极平坦，可以通车，故西夷往来必取道于钵和寺也。今夷之游牧于北边者，不可胜记。其各有分地者，载于分地之堡。其往来西北住歇于新城之水头者，曰把都儿台吉，同此名者有三：又有曰色客长素、曰占木素台吉、曰桑格思巴台吉。又有：曰额力刻绰台吉，同此名曰有二：有曰答力汉绰儿吉、曰倒朗色楞台吉、曰阿要台吉、曰达里吴麻把什、曰挥都鲁台吉、曰满吉太台吉、曰额客庆台吉、曰胡隆木石台寺、曰拨讨台台、曰额亦得尼合首气台吉，其目之多如是，则部落之众可知矣。堡有把总。南至肃州卫三十里。

两山口堡：城小地平，而边垣剥落，土地皆碱，无可恃之险，有窥伺之夷。若干海子、黑山口，虽专有责成，恐大武不设矣。东三十里至下古城。

> 城周一百二十步，故曰小。地在下湿，土极潮碱，墙垣自堕，渐次全倾。干海子在西北一百五十里，夷之住歇水头也，特设此堡以防之。黑山屹立沙漠中，望之如墨，且黑水经其下，故曰黑山，俗又谓之紫塞。其山口在西北一百四十里，亦夷饮马休足之地也。堡有把总。南至肃州卫二十五里。

下古城堡：土脉潮碱，不可以筑边垣；河流不定，不可以设险阻；最为要地，而最阽于危也。边外大乾粮山，听其出没，昔日劳来安集之开府，搴旗斩将之虎臣，今安得不拊髀思之。下古南连临水，东接双井，虽倾仆边城，犹近内地。若北出暗门则鸳鸯池，水浅而草丰，又北则大口子，地阔而山卑，已如西出阳关矣。况又北出如金塔寺。北出金塔寺五十里。

讨来河因众水会入，从堡之左侧北流出边，然其水时消时溢，溢则溃决边墙，消则河皆平地，夷每乘而入犯。考宁夏之横城，当黄河之堰，躯石錾砌，直接河坝，遂无夷患。今肃虽无石，岂无土木乎？是在乎留心边计者耳。癸亥年夷目摆代拜彦杀官兵，掳财物，皆边备不修之故也。大乾粮山，又名沙山，其侧有小口子，在东北六十里，属堡分管。明巡抚杨博增城堡、招流亡，给牛种，而堡又富庶。参将马恩指挥周钦大捷于山口，夷不敢犯者十余年。临水堡在南十里，双井堡在东七十里，鸳鸯池在北五里，夷人至秋，每牧于此，大口子在北二十里。堡有守备。西南至肃州四十五里，南至临水堡一十里。

金塔寺堡：因有塔而名也。地无人居。悬兵塞外，以望沙漠，无甬道以通内地，可危者一；夷未薄城，沙已先登，可危者二；天仓为夷所必由，鸳鸯为夷所必牧，东南皆梗，可危者三；南而大口子难防，北而红口子难备，可危者四；近而威鲁城之刍牧，远而坤都鲁之探丸，其他狼心、红狐各山，羊头、沙枣诸泉之患，可危者五。昔以金塔安插降夷，豢养西番，庶几以备古城、临水耳。今之悬军于此，一以代天仓夜摸之戍，远候边声；一以塞临水、盐池之冲，出边按伏也。然委孤军于塞外，不如退保于腹中，是在乎困时用变者。南入内地之边堡。六十里至临水堡。

寺已久倾，塔今尚存，然颓坏极矣。堡外插棘，架木为卫，而平原旷野，风扬沙石，直泊堡城。天仓河在北三十里，夷之北来者经双树儿渡水，由箍桶湾顺天仓河至堡。鸳鸯池在堡南四十里，大口子在南三十里。红口子在东北六十里，威鲁城在北八十里，原安插瓜州总牙族，今西夷额力刻窟隆住牧。坤都鲁在西北六百里，今西夷军顿台吉及无素奈尔定合首气台吉住牧。狼心山在东北三百五十里，凡往来哈密北山者，必聚于此。羊头泉在北一百二十里。沙枣泉在北一百七十里。明设堡安插西番曰羔剌族及关西各夷。天仓墩在东北二百六十里，明设墩军，呼天仓墩，名鬼门关。夜摸墩在天仓墩子西十里。堡有游戍。东至镇夷境外之箍桶湾五十里，西南之肃州五十里。

临水堡：汉之会水城也。北连下古，南接河清，西肃州而东双井，地居适中，为甘、肃孔道。碱地可耕，樵苏可爨，然无睥睨可守，徒恃下古、金塔以为屏翰耳。且合河口、大口子皆其要害，而夷常牧于鸳鸯池，则增防殆不可缓也。东六十里至双井。

会水城汉置会水县，以讨来、沙河、清水、红水所会也。城旧有堰水障，今废。下古城在北十里，河清堡在东南七十里，肃州在西四十里，原有边墙。合河口为讨来、红水二河相合，沙滩隙地须防，今边墙多为碱所倾，随在通行，不但防合河口矣。大口子在北三十里，鸳鸯池在北二十里。堡有把总。

双井堡：大道平原，边颓濠壅，交衢行且危疆也。至于照壁、石板为其分地，顾此失彼，安能及之，增防不可已矣。东四十里至盐池。

西自临水，东至深沟，皆甘、肃之大道也。旧制边墙且虑其倾，又浚深壕，或一道或二道，今议筑浚者，且绝响矣。照壁山在西三十五里，石板墩在西北三十里。堡有把总。

盐池驿堡：产盐池也。随取而足，无煎煮之老，然汗牛所载，不值一铢。堡道如砥，备御全无。东四十里则有深沟焉。

堡所产盐，其色甚白，镇夷鸳鸯池所产亦同。甘、肃二州皆取盐于碱池焉。堡从无边垣，皆浚濠以防其北面耳。堡有把总。

深沟堡：平川下地。黑河在北，草沟在南，地卑湿无墙。盖西起下古、临水，东至镇夷之西，无封疆以限华夷。由其地咸碱不可筑浚，万里长城至此独缺，虽曰腹中，何殊边外，惟恃斥堠远置，修堡近防而已。深沟而东，由临河以致黑泉，则甘、肃之孔道。若沿边而北三十里，则至镇夷矣。

黑河即甘州之张掖河，流至此，北去而合讨来为天仓河也。草沟井堡在南八十里。明制：下古城兵三百九十名，马二百二十四。临水堡兵九十二名。双井堡兵二百二十名，马一百四十四。盐池站兵四十名，马十四匹。深沟堡兵五十名，马十四匹。临河堡即花墙儿，在深沟之东三十里。黑泉属甘州，在临河之东二十里。堡有把总。

……

肃州边堡，自野麻湾而东，至于胭脂堡，依长城山壕凡十堡、三百二十里。其嘉峪则见于南，肃州则入于中，金塔则出于外，皆不与焉。

肃 州 近 疆

……

黄草坝，在清水堡东，镇夷所南，甘州高台所西南也。坝于榆林　榆林，《甘志》作茹霏，非也、干草，皆畜水以灌田，清水之人咸赖之。昔筑墩以候望。黑番居此，明制藉之为兵，错杂于守望焉。

坝在清水堡东三十里，镇夷所南一百五十里。昔为蛇眼宛冲族住牧，今为黑番南唔儿族所住牧。

讨来川，在肃之南，祁连主山之北也。祁连支山，从北蔽之，故川水夹两山之间，源发分水岭而西流，经卯来泉分流入中国者，肃谓之讨来河也。川流殆千里，山水皆赴之，山石左右冲决，激而成声，怒浪如奔，人马皆不能涉。川之崖畔，为甘、肃接壤，间多平地，介于红崖、草打坂者，恒有牧羊秣马之夷矣。

> 川水源流千里，夷所住牧也。在红崖堡南一百里许，草打班南三十里，清水堡东南一百六十里，夷阿赖清台吉住牧。
>
> ……

卯来泉，在肃之西南腹里，有堡有居民。黑番居堡外，有番僧为之长，自此而西，更无番族矣，盖番皆依于中华。沿山而西则塞外矣。

> 卯来泉在肃州东南七十里，黑番伯刺宛冲族住牧。

红泉，在卯来泉南，小昆仑山下。小昆仑土赤水浊，其岭有张骏所筑西王母废祠。山南平地，水泉特美，泉以水色得名。其南有墩，中华之所候望也。水西流而北，夹岸皆夷，去肃之南山远矣。

> 泉在肃之卯来泉南一百二十里。昆仑在西域甘朵思之北，去肃不知其几千百里也。小昆仑在肃西南二百五十里，高出诸山，因以昆仑名之。后凉太守马岌请于张骏立祠祀王母，今有遗址。墩在卯来泉南八十里，旧设墩军，今裁。今索囊甫占住牧。
>
> ……

威鲁城，在肃州东北，金塔寺北。讨来之水，至此为渠，所以灌浸平畴也。明置威鲁卫，肃北之铁障步焉。既而以功获罪，军兵咸叛，非误于刀笔之吏欤？招抚定而民内迁，乃徙羌以实之，亡羊补牢，当日筹边之至计矣。

> 威鲁城在肃州东北二百三十里，金塔寺北八十里，镇夷所西北一百五十里。城有渠曰广禄，明所筑也。讨来河水流其南，自是而东则天仓河矣。明时夷犯卫地，卫军斩馘夷首，上功请赏，御史赵春以为杀降，当抵死，酷刑讯之，罗织甚多，于是卫之军民皆噪，反戈以叛，单骑抚之乃定，既而悉迁其民于内地，卫军乃罢归。嘉靖二十七年，重修其城，安插瓜州头目总牙族住牧。城今倾圮。夷人额力刻窟窿住牧于此。
>
> ……

怀葛堂文集（节录）

茹公渠记

秦塞之远出三千里为河西。极西地、环毛幕，东通仅一线者，惟肃州为然。关则嘉峪，通西域贡道，顺则以宾来廷，逆则以绝交关路。用捍全秦而释西顾忧者，亦惟肃州为然。肃之为肃，既孤悬天末而又系中外之安危，则为之计者，必地加辟、粟加多而人加众，甲河西五郡，使之为乐土以固苞桑而后可。

余尝读《禹贡》至声教被流沙、西戎即叙，叹唐虞治化之远，乃在弱水既西、厥土黄壤、田上上之后。今流沙在哈密，而合黎、弱水在肃东境上，然则肃当唐虞之世，固已奏成平，不自汉武开五郡、置酒泉始矣。国家抚育万方，而肃则自哈喇灰之祸，虽休养生聚，于今六十年，迩来增置大镇，而民生起色，犹且远逊甘凉。兵备茹公来肃，兼理屯田水利，甫临即下教条，劝课开垦。夫肃当祁连弱水间，广二百七十里，袤不及百里，山泽居其半，地狭民希，而塞云荒草，弥望萧条者，火耕水种，擐甲荷戈，一民而百役也。岂非屯田水利之不讲，则民物不殷阜之过欤？

余尝问于肃州辛成用曰："今之肃何不古若？"辛生曰："祁连雪溶则讨来河水可灌，废久迹湮。今因故渠而疏凿之。自临水至双井，东西六十里、南北二十里，垦田五千亩，增国赋、利民生，辟荒芜而田上上矣。先是，吾侪六十四家，分地八区，仿八卦也；八家任一区，仿一卦为八。又八家同井也。舆论同而合力为此。此吾侪六十四家之幸，尤吾肃百年之利也。然非渠之先疏不止此，而留心民事、相原隰、授方略，非茹公其谁实为之？于是命是渠曰茹公渠，志不忘也。不宁惟是，今红水坝开东洞子渠二十里，溉田千亩计，皆公躬督率成之。以此而及，将肃无不治之水，则无不耕之地，必无不庶之民。若夫汉之屯湟中，归美赵充国；唐凉州粟麦一匹数十斛，史称郭元振之功。以视公今日，又何不古若之有？"

余曰："有是哉！用是策于塞上，则中外治平可立效。区区秦中，兵农兼事，务一而两得者又何足云？"用次生言以为记。公讳仪凤，字紫庭，宛平人。

整饬肃州等处地方抚治番彝监管肃镇
屯田事务按察使司副使中宪大夫茹公墓志铭

公姓茹，讳仪凤，字紫庭，通判西安府讳珍之仲子也。先世山阴，以家起倅府，占宛平名数，以是为宛平人。

公生而有异质，聪敏阔达有大志，风神庄重俊伟，望如玉立。少从宦西安，就外傅，辄耻章句学，学经史务求大意，识者器之。出府廨，裘马翩翩、美仆从日，肃客宴会，选胜征歌，欢声达旦夕，极一时之盛，雅非所好。好交生气名宿。重然诺，慷慨豪爽，挥霍千百金不一介意，家人妇子弗善也。

寻以上舍生谒选，辄以澄清天下任。比宰岐山、佐郡衡州、守景东楚雄广南府、副使肃州，皆西南徼塞地，不克展凤韫，而志则自若也。公通明果毅，喜奇猷，易人所难，而才足以济，为不成不止。岐山荒，民不堪命，旧令万端请，檄愈急。公一请，而蠲赋至八万。丁丑[①]，湖南民忿长吏，群噪围城治凡二十八州邑，茶陵为甚。公捧檄，水路疾进，廉倡首九人。平明澈，州民咸集，故辗转稽缓。

---

① 旁注：康熙三十六年。

入夜，缚九人马上间道去，而茶陵已定，民无复哗。云南广西，猡彝争地界，蜂蚁聚且战。战，僵尸必累万。公陈盛兵，戎服入，片言立语，咸慑服，立解散去。侬智高旧巢，人不识一丁。公劝诱以立学宫，今号称多士。肃州孤悬天末，宦率以蓬庐视。公开临水、洪水二渠，绝塞始足食。此皆出公绪余为之，而大吏咸震诧为今所未有。

公博综名理，其言简而详尽。性忭急，每拂须觷，谈人率嗫不得声。有言善，则霁言倾耳，俾徐徐言，听受恐弗尽，从之若转圜。故为政以风厉著，人畏其威。其湛思默运，区画措置，因地与俗而动中机宜。用是，塞草黄沙、瘴雨蛮烟、反侧地以能抚绥安定，而澹然于奏绩。闻世之矫饰诈伪而希世乞哀者，则哑然笑之。初令岐山也，关中李中孚颙、李雪木栢讲理学，李天生因笃擅长诗，则晋接馆餐，如宓子贱之宰单父。任衡州，则燕之刘继庄献廷、江右刘元叔廷献、蜀刘忠嗣羽逊后先至，礼遇三刘者不异三李，君子以是多公能礼贤，公亦辄自诩。生平交特达非常士足有为于世，而多困穷，强半凋谢，往往扼腕悲伤，至于涕下。惟不喜俗吏、迂腐学究，见则鄙夷诙谐讪笑。凡跻弛士，瞋目语难。下至方技杂占矿人市贾亦使各尽长。西安孙维周、田警寰素豪华相尚，征逐声色。一日枣阳令阙，警寰朝捐夕授，盖咄嗟出橐金应之，以千计者七，他所耗多类是。自奉则薄，蓄书外无长物，不事家人产。视事对客罢，则手一编，虽宅忧颠沛不少辍。善诗文，不多作，作必出经生意。手自书判牒，雅赡得情伪。善饮，颇不好生平无酒。

体素丰，岁戊辰①腰脊疼乍作乍愈。作则伛偻，行坐堂皇，㧖舆中不觉也。己丑②持节使肃州，地极西，高寒甚，溽暑辄雪。公每诵份"西宁象嘴肃象鼻"句，间从骑，挟弓矢，约总戎合射竟日，矢矢相属，皆中的，三军惊咋舌。再期秩满，以次推江西按察使，忽疾作中风，无遗令一语。所属发其藏，未陈书数柜而已。

父，字君辅，官至西安别驾，以公贵，加封光禄大夫。母夫人鞠氏，丰润文秀女也。兄翱凤，早卒，无出。公生顺治庚寅十月二十三日丑时，终康熙壬辰③二月二十二日卯时，享年六十有三。元配恭人孙氏，华阴令成都云锦女也，无出。侧室程氏、秦氏、夏氏。子男二：长桃，吏部候选州同知，娶江南太学生张玉树次女；次桐，吏部候选州同知，娶江西布衣梁份长女，夏氏出。子女一翠贞，字淮安布衣王恒哲第三子预来，□④氏出。初，桐入燕试罢，往省觐，未至而公逝，乃扶梓归江南，以某年月日葬上元贾家山□首□⑤趾，盖公所卜葬孙恭人墓也。

先是，份至云南署，饮至夜分，公召桃、桐使持《通鉴》，前指赵简子授简、李克论相二事，使各朗诵一过，且分疏大意，颔之。遽起，指份目桐，大声曰："此尔丈人耶，我伯兄也，汝自思之。"份老矣，无能为役，每读李克言，则汗淫淫下。

---

① 旁注：康熙二十七年。
② 旁注：康熙四十八年。
③ 原文旁注：五十一年。
④ 编者按：此字以黑墨涂去。
⑤ 编者按：此二字以黑墨涂去。

嗟乎！受人所期许，能使其不失言者几人哉？爰掩面而系以铭。铭曰：繄才与命兮，有余不足。斯世斯人兮，于何有福。天道茫茫兮，是蕉是鹿？观察位高兮，耳顺年笃。祔葬合葬兮，归全骨肉。于万斯年兮，钟山东麓。海枯为田兮，必长百谷。

王畤五曰：紫庭伟人，得此健笔写生，须发栩栩欲动，不独至交情恻，读之有死生存亡之感。

九家窑屯工记

序

肃州在河西之极边，去嘉峪关七十里而近漠。时霍去病、路博德略地至此，始置酒泉郡。于今为西路军需总汇之区。自西凤等郡，运粮至肃州，劳费不赀，所谓数十钟而致一斛也。国家屯兵西域垂二十年，边方输挽络绎相继。虽湛恩汪岁，民悦忘劳，然道远日久，公私匮乏，终非有备无患、一劳永逸之至计也。

雍正壬子季春，华捧檄西行，窃念防边之策屯垦为上，地广则粟多，粟多则食足，食足则可耕可战，自古迄今莫之能易也。乃至肃数月，周行相度，访问耆旧，皆以地狭水少为词。盖自军兴以来，粟价腾贵，田家多收十斛麦，值钱五六万，宜其无土不辟矣。而肃州有源之水甚少，皆融南山之雪流而成渠；民间量地分水，以时刻计。春夏日中风温天暑，则次日渠水充沛；若阴晦而寒，则渠流细浅，或至断绝。崔浩尝云：雪之消释，仅能敛尘，何得通渠灌溉？其言不信。浩止至武威而不至酒泉，故后世莫有辨其非者。以华所见，即今甘凉之水，虽有泉源，亦半赖南山之雪沟洫，非久经其地不知也。南山起于塞外，至长安而终，故曰“终南”。史称张骞在大夏，并南山从羌中归，则知此山之从来者，远近绵亘万里云。然不一其名，在肃州曰祁连山，在甘州曰天山，在山丹曰焉支山，西人通谓之南山；积雪常白，民田赖以滋植。肃地最高，故水常不足。其形势然也。

九家窑在南山之北，州城之东，地在山中，水在山外，必穴山以引水，泻水而成田。非民力所能办。地方官以其绝远，且山涧荒僻，虽闻而知之，罕有至者。少保鄂公经略陕甘，驻节于肃，首议屯政，即以九家窑工程奏委，华竭蹶尝辛，三年而后成。寓居农家，去工所二十里。祁连暑雨，晨出暮归，饥不得食，渴不得饮，或阴噎风晦，飞沙陨电，猝不得避；逾山涉涧，累月经年，无几微愠怠之色。盖以国恩深重，民力艰难，渠成实西土之利，使者虽劳岂敢告瘁，若夫会心所至，忘形遗物，或吟啸于悬崖断壁之间，亦时于危苦中得少佳趣。

忆华以雍正四年叨沐圣恩，擢守定越。明年蒙怡贤亲王保奏，分理京南局水利营田事务，号为局长。其时循行郡邑，相水性，辨土宜，障堤辟地，教耕省获，车殆马烦，乐以忘返。见黍苗之被阴雨，念四方之思郁伯辄穆然神往。及屯田西塞，先后十年，历官田畯，经理稼穑者最久，中间摄行酒泉郡事十有七月。终以不耐繁剧，引疾归田，从其性之所近而行其心之所安，虽长为农夫以没世而不悔也。方其辍耕陇上，沐浴膏泽而歌咏劳苦，正如《小雅》所载古农人之词，其忠爱笃挚之意，自有可传者。故录而存之。昔汉武帝负荆宣房之后，用事者争言水利。河西之河皆引河及川谷以溉田，今穿山激水之法，盖古人必有行之者，而湮没不传，文献无征之故也。用是记其大略而以在工杂作，付之以贻后之人，知巨工高成之难，时加检治，使渠不旁泄，洞不中高，水流而不盈，田存而不废。自今以始，岁取十千，以佐边贮而纾民力，庶不失此者之本怀欤。

乾隆二年岁在丁巳孟冬望前三日会稽童华书于漳州郡署

九家窑屯工记

九家窑在肃州南山之麓，去州城百五十里，其下为千人坝，坝水至马营庄，渗入漏沙，伏流不出，民间不争之水也。九家窑有地一二万亩，皆平原沃土，可种可居。顾地高于河十余丈，必凿山开洞，取水于十五里之外，升之二十丈之高，然后泻入山麓，纵横四布，以溉以耕；工险而费巨，莫有任其事者。

雍正十年壬子夏，尚书查公以陕甘之节来驻于肃，念边民转运之苦，思所以佐军食而减民劳，会有以九家窑屯地绘图，呈请公命，观察杨应琚偕华往视之。逾山涉涧，险远荒僻，非寻常人迹可至，因以大工难成反命，事亦寝矣。

阅两月，大学士鄂公经略陕甘，至肃宣诏，以查公为大将军，命冢宰刘公权总督事，文武大僚赴肃听诏者十余员。鄂公议筹边要务以屯耕为第一义，当择其近而难者先试之。或以九家窑告公，询诸华。对以功之成否不可知，倘中道而废，当奈何？公曰：吾知之矣，子勇于有为者，特患费无所偿耳。吾为子力任之。即请于朝檄，华专司其事。受命之日，退而深思曰是非人力所能为。《书》云"至诚感神"，诚者，诚也、和也，内竭其诚而以和出之，鲜不济也。遂檄效力州判李如珪分工协理。

于是鸠集夫匠，凿通大山五座，穿洞千余丈，洞高七尺、阔五尺，开渠筑堤千五百丈。其悬崖断岸，水不能过者，架槽桥四座。越明年癸丑三月朔，引水试洞堤，善崩，成而复溃者数。旁观指摘，谤议横生，以为是必无成功，徒糜国帑耳。惟前太守杨君汝梗力辟群议，白诸制府。制府刘公亲临工所，陟降相视，曰：凡工人之难，难于穿洞；今穴通五山而首尾相接，暗中交回，不爽尺寸，似有神助，吾以是信此工必成也。但当加给工本，宽以时日耳。若劾令赔补，自今以往，谁复有为国事者。

华闻而激昂奋发，因是得安心经理。顺水势所至，相其高下而平治利导之。又一年始达龙尾。甲寅夏四月十又有三日，水到地成，则浩乎沛然矣。种期已迫，试种四千亩。明年乙卯种至万亩。两岁皆丰收。召贫民认种，分半租为边贮；设屯田州判一员。制府奏请，皆报可许。穿洞开渠、筑堡建房并两年牛犁籽种之费用银三万两。华捐盖龙神、山神庙二座；中间改建龙口者三，改穿山洞者四，渠决而复塞者不可胜记；前后捐用三千余金。当其崖崩石裂、堤岸旁泻，仰天号泣，望命须臾者数矣。赖天鉴其衷，得藉手以告成事。及坝水到地之日，临流洒涕，喜极而悲。是皆诸君子之维持调护，在工人员之宣力和衷也。华敢忘所自哉！

是岁之秋，西夷效顺，款塞请服。岁在丙辰，乾隆启元，圣主当阳，德音洋溢西域，输诚内附，厥供织皮。王师振旅而还，边境宁谧。嗟我劳民役车其休。华方将与田夫野老嬉游陇上，负喧扶杖，歌咏太平。从此烽尘永息，民和年丰，囷积之粟至红腐而无所用，是则华之心也夫。

工上杂成

春来劳顿在山阿，尘土冰霜共一窝。
休忆故园花月好，此生强半寓眠多。
竹杖青鞋短布衣，一身消瘦祝牛肥。
黄羊白石南山路，番马人牵缓辔归。
莫学山公醉后鞭，恐随贺监井中眠。
近闻入塞姚观察，骑马如乘双桨船。①
赤脚暮归担粪婢，蓬头晨出牧猪奴。
指麾种畜真吾事，旧是畿南田大夫。
雪山寒瘴日相侵，敢畏驰骤恋旧林。
衰病转加天路远，始怜老骥壮时心。
薄伐功惭上柱国，深耕力减下农夫。
渠成恩许归休去，泛宅何须乞鉴湖。

牛鼻洞口渠工告成复遭水决策马往视不胜忧叹

急流转圆石，朝涉断马胫。
下马陟巉岩，攀援至半岭。
渠成忽后坏，沙石当空陨。
水泻如飞瀑，云黑天地冥。
嗟此两月工，溃决须臾顷。
皇皇将何之，蹙蹙靡所骋。
念我勤王事，肯为性命忍。
终日不一食，忧心徒悻悻。
仰天长叹归，中夜深追省。

① 作者自注："余去秋坠马，卧病一月。顷得酒泉太守杨青眉札，云汉兴道姚公新从塞外来，一马如驴大，双僮夹持两辔，浮流马上。吾闻而善之。"

望祁连山怀霍剽姚

独奏肤功麟阁间，朝天年少几时回。
祁连山似剽姚冢，可许神君梦雨来。

对镜

鬓枯山风面已皴，半餐粗粝半沙尘。
一身先自忘肥瘠，何用秦人视越人。
小腆未平臣子愧，大兵坐老赋财虚。
此心夙夜忧军国，不觉形同山谷臞。

病起

黄竹歌阑青鸟回，土窑清梦近瑶台。
塞翁无马兼无子，何处心伤得失来。

旧燕归来飞鸣上下如相问讯诗以答之

花香泥软补巢新，向我依依小语频。
燕子应忘身是客，却怜山塞未归人。

劳民歌[①]

谁能渴不饮，谁能饥不食，
谁能倦不眠，谁能劳不息？
嗟我边方民，輓运无宁日。
驱此栎栎车，陟彼巉巉石。
车殆牛亦羸，人汗挥沥滴。
更遇春夏交，滂沱月难毕。
盐池泥泞地，车陷不得出，
一牛劳喘死，众牛觳觫立。
众夫攘臂呼，一夫仰天泣。
我曾骑马过，见此中心恻。
况复涉严寒，冰崖与雪碛，
敲火如飘磷，裹饭若怀璧。
兄去弟方还，父归子已易。
终年卧辙下，尘垢无人色。

---

① 题下自序云："寓居穷乡，日闻追呼声，感叹而作并寄郡公。"

叁　私家著述类文献　93

逾时一来归，妻子不相识。
下吏畏严程，操之如束湿。
舆隶满村呼，征求何太急。
谁非民父母，何忍行督责。
庙谟图深远，安边曾有策。
作歌告君子，念我边民力。

甲寅四月十三日渠水到地屯工告成

筹边有意效河湟，陟降经营破老荒。
凿洞穿山成鬼谷，悬崖架水造仙梁。
复陂应观双黄鹄，柔远何须四白狼。
从此岁收四万斛，少纾輓运愿民康。

乙卯二月引疾乞解酒泉郡务仍归工所

匝地黄尘无已时，山乡庐帐杂香夷。
房中雷动端公鼓，屋上风裂梵字旗。
軶带轻裘趋冉冉，敝车羸马去逞逞。
药笼检点余归志，苍老谁遗琼树枝。

归南山旧寓寄杨观察[①]

尘劳竟岁少为欢，卧归荒庄梦渐安。
麦陇停车仍是客，松山携杖本草官。
徂年似水流何急，衰鬓如霜薄亦寒。
寄语关西旧同学，不须因我再弹冠。

洞生佛记并诗

　　文殊寺在肃州西南四十里，以其介两山之口，故曰文殊口。为金城以西第一名刹，番僧常三四百人。每年浴佛节前数日大修佛事，民番商贾咸集。余以乙卯之春乞解郡务，四月六日住宿寺中。惟时梨杏飞花，柳榆摇绿，夜深人定后，流泉声细，新月光微，开窗兀坐，悠然自适。众僧入舍，合掌自言：“我师亡后，托生九家窑番帐，已能言矣。语过去事，如纪梦游。九家窑乃明府所开，因凿通龙口之日，吾师以生，番人名之洞生佛，不忘本也。今将迎归本寺，始终奉养，愿赐护持。”余经理九家窑屯政，五年于兹。番人插帐在余新凿洞口之上。土厚水深，草木畅茂，蜿蜒盘郁之气，或有所钟，以绍法派，未可知也。余在工时，知有此

---

　　① 题下自序云：“时杨署甘藩印。”

子，闻其凝重异于群儿。诸僧非诞妄者，其言似可信。余闻佛家四果习漏未尽，有投胎夺舍之说，今乌斯后藏所称"活佛"者，皆三生七世易薪传火，遐迩敬信，莫敢訾议。盖其根源不断，愿力常存，有托而凭，焉非偶然也。第宅舍屡迁，幢幢来往，不亦劳且厌乎！余不日赴工，是儿有知，其将抱而问旃。僧退作诗纪之。

> 一儿才四岁，灵慈记前生；
> 展卷通文义，从游识姓名。
> 法轮方再转，灯焰自长明；
> 歇担还山后，无穷香火情。
> 儿生喜作佛，我老懒为人；
> 不耐思前度，谁能卜后身。
> 山花随意落，溪柳入时新；
> 去住浑无迹，知君难问津。

仲夏赴九家窑过长沙岭雨雪纷霏因入曹园看梨花

> 沙岭风高老眼稀，忽逢园叟启柴扉。
> 梨花雨后新添雪，浴罢温泉著粉肥。
> 主人有女约双眉，束发垂肩听咏诗。
> 因笑谢家夸玉树，将盐比雪好痴儿。
> 五月杨花共雪飞，坐需后骑待添衣。
> 故乡亲串披罗葛，知有何人望我归。

曹园梨花①

> 天宝园中供奉树，当时按曲奏飞花。
> 岂知冷落无人顾，开向边山百姓家。
> 几年系马成相识，儿女攀辕惜别离。
> 总有周王千里骏，重来西域亦难期。

宿工上留别州判李汝阳县尉章朗南及本处生监耆老

> 嘉赖诸君子，渠工得告成。
> 相非班定远，心似赵营平。

---

① 原题下作者自序云："上河清者，长沙岭尾之小村也，农民曹氏家焉。门前有水一池，垂柳数行；园中有梨树十余株，修洁可喜。余以雍正壬子秋，同杨秋水观察，藉草坐柳下，剖食哈密瓜。主人两女俱幼，一子在襁褓中，奉巾盘以进，环视左右。此后往来九家窑工所，辄至其家。今南归往别，值梨花大开。设食花间，主人女已嫁，季女亦十一二；子将就傅矣，问老翁何时再来？猝无以应。嗟乎，花柳依然，游踪难定，岂独天台洞口、武陵源上，迷不复至哉。感而成诗，书寄秋水君。追忆旧游，同为慨叹。"

异日思膏雨，当年共豆羹。

川流会有尽，不尽故人情。

祭千人坝龙神文

夫以善世不伐，乃龙德之正中；惠我无疆，斯神功之久大。惟此西土，淳朴可风，历办军需，趋跄恐后。奈民贫地瘠，或耕七亩以借一牛；且粟贵途长，费十钟而致一斛。蠲租发帑，圣天子之膏泽频加；运策筹边，诸大人之恩施备至。至要以垦荒积粟，为塞下之深谋，务期食足军腾，仿湟中之成效。

华以菲劣，来备驰驱，窃见小腆未平、大兵远驻，枕戈待旦、正臣子效命之秋，击鼓祈年、亦田畯趋公之日。矧华京南初仕、水利兼司，赵北三年、石田曾辟。白盐红米，久知粒食之艰难；番马黄羊，敢惜渐衰之筋力。

聿瞻旱麓，乃陟高冈，相兹九家窑厥田上上，缅彼千人坝惟水汤汤，激之在山则漏沙可避、泻以洒地则槁壤可滋。经略既以上闻，制府于焉专委。凿山开穴、人鬼与谋，跨壁飞梁、霓虹遥布。祈求祷祀，念靡神之不宗；惨淡经营，叹诸艰之历试。盖山未成象、一篑终亏，井不及泉、九仞犹弃，所以捐躯不顾、誓死靡他也。

恭逢大冢宰之弘奖人材、悉心指示，幸遇前刺史之好遇正直、殚力扶持，人事既臧，神庥斯降。今者时为初夏、节近农忙，沟浍皆盈、溃淡淡而并入，田畴均足、旁洋洋而四施。且溉且入、千夫乍集，既优既渥、百谷可生。从此瑞禼频书、岁其大有，糇粮稍裕、民亦小休，是皆神力之成全、贻此边方之乐利。作庙以祀，庶引水以思源；击壤而歌，敢受施而忘报。南山雪霁，庆惠泽长流；西海波澄，愿烽烟永息。吹豳饮蜡，知神听之和平；祭酒献羔，鉴愚衷之诚悫。尚飨。

乐志斋赋

乐志斋者，田畯之寓室也，在祁连山之侧，共宽十有二步，其深寻有三尺。土墙瓮牖，不雕不饰，无图史之陈，无花木之植。其庭不能旋马，其榻仅可容膝。其三径则霰雪冰霜，粪壤沙碛，其四旁则鸡豚羊犬，驴羸犙特。其往来则田夫野老，度阡而越陌；其厨舍则斫冰而敲火，羹藜而饭麦。邀南山之风欤釜兮，望松柏之苍碧，闻豺狼之夜嗥兮，愿市廛之人迹。

洵所谓穷居野处，安在其能自适耶？况乎田畯盖曾列官于时、两典大郡，驾安车而泛彩，蠲驱驰乎常山之原，相羊乎具区之泽矣。一旦滞穷边、守寒瘠，弊裘羸马，辨明而出、坠而复乘，向晦未息，何夕日之繁盛兮，今直如此于此邑也？始违俗而孤往兮，抗硁硁之悻直耶？廓独居而深念兮，常引咎而刻责。思哲人之令仪兮，慕柔嘉之可则。既外劳而内疚兮，志坎壈而未释。方戴盆而叩心兮，敢借耜而德色？若是者，惧犹不足，而又何乐？曰：人各有志，苟行其志又焉往而不乐？古之豪士心勤远略，时则有班仲升之慷慨、傅介子之卓荦，负铜鼓而征蛮者为马援，乘长风而破浪者为宗悫，皆将建殊功于万里之外，人人自以为卫霍矣。田畯非不私心向往，文吏衰龄，智小力薄，虽遐举远慕，其度量相越，譬诸一丘一沼之方河岳也。若夫晁错之积粟塞下，充国之屯田湟中，乃前智之芳躅，将仿佛其遗谋，当旁搜而广拓。务食足而军腾，在水充而土沃，斯愚夫之千虑，待大匠之一斫。

　　间者西酋犯顺，跳梁肆虐，在兽为猰，在鱼为鳄，以天威之震荡，王师之于铄，犁庭扫穴，犹发蒙振落耳。而圣人之心，爰究爰度，以为我国家之子养亿兆，至于鱼鸟，莫不咸若。四海之大，有一夫不获，若纳诸沟壑。而顾勤兵绝域，俘其人不足以为臣民，疆其地不足以置城郭。螳螂之斧，不足以烦隆车之队；瘈狗之颈，不足以污干将之锷。夫其冥顽之性不可教化，尤麋鹿不可施以羁靮也。惟当远斥候、申约束，止其侵轶、防其剽掠，绝其贡献、禁其求索，来则歼其精锐、去则邀其饥弱，蠢兹小丑、孽由自作，不出数年而变生于肘腋、祸起于同恶，其亡可待、如潦斯涸，至于洗心革面、请奉正朔，宽关稽首、解其面缚。祝网之仁、不遗燕雀，丽日之照，不废炬爝。书之格苗以干羽两阶、易之御暴以重门击柝，意在斯乎？

　　然屯兵远地，备糇粮、制囊橐，飞刍挽粟、寒暑经络，人胝其足、牛羸其角，民亦劳止、执热思濯。尔乃圣泽频加、汪洋磅礴，蠲粮发帑、周详溥博，我徒我辈、喁喁踊跃，惟是臣子之心，思所以佐国用而纾民力，皇然未有所托也。相君至止、嘉献宏廓，决胜千里、运筹帷幄，备边之策、惟荒是扩，披图指地、得诸掌握，申请于朝、试以盘错。田畯至喜、闻命而诺，陟降经营、执事有恪。峨峨南山、加之斧凿，漫漫河流、于彼洄酌，匀匀原隰、施以芟柞。穴崇崖而通道兮、升伏流于岩崿，辟高阜而为田兮、未遑议其丰确。累白石以成渠兮，刈宿莽而薪械。朴构飞梁以引濯兮，偃长虹而树格泽。岁既偃而长勤兮，栉寒风而如削。惊青鬓之皆丝兮，叹黑貂之已敝。思往日之素食兮，每仰愧而惭怍。敬国事而勤民兮、本臣心之诚悫，苟微命之可捐兮、实致身之素学，藉服劳以忍性兮、愿明志乎澹泊，虽寄迹于庑下兮、似鸿渐而得桷。抚素琴以微吟兮、又何羡乎朱楼与画阁。推此志也，吾焉往而不乐？

　　歌曰：甸南山兮胤嘉平，飞雪千里兮积冰，如城修祀事兮孔明。祝田功兮有成，洞豁然兮水泫泫。自今以往系岁屡丰，田畯乐兮融融，克勤且敏兮农夫之功。

潜研堂集（节录）

甘肃提刑按察使司按察使宋公神道碑

　　公讳弼，字仲良，别字蒙泉，山东德州人。先世有讳性者，仕明至刑部右侍郎；佐夏原吉治浙西水利有功。曾祖炳，肃州兵备按察司佥事。祖兆李，郯城县教谕，赠儒林郎。父来会，赠奉政大夫。公少而英特，补博士弟子，岁科试恒屈其侪。故事，学使者间岁拔诸生之秀者，州县学各一人，贡成均。自郯城至公三世，皆登斯选，士林荣之。乾隆三年，举顺天乡试；十年，成进士，改庶吉士，散馆授翰林院编修。未逾月，御试干清宫，入高等；方拟擢用，以父忧去职；服阕还朝，充武英殿提调，续文献通考纂修官。以省母请假，家居数年，事生送死以礼；还朝，署日讲起居注官。扈从南巡，宣示御制诗，辄与赓和，再充续文献通考纂修官。同事十数人，皆公后进，征文献者，咸以公为归。性劲直，不随人俯仰，酒酣纵谈古今，意气豪迈，然非先哲法言不道也。钱塘梁文庄公总裁书局，论议或与公不合，公往复辨证，必尽其说；文庄始虽愠而卒推服之。二十八年，御试正大光明殿，引见，有旨令以原官休致，而总裁诸公合词奏公学问笃实，著述专勤，请留之书局，由是供职如故。

三十年，迁右春坊右赞善。其秋，授分巡巩秦阶道。陛辞，召见，奏事大称旨。到官，即往伏羌、徽、礼诸县察地震，民被灾者振之。明年，调整饬甘肃道，所治在嘉峪关内七十里，当西域孔道，使者往来无虚日，公访问西域风土物产古人所未纪者；各缀以诗，凡百篇。募民愿徙乌鲁木齐者，得三百户，公亲劳而遣之出关，无一人滋事者。盗匪高台山，诡云采金，旬日聚三百余人，公闻之，亲率兵仗捕其魁置之法。雪山文殊口水暴至，注肃州南郭，坏民庐舍，公登城具牲牢为文祭之，水果止。玉门之牛尾山出硫磺，朝议令肃州募民采炼，以供巴里坤军用，初未有定数也。州募商炼得三十万斤，报布政司，司移问安西提督，则答以岁需不及二千斤，而州续得磺又三十五万斤有奇。布政司以州擅动库银，所贮磺无所售，日久且霉败，将责偿于官吏。公检州库旧磺，经三十余年无霉败者，乃上议制府曰："安西，重镇也，储火药宜多。提标诸营，岁取磺巴里坤、哈密二库，储之可补官库之乏。顷闻乌鲁木齐遣人购磺肃州，是安西岁需不止二千，宜于玉门县贮三十万斤以待安西各标及乌鲁木齐之用。甘肃提镇两标岁取磺肃州，州见贮仅支三四岁，宜分二十万斤贮之州库。又甘肃所属诸镇，皆于兰州买磺，州存磺亦少，若令赴买玉门，而减直以予之，则余十五万斤亦可分销。"议上，事得行，果便。公之通达政体多此类。

三十三年三月，擢甘肃按察使。下车益以廉公自持，与僚属言，必咨民生利病，课政之勤惰为殿最，而痛抑其奔竞者。治案牍恒至夜分，不假手宾友。尝行金县，有司供张甚盛，笞其仆而撤之。公具奏请陛见，既得旨，以九月上道，行至洛阳，遘疾，十月二十九日，卒于寓舍，春秋六十有六，启其橐，无余财。故人子知洛阳县张君映台实经纪其丧云。

公少以才名雄齐鲁间，登馆阁二十年，优游著作之林，若将终身。及圣天子付以方岳之任，正身率下，事有利于官民者，排群议为之，一矫俗吏婞婳骫靡之习。天夺之年，未竟其用，要古所称有守有为者，公实兼之。世多訾儒生迂阔，不通世务，岂不谬哉！

　　公之学博而醇，诗文皆有法度，所着诗集八卷，思永堂文稿四卷，撰集山左诗百余卷，广川诗钞二十卷，州乘余闻二卷。家故贫，教授生徒自给。既贵，弟子著录益众，分教庶吉士凡三科，恒以师道自尊，少所假借。家居时，巡抚白公钟山延主泺源书院，远近负笈从之。公教人为文，尚先正程序，勿逐时好，而取科第者转多。岁己卯，大晰典试山左，榜出，书院生中式者十有八人，公喜甚，贻以诗，有云："伊予久伏处，冯轼观群哄。决胜卜其长，亿占每幸中。"亦一时美谭也。

　　夫人刘氏，贤而能治家，先一岁卒。子二人：荔、藻。女三人。以三十五年三月戊寅朔合葬于冯家砦祖茔之次。先期，公之长婿张予治致书乞铭公墓道之石，大晰于公为后进，同在书局，又同直讲筵，与公为文字交有年，故不敢辞。

　　铭曰：猗宋氏，哲人继。汉司空，唐太尉。公之先，潞长子。徙安德，今几世。学早成，五经笥，少所可，寡所嗜。老著作，师后辈，文章醇，经济备。秦陇西，国右臂。抚吏民，布威惠。古为徒，宦亦遂。生也直，视松桧。郁佳城，长河裔。其人存，百千岁。[①]

---

　　① 编者按：2012 年编者在嘉峪关市文殊乡田野调查时，曾向一老者停车问路，攀谈期间老者谈及流域洪水曾背诵韵文数句，当时因方言原因未能明白其意思，以为是寻常民谣或谚语之类。两年后偶然重听当日全部录音，惊觉其中提到"宋（孙）老爷禳水"等句，估计或为宋弼遗事，惜当时较不敏感，未能询问老者乡里、尊讳，是为一大遗憾。姑且记录此事于此，以为戒鉴。

碑刻文献

本类文献提要

　　碑刻文献是近年水利史研究中特别重视的文献类型，然其在讨赖河流域特别稀缺。田野调查中，很多老者向编者反映，他们的记忆中没有关于水利碑刻的明确印象，但 20 世纪 50、60 年代有以石碑作为新建学校、卫生院等乡村公共建筑墙基之事，其中不能排除有水利碑刻。另据《创修金塔县志》卷十《循异》所记，金塔水规或刻于沙石质地碑上，或刻于匾额，皆不易保存。据金塔县水务局长许兆江先生回忆，他在 20 世纪 80 年代参加工作之初曾参与地方水利资料收集工作，当时多位老者就普遍提到 1949 年前金塔县各渠水规很少刻碑保存，全县各渠亦无渠册，水规与工役摊派细则一般用毛笔书写在各龙王庙内的墙壁上。这些墙壁一般为砖砌或干打垒结构，外以石灰坧平作为书写载体。1949 年后随着各龙王庙的废弃、拆除或圮毁，皆已无从查考。

　　本卷编纂过程中虽将碑刻作为搜集重点，但仍然没有新的发现；编者仅搜集到七通经前人转录的碑刻类水利文献。其中《金塔坝与王子庄六坪分水碑》《茹公渠与金塔坝分水碑》为《创修金塔县志》收录，西坝庄新地村龙王庙乾隆三十二年六月铸铁钟铭文为《酒泉市水利电力志》收录，《甘肃肃丰渠鸳鸯池蓄水库铭》为《大公报》收录，分别见本书第一部分《方志类文献》、第六部分《民国报刊类文献》，原碑均不存。其余三通水碑录文，出处则须略加说明。

　　《大清乾隆丙申童华去思碑》与《乾隆五十七年清水分水碑》均辑录自 20 世纪 40 年代甘肃水利林牧公司酒泉工作总站所编制之《酒泉马营河查勘报告书及查勘图》（下简称《报告书》），原件为酒泉市档案馆收藏未编目档案。《报告书》抄录两碑作为马营河流域水利开发简史之例证，原碑现均已不存。《报告书》显示，《大清乾隆丙申童华去思碑》署名"潘魁榜"，但其文字几乎皆取材自童华本人所著《九家窑屯工记》。《乾隆五十七年清水分水碑》记录肃州知州裁定马营河流域屯升渠与清水六堡争水一案，在他处未见，标题不知是否为报告书作者所加。光绪《肃州新志》中所收入《康公治肃政略》一文曾提到康基渊任肃州知州时裁定屯升、清水争水案似与此相似，但时间似不相同。

　　《新城坝徐公渠开垦水程碑记》采集自酒泉市肃州区银达乡，此地在 20 世纪 50 年代中期之前长期属于金塔县辖境之新两野地区，《创修金塔县志》云："酒泉县属之新城坝老鹳闸二水浇灌新两野田二十七顷六亩二分，新城村有与该坝按粮分水碑记。"疑即此。原碑不存，河西学院文学院教授吴浩军先生综合几个抄本择善而从，对一些明显的讹误进行了校正。此碑比较详细地记载了干渠层面水利活动的基本内容以及工役摊派原则，展现出山水灌区与泉水灌区间的水利关系。

大清乾隆丙申童华去思碑

　　九家窑在肃州南山之麓，去州城百五十里。其下为千人坝，坝至马营渗入漏沙，伏流不出，民间不争之水也。有地数千亩，皆平原沃土，顾地高于河十余丈，必凿山穿洞取水于十五里外，升之二十丈之高，然后泻出山麓、纵横四布，以溉以耕，工险而费巨，莫有任其事者。雍正十年，大学士鄂公经略陕甘，至肃议筹边要务，以屯垦为第一义，檄童公专司其事，并州判李公讳如珽分工协理。于是纠集夫匠，凿通大山五座，穿洞千余丈，开渠千五百丈，其悬崖断崖水不能过者，架槽桥四座。明年三月引水试洞，堤善崩，咸覆溃者数。因顺水势所至，相其高下而平治导利之，又达龙尾。甲寅夏四月，水到地成，种期已迫，试种四千亩，明年乙卯种又加亩，两并皆丰收，召无业贫民，分半租。设屯田州判，制府奏请，皆称"可"。计穿洞开渠筑堡建房并两年，牛犁籽种之费用银三万两，童公捐盖龙神山庙二座，中间改修龙口者三，穿山洞者、渠决而复塞者不可胜计，前后捐用三千余金。此皆公开创之艰穿凿之苦也。屯民毋得而名，敬列碑石、永志不忘焉耳。

乾隆五十七年清水分水碑

　　持□西安直隶州①正堂加五级记录六次李、署肃州直隶州正堂加五级记录五次沈□肃属红山河东清水、上寨、中寨、盐池、马营、草沟等六堡户民蒋导周、王大任、周子曾、吉典任、王锡聘、赵登甲等控告屯升渠民张秀芳、武学孔等邀截水利一案，奉钦命安肃兵备道宪福饬委本州等亲临会勘，断令下六堡与屯升渠应在马营河总口按粮定期均水，以资浇灌田亩。下六堡共纳正粮五百一十九石零，应分使上半月，每月自初一卯时起，至十六日寅时止。屯升共纳正粮五百三十七石零，应分使下半月，自十六日时卯时起，至次月初一寅时止。周而复始，轮流灌溉不得紊乱章程。两造均皆轮服再无异言。请勒石立碑，永远遵守，此碑为记。

乾隆五十七年闰四月吉日

---

　　①　编者按："西安直隶州"或为"安西直隶州"之误。

新城坝徐公渠开垦水程碑记

　　尝闻天生五行，发并用之，废一不可。水犹命脉所关，稼穑所出，养民之所最急者也。故国家开垦，先视水源而后辟土安民，振古如兹，由来久矣。若我新城坝徐公渠有清乾隆初年，蒙州同徐公疏通水道，开垦落业，税驾桑田，取水源于边里新城坝梅豁略以下，所有沿边一带渗流之水聚集下游，开导疏通沟渠，以资本坝灌溉之需。其下更有中左右三处营湖泉水，见泉取之，其它人毋得阻挠干涉。泉水不足灌溉，又在边里新城坝内分讨来河山水一脉，庶免边渠荒旱之虞。每年与该坝出春水人夫卅二名，夏水人夫卅二名，以备在河上挖坝取水之用；泉水坝人夫拾名或廿名听候上坝，临时来帖通知派人夫多寡，以备查水之用；供应芨芨五千斤；北龙王庙建醮祀神或演戏，助布施钱廿串文。该边里新城坝与我坝所流之水，镶坪分流。该坝坪口宽一丈四尺，我坝坪口宽三尺六寸。我坝每年拉定淌沟人夫二名，到本渠挑挖泉水沟道及修理分水以下之渠坝等事。地列一百八十二份，每份摊水时六刻，共计一十昼夜零八份，加中头润沟时八个、南头润沟时七个、北头润沟时三个、浇庙园水时一个。每年春季水利批水后，三沟九昼夜自下而上，轮流浇灌，不得紊乱。上家沟口自闭。有不闭及闭之不竖者，并偷漏走失水源，上地者罚钱若干，不上地者罚钱若干。下泉水惟南六与南五上截浇灌不上，接水后下泉水在某昼夜浇灌，即取某昼夜水时协与南五、南六。尤其我坝各处泉水，开辟斯地之源最为关要。惟愿后之人，常思勺水成海之箴，毋忽卷石为山之志。不择细流，毋让土壤，是其幸焉。此皆本渠开辟之定例，先辈之成规，分州厅有案可凭，后起者不得藐视，故谨勒碑铭以垂不朽云尔。

肃州直隶州儒学文庠生员昆山甫运继环谨识

肃州直隶州儒学生员师古甫运则先敬书

清赠六品军功乡奉耆老春山甫孙伯华参订

大清同治二年五月谷旦敬立

伍

考察报告类文献

本类文献提要

自六朝以来，中国士大夫即有在游历中撰写行纪的传统，在宋代之后更加蔚为大观，在某种意义上可以视为考察报告的前现代形态。但就研究讨赖河流域水利史而言，传统行纪类材料中涉及到的相关内容并不多，少数留存的文字也是仅对所渡涉之河渠有简略之记述，故文献价值不大。然自 19 世纪中叶以来，西方探险家陆续进入中国西北地区，其中包括地理学家、考古学家、民族学家甚至情报搜集者。这些西方探险家问题意识鲜明、方法手段先进，其所撰写的各类考察报告之中各种信息十分丰富，如德国地理学家伏特勒（K.Futterer）和瑞典地质学家布林（B.Bohlin）就对讨赖河流域地形地貌以及水文地质作较详尽的观察、描述和研究。[①] 在西方人所撰诸多考察报告中，涉及水利问题较多的是芬兰人马达汉（Carl Gustaf Emil Mannerheim）与英国人斯坦因（Aurel Stein）的作品。

马达汉的考察系受俄国军队总参谋部的派遣，带有明显的军事目的。所到之处特别关注道路、河流、人口、城防及粮食产量，1907—1908 年在肃州一带盘桓时特别注意了讨赖河流域的水利问题，尤其是基层的水利管理制度。斯坦因在考察中有两次经过肃州，第一次因主要精力在于押送敦煌文书，对途中各地未展开深入调查，1914 年第二次来到肃州、金塔一带，重点考察了地理地貌及长城等文物遗迹并进行测绘。1914 年 5 月 11 日，斯坦因从野麻湾穿过夹山，在距离金塔绿洲最南端 2.5 英里处看到北大河，河宽 0.25 英里，无水，六条渠也无水（按：所见应为王子庄六坪）；向东 1 英里，见三条水渠有水（按：应为金塔坝），"它们的水流量加起来也只有每秒钟约 60 立方英尺（约合 1.7 立方米）"。斯坦因的这一记录具有重要意义，因为 5 月 11 日正好是立夏刚过，金塔地区的水量已经极其微小，这与各种民国文献中提到酒泉各灌区于立夏时截断河流并举行分水仪式的记载刚好相互印证，下游区区每秒 1.7 立方米的流量大大低于河道的自然来水。

民国时期，中国本土不同领域的学者也开始陆续到西北考察，他们撰写的考察报告已与前人的行纪体作品完全不同，不再只是单纯地记道里、写风物，而是有着专业的任务与视角。但由于本流域地处偏远，民国时期许多水平较高、收获较大的调查活动，如 30 年代全国兴起的地政调查，基本没有专门涉及酒泉、金塔一带；而所谓将"河西"视为一个整体的调查，多是以武威、张掖为中心。此外，许多考察报告的质量也未尽人意，如 1945 年国立西北农学院农田水利研究部编定的《河西居延新疆水利考察报告》，多处直接引用张其昀《甘肃河西区之渠工》（原

---

① 参见 K. Futterer, *Geographische Skizze der Wuste Gobi:Zwischen Hami und Su-tschou*, Gotha: Justus Perthes, 1902；B. Bohlin, *Notes on the Hydrography of Western Kansu*, Stockholm: Tryckeri aktiebolaget Thule, 1940。

文收入《河西水利史文献类编·黑河卷》）一文，缺乏一手资料与数据。因此，本卷所选取的本土学者考察报告，只有 1932 年中华民国农林部所编《甘肃河西荒地区域调查报告》，虽然其关于水利活动的描述分析亦较为简单，但却难能可贵地抄录了一份完整的《酒泉县洪水坝四闸水规》，这在基层水利文献保存较差的讨赖河流域显得弥足珍贵。

除上述材料外，还必须提到两类专门的流域水利考察报告。第一类水利考察报告为甘肃水利林牧公司酒泉工作总站于抗日战争后期对流域水利状况进行的全面考察，此部分报告完整保存于酒泉市档案局。但从其内容来考察，绝大部分文字内容与数据、图表为其后河西水利工程总队所编纂的各种工程计划书所吸收，因此不再重复收录，仅从中辑出三方清代金石文献，分别已在相关章节予以刊布。第二类水利考察报告是 1959 年讨赖河流域水利考察队所编著的考察报告，根据参加考察的刘荣先生（后为甘肃省水利厅副总工程师）回忆，应涉及上游水库坝址考察、中下游渠系考察与灌溉用水分析等内容，但编者经过多方搜集，始终未曾获见。

本章文献所节录之《马达汉西域考察日记 1906—1908》采用王家骥译本（中国民族摄影艺术出版社，2004 年），《亚洲腹地考古图记》采用巫新华译本（广西师范大学出版社，2004 年），《甘肃河西荒地区域调查报告》采用中华民国农林部1932 年铅印本。

另外值得一提的是，1910 年《泰晤士报》驻华记者莫理循曾游历西北，拍摄下了大量相关照片，今已十分著名，在多种已出版图书与网络上皆可觅得。莫理循并非水利或农业专家，但其有记日记之习惯，估计澳大利亚新南威尔士州收藏的莫理循日记中会有某些关乎讨赖河流域水利问题的记载；由于莫理循日记目前尚未系统整理刊布，希望日后能有机会对于本部分内容予以补充。此外，中国传统行纪材料中提及讨赖河的零星记载虽不收录于本卷，但相关作品如《万里行程记》《辛卯侍行记》《河海昆仑录》等，比较系统地收录于杨建新主编的《古西行记选注》、吴丰培主编的《丝绸之路资料会钞》、甘肃人民出版社出版的《西行纪北丛萃》、宁夏人民出版社《走进大西北丛书》，皆易觅得，读者如有兴趣可方便参看。

我们在口述史采访中，得悉 1949 年后由地方各级政府组织的行政性、群众性水利勘察考察活动数量很多，但大多皆未形成文字；少数成文者，由于时间晚近且专业性不高，这里也未予收录，在此特别说明。

马达汉西域考察日记（1906—1908）（节录）[①]

（1907 年）12 月 7 日　肃州城

跟以往我所走过的地方，特别是与新疆南疆相比，这个地区看来水比较多。但也不是太多，因为许多分歧，有时候发生打架死人事件，常常是由于水的分配问题引起的。耕地被分割为小块，这跟税收一样都是根据水的分配情况而定的。

河水被分导入六条水渠，或六条支流，称之为坝。通过这些坝河，再把水分别引入周围的田地里去，而每条坝河自成为一个独立的、小型行政和税收单位。官府每年都在老百姓中任命一位"龙官"（Lungguan），负责合理分配水源和确定纳税日子。龙官本身不收税，而是老百姓自己把公粮直接缴到城里的粮仓中去。如果税粮不缴，或者水的分配引起纠纷，那么正是这位在老百姓眼中的官员，"龙官"要对他的管辖区的秩序负责——他的大腿或手掌就会痛苦地感觉到"龙官"这个体面的社会地位阴暗的一面。所以这种苦差使没有人愿意当。有时候会有这样的情况，就是富有的龙官用钱雇用一名代理人——这项措施肯定是得到官府的同意的。分配水的时候常常使用筷子或者蜡烛作为衡量的尺度。土地所有者能得到多少水，就看在燃尽一支蜡烛或几寸蜡烛的时间里流入多少水。纳税人可以选择不同方法，例如把所有分得的水权集中用在一个区域里，等等。在出售土地时，他也有权确定该块土地须承担较多的税，通过这办法他可以部分或全部解除其余土地的税项。他应得水的权利会根据缴税的比例减少。整个地区的赋税总额多达5876 担（根据荷兰籍传教士爱森斯的说法是 9800 担）。缴纳青稞或小麦。

肃州有一条马车道通金塔，路程约 90 里。另一条马车道经临水到金塔，约 100里长。沿着马车道，到南山，进入西南面的文殊沟（Van-shu-go），前面有两条路通向南偏东南面的金佛寺（Dshin-fo-sse）。听说除了这条大道外，南边还有一条近山的路到甘州。在这条路上沿着山脚，或近或远，听说有不少村庄和耕地。

12 月 9 日　临水村

我们不得不走经过临水的那条路，因为马车夫不认得那条近道。出了东城门，我们在城外路过了 3—4 个巨大的土碑，土碑下堆放着许多从田间捡来的人骨。再往前不远的地方，有三座由木桥相连的寺庙小建筑物，后面树荫下就是庙。道路在半俄里或四分之三俄里的行程中一直是在两条陡峭的 2 庹高的山丘之间行进。

---

① 编者按：摘自〔芬兰〕马达汉：《马达汉西域考察日记（1906—1908）》，王家骥译，北京：中国民族摄影出版社，2004 年。

在离城数俄里的地方，我们越过了一条河的支流，这条支流从城北往东，从北东两个方向绕城而行。城南两俄里的地方，可以看到营盘的灰色城墙，营盘四周长着许多树，一条林荫胡同通向城里。这是中国将军左宫保（左宗棠）在平定回回"暴动"后建的，那时他的营帐就扎在那里。现在营盘里住着肃州招募的部队。

地势现在变得十分平坦，道路穿行在树丛之间，有的地方林木成排，有的地方杂乱丛生。左边有一条 1 庹半宽的河流在蜿蜒曲折地流淌，往前走数俄里路后，有一条黄色的地垄——很可能是河流的主河床堤岸，与我们的道路并行而走。右边，在两三俄里以远的地方，道路两旁稠密的房屋开始变得疏落。离城约 7 俄里半的地方，有一座农舍，叫"二十里马坊"，那里有几个汉人在狼吞虎咽地吃面条，远远地就可以听到他们呼噜呼噜的吃喝声。再往前走 3 俄里，我们路过了一堆废墟——这是沿途一系列废墟中的第一个。这些废墟可能也是回回"暴动"留下的纪念。最大的废墟还在三俄里以远的地方，其中有一座庙宇的遗址及其新立的石碑。庙的名字叫"神通石头坛"（Santung-shih-tou-tan）。在断垣残壁的废墟中可以看到几间住人的农舍。继续走好多俄里路后，在我们面前出现了一条河，这条河分成两条支流切断了我们的道路。较大的一条支流约 7 庹宽，水量充沛。一座良好但很窄的桥梁架在河上。河的右岸是临水村，村里有 90 户人家，32 家店铺和 5 家客栈。北面是肖家东庄，周围有一圈少见的环状围墙。离这里一大段路远的地方有一些低矮的山丘。过了一条短短的集市街就到了临水村，该村周围有一堵已经坍塌了的围墙。这个地方的军事实力是金塔守备队派来的一个 5—6 人的把总和属于甘州提台的一个军官与 13 名士兵的马队。

……

这段路行程 15 俄里，至多 16 俄里。道路在这里分岔了。大路继续通向高台和甘州，而分叉的小路则通金塔——在临水，中国农历十月至来年正月底下雪，厚度约 4 俄寸。雨水经常在三月到九月之间。从西边刮来的暴风不多见，一年有3—4 次。

12 月 10 日　金塔城

从临水出来，道路沿着集市街穿过村子而去。村四周的围墙，南北长约 250 庹，东西 120 庹，有两座城门，一座朝西，一座朝东。我们在围墙东面沿着不起眼的街市走了几分钟的路。在集市街的终端，我们的道路从通向甘州的大道分了出来。我们朝着北偏东北的方向走去。周围的情况跟我们在肃州以东骑马走过的地方差不多：庄稼地，许多房子，在水渠和路旁以及房屋周围种了树木。有些地方道路深深地陷入地面，像开出一条沟似的。我们越过了好几条小水渠。房屋不大，但看来很整洁。

出村子六俄里，我们到了回回"暴动"期间毁坏了的一段长城边。这段长城筑到临水河右岸为止，然后在左岸重新连接上去。这个地方的名字叫暗门（Na-men）

和下古城（Sia Gutsheng）。长城边上有一座小庙。西北面，在河左岸，离河好长一段距离的地方，有一条长长的，自西而来的山嵴。没有分支的河充向北偏东北方向流去。我们所走的河岸上，房子和树木愈来愈稀疏，左岸上的农作物不久也消失了。再往前6—7俄里，我们路过了一片房屋，此地叫鸳鸯池。房屋都盖在向西行的砾石山冈的西边脚下。村子里有一座墩台似的楼台，其南角边有一片较小的楼台废墟。在到达这个地方之前数俄里的地方，我们越过了临水河的一条支流。这条支流向北拐去，并沿着道路边缘流淌了一段路程，然后汇入临水河的河道。道路左边是不到一俄里宽的湿地。左岸上看到一些低矮的沙砾山冈从西延伸到岸边。北边更远的地方有一些山丘和高山，这些山丘与高山我们在昨天的路上已经看到，看上去像是许多山丘与高山层层重叠而成为一条带状山岭，从西或西南拐向东南。在村子的几乎正北面，我们发现有一条山沟，这是临水河流入北大河的渠道。

过了源涌子的最后一些房子，庄稼地也就消失殆尽。道路穿越夹杂少量砾石的、微微上升的地面，向着山区延伸。不久，道路两旁出现了一些低矮的砾石山丘。在离村子3俄里的地方，我们就进入了山区。我们沿着一些低矮的流线型小山之间的狭窄山沟，或者更确切地说山谷，穿越了山区。我们骑马沿着山沟往上走了几分钟后，地势开始缓慢地下降。未隔几分钟，我们走上了一片开阔的坡地，这片坡地徐徐向东偏东南下降。坡地的西面和南面是我们刚刚跨越过的山岭。

而东面则是同样的山丘。我们向北走过了不知不觉上升的地段，然后又开始不知不觉地下降，而且也是沿着短短的山沟走。山体都是砾石和砂子的混杂物，只有在几个北坡上看到岩壁露出地面。在另一条山沟的终端部分，可以看到北边大片的原野，只不过今天雾蒙蒙的天空大大地限制了视觉。再往前走2—3俄里，在北面有一条自西向东的山丘，继续走数俄里路后，就看到了白雪覆盖的原野上出现了一条绿色带状的金塔农耕林木区。东北面，看到一条长长的山丘自北向南走向我们曾经骑马穿越过的山区。西面，有一条向北而去的河谷，看来就是临水河的河床。河谷的西面又是一些线条圆润的山丘与高山，正是我们曾经经过的那些山脉的继续。我们骑马走了两个半小时的路后，才到了山丘跟前。山丘的北坡是荒芜的砾石原野，这片坡地非常缓慢地向北下降。

离开最后一座山丘4俄里以远的地方，就开始看到了绿洲，绿洲的南面有一座部分被损坏了的大土墙。东北边有一个廊柱似的高楼台。在两俄里路的行程中分布着几间房子、耕地和几棵单独的树木。再走一俄里路后，我们就到了金塔城的南城墙边。这座小小的城市看上去很让人愉快，不拘形式的建筑，与中国城市通常呆板的对称结构有鲜明的区别。从一早开始就是晴朗的冬日被强劲的西风扫了兴致，到了山北强风干脆变成了暴风。尽管气温并不是特别低（零下8度），却把大家冻得够呛。

……有车马道连接金塔与以下各地：城西约70里的西红寺，城北约80里的二家湾，城东约30里的头墩和城东北约200里的毛目。西河流经东北和东区。

12 月 13 日　双井村

今天的道路引导我们走过城东南的一座塔庙。

……

围墙以外的地方开始了不毛的荒漠，起初荒漠上密集地排列着汉人的墓碑。道路微微向东南方向的山区抬升，前面的山脉，我们上次从临水到金塔时曾经路过过。这些山很像是砾石山丘堆积到了一起。但这里的山丘是长条形的，像山风似的。最高点是在离城 12 俄里的一个砾石较少的山间，道路两次穿越浅浅的山沟。山沟底部是干涸的河道。下坡时没有感觉，在两俄里路的行程中，我们骑马走在同一个高度上，然后地势开始非常缓慢地下降。迄今为止全然是不毛的荒沙地里，在它的南坡看到了一种匍匐而生的小灌木，稀稀落落地一簇簇丛生着。离今天的最高点约 9 俄里路远的地方，砾石山丘的地形终结了，我们走上了沙土带，那里密集地生长着匍匐灌木状的植物丛，这里长得稍微大些。再往前数俄里路，就开始生长少量的低矮芦苇，不久我们就踏上了典型的多孔土壤，上面有一层厚厚的白色盐碴。骑马下坡时不可能发现某种走向的山嵴。所有山丘都在南面汇集到了一处。只有当我们从左面爬上了一座长长的向南而行的山冈状的顶端时，地势才让人看出有点儿像高山样子的线条。

双井子客栈实际上是肃州以东的第一个马车站，离肃州 100 里路。到金塔的距离有 27 俄里半到 18 俄里。道路很好，地面坚硬。客栈所在的地方是营盘的废墟，3 家客栈，2 口井，井里的水量充沛，水质好，有 1 个马跑站（驿站）和 10 名从把总（守备）派来的人。——从西边刮来的暴风比较罕见，但秋天和春天会有暴风。从中国农历十、十一月到二月下雪，厚度 2—3 俄寸。从中国农历四月到八月下雨，但雨水很少。

12 月 16 日　花庄子村

今天，我们骑马朝北偏东北方向，走过一片同样多孔的严重盐碱地，到了肃州——甘州大路上的盐池村。曙光下看到少量的牛群在尧乎尔人房子的附近吃草。……

在我们聊天过程中，不知不觉地已经走了 40—50 里路，到了拥有 80 户人家的盐池村。这个名字是根据一个大盐湖起的。可以看到盐湖的白色湖面就在村北面。一条长长的缓坡沙丘从南伸入村子。盐湖北面可以看到一些由西往东走向的山丘，这些山丘比双井子那里的山丘稍微陡峭些，但性质相同。在山丘与盐湖之间有两座老墩台。听说唐代大车道就走过那个地方，并继续向前经过现今的盐浆子村（说得很对，我在村子里发现一个老墩台），到肃州。……

告别了我的汉族保护人和好客的喇嘛之后，我们沿着大车道，继续我们朝东的行程。地面上的沙子很深，地势微微向东抬升。走了 6 俄里半的路后，我们就到了马莲井子，所谓"歇脚站"。那里有两座房子。现在的土地是盐碱性的，稍微有点气孔，地面上长了少量芦苇和矮草。再往前 8 俄里半的地方，有一个较小的叫深沟的村子，村里有一段城墙的遗址，好几家客栈和一家餐馆。村东有一片约 800 尺长的低洼地，是盐碱性的。道路穿过黑河的一条很浅的支流，这条支流的水来自南面 2—3 里远的山泉。北面山丘背后，我们看到一些小山自西向东而行。东面看到一条低矮的沙丘穿过道路而去。现在道路又走进了很深的沙子地里，并把我们引向沙丘的顶端，约走 4 俄里之后就到了。在 2 俄里半到 3 俄里的行程中，道路一直走在平坦的沙原上。在这之后，我们慢慢地骑马沿着黑河走，黑河的流向看来是由西往东去。天黑了下来，右手边模模糊糊地看到了建筑物的轮廓。道路沿着河的左岸溯流而上。

离开深沟后，我们走了 16 俄里路，就到了花庄子。在村子的西头，我们涉水渡过了黑河的一条 10 庹宽的浅支流。村里住着 1800 户人家，……中国农历十月至二月之间下雪，但听说雪下后即刻就融化了。没有从西边刮来的暴风，但暴风来时很没有规律，而且持续很短时间。中国农历三月至八月下雨，但雨水很少。

亚洲腹地考古图记（节录）[①]

第十二章 从肃州到毛目段长城去

第一节 北大河沿岸的长城

黑河的尾闾，汇集了肃州河、甘州河及其支流从南山中段带下来的所有河水。1907 年我们成功地考察了这两条河发源的大山区的西半部分，以及那个在地理学上来讲很重要的高原。那个高原位于河西走廊南山山脚下与蒙古南部沙漠边缘的小山脉之间。由于有肃州河和甘州河河水灌溉，并有肃州和甘州地区的大绿洲，它有史以来就是中国和中亚之间真正的交通枢纽。

我的目标是把上次对这个大内流区进行的考察向北扩展到黑河尾闾及向东南扩展到黑河远在山中的源头。显然，第一个任务必须在黑河沿岸及其两侧沙漠还不是太热，我们又能进行有效工作的时候完成。而紧接而来的夏季几个月，我们可以在南山山谷中进行考察，还要给骆驼"放假"，让它们尽情地吃草。要想让这些强悍的骆驼还能胜任今年秋天和冬天的工作，这样的"假期"是必不可少的。

---

① 编者按：摘自〔英〕奥里尔·斯坦因：《亚洲腹地考古图记》，巫新华译，桂林：广西师范大学出版社，2004 年，第 566—613 页。

我们的近期目标是毛目绿洲，肃州河和甘州河就是在那里汇合的。5 月 10 日我们分成两路出发了。拉尔·辛格沿大路走，一直到甘州河与大路相交的那一点。然后，他将顺着甘州河河道到毛目去（那段河道穿越了上文说的高原北侧的山脉，迄今为止，还没有人到那里考察过）。为了寻找汉长城的东段，我只能沿着北大河走，并穿过偏远的金塔绿洲。

我 1907 年第一次拜访过金塔后，回来时走的是北大河右岸连接金塔绿洲和肃州的大路。所以我现在选了另一条路，它穿过了北大河以北的肃州垦殖区。在这条路上，我们又经过了已坍毁的中世纪"万里长城"，然后在长城外的农田边上扎了营。第二天我们穿过了那条低矮的山脉，它位于俯瞰着花海子的那条山脉的东端，并朝甘州方向延伸而去。我们发现这里跟野麻湾那里一样，小山脉顶上也有突出在万里长城之外的烽燧成卫着，烽燧看起来显然并不是太古老。我们沿小山脉的北边脚下走，经过的地区全是约 30 英尺高的流沙丘。之后，我们才到了北大河边，那里的河床离金塔绿洲最南端约 2 英里。河床宽有 0.25 英里，比河岸低 6 英尺。河中一滴水也没有，从这里分岔出来的六条水渠也是干涸的。又往前走了 1 英里，我们在覆盖着灌木的地面上又遇到了三条水渠，它们的水流量加起来也只有每秒钟约 60 立方英尺。这说明 6 月中旬南山中段的积雪融化之前，即北大河的夏季洪涝到来之前，肃州河下游能用来灌溉的水是极少的。

5 月 12 日我们向可爱的金塔小城北边走，小城四周环绕着农田和浓荫匝地的果园。沿途的地貌我在 1907 年 9 月的一次勘察中已熟悉了。先是富饶的垦殖区，接着是草地，垦殖区和草地上都有成行的美丽榆树。但走了约 7 英里后，榆树就消失了。过了这之后，农田变成了一块一块的，大小不等，农田之间是长着灌木的荒凉沙地。这些沙地以前可能曾经被开垦过。我觉得似乎 1907 年以来，那些分散的小村庄中勤劳的居民把不少沙地改造成了农田，有几个地方甚至能看到这种变沙为田的过程。但可以肯定的是，要想彻底消除东干人叛乱给本地带来的荒芜，还需要很长时间。傍晚时分，我们走近了头墩那座大烽燧。那儿的地面状况是很奇特的，碧绿的农田夹杂着红柳沙堆、低矮灌木及长着芦苇的沙丘。这种景象使我清晰地回忆起在策勒和克里雅之间的达玛沟绿洲北边及东北边看到的情景，那里不同时期废弃的田地又被重新开垦了。在那些地方，有时开垦有时任其荒芜的现象，主要是跟影响地下水水量的自然条件联系在一起，因为地下水是那儿的灌溉水源。而在这里，我所目睹的变化，无疑主要是近期东干人引发的那场大政治灾难过后经济复苏的结果。

……

我们沿车马道走了 7 英里，这才到了毛目绿洲的西部边缘。接着又往前走了大约 5 英里，终于在暮色中到达了带围墙的毛目城。这个看起来很荒凉的小城，就是这个小地区的行政管理中心。在途中，我们还穿过了甘州河河床。河床当时几乎完全是干涸的，但大约宽有 1 英里。这说明在泛滥时节，甘州河的水量是很大的。而就在几英里之外，就是北大河同甘州河汇合的地方。

第二节　经过毛目绿洲及其边远地区的烽燧

夏季越来越近了，天气也越来越热，我们的骆驼已经开始感受到热的威胁了。这就要求我们必须尽快顺着黑河往下游走。在毛目年轻的县官周化南先生的帮助下，我们 5 月 14 日在毛目只停留了一天，就租到了一些骆驼，以便减轻我们自己的骆驼的负担。这真令我感激不尽。我们还事先获得了关于秋天从这里返程时要走的那条道的信息。那条道是穿越还没有考察过的一段北山的。而且，我们还为在黑河上的考察找到了一个向导。他是个又聪明又乐于助人的年轻汉人，曾多次给商人们做代理人与黑河地区的蒙古人打交道。同一天，拉尔·辛格也同我会合了。他考察了甘州河，考察的起点是曲折的甘州河道穿过大高原北边那条荒凉的小山脉的那一点。他在途中还证实，毛目的垦殖区虽然窄，但是全长有 35 英里多。这个垦殖区沿甘州河向南延伸了很远，比以前的地图资料所画的要远得多。但在这个垦殖区，以及这座看起来毫无生气的小城（衙门十分破败，只有几家店铺），我们看得出，由于前两三年夏天泛滥的河水水量不足，当地的各种事业都遭受了严重损失，物资极为短缺。据说就是因为这个缘故，以前通常驻扎在这里的一小支驻军不久前也撤走了。

汉长城是沿着北大河向毛目伸展的。即便是在发现这个事实之前，就有一些明显的地理学证据使我们觉得，毛目小绿洲虽然资源很有限，但在保卫甘肃西北部的时候地位必定是相当重要的。黑河河谷在约 200 英里的距离内，都有水和牧草，使得这条河谷成了从阿尔泰地区（那里是蒙古人和其他游牧民族的真正的故乡）来的敌人劫掠和入侵甘肃最西部那些绿洲的极佳途径。而顺着南山脚下延伸的那些甘肃西部绿洲，又是中国和中亚之间的天然大通道。黑河东西两侧都是广大的沙漠和光秃秃的山脉。这些沙漠带即便是强悍的游牧部落也很难大批通过，于是保护了那条进行商业和军事活动的重要"走廊"不致受到来自北边的太大的进攻。但黑河河谷却是敞开的，就像开门揖盗一样。我们将看到在成吉思汗的领导下，蒙古人第一次重大的进攻就是从这个"大门"进来的，最终中国被蒙古人征服，并被纳入了亚洲有史以来最大帝国的版图。以前来自北部草原的匈奴人、突厥人等游牧部落曾有多少次利用这个大门侵入中国西北，很值得那些能查到中国历史文献的人研究。

……

甘肃这些地区的普通朴实百姓多是守口如瓶的，而我们带的那个蒙古族翻译很有点办法，知道怎么去打听消息。他打听到一座当地人认为很古老的城堡，就位于绿洲主体靠下游的那一端。毛目绿洲的主体是沿着甘州河和肃州河合流之后的河道东岸伸展的。所以 5 月 15 日我们没有马上到河西岸去（河西岸有一窄条垦殖区，我们是有可能在那条垦殖区上游发现长城线的），而是顺着穿越绿洲最宽部分的那条路，向双城子去，据说那个遗址就在双城子附近。从毛目城起 6 英里多的距离内，垦殖带都是连续不断的。但由于垦殖带东边是个光秃秃的砾石"萨依"，西边则是宽阔的沙质河床，所以垦殖带的宽度没有超过 3 英里的。再往前，田地之间就夹杂着一块块长着灌木的砾石地面。走了 10 英里，我们又来到了平整的田畴，那就是宜人的双城子村了。我们在那里扎了营。

……

5 月 16 日我们过河到了西岸，那里的一长条垦殖带虽然很窄，却耕耘得十分平整。过河的地方，河床宽 1 英里多，但只有一些小水洼里有水。过河之后，我们到达的是四分（Ssu-fen）的农田。农田边上是窄窄的砾石缓坡，再往上是砂岩构成的支离破碎的低山。我在缓坡和低山上寻找长城墙体的遗迹，却一无所获。我们在砾石缓坡上走了 5 英里（这段缓坡俯瞰着二家庙（Erh-chia-miao）那些宜人的田地），也没有发现长城墙体的任何迹象。

……

我们骑马斜穿过变宽的河床，走了 2 英里，就又回到了黑河西岸的道上。我们第一次遇到了蒙古人的一个小营地，营地中有几座毡帐篷。在那里穿着喇嘛服跟我们旅行的马鲁木认出来，有座帐篷的主人是他的一个亲戚。这次不期而遇也是颇能给我们启发的。马鲁木是多年前从焉耆那里的天山牧场流落到敦煌的。这里离马鲁木他们先前的牧场直线距离有 700 多英里，而他在这里竟发现了他的一个亲戚。这说明蒙古人为了寻找牧草或为了其他目的，是能迁移到很远很远的地方的。我后来特别想让他这位见多识广的蒙古族亲戚给我们做向导，引着我们在秋天的时候穿过北山，但却没能成功。

我们又沿着车马道在光秃秃的砾石"萨依"上走了 2 英里，来到了烽燧T.XLVIII.f.。

甘肃河西荒地区域调查报告（节录）

第三节　灌溉方法

河西各县所用之灌溉方法大致相同，即（一）开渠引用河水；（二）开渠引用泉水，挖井灌溉者甚多，而水车更绝无利用者。

祁连山北之甘肃走廊地带，有一共同之形势，即南高而北低，水源高而地低，故在各河出山之处，开凿渠道，引入于支渠（坝）实行灌溉，颇为便利。其渠道工程之大者如洪水河及黑河上游，往往在山中地下穿凿十余里乃至二十余里，号称暗渠，水流其中，携带泥沙乱石，沉淀后即可淤塞，故须年年清理，废工废时废料，人民负担无形大增。支渠工程较少，但淤塞修理亦同。渠身均系依地形之自然曲折迂回，所经面积颇大，故水之损失，亦比例加多。渠底墙皆就地采用之沙与乱石，在渠口或交错处则用乱树枝及芨芨草，增强抵抗冲刷之力，然亦须年年修理，故此项工料为河西水利上之一大消耗。同时各渠渗漏量甚大，往往水渴于渠而地则无水可灌，致成旱象。

干渠之水，至一定地点，分注于支渠，流入农田，规矩至严，历届政府为其立碑管理，在各农村中又有人民公选或政府委派之水利员，监督修筑渠道，防洪、放水之责。其水量各县各乡多有出入，但皆极严格，少通融余地。兹录酒泉县洪水坝四闸水规一则以为例证。

酒泉县洪水坝四闸水规①

洪水坝四闸绅耆农约士庶人等为军兴以后，每岁争当渠长兴讼不休，有误水程、致碍农业，加之旱荒频仍，饥馑荐臻，而且钱荒粮贱、农民困苦，兹特奉前世宪廖公"查得每年渠长恒由多占水时从中取利，屡次兴讼，累误众户农田水利，因准去年渠长六人从权兼修、下不为例。恐其仍蹈故习，各于应占水时外润占水时图得利，肥家自厚，断令副后每于八月十五日渠长散工下坝之后，均以十六七等日，本年渠长转集四闸众等齐来总寨公所，共同交付本年水利芨芨账簿于众户，由四闸众正直数人接阅干坝、水时人工芨芨账簿，清查众户悟夫人工、芨芨，每工罚银三钱六分，芨芨每斤罚银一钱。及渠长、字识、夫头、长夫人等应占水时外，间有滥占水时者，按工加倍清罚，并不照众户悟工清罚。罚出钱项，以为公用。现在举行有效，爰定章程，永垂久远，详列于后：旧渠长春祭龙神应占水四分、渠长各占水二十八分、农约每人应占水一分、字识应占水四分、夫头五人每人应占水二分、庙内香火水应占水九分、长夫三十二名每人应占水二分、厨夫应占水二分整"，再续章程：

每年渠长更换闸桩两道，不得有名无实，倘虚而不实，四闸众等每一道桩罚十串文正，总要栋梁之材，不得以栋梁危坏。秋后散坝之日用一看守，不得损坏，倘有损坏者，旧渠长赔换。印红工簿一本、官秤大小两杆，上下交接，勿得缺乏。再者，四闸轮流，又按十四渠挨当，自十二年起每逢冬至，挨次公举，勿得循情滥保而偏党不公，以碍水程农业。

永远守而勿替。

下四闸绅耆、士庶、农约等公识章程
光绪十二年岁次丙戌和月四闸众等公识

---

① 编者按：原文件之断识错误甚多，无法卒读，此处重新断句，然于文字绝无改易。如原文"误工"作"悟工"，一概保持原貌。

陆 民国报刊类文献

本类文献提要

民国时期，各种报纸杂志对讨赖河流域的水利问题颇多关注，各种资料可谓汗牛充栋。然细读其文，多数为"开发西北"题下的一般性议论，缺乏关于水利问题的实际内容；即使有个别叙述性文字，也多为道听途说，舛讹颇多。如《力行月刊》1943年第1期刊载江戎疆《河西水系与水利建设》一文云：

> 查讨来河水向为该二县人民所灌溉，但自酒泉某县长在民二十年莅任后，因搜刮酒泉人脂膏，私囊充裕，得在酒泉南关外置田八十余石，为便其私人浇灌计，竟唆使酒泉人民暴动，殴打金塔县长，从此水利几为酒民所独占。后任县长，亦以前案有例，不敢问罪酒民，酒民亦以得惠较多，更加私怨已结，故高喊出"宁使余水流湖滩，不使金人少得利"之口号。上级虽已派工程师前往勘查，奈亦屡次不遂息，马虎了事。金人无法，只有相率挈眷逃往新疆垦荒为生，此为不平之尤者也。水既缺矣，好事者尚有意为之，可恶复可恨也。

此处提到的酒泉县长唆使民众殴伤金塔县长一事发生于民国二十九年（1940年），本书第七部分《民国档案类文献（上）》较完整地收录了此次事件的相关档案。时任酒泉县长的凌子惟，民国二十五年始自兰州调任，引文谓其"二十年莅任"于事实不合；且所谓"唆使暴动事"档案中未有反映。可见此文乍看似有文献价值，但其实未可尽信。此类文章虽可反映某种社会观念与思潮，但就事实而言则不免以讹传讹。因此编者选取报刊类文献，仅注意有较扎实证据与较可靠数据的调查纪实类文章，那些记述简略或仅表达个人观点意见之文章皆予割爱。

本章选定之报刊文献按发表时间排列，其史料价值概述如下。周志拯、孙友农、张泰的文章中涉及水利问题者篇幅有限，但其从整体上把握了酒泉、金塔两地的社会经济面貌，对于研究水利问题，亦提供了必不可少的背景。洪文瀚《甘肃酒金水利纠纷问题之回顾与前瞻》一文系最早完整回顾"酒金水案"文献，其将所有重要纠纷逐年列表，提供细节甚多。《同人通讯》系甘肃水利林牧公司机关刊物，不定期编写，其刊载的文章大部出于工程人员之手，尤其是顾淦臣《重修金塔六坪记》与龚玺《酒泉中渠春修记》等文章皆由执行工程师亲自撰写，详叙设计理念、施工过程与经验教训，而其中技术人员对既有民间水利管理机制的适应与改造尤其生动。《大公报》、《联合画报》作为当时的主流媒体，皆派记者现场参加鸳鸯池水库竣工典礼，《宁人鸳鸯池蓄水库工程》、史仲《全国第一水利工程鸳鸯池落成记》两篇报道都颇为翔实。贾兰坡先生以人类学家的身份考察酒泉金塔沿线，在《由酒泉到金塔》一文中对自己亲眼目睹的鸳鸯池水库工程做了描述。本章所录文献出处不一，在各节标题下以脚注形式标出。

甘肃金塔县概况①

甲、县治沿革及地势

一、县治沿革

本县地居长城北，秦汉时为胡番杂处地，为汉将征西故道；由肃州经本县，再西北行可至新疆镇西县，计千六百余里，此汉将出酒泉伐蒲类之道也。北凉为沮渠蒙逊之王子牧犍住庄，故名王子庄。后改为威虏城，初设卫，寻废。元太祖伐西夏，取黑水城后，更名威虏堡。明初置威虏卫，永乐三年裁威虏卫，归并酒泉。万历二十三年始设官治理，改筋塔寺名曰金塔寺。清雍正七年，设王子庄州同于威虏堡，镇哈密缠回。乾隆时缠回归哈密，乃于二十七年，移州同驻金塔堡，民国二年改为金塔县。

二、疆域形势及行政区划

本县县城在县之东南，距酒泉城东北九十里，在塞外夹山长城北。东至黑水河，走高台，南接酒泉，望祁连山，西连玉门，出嘉峪关，北界大白山、大红山，通蒙境额济纳。地势为斜形，东平坦而西高耸。东北、西南及西北诸地多沙漠，南临火石山及佳石山，北依大红山、大白山及鸡心山，东据黑水河，中贯白河，古称为塞北险要之地也。全县现划分为二区，第一区区公所设县城内，管辖七乡，即旧金塔寺堡及天仓墩诸地。第二区区公所设大有乡，管辖三乡，即王子庄旧址。

三、户口面积及耕地亩数

本县户口，在明末清初时，招户开垦，迁自晋陕及镇番、高台等处。民国十八年调查，有三千六百零九户，男女有二万七千零四十三口。近十年来，荒旱频仍，流沙南迁，兼以政繁赋重，民不堪命，逃往安敦玉新疆哈密等处谋生者，计有百分之三。据此次户口总调查报告：第一区七乡，有一千七百三十六户，男六千零五十五口，女五千零六口；第二区三乡，有一千七百四十八户，男五千六百八十八人，女四千九百四十余口；总计两区共有三千四百八十四户，二万一千六百八十九口，平均每户六口。全县面积约计四万三千二百方里。但地多沙滩，无巨川大河，气候至为干燥，山水不敷浇灌；耕地原有六万二千余亩，因连年叠遭旱灾，农民逃亡，地多荒芜，加以荒沙南迁，村庄被其压倒者有十一处之多；现据最近调查估计，共有耕地六百顷弱，计五万八千七百亩，每人平均可得耕地三亩零，但荒地尚有三千余亩。

---

① 编者按：作者周志拯，原载《开发西北》杂志 1934 年第 4 期。

四、土壤气候及交通概况

本县土壤，系黄土，既浅且含有沙碛，如金东西各乡，黄土仅深二三尺，不易期望丰收。王子庄土壤较金东西乡为略深，然土多带碱卤。金塔地连蒙沙，在甘肃西北部，为大陆气候，寒暑俱剧。冬季严寒，冰雪满地；夏日炎热，蒸人难堪，夜深时反转凉。境内无山川阻梗，平野千里，头头是道，南走酒泉，北通内外蒙古，东出高台县，西连玉门县，东北由营盘通黑水河而通鼎新县。城南二十五里有石门，以人工筑成山路，仅容一车行，宽约八九步，为通酒泉要道。小口子有山路十五里，为通酒泉大道，崎岖不平，行旅苦之。城东北三百二十里之沙门子，沿黑水河西岸北行，为通额济纳孔道。煤窑距城二百一十里，西北行为通外蒙及新疆大道。本县以驮运为交通利器，秋后冬春二季，运往货物至包绥蒙古及新疆等处，均利赖骆驼。农民往来或耕作均用牛车及小驴，骡马车甚少。县城有邮政代办所一处，每月逢一四七日来，逢二五八日往，为定期。电报局无。

乙、县政概况

一、地方法团各机关现状

除县政府外，另设有县政会议，以县长科长局长及区长组织之，为议事机关。县参议会，于本年（二十三年）七月十日选举，二十日成立，为民意机关。又有中国国民党金塔县党务整理委员会办事处，内设委员一人，书记一人，为常务机关。法团有县农务会，内设正副干事长各一人。县商务会，内设主席及常委各一人。县管理公款公产委员会，系选任委员五人，委员长一人。

二、正附粮赋税捐征收之机关及收支方法

1. 赋：全县田地共计五万八千六百八十余亩，征粮一千三百零三石七斗二升八合，每石附收耗粮一斗五升，盈余粮二斗五升，百五经费粮五升，芦草二万九千一百五十余束，每束二分四厘，合洋五百九十四元六角九分八厘。

2. 杂捐：全年按粮摊派农会经费洋一百四十元，保卫团经费洋二千四百元，农场及苗圃经费洋二百元，区公所经费洋一千零八十元，法院经费洋九百六十元，第四师校经费洋一百三十元，又驻军粮料柴草等支应费约一万余元（此款随时摊派，确数不定）。其他零星杂款，系临时需要摊收，每年约计千元。

3. 烟亩罚款：二十二年原额三万九千元，超拨一万一千余元。本年定四万元。

4. 驼捐：全县原额比较，壮驼一千只，幼驼一百只，壮驼每只纳捐洋二元二角，合计二千二百元，幼驼每只纳捐一元一角，合计一百一十元。

5. 畜屠税：查本县畜税屠宰税，全年二千二百元，牲畜税率向分八分。屠宰税定章宰牛一头收税一元，宰猪一口收税三角，宰羊一只收税一角，历来包商任意增加浮收，税率增至十分以上。每羊一只收税二角五分，甚至有加收五角者，猪一口收税五角，甚至加收一元五角。目前此项税收归并特税局兼办，一扫积弊。

6. 印花税：每月比额九十元，全年一千八十元。因商业不振，无法推销，除县府□销二十元，商会三十元外，余均农户□销。

7. 烟酒印花税：烟酒全年比额二百四十元，因地面狭小，每月收数无定；印花比额无定，视货物之多寡，照章贴用。

8. 特税局：全年比额一万二千余元，每月比额一千二百余元，因地方偏僻，来货无几，收数自来淡泊，不及比额半数。

9. 禁烟善后局：全年比额一万七千余元，近数年来因有特殊情形，每年收数仅数千元而已，比额不及百分之四十；营业税每月仅收二三十元之谱，营业者约十余家，均依照六七等纳税云。

以上正杂附亩各款及一切支应，每年共计洋八万五千七百余元，现金塔人口有二万一千多人，每人平均负担四元零，农村经费破产，农民生活困难，其症结即在于此。但查民国二十一年与二十二年，平均每斗粮摊收至十五六元，其数总在十三四万元以上，以上所列八万元，是本年度估计数也。

三、保卫团常备队之编制训练及经费

县在肃州之东北仅九十里，不当孔道，无军队驻扎。民国十七年六月，奉令设立县保卫团，委任正副团总，招练团丁六十名；十八年淘汰老弱者，留壮丁三十名；十九年又减少十二名；二十年仅留用十名；二十二年奉三十六师师部令，招足百名，后带领入伍；二十二年十月，公安局奉令裁撤，城乡治安，全赖保卫团维持，再增加至三十名；二十三年二月，奉民政厅令，改设县保卫团常备队，编练一中队，计三分队，团丁百零八人，旋又奉令撤销，后因维持县城治安，挑留壮丁三十五人，依照常备队编制，分为三班，每班十名，设班长一人，编成一中分队。此外有政警廿二名。经费，月定二百元，就地摊派。

四、区公所之组织与经费及乡闾二级之编制

本县分为二区，设立区公所。一区区长李生华，二区区长李经年，均系甘肃区长训练所毕业学员，区长以下，设助理员一人，书记一人，区丁二人。区公所经费，每区月支四十五元，每年共支洋一千零八十元，由各区按粮摊收。区设调解委员会各一。区以下编制，遵照民政厅令乡闾二级制。全县划分为十乡，设正副乡长二人，组织乡公所，均为义务职；乡以下设闾，以二十五户左右为一闾，设闾长一人及闾民会。此外各乡设监察委员会，调解委员会，全县组织教育委员会，以各乡教育委员组织之；水利委员会，以各乡水利委员组织之；森林委员会，以各乡森林委员组织之，为推进地方自治事业之专门委员会也。

五、救济及卫生行政

本县向无救济机关，民国二十一年始筹拨公款二千元，为救济院基金，临时向各绅民捐助小麦及布疋等，设立临时孤儿院，旋废，基金被前任县长借垫军费，

现已如数交出，归款产委员会保管，预定本年冬季办孤儿所及借贷所。但此二千元基金，终觉不敷，并拟另筹，以资维持。

本邑地处偏僻，民智浅陋，不知卫生为何物，县府办理卫生行政，无法着手。城乡仅有中医生七八人，半属庸愚无识，有中药铺十余处，药材品粗劣。县府困于经费人才，只能求力之所及，而着手于城乡之清洁耳。

六、仓储及办理情形

本县原有公仓两处，一在城东门外，为东仓，一在王子庄，为西仓。同治变乱，二仓合并为一仓，移入城内，设秋收冬藏四厂。社仓昔时各坝均有，因办理不善，均被侵食。民国十五年，天旱岁饥，各仓储量，尽数散放救济，无法归收，以致废弛。民十五年，裴建准捐施粮百石，设义仓，粮存南廒，二十二年供给军粮百石，现仅存五六十石。现查东大坝社仓，尚有三十四石小麦之储藏，预定秋收后，即行照章整理。

七、教育概况

本县教育局，专办教育行政，并兼管全县教育基金。房产地产及银洋共计七千余元，其息金年筹九百元，专作县立第一高级小学及教育局经常费，其他各小学经费，及各乡学田，均归各乡村自行管理。现在城区有县立第一高级小学校一所，女子小学一所；各区有第一区立完全小学校一所，第二区立完全小学校一所；各乡初级小学四十七所，私塾三所，民众学校二所。公共运动场一处，民众教育馆一所，民众阅报室二所，通俗讲演所一处，公共图书馆一所，中山俱乐部一所。现正力行推广义务教育，并扩充民众教育，以期全县文盲之减少。

八、司法概况

本县为三等县，兼理司法，县长兼检察官，高法院委承审员一人，监狱员一人，以资办理司法事宜。关于一切民刑诉讼，自本年度起，均遵照司法院部定法规及程序并甘肃高等法院所颁各令处理。民刑状纸亦由高等法院价领依法转售。本县民情尚称诚朴，诉讼不多，遇有控案均是为农田水利债务纠葛，自廿三年元月起至六月止，关于民刑诉讼案件，仅有一百余起。监狱及看守所，破陋不堪，现经县府向地方筹捐三百金，从事修造，九月可告落成。

丙、农村经济概况

一、农业及农民生活情形

1. 土地问题及粮赋税捐情形：本县地当塞外，间于沙漠中，古为胡番杂处地。明嘉靖时按户给地，安插番族，后又叛乱，遗众流散新疆哈密等处，其地遂荒。清康熙雍正年间，招呼开垦，由山西陕西及本省民勤高台等处汉民，陆续迁来，达三千户，斯时始将耕地升科纳粮给草，但升科时间与章则不同，以致公私经界不分，粮赋轻重不均，如王子庄斗地斗粮，或二三升至五六升，金东西斗地仅一二合粮。年来沙旱成灾，逃亡绝户，所有荒粮，均归邻近户民负担，是所谓赔粮。总之土地尚未整理，农民负担极不平均，土地经界不明，农民争讼不休，斗地斗粮，斗地合粮，有地无粮，有粮无地，土地亟宜整理者，即在于此。其他关于烟罚金年出四五万元，及驻军粮供给与临时一切支应，均按粮额摊收，农民负担极重。据二十二年度调查，各村负担，除正附粮草及地方应摊另星款项外，就亩款及驻军支应，每斗粮平均摊收十三元六角或十六元，或二十三元，至三十二元不等，实属骇人听闻。

2. 农产种类及收获情形：本县土地尚称肥沃，农产物之种类甚多。（一）谷类：如小麦，□谷，荞麦，胡麻，青稞，连皮，高粱。（二）菽类：如豌豆，黄豆，绿豆，扁豆，大豆，□豆，草棉，小麻，小靛，芝麻。（三）瓜菜类：白菜，芹菜，韭菜，葱，蒜，萝卜，蔓菁，笋子，菠菜，苴连，莲花白，茄辣，莞荽，甜菜，番瓜，西瓜，冬瓜，甜瓜，梨瓜，山药。（四）其他：鸦片烟，旱烟，棉花，梨，桃，杏，果，枣，核桃。中以小麦、棉花、鸦片为出产大宗。如雨水充足，秋收每亩可得九成至十成之谱。若天旱不雨，祁连山水不发，收获仅三四成至五成不等。

3. 亩之标准及生产量与负担量：本县耕地面积，习俗以斗石计算，人民无亩数观念。然一亩地以播种小麦一斗为标准。惟金东金西两乡，亩数较小，每亩地播种小麦八升至九升，其余各乡亩数较大，每亩地播种小麦一斗至斗三升不等。至于生产量，遇雨水充足，不起风雹，每亩春种小麦一斗，秋收可得一石至一石六七有余，或种棉花一亩，秋收五六十斤，或种鸦片烟一亩，秋收八九十两。如天旱多风，每亩收麦四五斗，棉花一二十斤，鸦片烟二三十两。至于负担量，每地除人工肥料种子外，近十年来应纳地丁正粮草束外，又加每年烟罚金定额四万元，驻军支应一万元，其他各款七千元，均按粮亩摊收，平均每斗粮应纳正杂与摊收约计七元，每亩应摊一元五角左右。通盘计算，亩款与杂款之摊收较正粮增加六倍半，农民负担可谓重矣。

4. 各区地价之差别：第一区金东金西两乡，上地每亩地价三十元至四十元。下地每亩地价十五元至二十元。其余各乡及第二区各乡，上地每亩地价七元至八元，下地每亩地价四元至五元不等。地价高低，纯以浇水多少及粮价涨落与纳粮摊款多少为标准。

5. 地主与佃农之关系：佃农租种地主之地，视地之肥瘦为出租之多寡。普通每年每亩地出租麦二斗至三斗不等，粮草归佃户承纳，其他一切款项，由地主承纳，与佃户无涉。至于租种年限，临时议定。

6. 农民生活概况：本县地处边塞，农民生活，尚属简陋，衣则多用自织土布或毛褐，小康之家，间用洋布及绸缎。食以麦黍为主，自耕而食者多。如年岁丰收，一年之粮，可供二年之食。饮料以自凿井水为多。住则大半是茅舍土屋，小康之宅，多为四合房屋，高墙炭壁，尚为整齐，然薄瓦阙如。屋外率多置菜园，围以树木，饶庭园风味。

迨近十年来，连遭亢旱，蒙沙南迁，天灾人祸，纷至沓来，以致民不聊生。至客岁合麦较前稍丰，但斗价低落，反致谷贱伤农。款项重，麦价贱，虽橐罄一家之粮，而不足抵纳全年所出之款。兼之今岁两月未下点雨，祁连山水迄今不发，禾苗为之枯槁，民心惶恐万状，如秋收无望，担负过重，人民生计，不堪设想。

二、工商业及林木状况

1. 工业：本县地近沙漠，交通不便，无机器工业之可言。小手工业有木匠，泥水匠，及铁匠，所造各种日常用品及农具，只能售之于本地，并无精工器具，及华丽建筑物。至于家庭工业，男女自织粗布及毛褐并裁缝衣服及自制鞋袜等物。

2. 商业：一因交通阻梗，二因人烟并不稠密，需货种类并不繁多，农村交易，均以粮换货，以有易无。城区商号有二十余家，资本不过三四千元至五六百元。洋广货物，均由驮运，来自包绥，或来自肃州，但价格极贵。在民国十五年以前，外蒙未被俄人占据，金塔商人及农民，以自养之骆驼，将本地所出产之小麦及土货，运往外蒙库伦、科布多、乌里雅苏等处销售，转易牛羊皮毛及药材等物，运回金邑变卖，利益甚大，以此致富者，有十余家。今则外蒙被掳，汉蒙交通断绝，商民不能以土货米粮易蒙古之牲畜，社会经济，大受损失。

3. 森林：本县地多沙漠，荒旱频仍，救济之道，唯有造林。但浇水不足，栽树难活，金东西各乡，树木颇多，均系杨柳木及菜树。王子庄较少，经官厅提倡，人民亦知造林为要。各村庄及农民住宅，均能多植树木，确数尚未调查，总之比他县为多。本年大事造林，预定十万株，一二两区现栽八万二千余株，预计能活六七万株以上。全县燃料，皆赖树枝作薪，因境内不产煤炭故也。

4. 牲畜：本县地多沙滩，南北两山，不生一草，金东西及王子庄为耕地，并无水草场可牧牛羊，故牧畜业不发达。惟养骆驼者颇多，全县本有二千余只，因近年军队拉差，外蒙不通，新乱路阻，包绥不走货，驼业大衰，驼只骤减，天夹营各驼户无不叫苦连天，人民财富，损失不赀。

三、民间疾苦

1. 民穷财尽：本县近十年来，天灾人祸，相继而来，农村经济，已濒绝境，加以应纳粮草及摊派款项，年出七八万元，现金之输出如此之多。但农产物之收入，变卖银洋，不及四五万元。入不敷出，金融为之枯竭，以故举高利贷，预支烟土及小麦，卖男鬻女，以纳公款者，时有所闻。为区乡闾长者，终日忙于催款收粮，无暇顾及政令，人民迫于生活困难，何力计及其他？且人民私经济，如此之困难，则地方公经济，自无所出。设一农村小学，咸感经费之无者，公差日日催科，百姓时时办款，救死尤恐不暇，何能读书识字？即勉强办一民众学校，其如学生之不来就学何？其可怜一至于斯。

2. 旱魃流沙之灾害：本县地当蒙古之南，沙碛遍野，水泉缺乏，空气异常干燥，雨量极为稀少，全县之六百顷农田，全赖酒泉祁连山之雪水浇灌。但人民因县界关系，酒人之视金人，如秦人视越人肥瘠，漠不相关，当春夏需水之时，酒人关闭临水河口，则金地亢旱成灾；至秋冬休暇间，河涨水溢，则酒人放水下流，金邑沿河居民，时受水患。如今岁四五六三个月，天久不雨，祁连山雪水不洪发，则金邑干旱异常，禾苗枯槁，民心惶恐，叫苦连天，此邑无山泉水源，人民最感受痛苦也。且最近二十年来，黑风时作，蒙沙南迁，为害最深。三日两风，一风数日，朔风一起，沙高数尺，如一区之木厂口，二墩，上下坝分，二区之旧寺墩，东头二、三、四、五分等处，均被流沙侵没，村庄乃成沙陇，良田变为碛邱，人民颠沛流离，亦云惨矣。

3. 摊收烟亩罚金及正杂各款之繁重：本县种烟亩数不多，但年出罚金四万元。且近数年来，因省库空虚，军费无着，时有超拨。例如去年额定三万九千元，拨付至五万元，今年额定四万元，上半年农民烟土未收，政府则拨付及筹解已至三万元以上，当此青黄不接之时，月缴款洋，委实无法应付。加以驻军粮草支应，及地方应摊一切杂款，又达五六千元之谱，均由各乡按粮摊收，农民负担，每年总计在七八万元左右，但应纳正粮草折，每年仅八千五百元，而烟亩罚金与正杂各款摊至六七万元，此项摊收，比正粮增加六倍半强。人民处于重敛之下，苟残过活！

4. 高利贷之盘利：本县向无金融救济机关，但农民每年负担公款至七八万元之巨，全赖农产物品之抵当变卖。但在二三四三个月，正在开始耕作，播种施肥，在在需要资本。五六两月，适值青黄不接，衣食维艰，农民素无余款贮蓄，政府催迫极紧，农民无法，以五分利至二十分利借贷，或以五六两烟土支洋一元，以纳公款。地方无公共金融机关为之挹注，政府禁止亦无效，且一面派人向农民迫款，一面派人禁止高利借贷，事实上亦办不通。故苛敛繁征之一日不减轻，则高利盘剥一日不能解除也。

民国二十三年八月于金塔

甘肃河西酒泉金塔之农村经济①

酒泉金塔居甘肃河西之中部，南有祁连雪山，北接蒙边，西通新疆，兼有嘉峪关之险，其东为"金张掖"与"银武威"，为通兰州省会之孔道，自"新绥汽车公司"兴，由兰州至酒泉，五日即可抵达。

---

① 编者按：作者孙友农，原载《乡村建设》杂志 1936 年第 1 期。

吾人苟乘飞机，作甘肃河西之鸟瞰，则触入吾人之眼帘者，为伟大绵亘数千里，富有诗意之雪山，与一片整齐浩荡之平原，河流沟渠交错，织成农民生活依赖之网，茂林丛树，浓绿如云，其环绕于整齐高大村舍者，则为桃红杏艳。戈壁沙漠，因牛羊成群，放牧其间，并不令人感觉寂寞与空虚；此一片河西之乐土，苟加以人工之点缀，吾人必以为"美国黄石公园"，孰知今日之甘肃河西，身临其境，竟为人间地狱也。

甘肃处中国之中心，欲应付未来中华民族之大难，应讲求甘肃之建设；欲建设甘肃，而此河西之十六县，应先着手。因甘肃河西一带，自然环境得天独厚，农产、水利均为优越，为甘肃其他各县所不及，况目前蒙古新疆，问题复杂，欲维持中华民族之整个联系，对此西北国防重心之甘肃河西布置，实不容忽视与迟缓。

甘肃民十八年大旱，河西一带，因雪山厚与，仍为丰年，并能供给其他灾民之食粮。惟过去频年之兵变与匪患，农村既多破产，农村骨干——壮丁多被胁为兵，人民因不堪苛捐暴政之压迫，相率逃亡，十室九空。加以重利之盘剥，农村金融，完全枯竭，人民救死扶伤之不暇，安有生存之希望，与有生之可乐？过去数年，因兵匪之乱，永昌一小县，被杀者数千人，拉掠壮丁，无法数计。每届清明，家家妇孺，焚楮招魂，哀声彻原野。此一问题，无法补救，将至有土无民之地步，而犹侈谈移民实边之高论，岂不贻笑大方？

处河西一带之破碎局面，政府当局，果能以大无畏之精神，使政治设施，符合人民需要，河西一带光荣之恢复，诚非难事！无如过去政府，因忙于剿共之布置，无暇整顿此一片残破而原为极优美之土地，下级官吏，处困难之环境，仍抱升官发财之旧想，怀"当一天县长睡一天觉"之邪念，其唯一想念者，为如何收获县长应得之"五百提成"而已。下焉者合叔父、兄弟、女婿于县府之一团，以"顺水摸鱼"之手腕，用"大鱼吃小鱼，小鱼吃虾子"之公式，临威浩劫余生之农村人民，诚可谓"亲戚协力山成玉，兄弟同心土变金"之县政府。哀我农民始逃出于兵匪之急性大害，而又入于官匪之慢性摧残，"人面蝗虫飞满天"之比喻，实为河西官吏之写照。

河西一带各县之驻军，因军饷不足，就地摊派，农村虽受不可言状之担负，仍无补军队之饥饿，河西各县驻军之勤苦与兵工政策之实施——筑路，挖渠，造林，均有相当之成绩，欲救河西之人民同时亦应设法救济河西饥饿之兵士也。

三月三十日甘肃省刘民政厅长，亲赴河西各县，实地考察灾况，长途跋涉，倍极辛劳，无论赈款之有无，人民仍万分感戴政府爱民之至意，不致对甘肃农民之灾况，而重演晋惠帝闻民有饥者，告以"何不食肉糜"之笑柄。惟对刘厅长之未能将贪官污吏，立即撤职，临地正法，不无微言。

作者前月随刘厅长西上，至酒泉金塔指导合作，曾有长时间之逗留，并作农村经济之调查，企以数目字之揭示，藉作代表河西人民之困苦究至何种程度。惟以日夜忙碌，所得材料，虽不能千真万确，然总比走马观花之为意。今依调查分析之结果，缕陈于后，并望读者不以数目字之枯燥无味，而留意及之，则幸甚矣。

甲、酒泉县之农村经济

一、人口问题

此次调查之范围，为酒泉县城附近二十里比较富庶之区域，调查户数一七五四户，其人口总数为一三四五九人，每户平均为七.六人[①]，男占 54%，女占 46%。中国农村问题之烦闷，无有比"人口问题"压迫更大者。中国农村人口普通每户平均五.五口，今酒泉每户人口，竟超过至每户七.六口！男多于女，原委贫穷与文化落伍之表征，惟酒泉男女比较数，相差距之大原因，并非女子死亡率高于男子，实为贩卖女子出境，较多于男子故也。

在此一七五四户农家中，目前逃亡者，为二一三户，占全户数 12%，以酒泉富庶农村，尚有如此之巨大逃亡数，玉门、安西、敦煌不难测想。至于饿死之人数二九四口，占全数人口 5%。此等现象若无法补救，则未来之河西人烟恐将断绝亦。

"贩卖人口"应受惩罚，法有定章，亦为人道所不许，然在河西灾民，尚感有人卖不出之苦痛，又何有犯法与人道之可言？

酒泉调查之范围，卖出儿子，一四〇人，占男口 2%，年龄二至五岁，其价值为二元至五元，高于猪羊，而次于牛马。卖出地点为本地，多充无嗣者之养子，诚属因灾得福。卖出女儿，共二七六人，占女口 4%，其年龄为十至十五岁，其价值为三元至十元。卖赴地点，新疆 50%，西宁 50%，其未来之任务，为作媳，作妾，当妓女。少女乎！汝将牺牲青春于兽欲之下，作无人格之器物，汝等亦感"天何生我于河西"之痛乎？

二、农民的分类

照此处调查一七五四户农家结果，而加以农民分类之分析：地主 1.3%，半地主 5.5%，自耕农 62%，半自耕 10%，佃农 9.2%，雇农 12%。照普通而论，地主与半地主，为农村享乐阶级，然在酒泉，则当别论，因其地主与半地主多为不堪税款之负担，而将农田分租于人也。

三、农田

照酒泉一七五四户农家，拥有农田共五五七〇〇亩，而其中尚含有一万亩荒地（占 18%），至于大好农田荒芜原因为缺乏种籽者 40%，难缴捐款者 30%，缺乏牲畜者 20%，水源不足者 10%。依人口之总数，而平均农田，酒泉人民每口只占农田三.四亩，人稠地狭，于此更可证明。然其中尚有一不平现象，即此万亩荒地，各项捐税，并未豁免，而分摊于其余未荒之田苗之上。

---

① 编者按：即 7.6 人，下文此类表示方法不再注。

农田地价之增减，亦为不可忽视之问题。酒泉前五年之地价，每亩最低十元最高则为二十元，今日最低为五元最高至十元，从地价锐减之程度，即反映农村疲惫之深刻与尖锐。农田利用攸关农业生产，亦当加以研究。酒泉农田利用之情形，鸦片种植占 10%，小麦种植占 52%，杂粮种植占 38%。

"耕者有其田"原为总理实现民生主义之中心主张，而今河西农村竟至"有田无法耕"，问题之严重，吾不知党国负责者，当用何法以求解决也。

四、牲畜

牲畜为中国农业生产不可缺少之劳力，农家牲畜之死亡与丧失，其痛苦有时甚于死亡与丧失家中之人口。酒泉农村一七五四户，共有牲畜：马与骡一四四头，占 3%，牛一六八〇头，占 30%（能用者 55%不堪耕作者 45%），驴七五〇头，占 14%，羊二六八〇头，占 51%。

以上乃最近到处统计之结果，其原来牲畜数目，极为众多，即以马与骡而论，在此调查范围，前五年原有七三六〇头，而今减少之原因，被兵匪拉去者占 70%，因担负捐款而变卖者，占 30%，是河西牲畜与其主人同一命运，诚为河西人民之不幸！河西牲畜之不幸！

五、捐款之负担

苛捐杂税，剥削农村，殊为巨大，从河西灾民之哀呼"款子无办法"，即知苛捐在河西对农村敲骨吸髓之程度。照酒泉一七五四户农家担负捐税之情形为：

1. 田赋一四七九八.〇〇元
2. 亩款一一三七七.〇〇元
3. 杂款一二二六八.〇〇元
4. 驻军九六九六.〇〇元

共计四八一三九.〇〇元（每亩应摊一.〇三元）

以上捐税之负担，系指直接取之于农家者而言。至特种消费税，牲屠税，印花税等多系间接，倘欲列入，其数目当更可惊人也！

对于酒泉农民之负担，吾人不应忽略刘民政厅长之名言："省府要一，县府要十，劣绅经手，则变百矣。"故四八一三九.〇〇元之明数，已甚惊人，若累积非法暗中之剥削，诚不可思议矣。"亩款"原为烟亩罚款之简称，不种烟之田苗，同列于被罚之队伍。至"杂款"竟超过亩款，诚属骇人听闻！询之农民，多答以："我们不知道拿的什么款，但老爷们要，怎敢不出呢？"

据作者详细探求"杂款"包括之项，为：司法费，司法分院费，警饷，警察服装费，特别办公费，区经费，保甲办公费，义务教育费，村公所办公费，等等，遗漏尚多。以上杂款缴纳，仍不失为"取之有名，用之于公"。但此外某县尚有"资月费"之一项，用为县长、科长饲养乳牛，吸食牛奶滋补政躬之用费，诚为中外"赋税史"上奇怪名词。"驻军"一项，所缴者为军粮，马草，马料，煤炭。

农民缴纳捐税于政府，原为应尽之义务，苟本"取于民，用于民"之精神，不能诽议，倘取之于民"而用之于私"，作"家族与乡党政治"之基础，吾人诚不能苟同与赞成。

六、负债

照酒泉一七五四户农家负债之统计，为下列之数字：

1. 共负七八三〇〇.〇〇元（每人应负五.一三五元）

2. 负债户数不负者 0.5%，不能负者 12.5%，负债者 87%。

3. 一〇.〇〇至五〇.〇〇元占 60%

   五〇.〇〇至一〇〇.〇〇元占 30%

   一〇〇.〇〇至二〇〇.〇〇元占 7%

   二〇〇.〇〇至三〇〇.〇〇元占 3%

4. 来源商店 60%，官吏 40%

5. 本质现款 35%，食粮 65%

6. 利息最高 100%，最低 10%，平均 15%

7. 负债原因税款 50% 口粮 40% 杂用 10%

农民负债，不论中外，不分古今，无不皆然，惟不若酒泉农民为税款而不为生产负债，实称绝无仅有。至利息之高，不仅世界所无，即中国其他各处亦罕见。

农民负债之来源，普通情形多来于富农与商人。今河西官吏，对农民重利盘剥，其数目竟至 40%，诚为一双料非法收入，其中所含之罪恶性，较之其他从一变十之非法收入，更为巨大。

七、农业生产

吾人既明河西农民之负担，更进而再论河西农民之农业生产，从其收入与支出相较，以求其经营农业之损益。

1. 鸦片

A. 每亩产量最高七〇两，最低三〇两，平均五〇两，每两〇.一三元，每亩收入六.五〇元

B. 每亩生产用费①

（1）人工三〇个，每工〇.三〇元，共六.〇〇元

（2）牛工三个，每工〇.二七元，共〇.五一元

（3）肥料每亩灰粪七车，每车〇.二〇元，每亩麻渣一〇〇斤，合一.六〇元

（4）捐税于借款利息每亩一.七〇元

每亩鸦片之收入，为六.五元，而其支出为一一.二一元，结果赔四.七一元，语云"为谁劳苦为谁忙？"河西农民可以自诵矣。

---

① 编者按：此项费用核算似有误，从原文。

2. 小麦与杂粮

A. 每亩产量（七斗，每斗三〇斤，每斗〇.八〇元，共收入五.六元）

B. 亩生产用费

（1）人工一五个共三.〇〇元

（2）牛工六个共一.二〇元

（3）肥料共一.八〇元

（4）种籽共〇.八〇元

（5）捐款与利息共一.七〇元（共支出八.五〇元）

每亩小麦与杂粮之收入为五.六元，而支出为八.五〇元，两者相较赔二.九〇元，入不敷出，怎能苟安？照农业经济之计算，应把田价等列入，不过农民不以人工，牛工，自制肥料为支出，故自以为仍有盈余也。

八、其他有关农村经济之情形

女子缠足之解放：酒泉全县二十岁以下之妇女，绝不见一扭扭捏捏弱不禁风之缠足女子，此乃魏前县长之努力，减少农民之疾病与死亡，增加农村劳力，影响所及，殊甚巨大，应值吾人之颂扬与称道者。

教育之现状：教育为立国之本，应极端重视，此一七五四户农家，成人识字者，为三五五人，能写者一一四人。学校教育，共农村小学一七所，学生六五二名，惟因今年之灾荒，学生数目减少至 50%。酒泉农村小学，校舍之建筑，光线之讲求与校具之整齐，揆以江南，实有过无不及。闻人言，此亦前任魏县长诱导之功，观感所及，真令人感激流涕，孰谓"县长尽饭桶"？

烟民：酒泉烟民，在调查之范围内，共三五七人，占人口总数 2.6%。

乙、金塔县之农村经济

金塔县密迩酒泉，相去仅九十里，两县之农村经济，原可并为一单位，今依分析之结果，其数目字，竟相差悬殊，盖因县政趋向开明，注意民生，而生不同之结论也。作者此次在金塔调查之范围，包括富庶农村与贫困农村，不若酒泉完全在比较富庶之范围，此一点之区别，应先请读者注意。

在金塔共调查二九六户农家，其人口总数为二五〇七人，男占 52%，女占 48%，每户平均八.四口，较酒泉又高，惟男女相较之比数，不似酒泉（男 54%女 46%）之悬殊，因金塔卖出之女儿较低于酒泉也。在金塔二九六户农家中，逃亡户数为二五户，占户口总数 8%（酒泉为 12%）；饿死为十一人，占人口总数 0.5%，相等于酒泉；卖出儿子占男口 0.9%，卖出女儿占女口 2%，较之酒泉 2%与 4%相差为一倍。

金塔农民之分类，半地主 5.5%，自耕农 62%，半自耕农 10%，佃农 9.2%，雇农 13.3%。金塔二九六户农家，共拥农田八六〇〇亩，荒田占 14.2%（酒泉为 18%），除荒田不计外，金塔每人仅占二.九亩，较之酒泉一喜一忧。

金塔农田利用之情形，鸦片占 2.7%（酒泉 10%），除小麦与杂粮外，尚有 1.3% 亩农田，种植棉花，为农家织布副业之基础，比酒泉又可高明多矣。

金塔农家牲畜分配之情形，与酒泉相较，大致相仿，惟其牛力大体伟，堪供耕作，仍有 4% 之骆驼也。

金塔农民之负担，与酒泉相比，亦有不同：

金塔田赋每亩〇.〇一石酒泉田赋〇.〇二石

亩款每亩〇.三〇元亩款〇.二二元

杂款每亩〇.〇五元亩款〇.二二元

驻军每亩〇.〇五元驻军〇.一七四元

照以上农民担负之数字而言，酒泉高于金塔，据金塔农民相告，此乃周志拯县长想法核减之结果。

金塔周县长于农村灾荒无可如何中，设立"农民低利借贷所"，利用"布币"政策，以求通货膨胀，流通农村金融，并设立"粮食管理局"，以统制之力量，贷放籽种，以上二种设施，造福农村，殊非浅鲜。处河西县政非当之局面，而有合乎经济原理之设施，诚属难能可贵。酒泉非无金钱与籽种，皆因县府无法统制，致操于高利贷者之手，故酒泉灾荒甚于金塔，吾人于钦佩鼓励周志拯先生之余，尚望大家不以"蜀犬吠日"之态度，见异而谩骂。

处河西如此残破之环境，欲某人民之更生，诚非一二语可奏效，作者以下层工作之地位，深觉河西驻军之给养，在中央无充分供给之先，实不能不使其就地摊派，加重人民负担，吾人不能徒责难军队之苛求，二不为其作更进一步之救济。至河西县政承数千年中国政治之积弊，即省政府力事改革，亦恐积重难返，因中国政治制度，千变万化，总不出于"一朝天子一朝臣"之圈套，与"家族乡党"之范围，政治无论如何改革，其结果仍为昙花一现，与人存政举，人亡政息，时过境迁，其良善政治之设施，犹如于沙土上作绘，大风一吹，全归泡影，而农村问题之不可解决，依然如此这般之放于原处也。

作者对复兴河西之主张，不欲作高深之理论，欲就最低之限度，向各方作相当之呐喊：

一、动员知识分子下乡，注意农村组织

吾国数千年来知识分子之通病，咸举其高大之眼，向上看而不向下看，群集其力于上层政权之夺取，而不用力于下层民众之唤醒，结果形成上层不可推翻之贪污集团，与下层无法救援之贫困群众，互相映照而已。时至今日，此风未泯，一群知识分子，仍多抱"宁作都市狗，不作农村人"之心理。吾人愿于今日都市各项运动中，加入"动员知识分子下乡运动"之一项，使其知"升官发财"之可耻，与农村组织力量之伟大。苟河西农村组织，有由知识分子领导完成之日，即河西人民自力更生之时；否则徒有上层，而无下层与之对抗，其结果农村对善政无法维护，对暴政无力阻挽，吾不知河西之前途，竟从此演变至何种程度。

二、流通农村金融与统制食粮

从作者调查之分析，知河西人民巨大之负担，"高利贷"占主要成分。政府爱民如伤，不应仅视高利贷为病民，布告严厉取缔，致生相反之结果，目前酒泉灾荒之严重，据农民相告，禁止高利贷，亦为主要之一因。政府应努力先谋农村金融之周转，则高利贷不禁而自破。流通农村金融之方法，应普遍树立"农村信用合作"制度，再进而统制食粮，使不致流落于高利贷者封锁中，此为目前救济河西人民最简单而最易收效之方法也。

推行农村合作，攸关县长人选，"农村合作运动"在目前中国正如雨后春笋之滋生，风声所播，外人惊叹，身为号称"以农立国"之县长，竟不知合作为何物，且视为怪物，完全以"纸片政治"之旧物，从"等因奉此"与"相应函达"下工夫，实对农村无丝毫之补救，甚而某县长误信劣绅，对合作竟加阻挠，岂非"混蛋"之至！

三、增加农村生产

"官出于民"，政府取民之款，理所当然，惟"民生于土"，对农村增加生产，若不讲求，殊为不当！

南京金陵大学农学院，对于作物努力改良，闻不久将有增加百分之百产量之小麦产生。以酒泉此次调查之范围而言，堪种小麦之农田，为四〇八五〇亩，每亩产七斗，只值二二八七六〇元，此乃数千年来农业生产之技术。若能改良作物，其每年增加之收入，又多二二八七六〇元，与今日酒泉担负四八一三九元之相较，尚余一八〇六二一元。农业生产改良一年之收入，即可供今日政治军队五年余之担负。

甘肃处穷困之特殊环境，每年付出之农业建设与农业教育之经费，其数并不为少，而其结果，对育种之成就，尚不多见，苟能拔用农业人才，从事研究，吾人深信不久将来，必能增加农民生产也。

酒泉县现状[①]

一、引 言

酒泉位于甘肃西北部，东距兰州八百四十六公里，西距迪化约一千六百公里，以整个国土言之，位于全国之中，以内部十八省言，则位于中国之西北角。自汉以来，隔绝羌胡，联络西戎，担任着历史上国防交通的双重使命。自后海上交通

---

① 编者按：作者张泰，原为《陇铎》1941年第4、5期连载。

发达，情势转移，逐渐荒凉！但交通与国防价值，并未全失。自抗战开始，沿海沦陷，海道中断，于是西北国际通路与航线，应运完成，内通川陕，外联新疆，通苏联。酒泉东接兰州，西联迪化，把握了这陆空交通之中点，汽车飞机，往来运输频繁，商旅辐辏，已恢复比历史上国防交通更重要之地位。兹就依据地形势之一般状况以略加介绍。

二、沿革舆疆

古为西戎之地，战国时月氏戎居之。汉初为匈奴浑邪王封地，至武帝元狩二年，浑邪王内附，始置酒泉郡，隶中国版图，五胡十六国之乱，西凉李暠徙都于此。隋唐皆置肃州，天宝乱后，沦于吐蕃，至宋没入西夏，元灭西夏，属甘州行省，至明置肃州卫，清雍正七年，改置肃州直隶州，民国改称酒泉县属安肃道。今第七区行政督察专员驻此，与县府同城，为甘肃一等县。

县境东濒弱水，接高台临泽二县，北临草地，毗连金塔鼎新二县，西北四十公里出嘉峪关，与玉门县为邻，南屏祁连山，接青藏高原。全县东西约三百里，南北约二百里，人口战前九九八一九口，现繁衍增加连同油矿工人，增加至十万以上。

三、地形与地质

甘新孔道，平均海拔一千二百公尺以上，南屏祁连山，山系自嘉峪关东绵延，至兰州以北景泰一带，嶂峦叠起，海拔四千公尺以上。县城距山麓约百华里之遥。孔道以北有合黎山，与祁连山平行，长不及祁连而高度亦近三千公尺，实则合黎山乃宁蒙高原侵蚀残余之小片丘陵耳。酒泉居此孔道之中心，北望宁蒙茫茫无涯之高原，南接祁连皑皑积雪之高山，地势南高北低，东西平衍无阻，自古为中西交通要道，今为西北国际航空线及公路之中点。全县河流，顺地势倾斜，自南向北，蜿蜒全境，皆源于祁连山融化之雪水，大者有讨来河、洪水坝河，皆绕经县城东北，会弱水北流居延海。此种雪水，沿山谷下流，一经出山，坡度骤减，水速随坡度而减小，上流挟带杂质，因而堆积，造出无数之冲积小扇状地，酒泉全城，实此种扇状地联合而成一大冲积平原，故土壤肥沃，物产丰盈，乃有塞上江南之称誉。城北有白水河，源出县城西北之清水泉，灌溉县城附近，故盛产稻米。

至于此部地质，至今尚无确定之研究。大抵祁连山上多太古界之花岗岩、片麻岩，分布山顶及山腰。此类岩中，多含石英，故颇多山金，因风雨侵蚀剥削，故酒泉金佛寺一带，靠近陡坡下之河床，多砂金，今虽大量用土法陶冶，但因入有力者之手，故无统计数字。山坡多为古生界之石炭纪、石岩纪地层，内含有煤层盛富，经山水冲刷，煤矿外露，故沿山脚下，尤其距县城五十里外之文殊山中，盛产煤炭，供本县之用，惜未详加勘测开采，货产遍地，无人过问。本县地大人少，以往交通不便，工业未兴，即使大量出产，亦实无所用耳。山坡下为二至三叠纪地层，并富砂岩及页岩之互层，绵延分布，内多石油，与玉门延长之油田同属一系，至于两山之间的走廊平地，多为现代之冲积地层，土壤肥沃，为主要之农田地带。

四、气候与农产

本县正当西伯里大陆及宁蒙高原之南西边缘，每当冬季，颇受大陆冷气之侵袭，气候较寒，一月平均温度，约在摄氏表零下十三度，幸因西北有马鬃山，东北有合黎山二山东西延互，遥为屏蔽，且平原中心，地势较低，故寒风尚不甚剧。南屏祁连山与青藏高原，海风不易吹入，故气候干燥，雨量较少，全年雨量仅约二百五十毫米左右，且多降于夏季六七八月中。冬季雨量，几近于无，故纯属大陆性气候。惟祁连山因海拔较高，受日光热多，易于蒸腾降雨，但山高已入雪线，故山顶常积雪。每当盛夏，山顶受光热强，积雪溶解下流，以资灌溉。此种大陆气候，每年春来速，秋去亦速，冷冻期约有四月余，植物生长期，足有七个月，农产为一熟，能耐寒耐旱作物，亦可两熟，其不能完全两熟原因，确多由于水量缺乏之故。本县主要产为小麦、糜谷、山芋等，大麦、青稞、高粱产量较少，要皆为耐寒耐旱之作物。小麦主产地在金佛寺、洪水坝、清水堡、塔儿堡一带，沿山之地。惜雨量缺乏，收获之丰欠，全视该年雪水溶解量之多寡而定。近年气候变化不定，荒旱频仍，更因税捐浩繁，民多逃亡，地多荒废，实为一严重问题。

县城附近有泉水灌溉之地，盛产稻米，可见水利如能振兴，气候未始不易种稻也。以本县土壤之肥沃，面积之大，几等于成都平原之二十县，而人口不及成都一市之人口，倘能振兴水利，则良田肥沃，全县皆是，未来发展，正无可限量。然而本县亦正因地多人少，社会上很少生存竞争之恐慌现象，且因而养成人民之散漫不紧张之怠惰习惯，农业尚粗放经营，春种秋收，一入冬季冰冻时期，人地皆入休闲状态，然年产粮食已足本县之用有余。

本县之天然林，盛产祁连山南侧，皆属松柏针叶树类。山居农民，自由砍伐，运销全县，价值甚廉，盖仅费人工运费而已。近年盛倡植树，居民深信造林可以调济雨量，障蔽风沙之说，以是平原人工林日盛，多为杨柳榆树之类。因气候干燥，且是风沙冲积土壤，尤以县城附近，园艺繁盛，年产花果、桃、杏、苹果、黄梨之属，每年春节树花齐放，仿佛桃园世界，安闲雅静，夏秋之交，桃杏黄梨，累累满树，到处可见，美不胜收。西瓜、黄瓜、甜瓜、葫芦、葱韭、芹菜等，一切瓜类蔬菜应有尽有，且因土壤关系，瓜类尤皆味美而甘，冬果黄梨，且可保储至冬春，乃农人从经验中得来之保藏良法。以往因交通不便，谷类丰收之年，亦少运销之途，至今犹自给自足之社会状态。

五、畜牧与矿工

酒泉畜牧业，允当大书特书。本县滔来河上游，凡祁连山南北坡，因雪水灌溉，水草盛丰，畜牧极发达，故年有大量之羊毛、皮革，及其他牛马骆驼之皮毛，据估计每年产毛约四百万斤，皮约五万张，毛皮共值约五百万元。距县城百公里以外，沿祁连山有高台县属之新坝南山中，年产毛革尤富，亦以酒泉为集汇之点，实为酒泉输出主要货品，乃酒泉唯一之富源，以往皆运往包绥，由天津出口，运回平津杂货布疋及各种洋货糖食等日用品，现因包绥路绝，由贸易委会统收统买，运往苏联。今后发展畜牧业，兴办羊牛肉罐头工业，发展毛纺工业，制革工业，为酒泉发展之主要途径。祁连山中盛产煤炭，现尚用土法开采，居民用大车驱马运销全县，炭田距城约百公里，全县燃料全利赖之，惟运输不易，故农民小户之家亦多以木柴代煤，据地层构造及目前出产情形推测，将来详加勘测，用新法开采，产量必将大增，以之为兴办上述各种毛织工业之原动力，当属绝有把握之事。

六、交通与商业

酒泉居河西走廊中心，自古为中西交通孔道，往昔东下晋陕，西出新疆，北走平津，交通工具，全用大车，骆驼骡马驮运，北路经金塔鼎新二县，出额济纳，经宁蒙草地，至绥包，为商运要道，全赖骆驼驮运。至于东西交通，驼车□用，现以抗战关系，北路中断，近年甘新公路完成，东西往来，汽车畅通，东至蓉渝，西通塔城至苏联，畅行无阻，今已为西北国际交通要道。酒泉兰州相距八百多公里，大车行程二十日，今汽车四日可达，缩短行程五分之四，由酒泉西通迪化，同样缩短行程，惟现以军事运输繁忙，商运□赖车驼。渝哈航线，现每周飞航往来，酒泉为必经之中心大站，邮寄极便。至与河西各县之交通，均在公路线上，来往俱便，惟金鼎二县，僻处本县东北百余公里左右，将来应由酒泉修筑支路，联络金鼎，直达额济纳，接新绥汽车道，为将来酒泉北路经包绥平津出海要道。其次晋陕商人，往返运送川陕之丝茶纸张，姜椒等各土货至迪化，运回新省之杏干棉花葡萄及苏联杂货布疋，过往皆以酒泉为集散中心，金、鼎、高、临、安、敦、玉各县商货供需，皆仰赖之，酒泉乃实掌握此货物吞吐之中心。一般人称迪化吐鲁番一路曰西路，近年新疆情形特殊，商旅出入境，颇受限制，往往全盘赔累，以致商旅裹足，因此西北二商路之不通，酒泉商业萧条日甚，商人乃向当地农人春间预支农产小麦，货一农人现款或货品，及至秋禾登场，谷不入仓，已转入商人之手，因渐演成高利贷之风，农民仍日困。现自抗战后，国际陆空运送频繁，中央要员国际友人，常川过往卸住，商旅辐辏，人烟日密。旅馆饭店、新兴商号，正如雨后春笋，不单市面顿显繁荣活泼之象，且已形成西北国防交通商业之大都市矣。

七、政教设施与民情

外界人士，每以酒泉必要为汉回蒙番杂处之地，实则本县除东关仅有之百三十家汉回，经营商业或小贩生意之住民，及往来于迪化酒泉行商之新疆缠回约二百人外，全县尽属汉人。近年因青省军队驻防本县，故历届地方官吏，每借口地方情形复杂，一面求欢驻军，一面虚衍省府，自己得以从容中饱，省府鞭长莫及，只苦了无告人民，谈不到县政建设，近自驻军改编，地方政治愈益简单，凡祭政施行，保甲编组，壮丁训练，均已选照法规办理，自去年实施新县制，政令推行，非常顺利，故今后无论管教养卫，一切政教之设施，全在地方政府有无作为，并不在地方情形之复杂与否。至于教育，原有省立酒泉师范学校及附小县立男女完全小学共六校，现增加中央政府学校肃州分校，及中英庚款会主办之肃州中学二校内，皆分设高中初中小学一部，政分学且设师范部，皆男女兼收，酒泉一时成河西教育之中心，人文物望，蔚为盛况，因此学校之增设，交通之频繁，对当地民风之开拓，文化之提高，其进程之速，至少当提前数十年，当地民情虽然朴厚，习惯生活，虽然懒惰，但而今面对着这五花八门的现实，已渐有瞠乎其后的觉醒，惟本县过去因交通不便，且因家给人足之农业社会，人们乐得安逸，很少出门远行，全县受过高等教育者，至今凤毛麟角，只能数到一二人耳。

八、附言

酒泉在地理形势上，今已成为西北国际通路之中点，将来伊兰铁路完成，西联苏俄通欧洲，东通内地各省，出太平洋，酒泉实为欧亚交通之中心必经点，非仅国内之交通咽喉而已也。本地又盛产毛革肉类煤炭将来改进畜牧，发展毛织，皮革，罐头各工业，原料与动力之条件具备。今后全国交通动力，酒泉将完全掌握之，自廿八年中央通过缩小省区案，各地理学者，多主张甘肃河西别成一省，以酒泉为省会，定名河西省或安西省，东至古浪东南之五梢岭（乌沙岭）或黄河西岸，西至猩猩峡为省界，再划入宁夏之额济纳。将来实行分省，酒泉必为军政交通教育文化之中心，足有其资格，现中央中国中农各银行分行，航空站，汽车站，油矿处，邮政电报局，皆在县城，十年之后，酒泉成为中国西北交通工商业之大都市，乃必然之势，而附近安、敦玉金鼎，临张各县，皆纯农业地带，腹地广大，将来虽形成百万人口之都市，食料供给仍不成问题。所可惜者，本地人民安于旧习，无进取心，又乏企业精神，对公益事，并不知重视，近年因各方情势之刺激，各呈惊奇目光，群趋于目前小利之浅见，将来地方固然发达，惟本地人民之浑浑噩噩，其日趋于没落，恐亦注定之命运也夫！城南之陈家花园，马氏花园，城北之邱家花园，以及东门外之古酒泉亭，花香鸟语，良辰美景，将来东来南北人角逐游憩之场所，有谁犹问旧主人哉？

甘肃酒金水利纠纷问题之回顾与前瞻①

一、叙说

《禹贡》："导弱水至于合黎，余波入于流沙；导黑水至于三危，入于南海。"于此，可见当时河西洪水之盛，与大禹疏导之功。自是开沟洫，立屯田，水利专业，蒸蒸日上。逮于清，虽时隔数千载，但河西诸水，仍极充沛。雍正初，故有岳锺琪开疏勒河，与党河尾合，以通舟楫之议。惜二水冲击，未得成功。且黑水自张掖与高台间，自乾隆十二年通航后。帆橹相望，舳舻相接，妇孺老幼，惊为创见！嗣迭经变乱，河道失修，航运遂绝。迨民九年春，气温增高，雪量减少。各河水量，不敷灌溉，争水纠纷，意见迭出。而情形复杂，执行最难者，莫若河西酒泉与金塔之争水。自开始迄今，七载于兹，未能解决，所颁办法，终属枉费。去秋，总裁飞陇，巡视河西，目睹水渠失修，田地荒芜，乃决由政院年拨千万元巨款，修建河西水利，分十年完成。此项工作，业经开始，酒泉纠纷，解决有望，万顷良田，丰收可期。萧墙之斗，当不复有。兹欲让前因后果，关系争水之由，解决之道与根治之法，良然足述，为此草成斯篇，以供参考。

二、酒金简史与河渠概述

酒金两县，在清雍正年间，自归通判管辖，畛域不分。嗣设肃州直隶州，金塔王子庄，遂改为分州，设州同一员，住金塔堡。民国三年，改设县治，至今仍因之。

酒金田亩，当时同引祁连山溶流，以养灌溉。水利丰寡，视气候冷暖，及积雪融化力之强弱为转移。所融雪水，分注讨来、红水两河，讨来西河口，有龙王庙，为酒民设即分水处，南岸。总坝有三：曰兔儿，曰沙子，曰黄草。北岸，总坝有四：曰野麻湾，曰新城子，曰老鹳，曰河北。水由坪口东北流，经酒泉县，至临水堡至暗水墩，过佳山峡，入金塔境，北行三、四里，金东、金西两坝，设坪分水。又四、五里，是为王子庄，西坝、东坝、威虏、三塘、梧桐、户口六坝分水处。再下，至图河口，汇黑河，流额济纳，归居延海，是为各河总汇。

红水河源亦出祁连山，水量较少。酒民在山口设坪分水。东西两岸，各有二坝，在东岸者，曰东洞子，曰红水上七闸，曰红水下七闸；在西岸者，曰新地，曰西滚，曰西洞子。水由坪口北流，经临水堡，至暗水墩，汇讨来河，入金塔境，两河合一，曰临水河。

---

① 编者按：作者洪文瀚，原载《现代西北》杂志 1943 年第 3 期。

讨来、红水二河水量，原敷灌溉，但民十五以还，酒泉居民日增，荒地日垦，下游用水，深受影响。在经民九与十六年两年地震，气候转变，雪量减少，各河水量，尤形短细。上游地占优势，堵灌田亩，驯至滴水，未能下流。金民力争，酒民力拒。拒绝之由，略以金塔固定水源，系酒泉临水、清水以及北大等河渗于暗水墩所聚泉水。余考志书，得知其伪。兹将实况，转录于后，以资佐证，作为参考。

"肃州乃口内口外必经之要，而其地土砾田，民户畸零……查金塔寺营所属之威虏地方，既有迁住回民，而附近王子庄东坝等处，又有招来之民户。凡伊等受田屯田，全系水利。旧时虽有河渠一道，已为民户所有，且水势微细，户民灌溉之外，回民田庄，不能霑足。兼之汉、回共用此水，将来农事所资，恐起争坝之渐。臣于雍正四年，前赴沙州，正值土鲁番回民移驻内地之时，臣即趁机将威虏堡等处地利情形，遂一确查，见水利必需之事，因行令肃州通判毛凤仪趣□堡，盖房鸠工之便，相应讨来河之水势，另开新渠二道，长四、五十里不等。现在四百余顷之地，灌溉有余。另户民、回民各管一渠，分定界址，以杜混淆。"此岳锺琪建设肃州疏，于雍正七年五月核准。

"酒泉有大河三，曰北大（即讨来），曰清水，曰临水（洪水北段，二水合一处）。其三河为金塔坝东西两坝之水源。但北、清二水，与临水河合而为一，经茹公渠以来金，百有余里。卷查老案，清乾隆二十七年，经金塔士庶等，具呈陈明前分州张，会同前肃州州徐，判令金塔坝得水七分，茹公渠得水三分，立案为例。后茹公渠，因河低渠高，往往堵河塞水，以致尔造纷争不已。至民国十一年，蒙酒泉县长沈，奉安肃道尹王谕：会同金塔县长李，斟酌情形，秉公判令两造，在临水大河内，各得水五分。复令于口让坪均分，刊石立碑，永结成例。并所令于每年立夏后五日分水，同请酒泉两处县长，会同来渠监视，以昭慎重，永绝争端。两造遵服，具体立案。兹将列宪为民之苦心，及分水之成败，谨刊于碑，以期永垂不朽云尔。"此民国十一年金塔县绅士农约渠首等所立分水碑文。

以上所述，可知金塔农田，向引讨来河水灌溉，如系渗水所汇之泉，绝不至引灌茹公渠，及金塔东西两坝外，复能引灌威虏与王子东坝四万余亩之田地而有余。当时水规未立，水权未分，或"民户畸零，灌溉有余"，无此必要。至乾隆年间，始有酒泉茹公渠，堵河塞水，发生争论。自是之后，水规粗立，数百年来，得免争执。

三、均水新规与争执

酒金分水办法，自乾隆二十七年起，金塔东西两坝，已照定规办理，至民国十一年，又略有变更。但王子坝均水数百年来，仍无定规可查遵循。械斗时起，该坝位居下游，地形不利，求水不得，荒旱日甚，生计日蹙，迫不得已，乃于二十三年间，中诉省府，哀恳放水，以济盈虑。经由省府令饬酒金两县，会商办法，以求解决，然未得要领。二十五年，乃派杨世昌、林增霖前往查勘，经拟均水办法两点：

（一）自芒种日起，封闭酒泉境内讨来河各坝口，使水下流，灌溉金塔夏禾十天。

（二）大暑前五日起，封闭洪水河酒泉各坝口五日，使水下流，救济金塔秋禾。

此项办法，经提出省务会议通过，颁布施行，自是每年均水，例由金塔县长，率领民夫，会同酒泉县长，前往开坝。届时，酒民必聚众阻挠，或开水数小时，或开一二日，所流之水，仅能润河，金民往返，多劳务所得。兹将历年纠纷，与处理经过，表列如下：

年份	纠纷经过	结果	备注
二十五年	芒种均水期近，省府特饬专员妥办。酒民闻讯，纷电反对，及金塔县府，率夫前往均水，酒民暴动，击石示威。结果，金民逃避，点水未均。	恫以奸党窜扰，案悬。	
二十六年		均水期内，山洪暴发。酒属堤坝，溃决成流，金塔地亩，水多浇足，本年纠纷得暂免。	
二十七年	均水期内，酒民纠众千余，强堵河口，坚不允放。虽强制执行，然鲜实效，嗣金民纷电省府，请求救济，经饬专署限期补浇。七月二十一日执行，是日，由曹专员会同酒金两县县长，及驻军监视。一时酒民暴动，哗然动武，金民逃散。经开枪弹压，并将为首三人，解署　惩办。水流人金，适为十分之五云。（按：此系金民要求补均讨来河水五日之数）	补均芒种应得水量二分之一。	□□□□
二十八年	芒种（六月二十二日）均水，专署会同酒金两县县长，及驻军二连，前往监放，惟金塔民夫，被阻折回，嗣屡求补均，经省府令准，于七月十三日，出夫百余名，在驻军一营保护下，前往均水。时酒民云集千名，力图顽抗，经开枪弹压，并令兵予以包围自决，得开口八处，流灌金塔。开坝之后，各返酒泉，仅留水夫数人巡守，酒民遂于驻军去后，强堵河口。	灌溉之利，仍无所得，徒滋纠纷。	

年份	纠纷经过	结果	备注
二十九年	芒种均水，酒民千余，持械抵抗，仅开一口，即起冲突。酒民伤六，金民伤二十四，军士伤一。金民财物毛驴，被洗一空。六月二十三日午，有关方面，议商办法。酒民竟聚千余，藉口情愿，初入城与保安队冲突，继又攻击金塔赵县长。是晚，赵县长由曹专员亲自卫护出城，得免受辱，然同行亲民，多有受伤，翌日平息，酒民始散，至七月三日专署奉命率兵一团，前往放水，补灌金塔。凡酒民到者，当即包围，挖决工作，由兵担任，至是任务始达。	专署明以酒泉迭次大雨，水流达金塔，未尝切实执行。后经金民迭电省府，力言其非，乃补均河水，惩办祸首。	
三十年	芒种（六月八日）均水，该区专员会同酒金两县县长，军法处处长率卫兵六名，士兵二十名，及金塔民夫二十名，前往讨来河监放。行抵河口时，酒民已集六百余名。金民甫开兔儿坝，酒民即一拥而上，比开枪弹尽，惨斗虽免。然受伤士兵，已有七名。争水目的，结果未达。	滴水未均。	
三十一年	小满日，该区专员会同酒金两县县长，及金塔民夫，前往均水。只开两口，遂起冲突，经警弹压，免酿巨祸。金民经警掩护，安然返城，水利未均。	年来报告困难，确属事实。专署曰免麻烦计，佯报五月二十九及三十两日河水增涨，流灌金塔。虽经省府斥责，饬令补均，仍未遵办。	小满均水，系省府本年颁定之折中办法，见第四章。

四、折中办法产生经过

芒种均水新规，自民国二十五年，实行以来，滞碍殊多，劳民伤财，莫此为甚！迭经省府令饬该专员曹启文，会商有效办法。至三十年间，该员遂有"迟开早张办法"之拟定，其法为：

（一）酒泉讨来河水，在谷雨前，河水自然流灌。自谷雨起，至立夏前一日止，除各小口开旧流口外，其余各大口，一律封闭，流灌金塔。

（二）自霜降前八日起，至立冬前九日止，讨来河各坝口一律封闭，流灌金塔。

（三）三十年度，因立夏前均水期过，酒泉于七月三日起七日止，放水五日，流灌金塔，以本年度为艰。

此项办法，经专署核定后，金民极端反对，其所持理由为：

（一）金塔禾苗，在立夏前，出土未久，无须灌水。

（二）霜降前八日起，酒金两县，禾苗已收，无须灌水。此时酒泉各坝，自然退水，流注金塔，何劳再均。

（三）金塔需水时期，系属芒种前后。

此项办法，对于金塔，毫无裨益，故群情汹涌，请维原议。查金塔土壤，虽较酒泉为优，然芒种前后，仍非浇一两水不为功。其需水情形，虽未实验，然习惯用水，可得其详。兹分述于左：

（一）金塔农田，赖酒泉余水，以资灌溉。每年自农历二月中旬河水融化后，至立夏（农历三月初）[①]酒泉堵水前，尚有水流，直下金塔，引灌田亩，而资播种，是为引灌春水时间。

（二）酒泉立夏堵水后，至农历六月上旬或中旬山洪暴发前，是为两县需水量殷之时。此时酒泉早于金塔引灌田亩，未有余水，是为酒金争水时期。

（三）每年农历六月上旬或中旬，祁连山雪水融化，水量甚大，酒泉河口及堵水工程，例被冲毁，除普灌酒泉外，并可流灌金塔，是为酒金利用洪水时期。

专署拟订办法，既受反对，未能执行，省府乃于三十一年间，复饬召集绅士，妥商办法。是年一月十七日，酒金民众代表，均到专署出席会议。以按粮均水办法，既有困难，而金塔也无利益，即行免议。至于迟开早退办法，仍由双方商讨，其结果略有变更，自分述如下：

（一）讨赖河，除清明前之消冰水，自经流灌酒金外，自谷雨节后八日起，至立夏节九日至，除小口如新城坝、野麻湾、老鹳坝，照旧例流灌外，各大口如兔儿、沙子、黄草、河北等坝，一律封闭，流灌金塔。

（二）自寒露起，至霜降止，讨来河各坝口，一律封闭，流灌金塔。至霜降起，至立冬止，两县平均分灌。立冬以后，任其自然流灌。

此项调整办法，在酒泉方面，业经同意。金塔代表，则坚持原议，省府以旧法之执行，迄今数载，既未获利，且滋纷扰，而新法流灌季节，过早过迟，似亦不切实际，特于新旧二法之间，另拟折中办法，此法系以新法标准，将前期流灌日期，移后约半月。自小满前十日起，各坝口一律封闭，流灌金塔夏禾十日。并依旧法，将大暑流灌日期，亦移后约二十日。自立秋起，红水河各坝口一律封闭，流灌金塔秋禾五日。自折中办法颁布后，酒民反对，小满均水，复又冲突，今酒金水利根本解决办法，虽已由甘肃水利林牧公司设立肃丰渠工程处办理。然完成有待，酒金纠纷，仍所难免。

五、勘测经过与决定原则

酒金争水，年必一次。当局虽力谋根本解决办法，但以财力不逮，未遑举办。然观历年派员勘查、测量、设计，已可见其用心之苦与爱民之殷。此种精神，殊深感佩。兹为便于参考起见，特将各年措施，表列如下：

---

① 编者按：原文如此。

年别	负责人	主办工作	所拟意见与办法	备考
二十七年	技正王仰曾	查勘	酒金争水之症结，非在水量，病在不能调节。在上游修筑拦水坝、储水库等工程，不仅就范围内永息，且可淤地四十万亩。关于工程进行程序，拟分三期办理。 1.红水河峡口，建拦水坝一座，高二十二公尺，可储水一千一百万立方公尺。洪水以前四、五、六三个月，农田需水深三公寸，可灌田约十五万亩。 鸳鸯池乃天然蓄水库。在佳山小峡口，建筑拦水坝，高六公尺，长九十公尺，可储水三千六百万立方公尺。洪水期间，可灌田十五。 2.建筑讨来河储水库。整理讨来、红水两河河道。 3.建筑马营河、丰乐川与清水河储水库。	
二十七年	酒金水利测量队队长王力仁	测量鸳鸯池及龙王庙两储水库工程		
二十八年	技正杨廷玉	实地设计鸳鸯池及龙王庙蓄水库		
二十九年	技正吴惇，经济部水利第一测量队队长陈慕云	查勘水源	经查他处并无水源，可资引灌，而息纠纷。	
三十年	水利勘查队队长杨子英	查勘	根据金塔引灌水源，与实际需水量推算结果，水量有余，不敷原因，当系渠道输水损失。其损失总量，约为实际需水量30%，故根治之法，在于防漏，与争执河渠。其法为： 1.自佳山峡口起，测定新线，合并不必要之干渠。天然河床，仍用之以排洪。 2.渠道护面，用一比三白灰沙浆，厚一公寸，内用芨草，以增拉力。 依上法分别办理后，不仅旧日地亩灌溉有余，且可增灌灌十万亩之多，俟他日荒地逐渐开发，水量不敷引灌时，再筑库储水，较为妥善。	建设厅厅长张心一，□□□□之议。旋以玉门油矿□□□，未能充分研究。
三十一年	肃丰渠工程处主任原素欣	肃丰渠施工	施工计划，尚未拟订。大约本年可以开工，明年完成。	

六、结　论

　　关于酒金水利根治之法，言见不一。王技正主张上游筑坝，及建储水库等工程，并分缓急，择要办理，期底于成。自后测量、设计，亦莫不以之为准。但杨队长于三十年间前往查勘时，则以防止渗漏，重于储水，另开新渠，胜于治河。

仁者见仁，智者见智。查河西河道，散漫无束，天然河槽，即为渠床，水行其中，多遭渗漏。金塔渠道，虽纵横皆是，然修筑简陋，沙壅土塞，下渗地中外溢，荒滩增发损失，亦复不赀，水达田亩，所余无几。去春作者赴河西，张心一先生特饬与甘肃油矿局洽商柏油护渠，防止渗漏等问题。现甘肃水利林牧公司，将以此为研究对象。余意以为用柏油护渠，不若铺路。盖高级路面之筑造，远较局部之柏油护渠为有利，值此国事方殷，物力维艰之日，吾人尤应分别物质种类与性质，用之于最重要而最有价值之事也。查防止渗漏减少增发，固关重要，然法有多端，其轻而易举者，莫若于地层粗松，与流沙边缘，安设缸管，以通渠水。建造窨井，以浚淤积。密植林木，以防蒸发。于此兼举并顾，酒金争水纠纷，庶可于肃丰渠完成后，不至复发。"争水"一词，仅得于他日河西农田水利史上可以见之。

整理酒泉兔儿坝[1]

兔儿坝为讨赖河上游渠道东岸之第一渠。在南龙王庙附近，引讨赖河水，由西南向东北流，沿东岸砂石子崖筑引渠，依崖为东岸，另筑西堤，束水成引渠。灌溉所及，依文殊山北麓，东至文殊山口止，凡一万一千六百市亩。此一地区土地肥沃、气候温和，可植桃李，为酒泉所罕有。民三十一年秋洪势大，在龙王庙下冲去西堤六百余公尺。引渠中断，水不入渠，致收成大减，冬水亦未能浇灌。复以文殊山暴雨洪流猛下，闯入灌区，毁坏干支渠田地，尤以渠尾一带由文殊山口泄出之山洪为害最烈。而山洪出山，毁堤防北下，不特冲毁干支渠田地，并漂去已熟与已割谷禾，计损失粮食一千二百余市斤。如计及漂压田地、损坏渠道，其总损失当在百万元以上。兹由酒泉工作总站查勘设计，经公司核定，作如下之临时整理：

（一）引渠西堤冲去之六百公尺，按旧堤位置修复。堤高三公尺，顶高三公尺[2]，底宽十五公尺。遇河溜正冲处，每隔八公尺筑一小挑坝，共计筑挑水坝十座。

（二）文殊山口之洪水，循兔儿坝与南新地坝两灌区间之旧河道泄出，对两区均不妨碍。即就文殊山口筑西堤，拦洪水循旧槽下流，以免兔儿坝之灌区之遭冲毁。预计堤长三百公尺，顶宽三公尺，高二公尺半，内外坡均为二比一，底宽十三公尺。

工事运用当地民夫，补助口粮，预计需材料工程费六万三千余元，期于春耕前完工，赶补泡地。

---

① 编者按：作者未署名，原载《同人通讯》杂志 1943 年总第 11 期。
② 编者按：原文如此。

临时整理酒泉新地坝[1]

酒泉县西店乡新地坝，引红水溉田，始辟于前清雍正十年，重修于民三年。支渠凡四，即俗称头沟，二沟，三沟，四沟。流向均自南至北，东西平行。中距约一公里，长五公里。近以进水口被冲毁，未能固定，水小时不能到坝，水大时则冲过坝口。益以红水及山洪之挟沙而明渠淤积；山洪涧峡之横断而暗洞崩坍。故虽经农民屡加修补，仍以水道艰难，浇灌不易。三十二年二、三月间酒泉工作总站应该区民众之请，派员前往查勘，报经公司核定，以三万六千九百余元临时整理，俾得赶放本年春水。其办法为：

（一）进水口（即龙口）节制闸利有旧有。其被冲毁一段，计三公尺，改建为滚水堰。其余拦水墙，冲毁者约五十公方，仍袭旧制，用苃笼累石补修。

（二）暗洞总长约一公里又半，先就下齐崖洞整理。洞共二节，长三四〇公尺。崩溃部分约有一半重挖，另一半亦去淤加深。

（三）明渠约八公里，均挖深，每公里土方平均约〇.八一三公方，总共六千五百公方。利用村民每年干坝工整理之。多处之工以六成补助口粮（按当地农民管理坝工向分干坝工与水坝工两种。干坝工永久规定，如修口，去淤，整道等属之，轮一时辰水者，年出四工。水坝工为临时抢救，如导洪，浚塞，堵决等属之，亦以轮水时辰均摊）。

（四）明渠与涧峡正交处山洪水道，分别修复。

就新地村全面积言，约共二万三千八百余市亩，耕地二万二千八百余市亩，荒地一千余市亩，惟目前新地坝水量仅能灌及三千六百四十市亩。故扩充灌溉面，尚有待乎根本之整理。

开辟酒泉县临水乡中渠堡水源[2]

中渠堡在酒泉县城东北二十公里。耕地面积约一万市亩，恃泉源灌溉。惟因水源不足（据三十一年冬估计流量约〇.四秒立方公尺），致连年荒旱。当地人民拟引洪水河余水至渠。经酒泉工作总站派员查勘，得悉洪水河在夏秋水盛时确有余水可资利用。但若沿河滩下流，至临水以上，则水低地高，中渠仍不能引灌。

---

① 编者按：作者未署名，原载《同人通讯》杂志 1943 年总第 11 期。
② 编者按：作者未署名，原载《同人通讯》杂志 1943 年总第 11 期。

故必须于上游越过树林沟渠首，引入东河沟始可流入中渠。但树林沟人民恐水利被夺，不允通过。酒泉工作总站，乃另拟浚泉增源办法。按中渠泉源在西店子草泊地内，地下水流向系由南向北，若东西掘沟与流向垂直，则地下水渗入沟内，沿沟引出，当能增加泉源。此沟拟掘长一公里，深三公尺，预测水源可增加〇.一四三秒立方公尺。估计土方工程一〇，六〇〇公方，需人工五三〇〇个，每工每日给以口粮七元，共需工款三万七千余元。此项办法业经公司核准，即于三十二年春季兴工。如果结果圆满，拟再推行于河西其他有泉源之处。

酒泉工作总站调处酒泉与金塔分水[1]

每年小满节，为酒泉与金塔分水时期。甘肃省政府规定至时应将酒泉讨赖河各渠口，一律封闭，使上游全部水量，开放十日，可以流入金塔。酒泉不愿分润，金塔必须挹注，纠纷常由此而起。今年由酒泉工作总站会商两县关系方面，将放水时期，延长为四十日，即仅将上游水量抽放四分之一。如此，酒泉可照常灌溉，金塔仍有水滋润，而于省令亦无抵触。故今年小满分水时期，酒金幸无纠纷，因此项放水方式而须临时开浚之四百公尺之引水槽，其工料各费，统归酒泉工作总站负担。

总裁赠与原副总工程师皮衣记盛[2]

本公司原副总工程师素欣，兼任酒泉工作总站主任，肃丰渠工程处主任，自于三十一年九月前赴河西工作，长日奔波于田野，与老农接触整理旧渠，消弭争水纠纷，辟筑鸳鸯池蓄水库，使政府开发河西水利德意，深入民间，极得社会信仰。而原副总工程师穿着一件破旧之大衣，自甘度其清苦之生活。最近总裁据西北建设考察团长罗家伦先生报告，体念有加，特制皮衣一袭，即委托罗团长代表赠与原副总工程师。罗团长当于三十二年十一月一日，假本公司礼堂，邀集兰州各机关首长，地方领袖人士，举行茶会，公开完成此一重大之使命。

是日下午三时，茶会开始，来宾参加者一百数十人。先由罗团长介绍原副总工程师过去之历史，现在河西工作之情况，并传达总裁此次制赠皮衣意旨，更期望各工程师各科学家共来参加开发西北之工作。遂将皮衣举赠原副总工程师，由

---

① 编者按：作者未署名，原载《同人通讯》杂志 1943 年总第 13 期。
② 编者按：作者未署名，原载《同人通讯》杂志 1943 年总第 17 期。

原副总工程师敬谨接受。此衣乃一工作大衣，面子为雍兴公司之花呢，里边配以黑羔皮。授衣礼成，全体大鼓掌。旋由朱司令长官、谷主席先后致词嘉勉，推阐总裁关切西北工作人员之情怀，而引原副总工程师之荣誉为西北全体工作人员之荣誉。原副总工程师答词谦谢，并谓本人在河西工作，实诸同事相助有成，故本人此次领受此荣誉，当认为代表同人领受此荣誉。

罗团长以此时会场空气严肃，复请甘肃本省前辈水楚琴先生与海军耆宿萨镇冰先生演说，皆以诙谐之语调，盼望甘肃农田水利早日办成，先使人人有饭吃，再使人人有衣穿，更使人人有皮衣穿。五时许，此盛大之典礼，遂在全场欢笑声中圆满结束。

整理酒泉屯升茹公两渠[1]

屯升渠为马营河最上游之一渠，灌溉九家窑一带耕地一万二千亩。以地近山麓，气候较寒，故下种与收获均较酒泉城郊为迟。渠引自龙口流明渠三百公尺，入隧洞。洞长十五华里，分七段，洞身皆砂砾。出洞流百余尺，入地分两支：东北支占水四分，长十五华里，迄上寨；西北支占水六分，长二十华里，迄黄草坝。

三十二年春，酒泉工作总站补助隧洞五小段内移工程，长百二十公尺。历夏秋洪涨，至十二月查勘干渠隧洞情形，仍感严重。盖以河陡流湍，地高洞长，每年春修秋修，厥工甚艰，而仍时成旱象。分析原因，或冬季积雪过少，春令山水过迟，以致灌溉失时。纵观历来情形，什九因洪成旱。故整理原则，应重防洪，三十三年临时整理工程，凡有四端：

（一）固定依水流槽：于东岸流槽，加潜坝拦堵，使低水西移，洪流溢过。

（二）改良引渠：加固东堤，添建溢道，无论洪水暴涨，进水量总不使过多。堤端建坝挑水，以免流搜堤脚。

（三）重建节制闸及退水闸：无论是否屯升轮使之期（按水规规定屯升渠使用马营河下半月水）低水均入第三进水口，由闸调节。闸墙改为砖土结构并用闸板启闭。

（四）隧洞危险处内移改线：长约二百公尺，重凿新洞。

估计共需工程费五十六万元。

茹公渠长三十华里，位于酒泉城东北四十华里。引临水河灌溉临水堡至鸳鸯池一带耕地，共五千一百五十市亩。临水河原系泉流，春冬不辍，水势迂缓。惟春夏间，洪水河洪涨，夺槽而来，怒流暴泻，辄倒堤成害。茹公渠西堤年年溃决，年年修筑，甚有每秋数度者。按该渠自进水口北行五百公尺草滩一段尚无问题，惟出滩临崖一段渠水渐高，沿崖培堤一段长五百公尺正冲河流，顶冲之处最为艰险。

---

① 编者按：作者未署名，原载《同人通讯》杂志1944年总第22期。

西堤东邻立崖，每岁秋洪即为冲刷殆尽，三十三年全段冲溃，乡人于秋后修复已延灌溉之时，损失至重。以西堤冲决、立崖崩溃，皆由河流冲刷所致，护堤保水宜以改正河流，不使接近堤脚为主，而以加固堤身为副，应行改善工程凡五：

（一）挑槽移流：堤西约四百公尺处挑浚新槽，移流西滩。长一公里，宽五公尺，深一公尺。此低水槽于洪涨时借水力自行冲刷扩大，所挖废土堆东岸成范堤。

（二）挑流护堤：河槽西高东低，须筑坝挑流，范入新槽。坝共长一六五公尺，顶宽四公尺，填高二公尺。以沙土为主料。边坡一比一.五。迎水面编篱，打桩，沉梢护脚。坝头边坡放坦至一比三，用茭笼梢料裹土捍护。其基脚加护桩一周，均在地面以下，并编篱于桩间。

（三）编篱挂淤：临水河水涨时，携砾石沙泥甚多，大者径仅二公分。欲使西堤外复成沙滩，可做透水坝，横跨旧槽，截洪挂淤。透水坝用木桩及树梢构成，先钉长二.五公尺之木橛入土一公尺，间距二公尺，用横木联系，再直向编树枝，其下端插入土中，上端高出篱外。洪水漫过枝篱，拦沙沉淀，久之淤高。

（四）加固西堤：包括培厚渠堤，保护坡脚。渠顶加高五公寸，培宽至二公尺。顶下一公尺五处加戗道。一公尺以下边坡，自一比一.五展坦至一比三，用木桩两排，内填卷梢捍护坡脚。

（五）添设退水：西堤南端添设退水。如洪涨时入渠水量过多，可由此泄入河滩。用木笼二道，相互垂直，一节制进水，一宣泄余水。笼用木桩六根组成，上下左右前后各连以横梁，使成一体。柱复排半圆橡木档土。以水不深，即以寻常木板拦水；盖临水河洪涨，时间甚暂，村地即在崖上，人民管理启闭，亦甚便利。

估计共需工程费陆拾伍万元。

重修金塔六坪记[1]

金塔小口河六坪两岸，又名东西拦河，为金王七坝分水总汇。三十二年春曾由酒泉工作总站勘明，作临时之修理，即修整六坪口工程，加高并培厚东拦河堤，并作排洪道，整理各坝退水设备。乃以入秋洪水过大，坪口不能容纳，将西拦河堤冲开，侵入王子西坝，西坝又不能容纳，更向东将王子东坝冲断。三十三年春，由该站再度查勘，发现东拦河堤排水坝之间隔中，已淤积一部分，西拦河堤冲断一百公尺，河水即由此而下，六坪口滴水不流。当于五月一日重新开始整理。

（一）培修西拦河堤，使堤顶高出洪水位五公寸，并加宽至三公尺。在河床中建活动堰，共长九九.四公尺；低水时，插闸板，拦水入坪口；洪水时，将闸板开启，任其宣泄。为避免刷深闸底，用柴梢、卵石作基础，宽六公尺，深一公尺。

---

① 编者按：作者未署名，原载《同人通讯》杂志 1945 年总第 32 期。

（二）在坪口之柴墩前端及两侧，加打木桩，以防洗刷。在洪水时，将西拦河活动堰开放，坪口进水仍多，故欲其不毁，必须加强。

（三）四坝冲断处，修隔堤，高出洪水位四公寸，顶宽一.五公尺。并筑退水道，在西坝者，长一百二十公尺，在东坝及威虏坝者，各长百公尺；在三塘坝者，长六十六公尺。退水道下游十公尺处，更修筑进水闸，以期节制进水量。退水道翼墙用木桩护持，退水道基础，用柴梢、卵石填筑，宽四公尺，深一公尺，以免刷深。每隔三公尺，打木桩一根，维系柴梢。

（四）培厚东堤，使顶宽为四公尺，以防溃决。

估计工款十四万元。

金塔王子庄有耕地十七万市亩，其中半数间歇，赖户口、梧桐、三塘、威虏、东坝、西坝等六渠以灌溉。六坪口为六渠进水及分水之总汇。三十三年六坪口整理工程，工款定为十四万元。由酒泉工作总站派淦臣驻工监修，遂于四月一日前往筹备，拟定施工计划；五月一日开工，六月二十三日竣工。

一、施工之筹备

三十三年四月一日，由酒泉乘大车起程，三日抵金塔，与地方官绅商谈施工事宜，并往施工地点查勘。时河冰尚无全消，土冻地坚，无法施工。地方人士告以四月下旬，冰冻消融，可以施工，详细察看以后，觉原计划书中颇需修改之处，乃设计绘制施工图，并制定施工计划书。以工程费仅十四万元，故土石方全用民工，不给工资；材料匠工发给官价，当在县水利委员会会议通过此项原则，因此必由县方派员协助工作，以期顺利进行，县府乃派县农会会长及书记协助采购换夫记账等事。

金塔地方偏僻，工商业落后，无处购买工具，如打桩架之零件及铁器等，皆亲往酒泉订制，至四月二十日购运齐全，然后由工会代雇木工，制造打桩架。

四月三十日以前，施工地带地形测量完竣，购备木料达半数。筹备既妥，乃派集民工，五月一日，施工开始。

二、管理费超过预算之原因

本工程，共支出经费一三〇，一八九.六三，而管理费达二九，三六一.五八，其百分率之大，至为惊人，兹将其原因缕述如下：

起换全县民夫，区域广大，必须由熟悉地方情形之人士负责，故由县府借调农会副会长任之，盖农民信仰者为地方绅士也。料价较编造原预算时高涨甚多，以市价购料，款已不敷，当与举行县水利会时，议定发给官价，故由县府借调农会会长负责派购材料。又三千车柴梢，整日零星送达工地，随时需要记账，由农会书记负责，而调用政警一名，专司催夫催料。以是施工二月，借调人员津贴达一五，四零零元。此款若作为土方价及料价，则管理费减少大部矣。因人工用民夫，材料工匠发官价，故工程费虽仅一三〇，一八九.六三，而实际当超过此数数倍。如以此计算，则管理费所占百分率又自然减低矣。

三、施工之经过

（一）退水道及进水口工程

王子六坝各渠首皆有庙宇，名曰石庙子，为民夫住停之所。其相互距离，有远至二公里者。各坝民夫，仍由各该坝夫头管理，每日上散工，在工地列队点名。

开工时河水拦入金东与金西二坝，六坝渠中悉皆干涸。惟退水道首先开工，挖基二公寸即有地下水。至五月下旬，西拦河活动堰挖基，地下干燥，饮用之水须凿七公寸之深井。可见此处地下水位变动甚大，盖视上游河中水位变化而异也。

当退水道工程挖基时，因无排水设备，工人须在水中工作，天气颇寒，早晨不能下水，即至晌午下水，稍久亦须上岸休息。因此工作效率甚低。挖掘砾土方，随镐随掷，每工仅一公方。其后地下水渐干，每工挖掘乃增至二公方。

渠首地质悉为砂砾不能洗刷，洪水溃决之处刷成深槽而致无法收拾。此次整理所有泄洪工程，皆填筑柴筋砾石基础以免刷深，则洪水过后垒柴土拦水极易矣。

复于各坝退水道下端，修筑进水口，约束水流，限制洪水入渠，使大部洪水由西向东，按次越过各坝，退入梧桐河，以免冲毁下游渠堤，酿成东坝之旱灾，梧桐之水灾也。

（二）打桩工程

各坝退水道及进水口，西拦河活动堰及六坪口工程，皆有打桩工。退水道及进水口工程，共打三号木桩（长二公尺，中径八公分至十二公分）一三四根，其翼墙共打二号木桩（长三点三三公尺，中径十四公分至二十公分）六四根。西拦河堤及活动堰工程共打二号木桩七九根，三号木桩二〇根，一号木桩一九根，坪口工程共打一号木桩五五根。故打木桩工程实为本工程之重心。

民工班期为五天，故打木桩工人才将训练成熟，换班时期已到。因此常为生手，工作费力，效率低微，工程进行甚为迟缓。

本工程限于经费，不用铁桩尖。以故在若干地点，卵石粗密者，遭遇困难。如桩尖打成球形，桩头裂开，桩腰折断等事，数数遇之。乃在打桩不下之处，用埋桩办法。后虽由酒泉制来铁桩尖五个，但以成本太高，仍未使用。

酒泉麻绳之强度甚低劣。三公分粗麻绳，打十桩即断。桩锤仅重二百公斤，似不应如此费绳也。统计打二号木桩及一号木桩，每根需麻绳费五十元。

打桩共用工人十三人，十人拉绳，三人扶桩。此工作在沙地上进行最快，顺利之时每日可打二号桩十个。砂砾地较缓。柴筋沙砾地最难下，每日仅打四桩。三种不同地质，均曾作试验记录。沙地上打桩，入土深度，逐渐减少，极有规律。柴筋沙砾地则极不规则。沙砾地与沙地情形相仿，但入土深度较小耳。

（三）拦河堤及活动堰

东拦河堤之作用为防洪，西拦河堤之作用为逼水入坪口，后者低处仅高出河床一.二公尺，溢洪道若用滚水坝则洪水位太高，满溢堤顶，危险殊甚，故用活动闸泄洪，洪水时将闸板开启，水位可大为降低。

五月二十日本部分工程开始，集合全县之人力每日到工二百人或五六十人不等。附近八里以内无处取土，工程又甚急迫，故用黄沙填堤，堤顶铺柴草，上覆卵石以固定堤形，向水面堤边每隔十三或十四公尺（中心距）筑柴梢卵石挑水坝一座以防洗刷。河西之临时工程大率为柴沙结构，实为环境使然。民工填堤就旁取沙、随锸随掷，每工可四.五公方，填筑尚称迅速。最困难者为柴车缺乏，因工款甚少，每车柴梢仅加十元，纯属摊派性质，故延迟不到。适值向酒泉送粮，民间车辆，罗掘几尽，虽警察不断催促仍鲜效果。人工材料不能配合，致旷废时日。

活动堰原拟建三十二孔，共长一百公尺，设于去年低水河道中。今春用柴梢卵石将河道拦塞，逼水入坪后，原有低水河道，已于填无河形；惟地势较低，仍以在该处设置为佳。施工以后，方发现河道中填塞柴石处，极难挖掘基础，打桩又不易下，遂留十二.六公尺，未设闸孔，作为滚水坝。故活动堰仅剩二八孔，共长八.二四公尺。原设计闸墩，由三号桩构成。但结果打桩不易正直，且木桩类多弯曲，前桩不能夹插闸板之两端，乃复有二十墩加打三号木桩一枚，以资补救。

（四）坪口工程与水利纠纷

六坪口为低水时六坝分水之用，按旧日粮额而定尺寸沿用已久。县府去年丈量以后粮额变动颇大，据去年本站测量队施测金塔四坝之结果结算，原有粮额似较正确。但粮额增加至各坝，如户口、梧桐、三塘三坝一再要求增镶其坪口尺寸，在县水利会议上曾提出讨论，未得通过。今土地正在复丈，在未得正确资料前自亦不能贸然更改，故坪口尺寸仍按旧制。坪口闸墩原为长方形，激流顶冲，湍跃数尺，摇撼闸墩，以是流量稍大辄将闸墩冲失。故在原闸墩前加筑尖路，并打桩保护。坪口底部填一.三公尺深之柴筋卵石基础以防洗刷，并叠坪木四根以为闸槛。

四、放水情形

六月二十二日下午三时，接到酒泉电话：山洪暴发，冲毁桥梁数处，是时坪口闸墩，尚有二座未筑成，估算洪水约于次晨可达坪口，乃漏夜抢工，拂晓完成。一面在东西拦河堤坪口及各坝渠堤，配备民工守护。部署方妥，即见滚滚浊浪，漫滩而来，进入坪口，时为晨七旬钟也。当日洪水入渠，下午三时，到达王子庄，浇灌田畴，各处工程，悉皆完好；惟西拦活动堰闸板未楔紧，漂失四块，晌午时，坪口闸槛上水深七公寸，流量为八十余秒公方。水流入坪，极为平静，毫无冲击堤象，闸墩稳固。威房坝及东坝，已嫌流量过大，不能容纳，皆将退水道开放，依次向东退入梧桐河。各建筑物皆能达到其作用，情形甚属良好。

五、结论

砂砾河床极易刷深，以往农民所修工程皆忽略铺填基础。西拦河堤仅留三丈，退水道轻易不敢开放，因一旦开放，立即刷成深槽，成为正河，无法收拾。各坝退水道亦如此情形，以致坪口及下游渠堤受损。此次整理工程，所有退水道，皆铺填柴梢基础，随时可以开放，不致刷深；需要关闭之时，用少量散柴压砂砾即可，毫不费力。而西拦河泄洪道用活动堰结构，开闭尤为自如。若山洪过大之时，将活动堰开放，坪口可保无恙。但农民有贪水之病，不肯开放活动堰，为可虑耳。

柴草挟填砂砾后，成为柴筋砂砾，相当坚实，且不漏水，堪称为良好之临时工程材料。惜腐蚀甚易，最多能历二三年，建筑物即腐蚀而沉陷，故常须整理，至为冗烦。但在经济价值上，固已具功效也。

黄土层上的开发：祁连山鸳鸯池水工[1]

新任交通部次长沈怡氏一月底到渝，据谈，开发西北，首重交通及水利。甘肃水利林牧公司之努力，与美国 TVA 之理想近似。[2] 祁连山若能开发，宝藏无限。在过去三年间进行之水利工程共有十一处，已完成者四处，灌溉面积可达十万余亩，决定停办者三处，去年因经费不敷，暂行停办者三处。目前正在进行者仅祁连山麓之鸳鸯池一处。公司由甘省府与银行界按三七比例投资，资金初定一千万元，现已逐增至六千万元。创办迄今，已用去两万万余元，悉由中央及各方面之资助。本年度除完成鸳鸯池之工程时，尚拟续办去年暂停之三处工程，合计约需工程费三亿二千万元。

酒泉丰乐川西三四坝春修记[3]

丰乐川在祁连山中，分东西两支：东名马苏河，源出雪达坂，柳湮达坂，香子达坂（香子，麝之俗名），流经五千三百公尺之雪山中，长五十公里；西名囊肚沟，源出五千九百公尺之雪山中，融雪时较东支水盛，为丰乐川之主流。经五道沟海子附近，长二十五公里。海子，山中之草湖，立秋后水渐盈但不溢。其水下渗，是否入河不得而知。河口距酒泉城五十公里，分九坝，在西岸者六，东岸

---

① 编者按：作者未署名，原载《民主与科学》杂志 1945 年第 2 期。
② 编者按：TVA 系美国田纳西流域管理局（Tennessee ValleyAuthority）的缩写。
③ 编者按：作者未署名，原载《同人通讯》杂志 1945 年总第 34 期。

者三，灌田二十万亩。惟以土层甚薄，水量不足，故现耕种者只及八万亩。各渠口沿河引水，东西两岸数渠平行，上下罗列有四渠之多，高低相差至六七公尺，有水行崖上者、行半崖间者、行崖脚而侵占河道者。其中头二坝位居上游地势较优，三四五六诸坝临崖盘折，损坏机会甚多。三十二年春经酒泉工作总站修缮五六两坝，三十三年复应上河清人民请求派员查勘三四坝，欲均各坝中之水行不利者。

西三四坝干渠各长十余里，灌田一万五千市亩。三坝由丰乐川分水，每年十六小时。四坝每月分水二昼夜八小时。以水量不足，轮水时将全河归入一坝使用。若遇洪水，则按次开坝，余水归下坝使用。两坝引水口处，因两岸坝墙侵入河道中，洪水槽已太狭窄，河床坡度达百分之二.八八。洪水流速，势甚猛烈，约达五公尺余。河中有径约一公尺之乱石甚多，其猛流澎湃湍激，坝墙每易冲毁。[①]

酒泉中渠春修记[②]

一、缘起

三十一年十月，中渠堡民众代表赵乃芝等具呈省政府，以连年大旱，请准免差役。当经建设厅转由本公司交酒泉工作总站就旱荒问题，查勘救济。旋由本站数度派员查勘，认为应于三起堡西店子一带浚泉及挖截泉沟，以增水源。三十二年补助工款贰万元，归其地人民自行兴办。适因彼时站中人员不足分配，未能派驻工地督导，致未全照原计划实施。三十三年当地民众声请重修，当改议定补助工款七万元，由站派龚帮工程师玺驻工监督。

按中渠堡第一次查勘结果，计划于三起堡北，接引洪水河之余水，越树林沟而至头道沟，以资灌溉。但屡次为树林沟人民所阻，未成事实。又以山水期不可恃，而中渠灌地每二十日方完一轮，亦未足以普遍灌溉。为增加固定之水源，始改采今法，即浚泉及挖截泉沟。中渠堡与树林沟现亦取得谅解，树林沟已于三十二年洪水流下时，将余水泻入中渠头道沟，得益者不少。三十三年，仍仿此办理。闻三十四年将于树林沟三起堡某姓荒地内辟沟槽一道，连于头道沟，以洪水横溢，致损失水量并冲毁田亩也。

二、筹备情形

本工程虽甚简单，为期效率较优，故于施工前，邀集中渠堡"水利"狄珍儒至工作站商定征工及购运物料等办法如下：

---

① 编者按：原文至此下缺。
② 编者按：作者未署名，原载《同人通讯》杂志 1945 年总第 34 期。

征工以户出一夫为标准，每日可出工人百二十名。必须赶工时，再依比例加征。工具为节省工款，由民夫自备。民夫所需柴席，仍按地亩均摊，每二石粮，出柴百六十斤，茇茇草十斤。凡出牛车一辆，运物料至工地一次，可抵人工二工。工作站补助工款，以每工二十元计，以在工地内实在工作之员工为限。其运料夫，厨夫，更夫，看驴夫等工概不补助。每缺一工，处罚一百六十元，捐入中渠龙王庙，充公款。为工人耕种方便及轮换休息，以四日为一班，由"水利"造具民夫名册，送驻工主管。凡派夫与罚款，均由"水利"负责，其工程之计划、工作之分配、工程之验收及点土等由驻工主管负责，发工款时则两方会同办理。至开工日期，三十三年原拟提前，但以过早则地太泞烂不便工作，稍过则中渠各坝口又须修理，是以决定五月二十七日正式开工。所有民夫须先一日晚到齐，以便管理。

三、施工情形

中渠共十二沟，计城东乡三沟——崔家沟、砠石沟、任佘沟（实为任家沟与佘家沟，凡二沟惟以共用一沟口，故以一沟计）；临水乡九沟——宫沟（黄泥铺），新湖沟，下沟，红泉沟，东三西沟，仰沟，流沿沟，小寨沟，上下西沟。每沟举一首领，俗称"小甲"，又共举"水利"一人负全责。故本工程进行之初，即利用原有组织，稍加改变。上三沟（城东乡三沟）因各沟相距过远，彼此不熟，又工人较多，仍归三"小甲"负责；其余九沟，合成三组，指定三"小甲"负责。举凡工程进行上应行注意各点，均先邀集诸"小甲"指示之。工作时，由"小甲"转告工人。若有不合规定及工作不利情事，则唯"小甲"是问。工人既各有该管"小甲"负责，故工程进行颇称便利，平均每工取土四公方。

本工程本旨，在增加水源，故实际施工与原来计划略有出入。原设计以延长截泉沟为主。但以截泉沟附近，原为洼地，俗名海子，地表积水甚多，挖沟时，沟侧渗水甚剧，致塌方不已，阻碍工进，虽同时于附近多开泒沟以利宣泄，然一时仍不易净，故将向西延长一段停止进行；而将向东一段改为向南进行，约历二十公尺后，再向东延长，连接四道沟。而中渠之其他水源如头道沟，二道沟，四道沟，营儿海子之出水量，占全部之百分之八八.二五，泉水甚旺，尤以二道沟及营儿海子为最。惜以年久失修及从不截引未尽其利。故临时按照地形，专力浚泉，即二道沟浚深大小泉眼五十七个，并挖深引沟，以畅水道，四道沟与三道沟附近乱泉，亦加淘浚；营儿海子本为一片洼地，积水三处相连，无处宣泄，其地系南高北低，乃择北端离渠道最近处，开挖一泄水沟，即营儿海子之引水沟也。民夫因突得水源，工作时倍加努力，效率甚高，虽遇风雨，仍不稍辍。至头道沟，除淘挖原有泉源外，沟西侧一百五十公尺处有大泉一及旧筏子坑二十余个，积水甚深，以地形较低，泄流不畅，乃择一最经济线，接连大泉与沟湾，以泄泉水，同时使泉中水位降低，以便淘挖，并互通诸筏子坑，与此引沟同泄坑中积水，因此增加流量约〇.〇二五秒立方公尺。

自五月二十七日开工，凡继续二十日。工人最多达一百六十工，少时八十余工，风雨不停，共做七二.四一三公方土方，费一.八二六工。其时工款不足，当向各"小甲"解释公家补助工款意义，中渠民众深以为然，自动请求补助至六月十日为至，其余五日（十一日至十五日）所做工不须补助。截止至六月十日，共费一.四九九工，每工以补助二十元计，则共补助国币二九.九八〇元。凡此各项措置，均获得当地乡保长之协助，得便匪少也。

四、结论

本工程补助费额，原定七万元。因开支尽量减省，只用三八，二七九.六七元。工程最感困难者，唯截泉沟而已。此项工程，本含试验性质。若结果满意，则可于河西其他同样处所，依法推行。惜工程进行时，附近积水不断冲入沟内，沟内二边坡渗水成流，常不易泄尽。（本沟有一段塌方甚巨。阻水宣泄。）又因有管流现象，易冲塌边坡，经再三放平最后至一比一，虽可减少小块土粒之冲下，仍不免大块边坡之滑移。若再放平，又不经济。补救之法虽多，而皆需巨款，非春修能力所能办。再今春挖竣，冬季冻结，来年春融，则土块成粉末纷纷落下，淤塞沟底，既阻水泉，又阻水流，势非重挖不可，则两边坡又须向两侧开展。如此情形，循环不已，更非工程之经济。而民夫又无暇为永久之工程。故截泉沟应用于此类地形土层时，须再三考虑。苟沟之出水量可观，必须责成当地民众沿边坡种草皮，庶免工程之重复。

施工前之全部流量（野马泉未计入，该泉只浇任佘沟地），为〇.二五三六八秒公方，完工后之流量为〇.三六二三秒公方，增加〇.一〇八六二秒公方，即头道沟〇.〇二五秒公方，二道沟〇.〇三秒公方，三道沟〇.〇一〇六秒公方，营儿海子〇.〇〇三秒公方。此类泉源，悉系上游洪水河水渗入沙砾而成潜流所致。故洪水河有水与否，影响泉源之衰旺甚大。当本工程完工时，洪水河中尚只淌融雪水一次，量甚小。故洪水暴发时，泉水流量将更增加，乃意中事也。

河西水利治理要旨[①]

一、地形地质

祁连山与合黎山东西平行，其间挟一狭长沃壤，是为河西走廊。两山有三处相合：一在古浪东之乌梢岭，一在永昌山丹间之驿口峡，一在酒泉玉门间之嘉峪关，故河西走廊亦分成三流域：一、武威、古浪、永昌、民勤等县区域（今一分

---

① 编者按：作者黄万里，原载《新甘肃》杂志1947年第1期。

队之工作范围），河流至民勤冲断合黎，排入沙漠。二、黑河洪水河流域包括张掖酒泉等八县，合黎山于金塔鼎新中断，水经额济纳河入瀚海（今三五分队工作范围）。三、疏勒河党河流域包括玉门安西敦煌三县（今六分队工作范围），水入新疆边境之戈壁。每一流域数水原均发自祁连山，出峡口后其坡骤减，冲积成北倾之原野，以泥沙卵石组成表面土，甚易透水，其下为风积黄土层，不甚透水，地层则为砂岩。

二、灌溉状况

每一流域均可分成三类区域。

一、山麓表面水灌溉区。水出峡口沿途拦截引渠灌溉至水用尽而至，此区域在历史上似渐渐向上游迁移。

二、中部荒区。山麓区将水用尽，迫使中部沃野荒废，范围极广，是为吾人应利用水工使能灌溉者。本区下位颇高范围辽阔，实为天然地下蓄水库，地面向北倾斜颇陡。全区亦似渐向上游迁移。

三、下游灌溉区。中部荒区地面虽荒芜，而地下则蕴藏水源无穷，及至下游地势降低，一片平衍，地下水复涌出，可资灌溉，是为川地。又上游浇余之水，冬季放入田中结冰，次年解冻后赖以春耕，是为湖田，每嫌水不足，则赖天雨。本区含卤颇重，良以下游即沙漠排水困难故也。

三、治理要旨

一、在祁连山峡内建筑蓄水库，以扩张山麓灌溉区，并保障其不缺水，如此间接减少中部荒区，对于下游川地不无消极减少水源之影响。于湖地则较甚（此点应再详细研究），故此种蓄水库规划不宜专为调节一年内之水量，而应以调节五年十年之水量为目标。易言之，凡超过年平均流量之洪水始可大量储蓄之，平时每年蓄较少量之余水。

二、整理山麓灌溉区之现有渠道，俾能合理经济的用水，以扩展本区灌溉范围，减少中部荒区范围。法在减少渗漏，减少不合理的排泄余水。

三、在中部荒区用地下水沟引致法或井水抽灌法以溉熟荒。后法因动力较贵，灌区较小，不易大量普遍实施。前法在中部荒区上游与地形等高线约略平行开截水沟至地下水位以下以获取地下水，使涌入沟内另开输水沟，以较平之坡引地下水渐出地面而资灌溉。此法需要条件一为地下水位距地面不太低，二为地面侧坡须较陡，二者于河西走廊之大部均恰适合。德国门兴全市用水仰赖地下水即采用此法，在美洲犹无先例。此法正由总队择地试验，以观排水流率、灌溉亩数、工程费等之关系，后决定其经济价值与范围，如可能则此法可大规模（下转 157 页）

酒泉旧渠调查表（附金塔玉门）①

酒泉县

渠名	水源	干渠长(公里)	灌溉面积(市亩)	支渠名称	开挖年代
图途坝	讨赖河	一〇.〇	三八,七〇〇	二分沟、亥家沟、大墩沟、东边沟	
沙子坝	讨赖河	一八.二〇	七〇,二〇〇	冯家沟、侯家沟、施家沟、牧家沟、中二分沟	
黄草坝	讨赖河	二五.〇	九一,〇〇〇	蒲米沟、边北沟、中驹沟、常家沟、老君闸、张良沟、项家沟、水磨沟、高桥中口、花寨四坝	
野麻湾	讨赖河	三〇.〇	四,八〇〇		
新城坝	讨赖河	三〇.〇	一五,〇〇〇	蒲草、西沟、徐公渠（又分南中北三沟）、老鹳、中沟、北沟	明万历年间
丁家闸	讨赖河	二八.〇	一一,八〇〇		
老鹳闸	讨赖河	一八.〇	一二,二〇〇		
河北坝	讨赖河	二五.〇	二一,四〇〇	北沟、南沟、路槽沟	
二墩坝	讨赖河	一.〇	三,一九〇		

酒泉县

渠名	水源	干渠长(公里)	灌溉面积(市亩)	支渠名称	开挖年代
腰墩沟	讨赖河	四.五	一,八〇〇	头沟、二沟、三沟、四沟	清雍正十年
石金沟	讨赖河	四.〇	二,〇〇〇		
古城坝	讨赖河	五.〇	三,五〇〇		
新地坝	洪水河	一〇.〇	一三,八〇〇		
东洞坝	洪水河	二〇.〇	六,〇〇〇	骡马堡渠	
滚坝	洪水河	一一.〇	五,七四〇六		
西洞坝	洪水河	八.〇	三,三三四		
洪水坝	洪水河	二五.〇	一九,〇〇〇〇	□□□□上、柳下新闸、营儿坝	
店子闸	洪水河	五.〇	三,〇一八		

① 编者按：作者未署名，原载《同人通讯》1945年总第35期。

续表

酒泉县

县属	酒泉县								
渠名	花儿坝	大锋头	小沙渠	暖水渠	中渠	小泉坝	西头坝	西二坝	西三坝
水源	洪水河	洪水河	洪水河	洪水河	洪水河	洪水河	洪水河	丰乐川	丰乐川
干渠长(公里)	一〇.〇	四.五	四.〇	三.五	四.〇	一三.〇	一〇.〇	一〇.〇	九.〇
灌溉面积(市亩)	九、〇〇〇	四、二九〇	二、六〇〇	一、二〇〇	一〇、〇〇〇	二、四三〇	五、八〇〇	六、七四二	
支渠名称									
开挖年代									

酒泉县

县属	酒泉县								
渠名	西四坝	五坝	六坝	东头坝	东二坝	东三坝	小坝	干坝口	榆林坝
水源	丰乐川	丰乐川	丰乐川	丰乐川	丰乐川	丰乐川	丰乐川	泉水	泉水
干渠长(公里)	八.五	一五.〇	一五.〇	一〇.〇	一〇.〇	七.五	一〇.〇	六.〇	六.〇
灌溉面积(市亩)	一、七八〇	一、七八〇	二、三〇〇	二一、〇〇〇	一〇、〇〇〇	五、〇〇〇	二、六〇〇	二、六〇〇	一、九〇〇
支渠名称									
开挖年代								清雍正年间	

酒泉县

县属	酒泉县								
渠名	黄草坝	屯升坝	西大坝	新中渠	西下坝	马营渠	沙山渠	茹公渠	临水坝
水源	泉水	马营河	马营河	马营河	马营河	马营河	马营河	临水	临水
干渠长(公里)	七.五	一七.〇	一五.〇	七.五	一三.〇	一〇.〇	一〇.〇	一五.〇	一一.〇
灌溉面积(市亩)	二、〇〇〇	一三、〇〇〇	八、〇〇〇	一、〇〇〇	五、〇〇〇	二、九〇〇	一、五〇〇	五、一五〇	五、七六〇
支渠名称							东渠西渠		
开挖年代		雍正十年						清代初年	

续表

县属	酒泉县								
渠名	中所沟	达子沟	祁家沟	怀家沟	余家沟	黑水沟	夏家沟	新沟	口家沟
水源	清水河	清水河	清水河	清水河	清水河	清水河	清水河	清水河	清水河
干渠长（公里）	六.〇	五.〇	五.〇	四.〇	四.〇	三.五	四.五	六.〇	五.五
灌溉面积（市亩）	三，八四六	二，八四一	四，〇〇〇	四，三七〇	一五，七二一	二，四一五	二，五六四	四，三一四	
支渠名称									
开挖年代									

县属	酒泉县					金塔县									玉门县		
渠名	洪家沟	罗家沟	蒲草沟	夹边沟	黑水旧沟	金东坝	金西坝	户口坝	梧桐坝	三塘坝	威虏堡	王子东坝	王子西坝	天仓渠	上赤金坝	下赤金坝	花海子
水源	清水河	清水河	清水河	清水河	错洞湖	讨赖河	讨赖河	讨赖河	讨赖河	讨赖河	讨赖河	讨赖河	讨赖河	黑河	赤金河	赤金河	赤金河
干渠长（公里）	四.〇	四.〇	三.〇	五.〇	五.五	一〇.〇—二〇.〇	一〇.〇—二〇.〇	一〇.〇—二〇.〇	一〇.〇—二〇.〇	一〇.〇—二〇.〇	一〇.〇—二〇.〇	一〇.〇—二〇.〇	一五.〇—二〇.〇		四.〇	四.〇	五.〇
灌溉面积（市亩）	五，二一六		六，三三八	〇〇	二，四五	二四，一〇	二四〇	七六二	二〇，九九三	三七，五一一	一六，三九〇	二〇，六六六	一八，五五〇	九，六二四	四，〇〇〇	四，〇〇〇	二〇，〇〇〇
支渠名称						金石坝 金大坝 金双坝	河口坝 金西坝								上下赤金由山子迳天津卫共十四个口		
开挖年代						清雍正年间	清雍正年间	清雍正年间	清雍正年间	清雍正年间	清雍正年间	清雍正年间	清雍正年间				

以上七十二渠，灌溉面积共八八五，二一七市亩。

（上接 153 页）普遍实施，亦可分段小做，适合任何投资数量，于吾国经济现状下尤为相宜。且所需工程更属简单，粗有成效，农民尽可效法，群起开荒，不必专仗政府财力。如此施行后于下游灌溉区影响极微，盖中部荒区地下水漫衍全区，荒区地面虽广犹不足与比，影响所及，降低地下水位至微，衡以该区地面侧坡固不足道。沟道工程或开明渠，或再加石砌砖砌，或水管暗沟均可，尚待详细研究。

四、在下游灌溉区仍用地下水引致法以溉川地湖地。该区地下有在三公尺以内即为较不透水之黄土层，故横沟可直开至黄土层，加筑较长隔墙，拦截全部地下水，流量可较平，更为有效。惟地面侧破过平，顺沟须较长，工程或较巨。杀碱问题正由总队分向各方搜集各国研究资料中。

鸳鸯池蓄水库工程[①]

水利部政务次长沈百先十一日上午九时十分乘中航班机抵兰，十三日晨乘车赴酒泉主持鸳鸯池蓄水库落成典礼，并视察河西沿线水利工程。鸳鸯池即甘肃水利林牧公司所办之肃丰渠鸳鸯池蓄水库工程。自三十二年六月兴工，迄今年五月工竣，历时四载，完成了我国现时最大之土地工程，亦为西北最大水利工程之一，对于西北民生与国防，具有重要价值，兹将工程经过缕述如次：

酒泉、金塔两县。位于嘉峪关内平原地带，北濒沙漠，南依祁连山，气候干燥，终年缺雨，惟恃山雪融化，以资灌溉。其最大之河流为讨来河、洪水河，讨赖洪水两河，均发源于祁连山，流经酒泉境内，至临水堡附近清水即与所谓"步步生津"之泉水汇合，称临水河，经鸳鸯池过佳山峡，而达金塔县境。讨赖河正流约宽三十公尺，平均深半公尺，每年平均流速每秒二.四公尺，流量为四二.四八秒立方公尺。在春季最低水位时间，河流宽仅十公尺，平均深〇.二二公尺，流量为五.一八秒立方公尺。洪水河道宽二十三公尺，平均深〇.四五公尺，平均流速每秒二五.一公尺，流量为二五.九秒立方公尺，在春季最低水位时，河道仅宽三公尺，平均深为〇.二公尺，流量为二.五秒立方公尺。临水河在入佳山峡（鸳鸯池之出口）以前，河道宽至一百二十公尺，平均流量为一百一十五秒立方公尺，平均深〇.八公尺，但低水位时平均深仅〇.四公尺。每年八月至九月中旬为祁连山雪水融化最多之时，亦即为最高水位时期。此时各渠水量盈溢，足灌酒、金两县田亩而有余。但每年四五月间水位最低，则适值两县下种灌田需水最切之际，彼时讨赖洪水两河，平均流量仅七.八秒立方公尺，平均深仅二公寸，涓涓细流，只能敷酒泉一县之用，决不能顾及金塔。酒泉人民不欲分让，亦在情理之中；而金塔人民不甘荒歉，自是事实。于是地方争水之问题甚为严重。

---

① 编者按：作者宁人，原载 1947 年 7 月 19 日《大公报》。

二十五年省府派杨、林二委员视察后，曾规定按日分水办法，则每年芒种日起，封闭讨赖河之酒境各渠口，由金塔浇灌五日，藉润秋禾。此项办法表面似颇公允，然省府派员实地视察时，系在冬季，适值河水结冰之际，而非夏秋缺水之时。故所拟办法与实际需水之事实尚不相合。芒种时两县均感干旱，各不愿舍己耘人。惟大暑前后山洪必发，彼时酒金已有水灌溉，更何须有封闭洪水渠口五日之规定。

良以当时调查多根据昔年年羹尧时所定酒泉与金塔王子庄同一水尾灌溉之旧案，故着重于按比分配。殊不知自前清雍乾迄今，又二百余年，在此长久期间，酒泉、金塔各开新地十倍于昔，而讨赖、洪水两河之水，则一仍旧量，并未照比增加。今以有限之水，普灌两县新增之大量农田，事实绝感不足，此又非昔日年大将军所计及者也，况酒泉占据上游，于需水时金塔固可瘠旱，而酒泉一部田苗，亦告荒歉。

至每年冬季两县均不需水之时，讨、洪两河之水，盈岸直下，汇注金塔，以蕞尔之六坪，焉能抑浩瀚之奔流，故金塔冬季遭受水灾，与夏季遭受旱灾，同一苦运。依上所述，得知两县农田所需之水与大河全年流量相较，决不至于不敷，其竟不敷原因，概由于不能随需要以调节，故修建蓄水库以调节水量，实为裨益两县永息纷争之最有效办法。

民国二十七年七月，甘省府采纳酒泉县长凌子惟、金塔县长赵宗晋"利用科学方法，蓄置水量节制使用，以利耕耘"之建议，乃于同年八月派建设厅科长火灿，工程师王仰曾前往调查实况。及返省复命，两氏意见尚不一致，火科长主张仍依分水成案强制执行，以维省府威信；王工程师则主张佳山峡口鸳鸯池建筑搁水坝，设立蓄水库。当时省府参酌意见，遂决定在所拟设蓄水库未竣工前，仍照成案分水，旋于二十七年十一月派工程师王力仁，协同工程员张锺琪等三人，组织鸳鸯池查勘队，前往查勘，二十八年四月，又派建设厅技正杨廷玉前往鸳鸯池洪水坝设计水库工程，以便规划兴修，其时各方之技术方案，虽已多所贡献，而修建蓄水库之经费数字浩大，一时不能举办。同时酒金分水之纠纷，尚在愈演愈烈。省府乃于二十九年十一月派工程师吴淳，刘恩荣等前往酒金两县再行查勘，是否于蓄水办法外，可能以凿井引泉两法权为代替，务期金塔旱荒得以解决。吴工程师等由金塔县长及该县绅士陪从，曾深入酒金两县边境。经过广大荒漠，悉力探求，乃知水源虽可溯水，但经过百里沙碛完全渗入地下，井水至为清浅，夜盛午干，绝不敷引以灌溉，其彻底解决水荒之道，仍只有建库一途。而蓄水之天然地势，则为佳山峡口之鸳鸯池一处。三十年四月，修筑鸳鸯池蓄水库之案始定。同年八月一日，省府正式委托甘肃水利林牧公司办理蓄水库工程事宜。

鸳鸯池蓄水库工程，既由公司承办，当时总经理沈怡，及周总工程师对于技术之设施，均极审慎，而于当地地势土质之研究，水文水量之测度，以及玉门柏油之利用，须获有详细统计，始计划工程之方案，曾专聘中央大学水利工程系主任原素欣教授为肃丰渠工程处主任，并陆续聘请工程师刘方烨、顾淦臣、雒鸣岳等多人，襄助办理，计自三十一年六月设处筹备，从事测量、设计、钻探等工作，三十二年六月正式兴工，至三十六年五月完工，历时四载，其间备极艰辛，或因物价一再暴涨，无法把握预算，或因农忙影响民工工作，或因运输工具不继，或因械用汽油不足，随时有停辍之虞，而水利林牧公司力能克服困难，卒底于成。工程界及酒金两县民工实干苦干之努力，甘省各长官之助力乃集成此一伟大之工程。蓄水库工程计分五部分：

（一）土坝。土坝即拦水坝，用土砌筑，多由民工作成，为本工程最重要部分，作用在拦蓄河水使之汇潴于库。左端与山岩密接，右端置导水墙与溢洪道分界。

（二）导水墙。导水墙分上导水墙，下导水墙，其作用在保护冲刷之土坝。东端并控制水流，入于正道。

（三）溢洪道。溢洪道为槽形，筑于拦水坝之右端，用以宣泄洪流，保护堤身。

（四）给水涵洞。给水涵洞为供给农田灌溉水量之用，包括洞身、闸门二项，洞实为由土坝右端开凿之岩石隧洞，农田灌水即由此流出。

（五）进水闸及管制室。为调节农田用水计，设置管制室，并用钢铁装成闸门两座，以司启用，管制室内装置起重绞车两座，并引长八百一十公尺之钢索，其一端即连接闸门。

金塔地质肥美，较酒泉为佳，倘能按时灌溉，荒地可成良田，蓄水库修筑以后，其直接受益者首推该县之王子庄六坝（户口、梧桐、三塘、威房、王子东、王子西六坝），占全县粮石约十分之七。次为金塔两坝（金东、金西），约占全县粮石十分之二。鸳鸯池蓄水库之蓄水量，为一千二百万立方公尺，其可能灌溉田亩十万市亩，每亩平均可增获水量二百二十立方公尺。假定每亩每岁增收小麦三市斗，则可增收小麦三万市担，其价值以现时价格估计，当在四十亿元以上，此在国家生产建设上，已不无裨益，在西北开发之前途，更具重大之影响，此可断言也。

附：

甘肃肃丰渠鸳鸯池蓄水库铭[①]

甘肃省政府委员兼主席合肥郭寄峤撰文
国立西北师范学院教授天水冯国瑞书丹

酒泉、金塔二县，北屏嘉峪关，南峙祁连山，故汉酒泉郡地，衍为平原，垦畴弥望，以雨泽稀少，频罹灾旱。顾山雪融注，佩带成溪，其著称者曰：讨赖、清水、临水。三河滋泽二县境，皆祁连雪水；鸳鸯池旧地名也。惜未尽沟洫之力，溢多用寡，争灌聚讼，由来久矣。民国二

---

① 原注：按铭词并序系铜质刊铸，高二尺宽三尺五寸，四十三行，行三十二字，冯国瑞氏书熹平石经隶书体，亦陇右金石之一新制也。

十七年，甘肃省政府始勘测地形，拟于洪水口及鸳鸯池间，筑蓄水库，泯患兴利，复勘决行。三十年八月委托甘肃水利林牧公司董其役，至三十二年六月兴工，迄三十六年五月告成，历时四载，国内土坝工程之巨，尚无出其右者。其可记者有五端：

一曰土坝。长凡二一六公尺，顶宽五公尺，底宽一八九.三〇公尺，高三〇.二六公尺，挖沙三一九，三七七.七〇公方。清基三一，七六一.二六公方。填土二九六，八〇〇.〇〇公方。圬工三五.九一公方。木板桥一八二.五〇平方公尺。

二曰导水墙。分上下焉，上者长八四.〇〇公尺。高九.〇〇公尺。共圬工八，七〇五.九八公方。

三曰溢洪道。宽凡一〇〇.〇〇公尺，长一八二.五四公尺，挖土三三，二九六.五〇公方。挖石五九，五五三.八〇公方。滚水坝，高二.〇〇公尺，长三八.〇〇公尺，挖土一三五.八八公方，挖石五六五.二七公方，圬工二七二.五四公方。

四曰给水涵洞。长凡一六四.〇〇公尺，明槽长七六.〇〇公尺，宽三.〇〇公尺，涵洞高二.五〇公尺，顶成方形，共挖土五〇五.八五公方，石四，四六八.二二公方，护砌圬工三七五.四四公方。

五曰进水闸及管制室。闸门两铁门，宽一.七六公尺，高二.六〇公尺，重三吨，两闸门间，为浆砌料石闸墩。高五.五〇公尺，宽一.〇〇公尺，长七.七七公尺。料石二八.六六公方，钢筋混凝土八三.二〇公方，室作圆形，圬工三一.六五公方，内装启闭机关一座，亦铸铁制成。

两县民工四十三万，共人工计八十六万有余，民工资六亿三千八百万元，共工资计十六亿元。于是两县之田得灌溉者凡七万余亩，盖蓄水量为一千二百万立方公尺，命之曰肃丰宜矣。

是年七月十五日，落成放水，万众欣欣，寄峤观成盛典。而建议中枢，及设计经营此伟大工程者，则前甘肃省政府主席武进朱公绍良，及安顺谷公正伦也。始终勤恪斯役，历百艰弗懈者，则工程师原君素欣也。爰范金铸词，以昭万祀。铭曰：

河西天富宜耕农，祁连绵亘伟且雄。

细流奔注雪水融，森漾畦畴悚溃洪。

鸳鸯旧池涵碧空，酒泉金塔清波通。

凿辟水库大乃容，胼胝克竟四年功。

漠漠水田望无穷，渠名肇锡以肃丰。

卓哉懋绩记考工，河山永固此泽同。

中华民国三十六年七月

全国第一水利工程鸳鸯池落成记[①]

　　西北的气候亢旱，雨量稀少，在河西一带尤为显著。河西过去本来是水渠纵横，但因年久失修，复以天灾人祸交相煎迫。更顾不到这些百年大计了。纵目走廊及关外的每一个角落，大都在春夏大旱，而秋收后祁连山的积雪大量融化了，反而没有办法利用。譬如甘肃的酒泉金塔两县，北濒大沙漠，南依祁连山，终年缺雨，只有靠祁连山融化的雪水来灌溉农田。这一带最大的河流叫讨赖河，洪水河，两河都发源于祁连山，流过酒泉境内，到临水堡地方和清水河汇合，便称临水河；再经鸳鸯池过佳山峡而到金塔县境。每年八九月间，是祁连山雪水融化最多的时候，各渠水量盈溢，足灌金酒两县田亩而有余，但在每年四五月间，水位最低，又恰是两县下种灌田需水最迫切的时候，潺潺细流，勉强够酒泉一县之用，决不能顾及金塔；于是两县人民为了争用潺潺河水而引起的纠葛，几十年来不绝如缕。廿五年甘省府曾派员勘察，订有水规，据说那位委员订水规时只根据二百多年前清朝年羹尧的旧案，着重于按比分配，却未顾及到两县已增加了十几倍熟田，人口也较那时增多了五倍，而讨赖等河的水量仍一旧贯，并未比例增加。拿有限的水来灌溉大量增多的农田，事实上绝对不足，况酒泉居上游，在需水孔急的时候，若强令分让给金塔，其实两无补益；金塔在下游，到冬季两县都不要水的时候，讨洪两河的水盈岸直下，汇注金塔，汪洋横流，与夏季遭受旱灾，同一苦运！政府为了根本解决，在廿七年便筹划建造鸳鸯池蓄水库，但是那时抗战军兴，方案虽有了，而修建经费数字浩大，一时无法举办。同时酒金两县争水纠纷愈趋激烈，聚众械斗，人民不惜为争"命脉"而伤亡狼藉，甘省府又曾派员去查勘，想以凿井引泉的办法来替代修建蓄水库。经过实地勘查后，乃知水源虽可溯求，不过水流经过百里沙碛，完全渗入地下，泉水夜盛午干，极为清浅，绝不够用，其彻底解决水荒仍只有建库蓄水一途。而水库之天然地势，则为两县交界的佳山峡口鸳鸯池。直到三十年四月间，修筑计划才成定案，其间几经困难和波折，始于三十二年四月测量工作完竣，即由工信营造公司承修，于三十二年六月一日正式兴工；兴工以来，因鸳鸯池地居荒僻漠野，故施工方面，困难丛生，工具缺乏，运输不便，材料不良，再加气候严寒，每年能工作的时间不到九个月，因而施工年余，成就殊罕。该处为提早完成这一新式技术建筑的大型水利工程，以期不负人民的殷望计，乃于三十四年二月间收回工程，自行赶筑，两年以来，全体员工在酒金两县民夫的协助下，移山掘土，自行铸造工具，在工地遍布轻便铁道，

---

　　① 编者按：作者史仲，原载《联合画报》1947年总208期。

制造大批运输车，此外更要应付日涨夜大的物价，结果克服了种种困难，这修建四载的全国最大的蓄水库，终于今年六月下旬全部竣工。

记者为窥睹这个工程的全貌，曾于完工前去参观过，沿途砂石遍野，道路崎岖。站在工程处办公室由山上俯首下望，即能全睹整个工程的外貌；蓄水库系利用鸳鸯池至青山寺间长约三公里多的佳山峡而修筑成高大的拦河土坝而成，佳山峡宽约四百公尺，峡的两岸山势峻峭，峡底为坚硬石层，在水库范围以内，除鸳鸯池附近四处村落及数百亩田地于蓄水告满即被淹没外，其余绝少肥沃的田地。

下山参观全部工程，首先使人注目的是一道碎石砌成的导水墙，蜿蜒摆在前面，专为保护冲刷土坝东端并控制水流入于正道；南尽头为专司升降闸门的进水闸及管制室，远望像一座气象台似的小洋楼，沿着管制室前面一层层的台阶下去，便是装置在给水涵洞进口的两扇三吨重铁闸门，上面有棋盘般的窗棂，闸门中间砌起一座半梭形的石阶，都是抵御冲刷的设备。给水涵洞是用火药炸开的一条漫长隧道约一百六十多公尺，修筑于导水墙西面的拦河土坝与东面的溢洪道之间。[①]

由酒泉到金塔[②]

今年的河西考古队，主要目的是调查甘肃河西走廊的新生代地质和史前考古。除队长裴文中、队员米泰恒、刘宪亭及笔者四人外，还有兰州大学及西北师范学院教授数人同行，他们是为调查河西的地理和动植物等工作而去的，连同两位司机共十六人。在内幕虽然各干各的工作，在外表看来好像一个综合性的调查团体。

我们于八月一日到达酒泉之后，调查地理的人，要到金塔县鸳鸯池去一趟。因为鸳鸯池蓄水库，在中国算是最大的水利工程之一。我们作地质及史前考古的人，因为酒泉到金塔有一条较大的河流，名临水，又名北大河，发源于祁连山中，经过酒泉和金塔县境至鼎新县城之西与弱水汇合流入于居延海，我们也打算看看这个流域里有没有史前人类居住过，所以也赞成一同去走一遭。

本文取题，既名为"从酒泉到金塔"，那么对于酒泉和金塔应当加以较为详细的论述。凡是我们在酒泉，金塔和中途所见所闻以及由各方搜集的资料，和盘托出。对读者作个由酒泉到金塔的简单汇报罢了。

一、酒泉的过去和现在

酒泉古名肃州，据《酒泉县要览》载："酒泉古为雍州之域，周衰沦于戎狄，秦为月氏国，汉武帝元狩二年开河西置酒泉郡以通西域。三国属魏仍为郡属凉州，

---

① 编者按：其下似有阙文。
② 编者按：作者贾兰坡，原载《西北通讯》杂志，1948 年第 9 期。

隋初郡废，仁寿二年改置兰州。唐武德八年置都督府，天宝初复名酒泉郡，乾元初复名肃州属陇右道。宋初为甘州回鹘所据，复为蒙古主铁木贞伐夏并其地。元至元七年置肃州路。明洪武二十八年设肃州卫，清初因之。雍正七年改为肃州直隶州。民国元年改为县。"

酒泉北距金塔五十三公里，东距高台一百四十七公里，西去二十五公里即为长城西尽头的嘉峪关，往南隔有广大的祁连山脉与青海省境为邻。因为酒泉是甘新公路中途之一大站驿，为酒建公路的起点，更有飞机场设施，交通上相当发达。全县东西纵约一百六十公里，南北约四十五公里。全面积为八千七百五十一公里。

"酒泉"地名之由来，系因城之东郊约半里许，有一泉名"酒泉"。现经各方合力修葺，栽植花树，建亭筑楼，成了一个消夏胜地。今改名为"泉湖公园"。泉之周围筑一圆池，池的直径约七尺，深约三尺，泉水甚清，可视底，味甘甜。至于为什么名为酒泉？笔者曾向当地人探询多次，其说不一，据一老者谈称"古时有某官吏驻边于此，一日得皇庭慰劳酒数罐，未便专用，即将酒倾倒泉中，任人随便取食，以示与民相享之意，酒泉即因而得名"。

有名的老君庙石油矿场，就在酒泉之西八十四公里的地方，石油公司在酒泉设有办事处。矿场所有八千余员工的日用品，大部分皆仰赖酒泉地方所供给。所以这个地方日趋繁华。由外表看来，较比所谓"金张掖银武威"尚繁荣许多。街市各商号的门面也比较现代化，不似张掖及武威等县仍然保持着黑色木板制成的古旧门面。在这里也可以见到时装的男女，其繁华的程度有如河北省的通县。

酒泉饭馆远不如武威，贵而且脏，齐鲁菜社和金陵菜社在当地虽为有名的饭馆，每盘菜吃出几个苍蝇来是极普通的事。我们在河西各大县城里，皆住在新生活运动招待所，招待所是抗战期间专为招待外国人而设的，从前还比较干净些，自从胜利后，外国人不走这条路了，招待所的牌子虽然高挂门前，可是内里乱七八糟的样子也与别的旅店糟的情形差不多。按我们的经验说，河西一带的招待所以武威最好，虽也不如以前，但还能差强人意，最糟的是酒泉招待所，屋地高低不平，床铺上堆积很厚的尘土，满室全是"地质"构造，假如作地质实习的话，不用出屋门即可找到丰富的材料。白天苍蝇扰的你不能工作，到夜里苍蝇虽然退却了，可是臭虫又成群结队的向你袭击。弄的你全夜不能安眠。我们抵招待所之日，虽已将床铺扫除干净，而仍与墙壁上落下来的臭虫周旋了一夜。

二、酒泉的人口、教育和气候

酒泉县的居民以汉族为主，回族次之，藏族又次之，以蒙古人最少。根据三十六年度县政府调查所得，计男口七万零三百二十五人，女口六万一千六百六十六人。总计十三万一千九百八十五人①。

---

① 编者按：原文如此。

酒泉的教育相当发达，现有国立中等学校二处，省立中等学校一处，均各设有附小。私立小学两处。藏民小学三处，县立中心国民学校十处，保国民学校一百三十五处，民众教育馆一处。全县学龄儿童有一万六千三百四十八人，入学儿童占学龄儿童总数百分之五十一强。失学民众三万四千五百六十五人，未入学者一万四千二百六十一人，已入学者男一万零一百二十七人，女九千八百十七人。入学民众占失学民众百分之五十八。

酒泉海拔一四七八公尺，南有高达六千公尺的祁连山高峰。因地势比较低下，夏日也相当炎热，为半大陆半沙漠气候，惟深夜气温差数很大。每年极高的气温为八三.二度，最低的气温为零下二五.七度。

酒泉北门外，北大河的北岸有约七八米高的一个台地。裴文中先生的意思，台地上有古代人居住过的可能，我们曾去过二趟但毫无所获。只在小坝口村以西的附近，于黄土的峭壁上，距地面约三米处，露出一个人头骨，头骨之前，有一圆形之凹窑，似为一陶罐之印模。惜原物遗失又无其他的佐证，无法鉴别其年代。

三、金塔途中访鸳鸯池

八月三日的清晨，血红色车轮般的太阳才突出平地水平线，我们即起床，将应用的东西整备好用过早餐。因为等候陪伴我们一起去的水利局赵积寿专员，鸳鸯池灌溉工程处江浩处长及行政专员公署秘书诸人，早八时才离开酒泉县城。车出西门逾过北大河的大桥，即沿着酒建公路向东北行。

因为夜里的臭虫太多，扰了我一夜未能安眠，所以我一出城即朦胧入睡，未及看车外的风景，车子虽颠覆的很利害，终未能打消我的睡魔。一直快到鸳鸯池的时候才被同车的人推醒了，向车外望了望，仍是一片荒沙和起伏不平的低丘罢了。

十点钟车子行至距酒泉四十三公里的地方，即离开酒建公路，转向走入鸳鸯池的岔道。由这里到鸳鸯池虽只有十公里的路程，因为路子不平坦，十点三刻才抵鸳鸯池旁的青山寺。肃丰区工程处鸳鸯池蓄水库工程管理处就设在这个寺里。寺内供着仙佛，像一部封神榜的模型，故由名全圣宫。寺的附近，人烟稀少，十公里之内并没有村庄，有一个道士在这里看守，除每年旧历四月初一庙会的时候，附近信男信女来此拜香外，平日很少见到人，自从建筑蓄水库之后，这个寺院也应运而生，比从前增加了许多活泼气。

四、鸳鸯池的水利解决了金塔县的耕耘

河西一带的天气，实在太干旱，我们这次在河西旅行虽历经五十五日之久，只是七月十六日在民勤返武威的中途，七月二十三日在山丹以西及七月二十八日在张掖遇过到一些星雨之外，连个阴天都难遇到。假如依赖着河西的雨量来灌溉

田苗，根本办不到。河西走廊虽然那样的广旷，大部为戈壁所占有，其可以耕种田园，因缺少水量有的变成了碱地。在中途时常见到一片一片白色像水块的东西，那就是碱的结晶。其实假如我们对河西水利有了办法，这些碱地也可使它变为肥美的耕田。河西居民日渐减少的原因，就是因为水利还没有办法。再这样听其自然的下去，河西走廊的居民可以愈来愈少，也许渐渐的使今日可耕耘的肥沃之土地再变为沙漠或碱地的可能。

河西的居民全聚集于河渠附近地带，依赖由祁连山中流出来融化的雪水灌溉农田。水对于河西的居民发生极大的效用，因水的分配问题发生的事件很多，时常为争取短时间的水量（河西居民分配灌溉的河水以时间计算，因为他们没有钟表，则以燃香论时间），会引起人命事件，各县当局解决水的纠纷是一件极繁难的事。

鸳鸯池归金塔县管辖，这里的水利工程，原系金塔县巨绅赵积寿先生所提倡（现任水利局专员），由水利部计划修建。总负责人为袁素钦，总工程师为周礼。[①]全部工程自三十二年底开始至三十六年五月三十一日完成，历四十二个月之艰苦工作，才完成了这中国首屈一指的伟大水利工程。施工时曾征用金塔县民工四十二万三千四百八十名，征用牲力车四万二千八百四十辆，支出经费十六亿元。

鸳鸯池居两个火成岩低山之间，山名佳山，讨赖河的水虽终年不停的顺着山谷蜿蜒北流，可是到耕种期间又不足以灌溉。所以才在这里建筑一个水库，将非耕种时期，流去的河水积存起来，以备供应耕种时的需要。

池长约七公里，池宽平均约五百公尺。池之北建一长达二百廿公尺的水坝，像一横墙连接二山之间，坝之东建筑两个四米高四米宽的涵水洞，洞口设两个铁闸，在蓄水的时候即将闸关闭，放水的时候即将闸掀起（闸门海拔一二九六公尺），涵水洞之东有一百一十米宽的洪溢道。水库蓄满时，富裕的水即由洪溢道溢出。池之总蓄水量为一千二百万立方公尺，可灌溉十万亩的田地。金塔县有耕田十二万亩，尚缺少二万亩的水量，他们正在增修洪溢道，预备将原来的洪溢道再增高一尺，即可足以灌溉全金塔县的耕地。

自鸳鸯池蓄水库完成之后，金塔县的水利可以说差不多完全解决了。根据水利局的调查，往年金塔的耕地因为水量不足每亩平均可收小麦一石五斗。今年利用这蓄水库之后每亩可增至两石五斗至三石之数。

在鸳鸯池的附近，我们虽然在地面上详细的查看过，希望找到些古人类的遗迹。结果连一块陶片也没有找到。所以我们参观了这伟大蓄水池之后，即于午后一时登车返回那岔路口的地方，再沿着酒泉公路北行，向金塔县城行驶。这岔路口距金塔县只有十公里的路程，路子虽不甚平坦，但没有多久即抵达金塔县城。中途没有村庄，少有行人，仍是一眼望不到边界的荒沙而已。

金塔县马县长及士绅，因事先得到王维墉专员的电话，已在南门外迎候，即随同入城到县政府休息。

---

① 编者按：原文如此。

五、金塔县的沿革与近况

金塔县因附近有一庙名金塔寺而得名。其沿革据县志载："汉武帝开西域有名者三十六国，其余部落不可胜数，惟四郡在河西，酒泉为四郡之一。金塔在酒泉郡之内，回番杂处并未名称，明万历二十三年始设官治理名金塔寺，清雍正七年设王庄庄州同。民国三年始改为金塔县。"

金塔县北隔大红山与额济纳旗为邻，南接酒泉，东界鼎新，西邻玉门。因为酒建公路由本县经过，为通宁夏的唯一大路。酒建公路虽然是西北沙漠间一条背路，旅客稀少，但由这条路带过来的文化与繁华，使金塔比从前开明了许多。这条公路由酒泉起通至宁夏居延海南约五十公里的建国营地方。全长三百三十一公里，修建工程自民国三十四年开始至三十五年完成。在修筑期间只金塔一县即征用民工十一万九千一百人，征用牲力车达三万一千二百零四轮之多。其他如酒泉即宁夏征用的人工和车辆尚未计入。修筑这条路子的时候，人工和物力虽然耗了不少，可是它的收获也很大，无论在商业上和国防上皆有莫大的意义。

金塔县城极小，每面不足半里，土质的城墙，厚度只有两米左右。县之北有地名遮虏障，据说就是李陵与单于决战的地方。根据县政府之调查，全县的人口，计男口一万七千二百九十五人，女口一万七千四百二十人。总计三万四千七百十五人。本县设有中心国民学校四处，第一区中心国民学校有男生三百零八人。第二区有男生八十七人，女生三十一人。第三区有男生九十八人，女生九人。第四区有男生一百二十九人。

金塔出产以小麦为大宗，其他杂粮次之。国药中的甘草产量极丰，惜因运输困难，少有专营此业者，皆采取以喂牛羊。锁阳此地亦产之，味甘涩，据说锁阳亦为国药之一，功能补阴益阳，可代苁蓉，专治虚症，出沙中者最好，四月间发芽，其形细长如树根，色红，严冬掘得之最佳，故名三九锁阳。

午后二时县政府招待我们在北关合作社午餐，菜很丰富，虽不甚得味，但在穷困的西北戈壁中的小城市里，能有那样的酒席，已使我们受宠若惊了，永远不能遗忘而万分感谢的。

县政府对我们还特备了欢迎词，是预先印就的，其中几句话是说"河西调查队是建设西北的设计师"、"水利是金塔的生命"、"建设金塔水利第一"。由这几句话的字面上，可以看出他们所需要的是什么！虽然我们不是为水利而去，可是我们看了这几句话又作什么感想呢？其实不但金塔县的人盼望有专门人才去帮助他们解决了他们要解决的一切问题[①]，凡河西一带居民哪个又不是热盼着呢？

饭后我们到金塔城的附近，兜了个圈子，仍毫无所获，即于晚五时半登车走入归途，车抵酒泉城时，晚霞已千红万紫了。

---

① 编者按：原文如此。

民国档案类文献（上）

本类文献提要

　　档案类文献一向是近代史研究的关键史料。民国地方档案对于研究讨赖河流域水利事务具有重要意义，但长期以来，研究者只能在甘肃省档案馆查阅到数量极为有限的案卷，而酒泉市以及金塔县等地的档案部门几乎没有民国档案收藏。造成此种现象的有三个重要原因。首先，1949 年 8 月兰州解放后国民党甘肃省政府机关西逃至酒泉，于 9 月向中国人民解放军投诚。一时间对诸多人员的身份登记、大量公产的造册交割造成名副其实的满城纸贵，不少民国地方档案被临时征用，以背面空白作为书写材料，而今已不易觅得。其次，因 20 世纪 50 年代中期酒泉地区被一度合并入张掖地区，部分民国档案被运往张掖收藏，后酒泉地区虽很快恢复建制，但该批档案并没有运回酒泉，而是长期被封存于张掖。其三，酒泉本地收藏之民国档案在"文化大革命"等历次政治运动中遭遇灭顶之灾，酒泉档案系统的老职工每忆及相关场景无不痛心疾首。

　　直至 2009 年，酒泉市档案局与兄弟部门合作，从张掖运回一批酒泉原藏民国档案并进行了重新整理。由于档案原案卷已经过数次拆解搬运，不但残损颇多，原始文件相互关系已经淆乱，酒泉市档案局的同仁在缀合案卷、编订目录方面虽然付出了艰苦的努力，仍有大量疑难问题未得到圆满解决。在酒泉市档案馆王丽君、韩稚燕两任馆长的支持下，编者在第一时间翻阅了这批尚在整理中的民国档案，并从中选择出与讨赖河流域水利事务相关的数百件档案，重新确定其主题并梳理其相互关系，并在此基础上进行了录文。这批民国档案的原始收藏单位包括了民国时期的甘肃省第七行政区（管辖酒泉、金塔等七县，辖境相当于今酒泉、嘉峪关两市全境与张掖市高台县）、酒泉县政府与金塔县政府，涵盖了流域内的主要行政机关，具有相当的代表性。经过酒泉档案局同意，编者将此部分档案在此予以正式刊布。为了便于读者利用，编者根据其内容进行了分类，介绍如下。

　　第一部分为"酒金水案"相关档案。1927 年，金塔乡绅赵积寿上书肃州当局，首次提出仿照黑河均水制度在讨赖河实行均水，由此拉开了金塔与酒泉两地旷日持久的争水运动，时称"酒金水案"，其实质是下游与中游之间发生的流域性水利纠纷。1936 年初，甘肃省政府经派员考察后出台了酒、金均水方案，不料由此导致矛盾激化，造成酒泉、金塔民众之间的严重暴力冲突，至 1940 年前后发展至高潮。此部分收录的档案包括了情况通报、处置训令以及刑事调查笔录等内容，反映出各次冲突的惨痛细节。同时，酒泉、金塔两县士绅阶层还不断为争水寻找各种历史与法理依据，分别向各级政府进行了坚持不懈的申辩，其中的各种陈情材料亦蔚为大观。我们依照事件发生年份，将相关档案材料分为四小节。

第二部分为鸳鸯池水库修建档案。为解决"酒金水案"，甘肃省政府委托甘肃水利林牧公司肃丰渠筹备处（后改称酒泉工作总站）自 1942 年起设计、修建鸳鸯池水库。鸳鸯池水库是抗战期间大后方开工的最大水利工程，其大坝是当时全国最大的土石结构水坝，在工程界具有很大影响。在鸳鸯池水库施工过程中，民工征发状况一直是决定工程进度的关键，故围绕此问题的档案数量最多，今归为一小节，相关车辆征发等内容附丽其中。在水库总经费支出中，人工成本所占比例最大，大多用以支付民工工资与补贴口粮，但民工实际待遇依然很差，这与经费数量不足、管理状况不佳有关；反映这一问题的档案，一部分已见于"民工征发"小节，剩余部分单独列为"民工待遇与相关收支问题"小节。水库工程进度、竣工后工程设备的去向以及修缮改造，内容相对完整、独立，列为一小节。水库竣工后的各种管理事宜以及贷款偿还、水费减免，列为一小节。除此之外，尚有关于工地保卫、人员犒赏、公众举报处理等事，列入"其他事项"小节。

第三部分为一般性水利纠纷档案。与流域性的"酒金水案"发生同时，酒泉、金塔两县内部也经常发生干渠甚至支渠层面的水利冲突，而此类矛盾经常为流域性水利冲突所掩盖。此部分所收录的档案比较完整地记录了五次一般性水利纠纷自发生到解决的全过程，编者将其分别归为一小节；还有一些零星材料，对所记录之纠纷不尽详细，亦予汇总，收入"其他事项"小节。

第四部分为日常水利事务与政策法规类档案。此部分档案包括民国时期流域日常水利事务的各种文件如水利委员会会议记录、水利设施维修汇报等，以及各级政府颁布的水利法规等等，对认识民国时期流域水利事务的"常态"有着重要意义。此部分材料内容较为驳杂，故不再进一步划分小节。

民国档案格式诸多，其整理是一项复杂的工作，为统一体例，编者特作以下说明。

一、为使文件主旨醒目、便于翻检，编者在整理过程中对所有文件进行了重新命名，以体现发文者、收文者与事项三种主要信息。对于文件类型的命名，原文件注明系"训令"、"指令"、"派令"、"命令"、"签呈"、"公函"等类型，一概尊重原文件；未经注明的，则根据文件自身传递方式，分别命名为"代电"、"电文"等。

二、为了方便读者使用，我们对原档案添加了序号。该序号的拟定，按各节、各小节先后顺序排定，每一小节中以各文件编写时间先后排定。一份文件中可能记录有多个时间，如发文有拟制时间、缮发时间等，收文有收到时间、抄译时间、存档时间等；此外，原文件所附处理意见时间往往更为滞后。为了统一起见，我们在各文件名之下以阿拉伯数字标注的日期，凡发文一概以缮发时间为准，收文以收到时间为准，原文件日期不详的以第一次处理意见时间为准。

三、为了使一件具体事务的经办过程显得突出、醒目，体现原始处理流程，编者将同属一件具体事务的多份文件归入一个主序号，而在其后加入"—"与次位序号表明相对关系。例如序号为"2—1"、"2—2"的两个文件表明属同一具体事务，然时间有先后。次序号为"1"的文件，其时间一定比主序号较其靠后的文件为前，如"1—1"的时间一定在"2—1"、"3—1"之前；次序号非"1"的文件，其时间不一定比主序号较其靠后的文件为先，如"2—2"文件的时间有可能在"3—1"、"5—2"之后。

四、原文件在档案馆之全宗号与案卷号予以保留，并以"—"连接；因酒泉市档案馆民国档案的整理尚在进行之中，最终完整目录未定，故不注目录号。

五、原文件有一式数份者，选取其最完整一份，同样完整的，选取其较原始的一份，不重复收录。

六、为使读者在传统公文"层层嵌套"的结构中看出其核心内容，编者对于其所引用部分加了引号，包括直接引用与概括式引用。至于其表省略的"入原文"字样，前后则以逗号、句号断开。括号之使用，除署名处分别以（印）、（押）、（指印）分别表示印章、画押、指印外，均为原文自带；至于署名处不带括号之"印"字，亦属原文本字。

七、关于原始文件的处理意见，保留其有实际内容者。如仅有表示允许签发的"行"、表示收到的"存档"之类，概予省略。对于部分以表格类公文纸写作的文件，编者将原本位于卷首的"处理意见"一概移至文末。

八、除表格、会议记录等形式以外，编者一般采用书信体整理大部分档案文件。遇有责任人并未署名但可据内容判断其身份者，并不刻意在文末添加，仅在档案命名中予以体现，以期接近原貌。

需要特别说明的是，关于讨赖河流域民国水利事务的档案材料，甘肃省档案馆也收藏有多个相关案卷。编者经过对比后发现，甘肃省档案馆藏相关档案以陈情书为主，大多数可在酒泉市档案馆找到正本或复件，仅有 1938 年与 1940 年之间甘肃省建设厅工程师王仰曾、杨子英等人赴讨赖河流域勘察时的相关报告两种未在酒泉市档案馆发现，因未得到甘肃省档案馆授权，在此不予刊布。所幸两份报告篇幅不大、特出内容不多，其经过已在洪文瀚《甘肃酒金水利纠纷问题之回顾与前瞻》一文中得到概述，可略补遗憾。

最后有必要交代一下编者在整理相关民国档案中的一个特殊问题，即有关地契中水利信息的问题。众所周知，传统地契很重视对水源的厘定，讨赖河流域的地契也不例外。酒泉市档案局等单位收藏有若干传统地契，多为民事诉讼类文件所附带，编者亦设法征集到一些，但数量不多、针对性研究尚不充分，尚无法判研其中水利信息的特殊之处。值得一提的有两点：一是有些契约中地方水利领袖的签章与中、保人并列；二是这些契约普遍规定此后的"挑渠上坝"工作由买主承担。由于地契类型单一、数量有限，加之地契本身并不属于水利文献，故本卷未予专门收录。

"酒金水案"相关档案

一、酒金均水方案的出台

1—1. 甘肃省民政厅关于酒泉县会同金塔县就按粮分水妥拟办法等事给酒泉县长的训令

1935 年 7 月　　酒历 2—263

甘肃省民政厅训令社字第一一六四号

令新任酒泉县县长谭季纯：

　　案据金塔县绅民赵积寿等呈请"按粮均水，调盈济虚，以救干旱，而免地荒民逃"等情，据此查该民等所称各节，如果属实，未免偏枯。除批示并分行外，合行抄发原呈，令仰该县长遵，即于到任后，会同金塔周县长查明情形，妥拟详细办法，具复核夺！此令。

　　计抄发原呈一件。

甘肃省民政厅

处理意见：

　　存候会查。

代行：宋强（印）
八月三十日

附件：

具呈人金塔县绅民代表赵积寿等年甲不具，呈为呈请按粮均水，调盈济虚，以救干旱而免地荒民逃事：

　　窃查金塔处酒泉下游，旧日王子庄为肃州分州，设州同一员，住金塔堡。全境水利与肃州按粮分配，肃州额粮万余石，与王子庄一千石粮相较，肃占十分之九，而王子庄仅占十分之一，相沿分浇，水常有余。因尔时讨赖、临水、北大诸河之水，均极畅旺，且肃境地广人稀，需水有限故也。嗣后肃州改设酒泉县治，而王子庄分州亦设为金塔县，畛域虽分，而水利原无彼此，一仍照旧分配，两无争执。因河西诸县，均赖祁连山雪水灌溉，每逢山洪暴发，辄至沟浍皆盈。再酒金两县，原有讨赖、临水、北大诸河之水，滔滔不竭，两县均能足用，于水利方面咸不注意及之。当时县治分，而水未分定，职事故也。无如近数年来，生齿日繁，而土地日开，需水之较前增多。加之酒泉地临大道，民国十七八年以还，外来难民咸萃于此，借兹漫无限制之水利，尽量开垦，于是乎酒属之碱滩荒地，多数变为沃壤，而金塔已经垦熟之地，因乏水浇灌，将取次渐就荒芜矣。不第此也，抑更有甚者，因县界既分，酒民视金，恒如越人视秦人之肥瘠，漠不相关。当春夏需水孔殷之时，酒民水常有余，辄放入碱滩沙地，一片汪洋，道途且为之堵塞；而金民地多干旱，甚至饮料缺乏。同一县域，其苦乐之不平均有如此者。以历史沿革而论，金塔旧为肃州分州，亦如现在鼎新之旧为高台分县，势相若也。乃鼎新成立县治之后，高台、临泽同浇黑河之水，每至芒种后一日，于鼎新均水十天，原不因分县而歧视，酒泉、金塔旧属同州同浇讨赖、临水诸河之水，今金塔不得点水，太不公允。如云水量有限，此盈则彼亏，酒泉一县之水，若分供两县之用，则酒泉之水必感缺乏。岂知讨赖、临水、北大诸河之水，原为肃州王子庄共有之水，根本非酒泉一县独有之水。盈宜均盈，亏宜均亏，何至酒泉水常有余，金塔水常不足。金民宁非完粮纳款，同一中华民国之国民乎？再金塔虽小，亦以一千余石粮之地，年纳三四万元之烟亩罚款。酒泉以一万余石粮之地，年仅纳罚款五六万元。水利则酒民独享，纳款则金民偏重，有是理乎？即以本年而言，肃属各县，完全重浇复灌，独金塔一域受旱，常此以往，则金民之生计，将日濒不能生存之域，势不逃亡殆尽不止。情迫无奈，兹特不揣冒昧，沥血陈词，叩恳钧座电请做主，派员查勘，整理渠坝，依照高台、鼎新分水办法，按粮镶坪定期分水，以均苦乐，而全民命，则感戴鸿慈于无极矣。谨呈甘肃省民政厅厅长王。

金塔县绅民代表：赵积寿　公兆麟　李经年　李荣祖　吴永昌

李先藻　雷声昌　李生华　吴崇德

中华民国二十四年七月

1—2. 甘肃省政府关于派员勘查按粮均水救济干旱等事给酒泉县政府的训令

1935 年 8 月 17 日　　　酒历 2—263

甘肃省政府训令建字第五一八七号

令酒泉县政府：

案据金塔县绅民代表赵积寿等呈请"派员勘查按粮均水，调盈济虚，以救干旱而免地荒民逃，请鉴核"等情到府。除批示邮寄并令行金塔县政府外，合行抄发原呈，令仰该县政府会查核办具复，以凭察奉饬遵。此令。

主席朱绍良（印）

民政厅长王应榆（印）

中华民国廿四年八月十七日

2—1. 酒泉县长就业已奉命查勘酒金水利事给甘肃省政府主席的电文

1935 年 8 月　　　酒历 2—263

酒电□□□

兰州主席朱铣秘建电奉悉：

酒金水利情形复杂，谨于皓日会同周县长暨两县绅耆从水头至水尾详细查勘，以期觅得最公允之解决途径，详情续陈。

谭季纯叩巧

2—2. 甘肃省主席命酒泉县长电报查勘酒金水利情形的电文

1935 年 10 月 25 日　　酒历 2—263

酒泉谭县长慎密：

酒金水利案前令会同金塔县长会办，迄未据报。此案应使两县民众均获平允，毋稍偏袒，命将实情即日摘要电报核饬为要。

绍良铣秘建印

2—3. 酒泉县长就查勘酒金水利情形给甘肃省主席的电文

1935 年 12 月 7 日　　酒历 2—263

兰州主席朱支秘建电悉：

日前又会同周县长暨两县绅耆查勘清水河流域，综合前后所得情形，胪陈如左：（一）讨来河源出祁连山中，清水河沿岸逐处生泉，惟经地震后，水源均涸竭，更兼连年雨雪稀少，灌溉酒金田亩已感不敷。（二）酒金地势自西南斜倾，东北就地泉水流灌，金塔东西二坝本已足用，至金属王子庄六坝距金北六七十里，沙漠横阻，水流至此全入伏地，倘非山洪，断难流到。（三）无论按日、按口分水，双方变更百年水例，纷扰滋大，不特有损于酒，抑且无益于金。（四）综上各情，实受天时地势所限，况连年苦旱之酒民，欲再使其舍己润人，事实上决不可能。周县长曾劝王子庄民众凿井开塘，以策久远，救济金塔，官绅亦韪其议。（五）本冬已降雪其次，明年酒金可望水丰，堪以改为。总之，事关两县民命，只得持平应付，以慰钧念，详情续陈，谨先电闻。

谭叩庚

3—1. 甘肃省政府就已派委员查办酒金水利案给酒泉县长的训令

1936 年 1 月 9 日　　酒历 2—263

甘肃省政府训令建字第三三一号

令酒泉县县长谭季纯：

查酒金水利纠纷一案，兹据该县长二十四年十二月庚电报"会查情形请鉴核"等情前来，当即令行建设厅等办理。兹据该厅"呈请本府派员查办以昭慎重"等情，据此，除令委林培霖、杨世昌迅往彻查拟办复夺外，合行令仰该县长知照。此令。

主席于学忠（印）

中华民国二十五年元月九日

3—2. 甘肃省建设厅关于省府已派员查办酒金水利案一事给酒泉县长的训令

1936 年 1 月 16 日　　酒历 2—264

甘肃省建设厅训令字第一八三六二号

令酒泉县长：

　　案查前据金塔县周县长江电"以酒金水利案仍未解决请派员前来办理"等情，当以所称解决困难情形，内中当有特别阻力，即使由厅派员前往办理，亦未必能解决，曾经据请呈请省政府派员前往查办，以昭慎重在案。兹奉省政府建字第五六五号指令内开"二呈均悉。已由本府派员查办矣，仰即知照。此令"等因，奉此除分行外，合行令仰该县长知照。此令。

厅长许显时（印）

中华民国二十五年一月十六日

4—1. 酒泉县政府就上年查勘酒金水利详情给甘肃省主席的呈文

1936 年 1 月　　酒历 2—262

呈为呈复会同勘查酒金水利情形，仰乞核办事：

　　窃县长于上年十月间，迭奉前甘肃省政府主席朱，马、铣各电"令将酒金水利情形，会同金塔县周县长，详勘处理，毋稍偏倚，并将实情，摘要电报"各等因，奉此，县长遵即会同周县长暨熟悉酒金两县水利绅耆，从水头至水尾，细心勘查，当将查明概情，于上年十月十八日及十二月八日，先后摘要电呈在案。兹再将本案实在详情，为钧座缕陈之：

　　（一）查酒泉县地域，紧隈祁连山麓，山中积雪，冬结夏融，酒属傍山各区，如永定乡、文殊乡、丰乐乡及河北乡之西段，皆资此项雪水及夏季之山洪以为灌溉，若其有余，则流入酒属之临水乡及河北乡之东段，下及金塔境内，以补浇之。盖以酒泉地势西南高而东北渐下；金塔则尤位于酒泉县之东北，地势尤下，以故酒泉全境有余之水，则必流入金塔他处并无旁泄，即考之志乘，除上述酒泉县之永定、丰乐、文殊、河北各乡，专资雪水以为灌溉外，即酒属之河北乡东段及临水乡之全区，皆资肃城外东北一带之就地渗水，以为下流灌溉之需；而金塔水源则又以酒泉县之临水、河北各乡之就地渗水流入其境，以资灌溉。因之则志书载明，酒泉临水、河北两乡，接用永定、文殊等乡水尾；而金塔水源，则只以酒泉临水、河北等地之就地泉水为起点，此在未分县以前，即是如此。即是为此，其时雨雪及时，泉水畅旺，不独酒泉全县灌溉敷足；即金塔东西二坝，亦用之有余，且将金塔县城西北纵横数百里之荒滩，开殖王子庄六坝，安置吐鲁番归化缠民，命王子以统理之、以蕃殖之，亦不感水分不足。数百年来，彼此相安，未闻有争水之声。近自民九、民十六、民二十一等年，大地震以后，雨雪渐稀，泉水日竭，所有水量，不但无余流入金塔；即酒泉旧有土地，亦不足灌溉，酒属各乡，每年只能种地一半，且尤每被旱枯，农民逃亡，逐年增加，迭次报荒，即此因也。

（二）酒金水源，既如上述，则在酒泉境内聚成之河流，为讨来、洪水二河，虽可于山洪暴发时，溢流出境，然皆夏流冬涸，不能常济，至丰乐、马营二河，皆系本山口外余流，不过以为附近灌溉田亩之用，根本既无出境之可能，近年亦干涸不济。该二河流之农田旱枯，农民逃亡者，为数最多。以故当酒泉雨雪稀少，河流干涸，农田枯旱之际；金塔则依其他地势较低，且有酒泉临水、河北二乡渗流出境之泉水，尚可以灌金塔东西二坝之农田，使之丰稔；在酒泉则虽名居金塔上游，事实上仍不能使由境内流出就下之泉水，返流资灌，是此等泉水之利用，惟金塔独享；酒泉亦无如何。

（三）查酒金两县水程，水口之大小，则按该口所灌田亩应纳粮石多寡而分；水轮之长短则按各口所有地亩远近而定，灌水之迟早，轮期之长短，则各依该各口沟分土宜地气，经数百年之阅历，先后多少，亦各不同，若竟骤令变更数百年之水程，不独两县大起纷扰，即两县内部，亦各以各口沟情形不同之故，不能适宜。

（四）查祁连山雪水，自源头流入金属之王子庄，路长约六七百里，且均沙地，倘无山洪暴发，即将酒泉所有各渠闭干，亦不能流到。故无论酒泉无山洪时无下流之水，即在金塔本县成规，亦定为无洪水时，只以所有之泉水灌溉金塔东、西二坝，王子庄各坝则必俟由酒泉出境之山洪流至，方可开口灌溉。盖以其地方窎远，渠尽沙堤，不接洪水，即流不到，故王子庄民谚谓："三十里河滩，四十里沙滩，水流不上地，黄羊兔子吃干。"此足证王子庄地广路远，非酒金两县现有之泉水可以济事者。惟可恃者，王子庄土宜较沃，且具有抗旱能力，每年若灌巨洪一次，即可望中收，若灌二次，则即丰稔成溢，因之王子庄各渠，自禾稼需水之日起，苟无水浇，即延至月余，再灌，尚可济事；金塔东西二坝之土宜，亦可延至十余日而无碍；若在酒泉，则因地势高亢，土质僵硬，禾稼一逞旱象，若迟浇五天，或少浇水一次，则必枯萎。

（五）依上所述事实，金塔若在酒泉分水地点另辟水口，不但所分之水过小，万流不到，总令勉强分下，则其必经之酒泉河北、临水二乡，尚有横堵河身按粮用水之小渠十余，势必完全拆毁，方可流下。夫拆毁若干年、浇灌若干顷之现有渠堤，以顺不可必到之金塔分水，而使该十余渠之农田，悉数干旱，揆以事实，讵能合算。

（六）据调查所得，金属王子庄因其地属平坦，开垦较易。在前清光绪三十年前后，因雨水多而山洪广，王子庄辟地虽日加多，仍足敷用，未闻有远跋酒泉开口分水之说。近年雨水稀少，山洪不发，该地受旱，自成不可免之事实，乃竟以日辟不已之田，索灌于酒泉，抑知酒泉已有田亩，无水灌溉，尤甚于金塔也！

（七）查酒泉地带傍山，凿井无水，金塔则地平天成，凿井数尺，即可及泉，倘能多凿水井，广开水塘，酒泉以地属邻县，为助民工，未始不能有济。

（八）查路政待修，为我国共有之通策。酒泉因系傍山县区，水沟道路，每被山洪冲毁，频修不易，防护尤难，穷苦农民，无力整修者，间有将计就计，以路为沟，借水道为走道之事，亦以其流水之时较少，走人之时较多故耳。而不究内容之行人，遂认为酒泉有水浇路，盍若挹之金塔浇田？实则此种借路为沟之水，均仍上地使用也。县长已将俟春暖冻解，整理酒泉水道，俭省节用，俾将整理有余之水，顺流而下俾金塔使用之举，决为既定方案，此等办法，于酒泉虽有小损，于金塔不无有益。

（九）查酒泉各区，一入冬令，各河全干，傍山各区民众饮水，只以秋季河水未干时，浚潴之涝池，以为饮料，若其不济，恒在数十里以外，有水之涝池取水。农用牲畜，每年冬季渴毙者，亦为数不少。一般傍山民胞，因饮污池不洁之水，每当春季，即遭瘟疫之苦。此等事实，历任县长，咸叹为无法解救之问题，而考及金塔水源总汇之暗门，大河奔注，经冬不休。

（十）酒泉水序，只讨来河各渠于每年立夏之日，始正式分水，一经立冬，各口即行闭干；洪水河各渠，每年夏至前后，始能见水。是金塔接酒泉之水，每年约在半年以上，盖以酒泉、金塔均属国有人民与土地，酒泉民众及官吏，岂能故存成见，靳而不与，忍令金塔枯旱。

（十一）统计酒泉全县各渠，每年修渠经费，约需洋两三万元，而所得水份，频年竟不敷用，每年五六月交，辄因灌水关系，动演命案，事实具在，非只耸听。县长益岂能再使酒泉枯旱，挹润金塔。

（十二）据两县有经验阅历之绅耆、农圃言，此间雨水每十年必一变动，酒金两县，连旱已逾十年，本冬雨雪之多，为近十余年所未有，颇类前数十年雨水充足，气象或应天道，渐有转机，酒金枯旱，或有解数，希望此等舆论，虽不致据以为真，然以谙熟地方情形者之经验，更亦不无相当可信。

以上各点，系县长奉命以来，亲身勘查各方者，询其事实，诚属不能更动者，理合将实在详情，具文呈复钧座鉴核施行，实为公便。谨呈甘肃省政府主席于。

酒泉县政府（印）

中华民国二十五年元月

4—2. 酒泉县长向甘肃省政府民政厅
建设厅再次呈报查勘酒金水利详情的呈文

1936 年 2 月 6 日　　酒历 2—263

呈为呈复会同勘查酒金水利情形仰乞鉴核事：

案查前奉钧府建字第五一八七号、钧厅社字第一一六四号训令内开"入原文"①等因，附抄发原呈一件。奉此县长遵即会同周县长暨熟悉酒金两县水利绅耆，从水头至水尾，细心勘查。当将查得概况于上年电呈钧府、省府在案。兹再将本案实在详情缕呈如左，"入原文"。以上各点系县长奉命以来亲身勘查，各方考询，其事实诚有不能变动者，理合将实在详情具文呈复钧座、钧厅鉴核施行，实为公便。谨呈甘肃省政府主席于、甘肃省民政厅厅长王、甘肃省建设厅厅长许。②

代理酒泉县县长谭

中华民国二十五年二月六日

4—3. 甘肃省民政厅就酒泉县长再次呈报勘查酒金水利详情的答复指令

1936 年 2 月 19 日　　酒历 2—263

甘肃省民政厅指令社字第一一六号

令代理酒泉县县长谭季纯：

二十五年二月六日呈一件"呈复会同勘查酒金水利情形请鉴核"由呈悉。仰候令催金塔县县长呈复至日，再行核办。此令。

厅长刘广沛（印）

中华民国廿五年二月十九日

4—4. 甘肃省政府就酒泉县长再次呈报勘查酒金水利详情的答复指令

1936 年 2 月 20 日　　酒历 2—264

甘肃省政府指令建字第二三七七号

令酒泉县县长谭季纯：

二十五年二月呈一件"呈复会同查勘酒金水利情形乞鉴核由"呈悉。查此案业经本府派员查办在案，仰候查复至日，再行察夺。此令。

---

①　编者按：此处旁有小字"一九一八训令除原文有案免叙外尾开'入原文'等因，奉此"。
②　编者按：此处旁有小字"函杨、林两委员，附地图一份"。"杨、林二委"员即甘肃省政府派往调查酒金水利情形的杨世昌、林培霖。

此件并转□□□□。

主席于学忠（印）

中华民国二十五年二月廿日

4—5. 甘肃省建设厅就酒泉县长再次呈报勘查酒金水利详情的答复指令

1936 年 2 月 29 日　　酒历 2—261

甘肃省建设厅指令字第一五一八号

令酒泉县县长谭季纯：

"呈复会查酒金水利情形乞鉴核"由呈悉。已据情转呈省政府转饬派查人员参照办理矣，仰俟奉令至日，另文饬知。此令。

厅长许显时（印）

中华民国廿五年二月二十九日

5. 酒泉县农会干事长朱子注等关于预备就酒金水利
问题继续交涉并请求备案一事给酒泉县长的呈文

1936 年 3 月 25 日　　酒历 2—261

呈为呈报会议交涉水案准备情形，仰祈鉴核备案事：

　　窃查酒金水案，蒙省府委派专员，前来查办在案。惟以水命相连，关系人民至大，金塔既已兴端滋事，酒泉亦应有以准备，当于金塔逼迫之下，万不得已，由职会召请地方绅民各乡人士及各乡镇长，开会讨论。遂经决议公推代表，备候咨询，并交涉保持原水；复决定办理交涉水案费一千元，除开支邮电、纸笔、墨烛、车马等费而外，设不幸事件扩大或至纠纷争执时，再充派赴省城人员之车资、食宿等项用途之小补等情。当即一致通过，并记录在案。窃以当地方凋蔽，民生困穷之秋，此项举动，非全县人士所愿为，实以金塔无故生衅，以致迫不得已而出，四顾灾民，情有不安，水为命源，不得不出而交涉。为此，理合将会议交涉水案准备各缘由，呈请钧座核夺，俯予备案，实为公便。谨呈

酒泉县政府县长谭。

酒泉县农会干事长朱子注（印）吴振河（印）

中华民国二十五年三月二十五日

处理意见：

　　准提交县政会议公决可也。

四月一十三日代

6. 酒泉县各乡民众代表安作基等关于呈报酒金水利实情并请抵制金塔均水要求给酒泉县长的呈文

1936 年 5 月 29 日　　酒历 2—264

鉴核详情，准予饬令各安农业事：

窃酒金两县，水规早有定章，数百年来，毫无纠纷。足证前人划分水利，定有相当之经验与研究。溯自民国十三年迄今，冬乏积雪，夏不降雨，亢旱现象，异地同声，加之人祸洊臻，捐派并举，农村破产，已达极点。乃金塔县一二好事者，胶持私见，破坏公安，假借要求让水之标帜，故为挥霍民膏之举动。民国十六年，该县好事者即怂恿胸无成竹之县长，往来酒金要求让水，至今十年之久，车马喧腾，公牍蝶翔。致两县农民，费时伤财，恶感弥深。前经两县县长约同两县绅耆会勘酒金河流之际，民等业将酒金土质及水规各详情，据实呈明县府，并由县府将查得结果及补救办法，亦详呈钧府在案。

嗣蒙省府委员远道履勘，仍在冰雪弥漫、水量盈虚莫辨之时，而两县土质情形，浇灌不同之要素，更属无从着手。乃委员只集合酒泉农民，谕云"酒金两县譬如兄弟，在每年芒种夏至之交，为金塔让给些水亦无不可"等语，肖似为金塔要求让水调词，民众闻之莫不瞠目，惴惴然若大难之将至，金以为将后生机，必从此断，若不严加制止，则以后之隐忧实有不堪设想者。查此事之原起，实起于金塔县一二好事者，无理取闹，节节逼人，挑拨群众斗争，以快个人私欲，政府欲息事安民，若辈反欲生事扰民，势必使两县农民失业，邑里成墟而后已。深恐烛照或有未周，聪明因而偏蔽，用敢再沥详情，以昭核实。

查酒泉地处甘边，西接峪关，南偎祁连，农田多沿山麓，地质硗薄，气候严寒，全县襄分六坝：

（一）黄、沙、图坝，纳赋一千七百余石。

（二）城东坝，纳赋亦一千七百余石。

（三）河北坝，纳赋千余石。

咸仰南山积雪融为讨来河水灌溉禾苗。其分配方法，均以所纳田赋之多寡，劙为用水多寡之标准，近来水量顿细，田亩多不能全数播种，以最近而论，讨来河上年分水时，水量仅有六十余方尺，较之昔年，即减三分之二，是以争水斗殴之案，层见叠出。

（四）洪水坝，纳赋一千八百余石，仰洪水河雪水灌溉，源流既短，行水且迟，夏禾只能种十分之二，秋禾只能播种十分之三，其余概行荒芜歇垡。至其分渠灌溉方法，尚以点燃香寸，定时定刻。如逢河流涸枯日期，仍亦空轮不歇，故有干沟湿轮之说。

（五）河西坝，纳赋一千六百余石，仰丰乐川河雪水灌溉，其源逼近山麓，雪量薄弱，每年行水须到夏至前后，每月周流只能灌溉一次，然无远流出境之可能。

（六）河东坝，纳赋二千二百余石，仰赖马营河雪水灌溉，水量较他渠更为薄弱，如下流之盐地、草沟井等堡因亢旱流离，土田早已荒芜。

总之酒泉区域，计分六坝，仰赖雪山之水源，共有四坝，除丰乐川、马营河外，如讨赖河下段名清水河；洪水河下段名临水河；均系就地渗水，步步生泉，流长七十余里，汇入鸳鸯池，纯归金塔县完全灌溉，酒泉则对此川流不息之泉水，反不得沾润。考之县志，金塔县浇灌讨赖、洪水二河水尾，即是此义。

金塔县，全县纳赋一千三百余石，土质亦各不同，如金属之金塔坝，垦殖稍早，土地肥腴，浇溉酒泉讨赖、洪水二河下流泉水，足敷分润，不感困难，播种蔬类，甲于酒泉。其金属之天仓、夹墩湾、营盘等处，农田系沿黑河西岸，利用黑河巨水，丰稔无虞。独王子六坝，地方辽阔，垦殖最晚，土质含沙，湿潮耐旱。其水利原系接用酒泉春冬二季之余水，以之泡地。于五六月间酒泉各河山洪涨发，坐享遍溉之利益。况其他沙漠平原，日辟不已，若无山洪暴发，即使将酒泉平时水量，悉数闭干，而于王子六坝无丝毫之益，于酒泉农业实有丘山之损。

酒泉曩日全县应纳田赋九千余石，以平均计，每亩土田纳赋四升有余。民十三迄今，灾旱频年，土地芜荒，约在十分之三，虽蒙援例蠲缓田赋，只以逃亡过多，负担仍重，而金塔全县，曩日只纳田赋一千三百余石，平均每亩纳赋不及二合。以两县农民荣枯比较，实有天壤之别。乃该金塔县不知自足之赵积寿，仍持亡清劣监伎俩，钳制乡愚，只图利己，明知不可而必欲为之者，实因其以低价所买得之牧场，辟为农田，无水浇灌，遂借其为全县之美名，以随其自辟水足私心。此次敛赀晋省，饰词饶舌，在所不免，致我灾苦农民，不死于天灾，而丧于无味之暗斗！倘不速加制止，不但酒金农民无休养生息之日，即两县内部亦无解决纠纷之期。心忧魄悚，孰能□然。

查田地水规之所有权，自取得而后，非基于突卖及其法律原因，是非任何人所可无故鲸夺。此中华民国约法关于人民权利上及普通民刑法上，均有明文规定，保障綦详。而该县无理出此，破坏法益，在事实上、法律上，已属痛难忍受。理合将颠末详情，呈恳钧座俯察下情，饬令金塔县收回鲸吞野心，并乞惩治主办劣监赵积寿，以维权益，而重民生，事迫情危，无任屏营待命之至。

谨呈酒泉县政府县长殷。

酒泉县各乡民众：安作基（印）　伊登泰（印）　夏宗贤（指印）李长寿（印）

吴效临（画押）陈炳蔚（印）　马世武（指印）龚正德（印）

张百福（画押）崔第桂（画押）杨进崇（印）　李正基（印）

武廷元（印）　翟厚龄（画押）于鸿林（指印）张义政（印）

任文炳（画押）李鸿文（印）　王尚德（印）　狄兴儒（印）

张登洲（指印）傅殿杰（印）　李荣庭（印）　张国定（印）

中华民国二十五年五月二十九日

7. 甘肃省政府关于酒金水利纠纷案业经派员详查等事给酒泉县长的训令

1936 年 5 月 19 日　　酒历 2—259

甘肃省政府训令建二辰字第 412 号

令酒泉县县长：

　　案查酒金水利纠纷一案，曾经本府令派委员会林培霖、杨世昌前往彻查，拟办具报警夺去后，兹据呈复称"职等遵即由省起程，及至酒泉，适值春雪普降，深六七寸，一片银皑，畛域不分，乘此时间，搜罗志书，查考往事，并周咨各方，始悉酒金水利开始之由，并设置官制之沿革及双方争执现在之缘由，迨雪融前往勘查，实地证明各情，谨详陈之。

　　查酒金水利，以讨来、红水河为巨流，其水量多寡视天山雪水消化力若何，尤以天气寒热为转移，故天气炎热，融化力强，水量自然增多；天气寒冷，融化力微，水量亦随之减少，此系天道无形之限制，亦即年岁丰歉之关键也。且地势西南高而东北下，讨来河发源于番地讨来川，并祁连山融化雪水，出冰沟口，经文殊山麓，至龙王庙西河口，即为酒泉人民设平分水之处。计南岸总坝有三，曰兔儿，曰沙子，曰黄草，浇灌南岸一带田地。北岸总坝有四，曰野马湾，曰新城子，曰老鹳，曰河北，浇灌北岸一带田地。自分水地起，复向东北流经县城至临水堡之暗门墩，曲折遇两县分界之山，入金塔境。北行约三四里，系金塔金东、西两坝以次引水之处。又行四五里，即为金塔王子庄东坝、西坝、威鲁、三塘、梧桐、户口六坝设平分水之地，下至圈河口合流，入于黑河，流至蒙古，归居延海，是为河流之总汇。红水河发源于祁连山中，完全系雪水融化而成，流出山口，西岸分坝有三，曰新地，曰西滚坝，曰西洞子，浇灌西岸一带田地，东岸分坝亦有三，曰东洞子，曰红水上下七闸，及上中下三花儿，浇灌东岸一带田地。由分水地起，向北流经临水堡至暗门墩，与讨来河合流，同入金塔境内。此外城北任家屯庄前发源之清水河，县城东北茅庵庙下发源之临水河，均系泉水集而成河，灌溉附近田地，水量较细，灌溉有限。至于临水河之茹公渠，乃酒金两县各半浇灌之水，另有专案可考。此酒金水利源流之大概情形也。

　　酒金两县未设肃州直隶州以前，系通判管辖，原属一家，地势高旷，天雨甚少，一般人士常有'靠水不靠雨'之口谈。酒泉地质费水，人民灌田三四次、四五次不等。金塔地质稍优，非灌一两水不为功。酒泉居其上游，每年自立夏开水之日起，轮流灌溉，至立冬退水之日止，独专利益，似觉不公。金塔地处下流，除上游无用退下之冬春冰结消水及茹公渠各半外，夏秋田禾急待需水之时，毫无一水可灌，坐以待毙，未免偏枯。长此以往，金塔王子庄人民，势必至穷无生计，逃亡殆尽，竟留一片荒地，政事亦无从而设施。查《肃州志》载，王子庄东、西各坝，均系讨来河水并红水河水尾等语，是先年酒金水利共同应用，记载详明。又载雍正七年，岳大将军锺琪，奏设肃州直隶州议时，有令通判毛凤仪相度讨来河水势，创开王子东西两坝，用公款两千六百余两，尤为历历可考。酒泉人士，不惟不考志书为两县水利之铁证，并忘酒金一家水利共同之历史，竟而堵截多年，久霸不舍，反云：'金塔所灌系山洪暴发之水。'然则山洪不发，金塔永无灌水之日，其言殊无理由，即历次办理斯案之人员，想未查考志书，或因地方关系，碍于情面，敷衍塞责，或竟润色公文，蒙混事实，以假作真，诚如清岳公锺琪议内所云：'人民争水，地方官各私其民，偏徇不结。'信属不诬。

今欲解决此案，自应根据志书，参酌粮数，并因时因地而消息之，只有按粮、计日两法，按粮分水，金塔约占五六分之一，水量虽微，昼夜长流，自属公允。惟以有限之水，流行于一百数十里之大沙河，不但耗水堪虞，即上游一遇水缺，难免不发生截堵偷水情事，防范难周，纠纷更滋。莫若取计日均水之法，时期短促，公家管理较易为力，特拟将酒泉立夏分水之期，展前十日。先由讨来河各坝人民浇灌，至芒种第一日起，令由酒金两县长带警前往监督，将讨来河各堤口一律封闭，水由河道开放而下，金塔八坝人民，按粮平均分配，浇灌十日，救济夏禾，至大暑节前五日起，仍由酒金两县长带警监督，将红水各坝封闭，水由河道开放而下，金塔八坝人民浇灌五日，藉润秋禾，为夏秋灌水定期，余均照旧轮灌，似可稍微变通。在酒泉既不至受其损失，在金塔亦得以救济亢旱，庶足以副钧座一视同仁，苦乐平均之至意。至修理西河分水平口，需用人工若干，应由金塔人民得水若干日，及承粮数目分担，以尽应有之义务。

再，补救金塔水利与整理酒泉水利办法，各有其三。据酒泉绅士迭称该县距临水镇东二十余里黄泥铺地方潮湿沮洳，遍地似有泉水，应请令行金塔县长查明测量。如果有水，即督该县人民挖掘，开渠引灌，此补救者一。青山寺根马厂之处，天然蓄水地点，创造大池，每年当夏秋山洪暴发之际，将流到洪水，并冬季余水，引入池中储存，至需水时开放，以济其穷，此补救者二。金塔各坝渠道间有漏水之处，应由该县长督饬灌水人民于每年农隙之时，估工分段浚深渠底，铺以草席、红柳盖土，用泥水澄淤一两次，自不至于渗漏，此补救者三。查酒泉各坝，往往以道路作渠底，非特尽量横流，殊多浪费，抑且交通有碍，不便行旅，自应由路旁另修渠坝，俾无旁泄，以节其流，应整理者一。酒泉人民灌水，必使水量淹过田禾，如灌稻田，余水四溢，毫不撙节，且多有昼流夜退情事。嗣后宜按应需水量，灌溉及格而止，违者处罚，应整理者二。红水河之河身，宽约十余里，每当山洪暴发，散漫无归，决诸东方，东方沿岸之地冲损，决诸西方，西方沿岸地土崩陷，似应在河坝两边及中间，开大沟渠三道，两边则防其损地，中间则任其畅流，由此水归正道，乱流皆节，水量亦不至受其损失，应整理者三。在酒泉应整理以节流，在金塔应补救以开源，是又两方各自为谋之一法也。

所有查明酒金水利纠纷情形，拟具办法，是否有当，理合具文绘图，拊折抄件签呈，并赍志书两本，敬请电鉴核办"等情前来，当经提出本府第四百零五次省务会议决议，准如所拟办理等因，纪录在卷，除分令外，合行抄发原清折一扣，令仰该县长遵照，刻即会同金塔县长，依照原拟办法，切实妥办，具报督核。此令。

主席于学忠（印）

中华民国二十五年五月十九日

二、1936 年夏季各种交涉与冲突

8. 酒泉县政府就传达甘肃省政府关于酒金水案处理意见给各乡的命令

1936 年 6 月 9 日　　酒历 2—264

为令遵事：

案奉省政府鱼电开"酒泉曹专员、殷县长并转金塔县长览：查酒金水利纠纷一案业经本府派员详查明确，拟具办法提交省务会议通过，入原电"等因，奉此正令行，同文奉第七区专署第十号训令同前因，除会同金塔县外，仰该令遵照并转饬各乡长一体遵照，此令。

酒泉县政府（印）

中华民国二十五年六月九日

9—1. 酒泉县农会干事长朱子注等就酒泉民众难以遵命均水事给酒泉县长的呈文

1936 年 6 月 13 日　　酒历 2—260

案奉钧府第九三号训令内开"为令遵事。案奉省政府建二巳鱼开'酒泉曹专员、殷县长并转金塔县长览：查酒金水利纠纷一案，业经本府派员详查，明确拟具办法，提经省务会议通过并分令酒金两县长遵照会同办理在案。兹查已届芒种放水之期，合亟电该专员监视酒金两县，即日会同前往拘足十日水量，并将遵办情形具报为要'等因，旋又奉第七区专署第十号训令令同前因，除会同金塔县遵照办理外，仰该会遵照并转饬各乡长一体遵照，此令"等因，奉此遵即分饬各乡长遵照去后，旋据各乡长并各乡民众来会咸称"酒金水案，并未取决酒泉同意，妨害滋大，自应另文请命。所饬遵照之处，断难甘忍"等语，据此理合将遵照情形，呈请钧府鉴核施行。谨呈酒泉县政府县长殷。

酒泉县农会干事长朱子注（印）吴振河（印）

中华民国二十五年六月十三日

处理意见：

以代电报专署。

殷象琳
六月十六日

9—2. 酒泉县政府关于水利首领不得聚众滋生意外等事给农会干事长朱子注的训令

1936 年 6 月 16 日　　酒历 2—259

酒泉县政府训令一〇〇号

令农会干事长朱子注：

案奉行政督察公署专字第一五号训令内开"为令遵事'入原文'此令"等因，合亟令仰该会遵照，并转饬各该水利首领一体遵照办理。为要！此令。

民国二十五年六月十六日

9—3. 酒泉县长就农会干事长朱子注等上书事给第七区行政专员的呈文

1936 年 6 月 17 日　　酒历 2—260

甘肃省第七区行政督察专员曹钧鉴：

案据职县农会干事长朱子注等呈称"呈为呈请事'入原呈'谨呈"等情，据此查此次水程关系国赋民生，究应如何办理之处，伏祈钧鉴核夺只遵。

代理酒泉县县长殷（印）
民国二十五年六月十七日

处理意见：

在未奉省府新令之前，仍遵前令办理。该县长转呈"民众断难甘忍各节"，应切实晓谕，以利公令。

曹启文（印）

9—4. 甘肃省第七区关于酒泉农会干事长呈请酒金水利案给酒泉县长的指令

1936 年 6 月 19 日　　酒历 2—260

甘肃省第七区行政督察专员公署指令专字第二四号

令酒泉县县长殷象琳：

六月十七日八条代电"转呈该县农会干事长'呈请酒金水案民众决难甘忍'等情，请示遵"由代电悉。查此案迭经本署据情转呈省府核示在案，在未奉到省令以前，仰仍遵前令办理，该县长对所属民众，应即切实晓谕，以重功令。仰即知照。此令。

借印酒泉县政府（印）

专员曹启文（印）

中华民国二十五年六月十九日

10—1. 酒泉县民众安作基等关于酒金水规不能变动给酒泉县长的呈文及第七区专员的处理意见

1936 年 6 月 15 日　　酒历 2—261

呈为沥陈酒金水规，事实不能变更，伏祈顾及舆情，派定专员驻肃细查，以供裁定，以免纠纷，而安农村事：

窃民等前以金塔县向酒泉要求让水，系出一二好事者无端滋扰，妨害民生。及奉钧府转奉鱼电饬遵之余，民情惶惑各情，业已分别呈请及电呈在案。兹再将本案实在详情，为我钧府缕陈之：

（一）查酒泉县地域，紧限祁连山麓，山中积雪，冬结夏融，酒属傍山各区，如永定乡、文殊乡、丰乐乡、河北乡之西段，皆资此项雪水及夏季山洪以为灌溉，若其有余，则流入酒属之临水乡及河北乡之东段，下及金塔境内，以补浇之。盖以酒泉地势西南高而东北渐下；金塔则尤位于酒泉县之东北，地势尤下，以故酒泉全境有余之水，则必流入金塔，他处并无旁泄。即考之志乘，除上述酒泉县之永定、丰乐、文殊、河北各乡，专资雪水以为灌溉外，即酒属之河北乡东段及临水乡之全区，皆资肃城外东北一带之就地渗水，以为下流灌溉之需；而金塔水源则又以酒泉县之临水、河北各乡之就地渗水流入其境，以资灌溉。因之则志书载明，酒泉临水、河北两乡，接用永定、文殊等乡水尾；而金塔水源，则只以酒泉临水、河北等地之就地泉水为起点，此在未分县以前，即是如此。且其时雨雪及时，泉水畅旺，不独酒泉全境浇灌敷足；即金塔东西二坝，亦用之有余，且将金塔西北纵横数百里之荒滩，开殖王子庄六坝，安置吐鲁番归化缠民于其地，命王子以统理之，以蕃殖之，亦不感不足，数百年来，彼此相安无事，未闻有争水之声。近自民九、民十六、民二十一各年大地震以后，雨雪渐稀，泉水日涸，所有水量，不但无余流入金塔；即酒泉旧有土地，亦不足灌溉，酒属各乡，每年只能种地一半，且尤每被旱枯，农民逃亡，逐年增加，近年迭次报荒，即此因也。

（二）酒金水源，既如上述，则在酒泉境内聚成之河流，为讨来、洪水二河，虽可于山洪暴发时，溢流出境，然皆夏流冬涸，不能常济，至丰乐、马营二河，皆系本山口外余流，不过以之为附近灌溉田亩之用，根本既无远流出境之可能，近年亦干涸不济。该二河流之农田旱枯，农民逃亡者，为数最多。以故当酒泉雨雪稀少，河流干涸，农田枯旱之时；金塔则依其地势较低，且有酒泉临水、河北二乡渗流出境之泉水，尚可以灌溉金塔东西二坝之农田，使之丰稔；而酒泉则虽名居金塔上游，事实上仍不能使由境内流出就下之泉水，返流资灌。是此等泉水之利润，惟金塔独享，酒泉亦无如何。

（三）查酒金两县水程，水口则按该口所灌田亩应纳粮石多寡而分，水轮则按该口沟所有地亩远近而定，浇水之迟早，轮期之长短，则各依该各口沟分土宜地气，经数百年之阅历，先后多少，亦各不同。若竟骤令变更数百年之水规，不独两县大起纷扰，即两县内部，亦各以各口沟情形不同之故，不能适宜。

（四）查祁连山雪水，自源头流入金属之王子庄，路长约六七百里，均属沙地，倘无山洪暴发，即将酒泉所有各渠闭干，亦不能流到，故无论酒泉无山洪时无下流之水；即在金塔本县成规，亦定为于无洪水时，只以所有之泉水，灌金塔东、西二坝；在王子庄各坝，则必俟由酒泉出境之山洪流出，方可开口灌溉。盖以其地方窎远，渠尽沙堤，不接洪水，即流不到，故王子庄民谚谓："三十里河滩，四十里沙滩，水流不上地，黄羊兔子吃干。"此足王子庄地广路远，非酒金两县现有之泉水可以济事。惟可恃者，王子庄土宜较沃，且具有抗旱特力，每年若浇巨洪一次，即可望中收，若灌二次，则即丰稔成溢，因之王子庄各渠，自禾稼需水之日起，即延至月余，再灌，尚可济事；金塔东西二坝，亦可延至十余日而无碍；若在酒泉，则因地势高亢，土质僵硬，禾稼一逞旱象，若迟溉五天，或少浇水一轮，则必枯萎。

（五）依上所述事实，金塔若在酒泉分水地点另辟水口，不但所分之水过小，万流不到，总令勉强分下，则所经酒泉河北、临水二乡，尚有横堵河身按粮用水之小渠十余，势必完全拆毁，方可流下。夫拆毁若干年、浇灌若干顷之现有渠堤，以顺不可必到之金塔分水，而使该十余渠之农田，悉数干旱，揆以事实，讵能合算？

（六）据调查所得，金属王子庄因其地属平坦，开垦较易，在前清光绪三十年前后，因雨水多而山洪广，王子庄辟地虽多，仍足敷用，未闻有远跋酒泉开口分水之说。近年雨水稀少，山洪不发，该地受旱，自成不可免之事实，乃竟以日辟不已之田，索灌于酒泉，抑知酒泉已有田亩，无水浇灌，尤甚于金塔也！

（七）查酒泉地带傍山，凿井无水，金塔则地平天成，凿井数尺，即可及泉，倘能多凿水井，广开水塘，以备旱时之需，酒泉以地属邻县，为助民工，未始不能有济。

（八）查路政待修，为我国共有之策划，酒泉因系傍山县区，水沟道路，每被山洪冲坏，频修不易，防护尤难，穷苦农民，无力整修者，间有将计就计，以路为沟，借水道为走道之事，亦以其流水之时较少，走人之时较多也，而不究内容之行人，以为酒泉有水浇路，曷若把金塔浇地，实则此种借路为沟之水，均仍上地使用，并非抛弃作废也。

（九）查酒泉各区，一入冬令，各河全干，傍山各区民众饮水，只以秋季河水未干时，浚潴之涝池，以为饮料，若其不济，恒在数十里以外，有水之涝池取水。农用牲畜，每年冬季渴毙者，亦为数不少。一般傍山民胞，因饮污池不洁之水，每当春季，即遭瘟疫之苦。此等事实，历任县长，咸叹为无法解救之问题，而考及金塔水源总汇之暗门，大河奔注，经冬不休。

（十）查酒泉水序，只讨来河各渠于每年立夏之日，始正式分水，一经立冬，各口即行闭干；洪水河各渠，每年夏至前后，始能见水。是金塔接酒泉之水，每年约在半年以上，盖以酒泉、金塔均属甘肃人民与土地，酒泉民众岂能故存成见，靳而不与，偏使金塔枯旱。

（十一）统计酒泉全县各渠，每年修渠经费，约需洋两三万元，而所得水份，频年竟不敷用，每年五六月交，辄因浇水关系，动演命案，事实具在，非只耸听。岂能再使枯旱连年之酒泉小水，挹润金塔，置酒泉于生死不顾。

（十二）查金塔水源，全系泉流，现在水量，已比酒泉较大，乃将已有之水，不计数内，竟以酒泉截干上流之危词，瞒哄钧府，妄事干龁，希图自己水份加多，不管邻县利害，抑知若果事实可能，何以于千百年来，无此先例；而于分县之际，亦未划及，盖其事实所在，不能以人力强为也。以上各点，实系酒金水案不能变动之确切情形，及请派定专员驻肃细查各缘由，除分呈外，理合具文呈请钧座据情核转，实为公便。

谨呈酒泉县政府县长殷。

酒泉各乡民众：安作基（印）　张国定（印）　李正基（印）　　武效临（画押）
　　　　　　　陈炳蔚（印）　傅殿杰（画押）李鸿文（印）　　马世武（画押）
　　　　　　　龚政德（印）　武廷元（印）　任文炳（印）　　张百福（画押）
　　　　　　　狄兴儒（印）　李长寿（印）　李荣庭（印）[①]　王尚德（印）
　　　　　　　杨进崇（画押）翟厚龄（画押）刘汉兴（画押）　胡兴邦（画押）
　　　　　　　程德丰（画押）张登洲（画押）伊登泰（印）　　夏宗贤（画押）
　　　　　　　于鸿林（印）[②]张义政（印）

处理意见：

呈悉。查酒金水利纠纷前经具转专署后，旋奉指令仰仍遵照省府议决案办理。并据呈称仰候转呈省府核示只遵，可也。此拟。

曹启文（印）

六月十五日

---

① 编者按：印文为"子钧"。
② 编者按：印文为"于洪龄"。

10—2. 七区专员关于酒泉各乡民众安作基等人有关呈报酒金水规等事的批文

1936 年 6 月 20 日　　酒历 1—735

批专字第一七号

具呈人酒泉各乡民众安作基等：

呈一件"呈为沥陈酒金水规，派定专员驻肃细查裁定，以免纠纷"由呈悉。准予转呈省府核办，仰即知照。此批。

专员曹

中华民国廿五年六月廿日

10—3. 酒泉县长转呈甘肃省政府主席有关酒金水规不能变动等事呈文的电文

1936 年 6 月 23 日　　酒历 2—261

兰州省政府主席于钧鉴：

案据职县各乡民众安作基、李正基、李鸿文、任文炳、李荣庭、杨进崇、刘汉兴、陈炳蔚、龚政德、狄兴儒、程德丰、伊登泰、于鸿林、胡兴邦、翟厚龄、王尚德、张百福、马世武、吴效龄、张国定、傅殿杰、武廷元、李长寿、张登洲、夏宗贤、张义政等呈称"呈为沥陈酒金水规，事实不能变更，伏祈云云，实为公便。谨呈"等情，据此理合具文转呈钧府电鉴核夺。

酒泉县长殷象琳代行科长刘柄叩陷印

中华民国廿五年六月

10—4. 甘肃省政府关于酒泉各乡民众的呈文给七区专员的指令

1936 年 7 月 4 日　　酒历 1—735

甘肃省政府指令第一三九九号

令第七区行政督察专员曹启文：

二十五年六月二十日呈二件"为呈转酒泉各乡民众，沥陈酒金水规，并请派员驻肃细查裁定，以免纠纷一案，请核示"由呈悉。查此案业经电令遵照议决案办理，并分令酒泉县政府遵办在案，至水规应如何决定，仰由该员斟酌妥办，具报为要。此令。

主席于学忠（印）

中华民国二十五年七月四日

11—1. 酒泉县民众代表安作基等关于请酒泉县教育局长杨进崇赴兰州陈情事给酒泉县长的呈文①

日期不详　　酒历 2—260

酒泉县政府县长殷钧鉴：

酒泉灾祸频年，民命若寄，只以阨于边远，情难上达。□期泽及遗子，惠施仁浆，十万涸鲋危而复苏，再造鸿慈二天，永戴方庆，生机有赖。不意大难遽临，昨奉明令与金塔均水十日，众情惶悚不安于野。窃酒金水规早有定章，而金塔县好事劣监赵积寿希图聚敛之巧，挥霍民膏，蒙蔽聪听。经蒙省委远道屡勘，正值永雪弥漫，水量盈虚莫辨，自应审慎将事，方不负政府重大使命；乃竟不畏睚眦之嫌，据何事实，忍以民命为孤注，致演良民惨剧于眉睫。值此千钧一发，安危所系叠已，电恳钧座遴派委员，查明真相，再定方针。各情在案理应代表民情，匍匐省阶叩陈一切。惟是酒泉灾情严重，资斧筹措，尤难假酒泉县教育局长杨进崇因公晋省之便，民等敦托叩谒省座，沥陈详情，俾昭平允，乞钧府矜鉴，恩准转呈，曷胜感戴，企命之至。

酒泉县绅农学：安作基（印）　刘汉兴　　　杨进崇　　　李荣庭（印）②

任文炳（印）　狄兴儒（印）程德丰　　　伊登泰（印）

于鸿林（印）③胡兴邦　　翟厚龄　　　王尚德

张百福　　　马世武　　　吴效临　　　张国定（印）

傅殿杰　　　武廷元（印）李长寿（印）张登洲

夏宗贤　　　张义政（印）

等叩

11—2. 甘肃省政府关于酒泉县教育局长杨进崇赴兰州陈情事给酒泉县政府的指令

1936 年 7 月 6 日　　酒历 2—262

甘肃省政府指令建二午字第 1425 号

令酒泉县政府：

二十五年六月廿九日代电一件"为民众共托杨进崇晋省，沥陈酒金水利详情，乞示遵"由巧代电悉。查此案业于东日电令该县，应照本府第四百一十五次省务

① 编者按：原档案无日期，但从"昨奉明令与金塔均水十日"来看，应写于 1936 年 6 月 9 日之后。
② 编者按：印文为"子钧"。
③ 编者按：印文为"于洪龄"。

会议，令曹专员切实开导酒民，并仍遵原令办理在案，至水规如何改定，已电曹专员斟酌妥办具报，仰即遵照。此令。

主席于学忠（印）

中华民国二十五年七月六日

12—1. 酒泉县民众李鸿文等关于甘肃省政府派委员彻查酒金水利纠纷给酒泉县长的代电及酒泉县长处理意见

1936年6月9日　　酒历2—264

酒泉县政府县长殷钧鉴：

顷奉钧府训令内开"奉省府暨第七区专署训令内开'为令遵事。案奉省政府建二巳鱼电开酒泉曹专员、殷县长并转金塔县长览：查酒金水利纠纷一案，业经本府派员详细查明确，拟具办法提经省务会议通过，并分令酒金两县长遵照会同办理在案。兹查已届芒种放水之期，合亟电仰该专员监视酒金两县，即日会同前往拘足十日水量并将遵办情形，具报为要'等因，奉此正令行间又奉第七区专署第十号训令，令前因除会同金塔县遵照办理外，仰该会遵照并转饬各乡长一体遵照，此令"。除径电省府外，伏乞钧府俯念酒泉灾黎转恳省府另派委员彻查，俾免偏枯，殊胜惶恐，待命之至。

酒泉县民众：

李鸿文	王尚德	魏鸿逵	狄兴儒	张怀忠	阎成英	郭梓荫
马维英	郭梧荫	王进禄	梁国贞	张汉儒	郑佩瑛	景有仁
杨殿璧	高维士	李长寿	沈昭德	阎廷贞	翟厚龄	秦智业
龚学理	刘怀玺	程德丰	李含芳	张开选	安作基	张厚德
张聚财	阎学仁	银廷章	吴建邦	王　潭	张明义	陈炳蔚
马中元	刘嘉德	毛凤濯	万鸿业	张国定	潘重德	茹大本
朱善继	陈明学	罗禄荣	张顺永	任世文	田文荣	于同满
张子洲	盛世龙	狄　亨	王成德	张守谦	于宏林	张登洲
华恒玉	田大福	崔崇桂	徐为儒			

等叩佳[①]

中华民国二十五年六月九日

处理意见：

速转专署核办。

[①] 编者按：文末加盖"酒泉县农会之图记"印章。

12—2. 酒泉县长关于民众李鸿文等佳代电给第七区行政督察专员的电文

1936 年 6 月 10 日　　酒历 2—264

酒泉县政府代电一三二号

甘肃省第七区行政督察专员曹钧鉴：

　　案据职县民众李鸿文、王尚德、魏鸿逵、狄兴儒、张怀忠、闫成英、郭梓荫、马维英、郭梧荫、照录、徐为儒等佳代电称，顷奉钧府训令内开"入原电，待命之至"等情，据此理合电呈鉴核示遵。

代理酒泉县县长殷印

民国二十五年六月十日

12—3. 酒泉县政府关于酒金水利仍照省府办法办理给李鸿文的训令

1936 年 6 月 15 日　　酒历 2—259

酒泉县政府训令第一〇一号

令酒泉民众代表李鸿文：

　　案奉甘肃省第七区行政督察专员公署专字第七号指令"该县转呈李鸿文等佳代电'乞念灾黎转恳省府派员彻查，俾免偏枯一案'内开代电悉。仰仍照省府会议决议酒金水利办法，立特办理各复。此令"等因，奉此合亟令仰该代表等，遵照办理此令。

民国二十五年六月十五日

13—1. 酒泉县长关于文殊河北两乡民众聚众等事给肃州行政督察专员的电文

1936 年 6 月 12 日　　酒历 2—264

肃州行政督察专员曹钧鉴：

　　本月十一日，职属文殊、河北两乡民众约二百余人，蜂集职府，经职面询之下，据该民众声称"酒泉阖县人民生命全赖讨来河雪水灌溉田苗，以资救济。顷奉令给金塔分水，此水系全县人民命脉，值此芒种时节，若分放金塔十日水量，则酒泉人民就饿毙不可。今日纠葛全系杨、林两委员查报不实，偏袒一方所致，恳请县长作主，准予迅速转呈专员公署并省政府收回成命，派员复查"等情。据此，该民众诉毕，旋即跪泣不去，职即行开导，允即转呈后，该民众始行散去。伏思此次水利关系国赋民生，至为重大，究应如何办理之处，理合电陈示遵。

殷象琳叩印

中华民国二十五年六月十二日

13—2. 甘肃省第七区关于文殊河北两乡民众难允金塔分水一案给酒泉县长的指令及酒泉县长处理意见

1936 年 6 月 17 日　　酒历 2—260

甘肃省第七区行政督察专员公署指令专字第一二号

令酒泉县县长殷象琳：

文代电一件"为据文殊、河北两乡民众难允金塔分水情，究应如何办理，请示遵"由代电悉，已据情转电省府核办在案，在未奉省府明令以前，仰仍照省务会议决议办法毋违，此令。

专员曹启文（印）

中华民国二十五年六月十七日

处理意见：

速令文殊、河北两乡民众遵照。

六月十八日

13—3. 酒泉县政府关于民众水利仍照甘肃省政府决议办理一事给河北乡文殊乡的训令

1936 年 6 月 18 日　　酒历 2—260

酒泉县政府训令第一一十号

令河北乡、文殊乡乡长：

案奉甘肃省第七区行政督察专员公署专字第一三号指令"文代电二件'各据文殊、河北两乡民众难允金塔分水情形，究应如何办理，请示遵一案'内开代电悉，已据情况呈省府核办在案。在未奉省府明令以前，仰仍照省务会议决议办法办理毋违，此令"等因，奉此除分行外，合亟令仰该乡长遵即转饬民众一体遵照。此令。

酒泉县长殷象琳（印）

中华民国廿五年六月廿日

14. 甘肃省第七区关于约束民众不得借水聚众滋事致酿意外给酒泉县长的训令及酒泉县长处理意见

1936 年 6 月 13 日　　酒历 2—259

甘肃省第七区行政督察专员公署训令专字第一五号

令酒泉县政府：

为令遵事。查酒金均水办法，早经省政府决议在案，自应确实执行，而愚民无识，从中阻挠，亦属情理之常，要在为长官者，晓以利害，公平处理，庶纳民轨物，预杜纷扰。为此令仰该县长转饬该管各水利首领一体遵照，如有意见，应公推代表，依法定手续解决，不得再发生上项情事，故滋事端。倘有不听命令，聚众滋扰，致生意外者，即照妨害公安，严加惩处，当此灾民遍地，人心惶恐之特，该县长应特别注意，毋稍疏忽，切切！此令。

借印酒泉县政府（印）

专员曹启文（印）

中华民国二十五年六月十三日

处理意见：

速令农会遵照并转饬水利首领一体遵照。

六月十四日

15—1. 文殊乡各村民众华恒玉等关于请求收回酒金分水成命事给酒泉县长的呈文

1936 年 6 月 13 日　　酒历 2—259

具呈恳人文殊乡各村民众华恒玉、马静中、吴建邦等，叩恳县长大人辕下，为恳恩作主，维持原案，以免紊乱水规，而救民众生命事：

窃查讨来河之水，向分七坝，按粮石之多寡，每年立夏分水，相沿数百年之久，修理渠工，人夫工料等费，每年达五千余元之巨款，始能七坝分润浇灌。水口大小，均有规定尺寸，丝毫不容紊乱，七坝水口，各有长夫住守看护，昼夜不离。每坝又派护水夫，二十余名，来往逡巡坝堤，以免冲坏。而全赖祁连山之积雪融流，天气晴和，水量尽敷七坝浇灌。天阴吹风，水量顿减，以致各沟互相争水之案，每年常见叠起。而各沟之水规，按日期时刻，挨轮浇灌，应开之口，均有定例，民众等世世相守，不能侵犯，已数百年矣。现奉乡公所训令，内开"案准农会函开'案奉钧府训令，内开"案奉省政府建二巳鱼电开，酒金水利纠纷一案业经本府派员详查明确，拟具办法，提经省务会议通过，并分令酒金两县长遵照会同办理在案，兹查已届芒种，放水之期，合亟电仰该专员，监视酒金两县，会同前往，拘足十日水量，并将遵办情形，具报为要，此令（略）"合亟仰该村长，遵照转饬该村民众知照，此令'"等因，奉令之下，民众等不胜惊惶伏思，水为民命，食为民天，而酒泉地处边境，石厚土薄，禾苗并不耐旱，芒种节夏至前，即夏禾秋谷滋长之□□□□曝之，依日期时刻挨轮二十余日方能浇灌，则夏禾秋禾，俱被干枯，民安所生？此种情形民众等实难遵令。所有遵守水案清册，钧府有案可稽，惟有泣呈我县长钧座鉴核怜下情，维持原案，以免紊乱而救民众生命。如蒙恩准，则民众等不胜待命之至。谨呈酒泉县政府县长殷。

文殊乡民众：华恒玉（印）　　马静中（印）　　吴建邦（印）　　闫有成（画押）

王天禄（印）　　银廷章（画押）万鸿业（画押）张廷禄（画押）

王　汶（画押）傅好成（画押）赵　敏（画押）安怀基（画押）

任世文（画押）吴良仕（画押）翟滋礼（印）　　郭治平（印）

陈炳蔚（印）　　安作基（印）　　吴良栋（画押）茹克观（画押）

杨殿元（印）　　张聚财（画押）张明义（画押）阎仲英（画押）

张自昌（画押）盛世麟（画押）张学礼（印）　　张开选（画押）

贾兴祥（画押）崔凤勇（印）　　辛继祖（画押）田大福（画押）

张遐昌（画押）张得福（画押）张　福（画押）萧志斋（画押）

陈天寿（画押）唐祯年（印）　　崔第桂（画押）白又华（画押）

张万成（画押）王志凝（画押）陈大明（画押）白兰亭（画押）

阎福禄（画押）李成有（画押）王桂清（画押）崔凤荣（画押）

中华民国二十五年六月十三日

15—2. 酒泉县临水乡农民李鸿文等关于 呼吁制止向金塔均水事给酒泉县长的呈文

1936 年 6 月 13 日　　酒历 2—259

呈为无中生有，残害民生，伏乞钧鉴准饬金塔人民，各安生业，俾免酒泉黎庶，受彼遭殃事：

窃维酒泉，毗连关塞，地方素称瘠苦，而临水乡地土碱潮，多系包茅不出，更无路通大道。民十九、二十、二十一各年，三六师往来数次，无端滋扰，其灾困情形，已达于极点，较之他乡，更有甚焉。所润田之水，上段灌讨来河下流，下段浇洪水河渗水。近年以来，雨泽愆期，灾害并至，田地大半荒芜，人民多数死亡，哀鸿遍野，惨不忍闻，皆由于天灾人患之流行，亢旱频仍之所致也。正值民不聊生之际，突有金塔土豪赵积寿，含沙射影，蒙蔽上聪，假借要水让水之标识，实为挥霍民膏之伎俩，在省府饰词饶舌，破坏公安。昨奉省府电令，酒金水程一案，在芒种紧要之期，拘足十日水量，民众闻之，惊骇异常，仓皇万状，同有流离失所、九死一生之惨。况临水乡之水，流长七十多里，大小三十余沟，或有十四五天一轮者，或有二十余天一轮者，均系干沟湿轮、按粮点香，定时定刻，丝毫不能紊乱。在此时间，不但拘足十日，即是拘足一日，则捣乱水规，实逼生命无数。现今夏禾未遍分润，秋苗悉数冻干，倘劫后余生，再经摧残，势必同归于尽，民情汹淘，四野辍耕。是以恳转呈省府令饬，金塔收回要水之希望，而安酒泉无辜冤民，则全乡人民得安生业者，皆我仁府之所赐也。谨呈酒泉县政府县长殷。

酒泉县临水乡农民：李鸿文（印） 狄兴儒（印） 张有成（画押） 张 瀛（画押）

魏鸿逵（画押）胡兴邦（画押）张怀忠（画押） 傅殿杰（画押）

李元晟（画押）张国定（印） 朱文焕（印） 刘开邦（画押）

郭本潜（画押）邓占魁（画押）汪学仁（画押） 李得全（画押）

李成有（画押）刘兴汉（画押）吴三益（画押） 殷鼎铭（画押）

马万禄（画押）马殿成（画押）李天顺（画押） 王永道（画押）

李春喜（画押）翟文会（画押）闫成英（画押） 孙秉文（画押）

吴生祥（印） 龚大邦（画押）孙福先（印） 韩镒德（画押）

翟文寅（画押）张汉儒（画押）狄 亨（印） 郭梧荫（画押）

梁国珍（画押）刘廷铸（画押）王进禄（印） 雷金桂（画押）

张兆林（画押）黄兴财（印） 王兴泰（画押）赵乃芝（画押）

史中海（画押）赵彦邦（画押）祁克恭（画押）史朝圣（印）

刘大俊（画押）范希贤（画押）

民国二十五年六月十三日

15—3. 酒泉县长关于临水河北两乡民众聚众请愿事给肃州行政督察专员的电文

1936 年 6 月 13 日　　酒历 2—264

肃州行政督察专员曹钧鉴：

本月十二日职县属临水、河北两乡民众约四百余人，蜂集职府声称"酒泉水利系全县人民命脉，现在水源不旺。本县尤不敷用，若是分给金塔十日水量，则酒泉十万人民就全饿毙不可。前经委员查后，经民众央求代表转熊委员，始候几日等水下来方能明了真相。乃委员不能随即进省，任意偏袒，恳请县长、专员转恳省府收回成命，委员复查救济灾后子□"等情，据此经职开导允即转报，民众始散。实应如何办理之属，理合电陈示遵。

殷叩铣印

民国廿五年六月十三日

15—4. 甘肃省第七区关于临水河北两乡民众聚众诉报酒金水利等事给酒泉县长的指令

1936 年 6 月 21 日　　酒历 2—260

甘肃省第七区行政督察专员公署指令专字第一七号

令酒泉县县长殷象琳：

铣代电一件"为电陈县属临水、河北两乡民众蜂集职府诉报酒金水利情形请示遵由"代电悉。查酒金水利纠纷各情形，业经本署迭电省府核示在案，仰即转饬该民等，在省府未有新令以前，仍遵省府建二巳鱼电办理，勿再紧渎为要。此令。

专员曹启文（印）

六月廿一日

16. 甘肃省第七区关于酒民不服从均水聚众等事给甘肃省政府主席的电文

1936 年 6 月 17 日　　酒历 1—735

兰州于主席专密：

酒金均水办法酒民绝不服从，现聚众数千严防金塔分水，若双方接触必酿巨祸，除由职设法制止外，请速电示根本解决之策。

曹叩删寒印

中华民国六月十四日

17—1. 酒泉县永定乡乡长王成德关于请求勘查
旱情并恢复水规给七区专员的呈文及第七区专员处理意见

1936 年 6 月 17 日　　酒历 1—735

呈为呈请派员勘查荒旱，转请令复水规，仰祈钧座电鉴，怜悯边区灾民，俯赐准派委员履亩勘荒旱，而救灾黎事：

窃查酒金水案纠纷，经县农会转奉放水电令，属乡各农民情势汹沸，群众团结恳求钧座电请省府收回放水成命，并求制止妨害水程，而免农民失业，并将各村荒旱灾情困苦情形代电呈请、核转在案。惟查洪水坝渠世代相沿确有遗传铁规，先辈煞费苦心、辟划最周，非一朝夕之例。前经水利专员视察时水雪润漫，未尽详实，究竟该县水在何渠何堤，何月日为该县放水规期，有何根据事实可考证欤！即县志内载亦系尾水，乃该县一二好事土劣嚼舌妄动，致农民惶惶不安废农失业，有意捣乱数千百年之成规。况属乡历年干旱、民不聊生，现酷旱无雨芒种已过无水，夏至稍始见水，追立秋前后河水畅流，所以全乡多种秋禾少种夏禾，水迟之故。今春饥荒灾民无食兼缺籽种，多乞讨而流离，即秋禾亦半数未种，民穷地荒无法救济，已种之夏禾苗旱萎枯，秋禾待浇在即，农民大起恐惶，无水浇灌，岂有让人之水？且金塔土质肥沃，每年夏秋之间酒泉山洪暴发，浇经全境水尾自流于金塔，该县春夏季地自生潮，不见水而落雨，自能收获，实较酒泉大异。若果该县盲扰水规，必激属乡农民众忿，滴水不让，争持何日息平？至属乡凶荒饥馑、贫民逃亡、荒旱重灾惟本年最烈各情，曾经民庭刘厅长前次履查，并历呈有案。所有民众决不让水及荒旱灾情各缘由，除径呈省政府主席核夺外，理合具文呈请钧座电鉴核夺，俯准转请令饬各守水利旧规，以维农民生计，并派委员勘查荒旱灾情，设法赈济贫民，藉免流离失所，实为恩德两便。谨呈甘肃省第七区行政督察专员曹。

酒泉县永定乡乡长王成德（印）

民国二十五年六月十七日

处理意见：

水案纠纷省府已有定案，该乡长所请令饬各守水规一节，本署未敢擅办，惟灾荒及困难情形准转呈省府可也。

曹启文（印）

六月十七

17—2. 甘肃省第七区关于勘查旱情恢复水规给酒泉永定乡乡长王成德的训令

1936 年 6 月 19 日　　酒历 1—735

专字第二三号

令酒泉永定乡乡长王成德：

呈一件"为呈请转请令饬各守水规以维民生由"呈悉。查水案纠纷，省府已有定案，该乡长所请令饬各守水规一节，本署未敢擅处，惟所称灾荒及困难情形，已转呈省府核示在案，仰即静候省令再勿渎呈为要。此令。

中华民国廿五年六月十九日

18—1. 甘肃省政府关于酒泉民众代表刘宝珊等请另派委员彻查酒金水利再定办法等事给酒泉县长的训令及酒泉县长处理意见

1936 年 6 月 18 日　　酒历 2—261

甘肃省政府训令建二巳字第 509 号

令酒泉县县长：

案据酒泉县民众代表刘宝珊等佳电称"顷奉行政督察专员公署转令酒泉县府令开，以奉钧府建二巳鱼电开'酒金水案经钧府派员查明，拟具办法，令酒泉于芒种之期与金塔放水十天，即日遵办'等因，奉此，民众奉令极行惶惑。查酒泉水规厘定有年，迄又荒旱多不敷用，以致演成空前浩劫，乃金塔绅民无中生有，蒙上妄请。而前莅查之林、杨二员，只顾金塔要求，不管酒泉死活，即对酒泉用水情形，并未询查，即勒令酒泉让水，民众当时即以亏大未敢承认。且金塔水源，现比酒泉尚旺。若再令酒泉不敷之水再放给金塔，则酒泉今年以春种无籽播种，无多之地益全旱枯，灾民愈无希望，势必演成巨祸，农民更以所种地亩旱荒，咸行辍耕。钧府安忍据委员偏见，枯旱酒泉？伏乞另派要员彻底清查，再定办法。若竟以偏面请求推翻千百年成规，酒泉民众以损失过大，实难遵从。除呈专署及县府转呈外，谨电奉恳伏乞赐予采纳"等情到府。查此案前经本府派员前往彻查，以具办法，提经省务会议通过，分令酒金两县遵照会同办理，暨电令曹专员监视各该县长会同前往放足十日水量各在案。据电前情，除分令外，合行令仰该县长仍应遵照前令办理。此令。

主席于学忠（印）

中华民国二十五年六月十八日

处理意见：

 令行，刘宝珊等遵照。

七月廿六日

18—2. 酒泉县政府关于甘肃省政府训令给酒泉民众代表刘宝珊的训令

1936 年 7 月 27 日 酒历 2—262

令酒泉民众代表刘宝珊：

 案奉甘肃省政府建二巳字第五六九号训令开"案据酒泉县'入原文'此令"等因，奉此合亟令行该代表等遵照办理，此令。

民国二十五年七月廿七日

19. 酒泉县长关于勘察酒金分水情形等事给七区专员的电文

1936 年 6 月 21 日 酒历 2—260

 ……[1]署并令农会各乡长遵行在案。复经专员以事关重大，特召集酒金县长、各民众代表在专署开会，一再晓以奉令遵行意义。惟民众以分水十日，匪特混乱各乡水规，即沿河两岸大小水口一二十处，堤坝必须全行拆毁，损失民工甚巨，请求勘查，至再经专员提议，决议先派秘书、技士会同两县长等亲履勘查，以备执行分水。钜臸日甫将讨来河上游勘毕，一般无知乡民与金代表等几生冲突，职同秘书率同各乡长一面劝阻，一面开导，始行解散。伏思各乡灾民数千就赈城中之时，对此严重情形应统筹妥善办法，方能分足十日水量。设一经躁切，势必险象环生。县长为防微杜渐，不得不将履勘分水情形具实陈明，究应如何办理，除呈明专员外，谨电仰恳电示只遵。

酒泉县长殷象琳、代行刘柄叩马印

民国二十五年六月廿一日

---

 ① 编者按：原文件前部残缺。

20—1. 甘肃省第七区关于规定酒金均水施行试验日期
与办法给酒泉县长的训令及酒泉县长处理意见

1936 年 6 月 21 日　　酒历 2—260

甘肃省第七区行政督察专员公署训令专字第五八号

令酒泉县县长殷象琳：

　　为令遵事。查酒金均水施行事宜，曾经召集两县代表，磋商多次，迄未妥洽，近迭奉省府电催执行，势难再事迁延，兹特由本署规定，自本月二十五日起，先由讨来河为金塔放水八日，继由红水河为金塔放水二日，作为试验，一切均由本署及酒金两县政府，负责办理，除分令外，仰该县长速令讨来、红水两河坝范围内，保长以上负责人员……①

借印　酒泉县政府（印）

专员曹启文（印）

中华民国廿五年六月二十一日

处理意见：

　　速令农会暨各区长遵照，万勿延误为要，此令。

六月二十二日

20—2. 酒泉县政府关于规定酒金均水施行试验日期
与办法给酒泉县农会干事长朱子注等的训令

1936 年 6 月 22 日　　酒历 2—261

令酒泉县农会干事长朱子注，各区区长：

　　案奉甘肃省第七区行政督察专员公署专字第五八号训令内开"为令遵事。查酒金均水施行事宜'入原文'此令"等因，奉此除分令外，合行令仰该干事长、区长遵照，万勿延误为要，此令。遵照呈转饬该区保长以上负责人员一体遵照，万勿延误为要，此令。

中华民国二十五年六月廿二日

---

　　① 编者按：原文件后部残缺。

21—1. 甘肃省第七区关于酒泉民众聚众打伤金塔代表责令
从严惩办给酒泉县政府的训令及酒泉县长处理意见

1936 年 6 月 22 日　　酒历 2—260

甘肃省第七区行政督察专员公署训令专字第二六号

令酒泉县政府：

为令遵事。查本署日昨派员偕同酒金二县长及水利代表，前往讨来河口，勘查渠坝。据回报"查毕临回之际，在渠口龙王庙附近聚众千余，由主动者吹哨为号，一时喊打之声大作，石块乱飞并集中目标，将金塔代表打伤二人"等情，似此野蛮举动，实属目无政府，干犯法纪，合亟令仰该县长遵照饬令该乡，迅将预谋主动为首滋事分子，送交该县政府，从严惩办，以儆不法，切切！此令。

专员曹启文（印）

中华民国二十五年六月二十二日

处理意见：

分令各乡长迅将为首滋事分子送交，以凭惩办。

六月廿五日

21—2. 金塔县民众代表王安世等关于酒泉民众聚众逞凶
阻挠放水给第七区专员的呈文及第七区专员处理意见

1936 年 6 月 23 日　　酒历 1—735

呈为聚众暴动，执石逞凶，藐视法纪事：

窃金为均水纠纷昨奉钧示，令代表等协同公署委员暨酒金代表、县长亲往河口公视开水地点，并不思有聚众行为。孰意酒泉代表朱子注等阳奉阴违，聚众千余人在河口各执榆棍、挑杈排列如麻，预备滋闹，不唯不容我等勘视，且不容我等车马前行。各委员在沙黄兔河口勘讫，代表等见势如此凶暴且骂不绝口，代表等紧帮委员，而行凶众千余人阻我车马不容前进，偶尔乱石交加。诸委员畏之，身翼其前，该凶掷石于后；委员又身翼其后；该凶又掷石于前。打我等车棚，全敝身不可支，而以铺车毡褥裹覆头冑，车中乱石仍飞落不已。若非秘书长及各代县长等弹压，几乎命遭毒手。前次公署开会面谕代表等，金塔民夫见钧示不能上河。而酒泉民夫不奉钧示，何河上啸聚如此之多？显系酒泉代表暗地主唆，视法律同儿戏，一味以众暴寡，以强凌弱，特聚众为能事，欺我金蕞尔小邑莫敢伊何！情迫不已，谨将代表等受辱各情节沥沥呈明专员案下，按律惩治，抑习雪耻，仍照定案均水，则代表等如同再生矣。谨呈甘肃省第七区行政督察专员曹。

金塔县民众代表：王安世（印）　李经年（印）　谢鸿钧（印）　宋执中（印）
　　　　　　　　梁占金（画押）雷声昌（画押）王国宾（画押）卢汉谟（印）

处理意见：

　　公呈悉查。日昨本署派员偕同酒金双方代表前往勘查讨来河口，该地人民聚众逞凶，实属藐视法纪，业经令行酒泉县府严拿惩处在案。酒金原属一家，嗣后应互相谅解，以期恢复曩昔情感，至于均水一事，本署惟有遵奉省令毫无偏倚，仰即知照。

曹启文（印）
六月廿三日

21—3. 酒泉县政府关于将滋事分子迅速交送县府惩办给文殊等乡乡长的训令

1936 年 6 月 30 日　　酒历 2—261

令文殊、永定、河北、临泉各乡乡长：

　　案奉甘肃省第七区行政督察专员公署专字第二六号训令内开"为令遵事'入原文'此令"等因，奉此除分行外，合亟令仰该乡长遵照，迅将为首滋事分子，送交来府，以凭惩办，为要！此令。

民国二十五年六月卅日

22. 甘肃省政府关于酒金水利纠纷给酒泉县长的电文

1936 年 7 月 1 日　　酒历 2—261

酒泉殷县长：

　　酒金水利纠纷一案，仰遵照本府第四百一十五次省务会议决议，电曹专员切实开导酒民并仍遵原令办理，至水规如何改定，已电曹专员斟酌妥办，具报仰遵照。

省政府建二东印

23. 甘肃省第七区关于酒泉第五区民众代表张学诗等为山洪决堤请制止金塔放水的批示

1936 年 7 月 22 日　　酒历 1—735

□□字第一三一号

酒泉第五区民众代表张学诗等为山洪决堤请制止金塔放水祈核特由，拟批为查金塔放水迭奉省电催办功令攸关，事在必行，至山洪决堤系该民等失修堤坝所致所请未便照准。

代：杨曦（印）
七月廿三日

24—1. 酒泉县农会干事长朱子注等关于省府委员查案不明均水方案不切实际并请求重新派员勘察等事给甘肃省民政厅长的呈文

1936 年 8 月 25 日　　酒历 2—274

呈为呈明委员查案不明，拟办偏于理想，不能切合事实，请另派员细查，以维农村事：

窃酒金水案，蒙省府令派林、杨二委员，莅肃勘查，拟办报呈之件，多属空洞理想，不能切于实用，且多偏袒不公点，以致酿成向不争而今年偏争、向无纠纷而今年偏有纠纷之巨案。兹将该委员等，所呈偏私理想，及不切事实之处，谨为钧厅陈之。

（一）查金塔固定水源，以酒属东北两乡，临水、清水及北大河各河，渗出下流汇聚暗门墩之河流，为其四季独有之泉水，每年夏间，酒泉南山山洪涨发，下流益之，即足灌溉，数百年来，即是如此。乃原呈将金塔固有之水，隐而不叙，只说"酒泉自立夏分水起，至立冬退水止，独享利益；金塔毫无水可灌"，如果属实，则金塔自立夏讫立冬，即无水浇，金塔人民，岂不即旱荒全逃，何以至今犹蕃衍自如？此查报偏袒，不合事实者一。

（二）查志书所载"王子庄东西各坝，系讨来河、红水河水尾"，乃原呈偏云"系讨来河并红水河水尾"，反谓酒泉人士，不考志书。此查志不确，意图偏徇者二。

（三）查山洪涨发，每年必有，已成多年定数，乃原呈以假设之词，谓"然则山洪不发，金塔永无灌水之日"等语。究竟何年未发山洪，何年金塔未曾见水，何不表而出之？此考事不明，危言耸听者三。

（四）酒泉地带傍山，地气高寒，播种过早，即遭冻毙。故必于立夏前后下种，于立夏以后，浇灌头水。若提前浇，不但苗未出土，而且山麓各地，全靠泡地播种，于芒种以后，始浇头水，事实上断难移调。乃原呈主张，将酒泉讨来河分水之期，展前十日，竟不顾事实上之曾否可能，此其偏于理想，不切事实者四。

（五）酒泉讨来、洪水二河，流经县境，俱各六七十里，沿岸渠口，其数不止原呈所述之少，且须在河滩相机筑堤，方可障水上地，而原呈谓"与金塔均水之际，闭上游之口，即可由河放入金塔"。然则下游其他各口之堤，不致毁坏，岂能将水放下乎？况此两河所有各坝堤，每年春季修筑，人工物料，所需数在两三万元！为时多在一月以上，今只为金塔放十余日之水，而忍毁坏巨量数之修筑，衡以轻重，讵能合算！此其偏于理想，不近事实者五。

（六）原呈金塔人民，因均水之利益，于放水后，复西河各水口，以尽应有之义务。假若金塔人民，于放水后不来修筑，即于放水后能否即日修讫，原呈未明白规定何人为之保险。将来因放水故，酒泉堤坝冲毁过巨，短时不能修竣，酒泉即遭旱灾。此等情形，事实上势所必有，此其偏于理想，事实上不能贯彻者六。

（七）原呈谓"酒泉人民，灌水必使水量淹过田禾，灌稻余水四溢，毫不樽节，且多昼灌夜退"等语。查该员等，莅肃查水之际，适值冰雪弥漫之时，不但水尚未浇，而且籽未下地，乃竟偏袒诬赖，捏词报呈，究竟酒泉何处灌水淹过田禾？何处余水四溢？某家昼灌夜退？且所指之讨来、红水、清水各河所流之范围内，何时何人种过稻田？此其捏造事实，栽赃谋偏者七。

（八）查酒泉额粮，数共九千余石，各区用水，盖以粮石多寡，昼夜挨灌，不但计时分刻，而且爇香订数，分厘丝毫，俱不能错。虽于报荒之外，又有改屯为民之正粮二十余石，要以以粮易银，仍为公家纳赋，与完全豁免者，迥然不同。原呈于酒泉则将丰乐川千人坝及改屯为民之粮，删不计数；于金塔则不独将改屯为民之粮，计入数内，却将浇黑河水之天夹营六十余石粮数浇酒泉北乡水之两新野五十余石粮数，亦混计入内。此等覆呈，宛似为金塔谋偏，殊失秉公查案之原则，此其意存偏袒、太欠公允者八。

根据以上各情，酒泉人民实受亏太大，并非意存成见、故违功令，忍令邻县受旱。伏祈钧厅鉴核，恩准另派委员，常川驻肃，作年余之细查，以经验与事实，作解决之标准，只图酒泉受亏不致太大，则酒泉人氏，无不听从者。况以地势而论，酒泉全境，西南高而东北渐下，金塔位于酒泉东北，为酒泉各水汇聚必入之地，他处并无旁泄，又有不断泉水无，长年流注，加之再由酒泉出境之山洪，每年必发，以山济泉，颇足敷用。乃金塔少数野心家，意图藉公私己，枉作无病之呻吟。是故以鸦片论，金塔较酒泉所出为多，以蔬菜而论，金塔比酒泉上市较早。以不能耐旱之鸦片与蔬菜，且能既多且早，则该县所称之点水不见者，宁非虚语？所有子注等所呈林杨二员，查案不明，拟办偏于理想，不能切于事实，及请另派委员细查，以维农村各缘由，理合逐条声明，伏祈厅长钧鉴核夺，实为德便。谨呈甘肃省民政厅厅长刘。

酒泉县农会干事长：朱子注（印）　　　　吴振河（印）
酒泉县第二区署区长：刘宝珊（印）
酒泉县第三区署区长：郭梓荫（印）
酒泉县第四区署区长：刘永贵（印）
酒泉县第五区署区长：王成德（印）
酒泉县第六区署区长：岳元龄（印）

酒泉县各区水利代表：安作基（押）　李正基（押）　王尚德（押）
伊登泰（押）　吴效临（印）　李鸿文（印）
狄兴儒（押）　李荣廷（押）　龚政德（印）
杨进崇（印）　李长寿（印）　石作宾（押）

民国二十五年八月二十五日

24—2. 酒泉县政府关于农会干事长朱子注等上书事给甘肃省政府主席的电文

1936 年 8 月　　酒历 2—262

案据职县农会干事长朱子注及各区区长刘宝珊等及各区水利代表安作基十一人等，呈称"呈为呈明委员查案不明'入原呈'谨呈"等情，据此理合据情转呈，伏祈钧座电鉴核夺，指示遵行。谨呈甘肃省政府主席于。[①]

三、1939 年夏季各种交涉与冲突

25. 酒泉县政府就遵照上年成案执行酒金分水案并请第七区公署派员监视等事给七区专员的呈文

1939 年 5 月 3 日　　酒历 1—142

酒三辰字第三六号

酒泉县政府呈：

案奉钧署训令专秘卯字第二一五号略开"饬遵照省会规定均讨来河水办法，将职县立夏分水之期，展前十日以便执行一案"，业经县长令行各区转饬，沿河各坝人民一体遵行，并由本府派员会同第二区区长黄佐汉前往西河口一带，监视均分各在案。兹于本年五月十五日，又奉钧署训令专秘辰字第二四三号略开"查本年芒种分水之期，转瞬即届，除分行外合，亟令仰该县长遵照本署去年颁发之执行《酒金水案暂行办法》各项之规定，分别准备，具报来署，以凭按期执行，勿延为要，此令"各等因，奉此当即令行职县县农会转谕县属讨来、洪水各坝人民，仍遵照上年成案均放并积极准备一切外，理合具文，呈请钧署届期派员会同监放，以重水案而戢争端实为公便。谨呈甘肃省第七区行政督察专员曹。

代理酒泉县县长凌子惟（印）

民国二十八年五月三日

---

① 编者按：原电文无落款日期。

26. 甘肃省第七区专员关于甘肃省主席代电给酒泉金塔县长的代电

1939 年 5 月 17 日　　酒历 1—142

酒泉、金塔县长：

奉兰州主席朱建宸元电开"入原文"等因，奉此，查此案经省府会议议决二年，于前因□□□，迄未能遵照原案办理，于公家法之尊严不无影响。兹奉前因，除电省政府核示并分行外，合亟电仰该县长遵照，迅即会同金塔、酒泉县长切实执行、具报查核，并转饬该代表等知照。

专员曹霖印
五月十七日

27. 安作基等关于酒金本年立夏放水等情给予七公署的呈文

1939 年 5 月 30 日　　酒历 1—142

第七区行政督察专员曹钧鉴：

查职县本年立夏分水流量微细、民荒地旱各情，前已由民等以电呈报省府并电恳钧座请予在省转呈在案。乃昨奉县府训令转奉钧署训令以奉省府虞电仍为金塔放水，酒民闻风情愈惶惑。查金塔水量较酒为大之实情，上年钧座率同酒金两县官绅曾经实地勘察选报有案，省府又何必于已有工程彻底办法之际，仍作不济事实之表面放水，使疲于亢旱之酒民咨嗟怨望，或竟因此而激出意外。钧座对此案之执行已用尽种种方法，事实能否行通，早在洞鉴，金民未沾实益而酒民之怨钧座，及受其损害者业已事实昭明。伏乞电呈省府准将此项原案暂停执行，免致碍及抗战前途，耗人财各力于无味之乡。肃电奉恳敬祈转呈，无任盼祷。

酒泉县各区农民：安作基（印）刘东英　　张国定　　　闫学明（印）
张学仁　　吴致临　　吴振河（印）朱子注（印）
伊登泰（印）杨源清（印）张汉儒（印）张明仁（印）
秦治业（印）王尚德（印）陈炳蔚（印）巴九龄（印）
中华民国廿八年五月三十日

28. 金塔民众代表朱天伦等关于迅速执行酒金均水以解救金塔民众等事给七区专员的呈文

1939 年 6 月　　酒历 1—142

窃查金塔连年荒灾，人民瘠苦达于极点，往返驻军供支最巨。无如今岁异常干旱，芒种均水无效，人民惶恐万状，势难存留。查酒、金原属一家，情同兄弟。

自民国成立，改州为县，始分为二。立夏后，酒泉拦堵殆尽，不管金民生活。金塔虽小，亦属国家之一县，何酒泉摧残之甚也。代表等惟有恳乞钧案，仍照省府第四百零五次会议决定案执行均水，现虽逾期，速宜补均，以救金民，未为晚也。况法律为国家之准绳，乃人民之保障，任何人应当遵守。省府二十五年，执行酒金均水定案，至今金民未沾实惠，乃钧座今春令酒泉立夏前早开十日先行浇灌，至芒种定均水金塔，布告在案，即不能执行。均水又早开十日，似此情形，金民冤上加冤，人民群起匐匍前来恳乞钧座做主，迅速执行均水，以救灾黎，保全民命，则金民不啻沾恩于生生世世矣。谨呈甘肃省第七区行政督察专员公署专员曹。

金塔县民众代表：朱天伦（指印）李孝功（指印）李培基（画押）王习曾（印）

张宗澄（印）　白怀义（画押）李子清（指印）吴希功（指印）

张学武（画押）王明儒（指印）李丰年（指印）王作英（指印）

李科全（画押）王得荣（画押）顾生元（画押）马万年（印）

顾元墉（指印）魏振让（指印）段成德（画押）吴润德（画押）

葛天培（指印）张好学（指印）阎伯凯（指印）何成业（画押）

中华民国二十八年六月

29—1. 甘肃省建设厅长陈泽诚关于大暑
放水供给金塔县给七区专员曹启文的电文

1939 年 6 月 27 日　　酒历 1—142

曹专员汉章兄：

金塔分水禀省府建二巳漾电，请兄执行大暑五日放水供给金塔县，为维持本年金塔秋禾着想。兄督察七区，对于酒金人民自必一律爱护，务请以毅力赴之，以重功令。至明年以后之放水办法，府方不日再派委员测勘拟定，呈核并闻。

弟陈泽诚漾印

29—2. 甘肃省第七区专员曹启文给
甘肃省建设厅长陈泽诚的复电

1939 年 6 月 27 日　　酒历 1—142

兰州建设厅陈厅长子博兄：

漾电奉悉。酒金争水案，弟苦心示理，于中实无偏私，然省府不谅责以因循，金民不谅以为有私，幸未肇事端，不至增主座西顾忧，余可勿论。业已会商解决办法，以宥代电呈核。大暑放水，自当遵办，派员测勘，实所欣慰，谨复。

弟曹叩感印

30. 甘肃省政府关于金塔县长的呈文给七区专员的训令

1939 年 7 月 14 日　　　酒历 1—142

甘肃省政府训令建二午字第 1308 号

令第七区行政督察官员公署：

　　案据金塔县县长赵宗晋呈"以酒金均水一案，关系全县民生，为县内之重要事件。当于芒种均水之前一日（即六月五日），偕同地方绅首及民夫等同赴酒泉准备开水。次日早晨，曹专员派科长程子美会同酒泉县府代表仇醒亚、金塔县府代表张振基等及驻军乘马先行，在西河口守候。乃金塔民夫七十余人步行较慢，沿途伏藏酒民甚多，群出阻拦，武力交加，不能前进。由酒泉城至西河口五十余里，当以众寡不敌，金夫无法再往，只好折回。此日均水，竟无结果。嗣后金塔民众异常忿激，再度恳求补均。旋蒙钧府照准，乃又于六月十三日，由金塔农会会长吴国鼎等率领民夫百余名，由二九八旅二营段营副带领步兵一营偕同前往，到达河口。彼时，虽有酒民千余名据守河口，力图抵抗，终以段营副开枪十余发并令士兵包围酒民，不使蠢动一方，任金塔民夫开掘河口，计共开水口八处，水势全向金塔。竣工以后，始各转返酒垣。乃于官署人员及驻军去后，未及三十分钟，酒民一拥向前，仍照河口，将水照旧堵截，并将看守河口之金塔民夫数名殴伤。金塔实际并未得均水之任何利益，徒劳两度往返而已。以上本年执行酒金均水情形，理合具报，即祈鉴核，迅予设法执行水案，以资救济涸旱，不胜待命之至"等情，据此除指令外，合行令仰该专员将此次放水情形，详细具报核办。此令。

主席朱绍良（印）

建设厅厅长李若军（印）

民国廿八年七月十四日

处理意见：

　　放水情形已以电详报矣，此件于存。

七月廿九日

四、1940 年夏季各种交涉与冲突

31—1. 金塔县政府请求甘肃省第七区专员
派员执行均水事的呈文及七区专员处理意见

1940 年 5 月 16 日　　酒历 1—688

甘肃省金塔县政府呈金字第八四号

为呈事：

案据本县民众代表王安世吴国鼎雷声昌吴崇德王哲武等呈称"呈为呈恳请照案执行均水，以济民众，实沾水泽事。查自民国二十五年四零五次首务会议议决通过，准予每年芒种日起，将酒泉各坝口封闭，均水十日，以顾金塔夏禾在案。迄今五年之久，每年有均水虚举，而民众无得水之实惠，则酒泉似此掩耳盗铃，我金塔依然海底捞月，如斯含糊，虽百世我金塔亦不能见点水。今年如再敷衍，不能实在照案执行，则金塔县之民众竟无生路，尽皆负耒耡逃往关外，无法遏止挽救。查水为人之命脉，人民无水不能生活。恳请钧府转恳专员亲履河口，切实照案执行均水，使实惠均沾，以救金塔孑遗之民，则代表等及金塔民众沾感鸿恩无涯矣。谨呈"等情。据此，查此案虽经历年钧署严令执行，但因酒民反抗，金塔迄未得实惠。现值水期在迩，除由县预备民夫，届期前往均水外，理合具文转请钧座鉴核，准予届期派员亲履河口，切实照案执行，以济民命，实为公便。谨呈甘肃省第七区行政督察专员曹。

代理金塔县县长赵宗晋（印）
中华民国二十九年五月十六日

处理意见：

仰该县长届时亲带民夫来肃监放，并令酒泉县长会同监放。

五月廿四日

31—2. 甘肃省第七区关于派员均水给酒泉县长的指令

1940 年 5 月 31 日　　酒历 1—688

甘肃省七区公署指令专一辰字第 353 号

令酒泉县长凌子惟：

案据金塔县长赵宗晋本年五月十六日呈称"入原文"等情，据此，除指令外，合行令仰该县长届时亲履河口，会同金塔赵县长监放为要。此令。

曹启文（印）
中华民国廿九年五月卅一日

32. 甘肃省政府关于金塔县长请求照案均水给七区的训令

1940 年 6 月 4 日 酒历 1—688

甘肃省政府训令□巳字第 1287 号

令第七区专员曹启文：

案据金塔县长赵宗晋呈称"民众代表王安世等呈请届时派员亲履河口，切实照案均水，以救民命"一案，除指令"呈悉。已令第七区专员遵照本府决定分水原案，切实执行监放，并饬酒泉县长会同该县长协办矣。仰即遵照，妥慎办理具报"等语，印发并分令外，合行令仰该专员遵照，切实办理，具报为要！此令。

主席朱绍良（印）

建设厅厅长李兴军（印）

中华民国廿九年六月四日

33. 甘肃省七区公署关于建蓄水库以根本
解决酒金水利纠纷给省政府的电文

1940 年 6 月 7 日 酒历 1—688

兰州一三四四〇密建二巳江电虞辰奉悉，督同酒金两县长驻军及金塔民夫前往分水，初将图迆坝开掘，酒民千余人一拥而上，石棍乱飞，伤金民二十四人、酒民五人、兵一人。嗣后酒民愈聚愈多，形势凶猛，一下各口无民再开。诚恐事态扩大，随令军队复送金民返城。查本年天寒水少，如用强制，必滋事端。何若速建蓄水池以求根本解决。除受伤者送院医治外，谨电奉闻。

职曹鱼印

中华民国二十九年六月七日

34—1. 金塔县政府关于赴西河口均水
被酒泉民众殴伤抢掠给七区专员的电文

1940 年 6 月 7 日 酒历 1—688

甘肃省第七区行政督察专员曹钧鉴：

本日奉命偕酒泉凌县长赴酒境西河口均水，同时调派金塔民夫二百余名，由绅士白怀义率领前往，以便修筑工事。乃水案执行尚未开始，突有酒泉民众千余，各持械具，围击金塔绅民，计金民负伤者廿余，重伤三人，白绅被殴垂毙，驴等携款抢掠一空。幸马旅马连当场布队掩护，余仅身免。均水一节，迄竟无法举行，似此骚聚民众、抗令逞凶，显系有组织之暴动。若不设法祛除，恐滋其他祸患，致贻抗战前途之尤。究应如何执行水案，惩办凶残之处，谨请鉴核施行。金塔县县长赵宗晋谨叩鱼印。

金塔县政府（印）

中华民国廿九年六月七日

附失单一纸：

被伤廿二人，伤重三人，姓名如左：白怀义、俞翰章、王习曾；

失踪七人（在二百人内）；

失踪驴七头；

白怀义等失款□元。

处理意见：

饬酒泉严惩首犯。

启文

六月十一日

34—2. 甘肃省第七区关于西河口均水时酒泉民众持械殴伤金塔民众事给酒泉金塔两县的训令

1940 年 6 月 8 日　　酒历 1—688

甘肃省七区公署训令专一巳字第 366 号

令酒泉县县长凌子惟：

案据金塔县政府赵县长鱼代电开"入原代电"等情，附失单一张。据此，除指令外，合行令仰该县长遵照，彻查严惩首犯为要。此令。

附抄发失单一张。

甘肃省七区公署指令专一巳字第 107 号

令金塔县县长赵宗晋：

鱼代电暨附件均悉。已令酒泉县政府澈查，严惩首犯矣。仰即知照。

中华民国廿九年六月八日

35—1.金塔县民众代表吴国鼎等关于分水期间酒泉民众聚众闹事给七区专员的呈文

1940 年 6 月 8 日　　酒历 1—690

呈为聚众伤命抢劫财畜邀乞钧鉴严加查办以儆凶恶而维法纪事：

查金酒均水乃奉省政府令，代表等应遵命不得一□□□□前往河口均水，同时钧署委陈科长、驻军马连长及金酒县□□□□前□，□出城后，有酒泉二区区长黄作汉乘马飞行，金塔民夫离河口尚有数里，酒泉民夫视有暴动，□□□急令军□□黄作汉力阻勿前，如有其他情形，有伊负责，即请军队到庙休息。一转动间，该黄作汉暗令酒泉首人崔水利员保□□□夫约千余人藉军队休息突然前往，手执木棒、石块乱打。金塔民夫只有二百，当然寡不敌众，任酒民夫乱石乱棍击打□□代追，少壮逃走，老弱受伤。幸经马连长尾追其后，从中制止，将黄作汉看守。查伤最重者率夫代表白怀义、王习曾，代伤者俞汉章、常珍福等，河口点交凌县长，二十二名抢劫民夫给养票洋二百七十元，驴子四只，衣物等件。另粘清单又查民夫四名，未见踪迹，殒命活捉未曾查妥。俄而执行均水，凌县长又保黄作汉仍在河口指挥。妥查沙黄兔均属二区管辖，该黄作汉正为二区区长，不惟暴动行凶，并反对省令军人受伤者一人，以致均水不成，酒金县长奉令均水，黄作汉擅行河口，率夫打伤，奉谁命令□□□□□□泉民夫足见应酬酒金均水。

省府议决已成铁案，法律乃国家之准绳，人民之保障，无论何人应□□□□□□□□□。酒泉独立代表等将下情据实呈请钧署电鉴讯赐查办，追还抢劫财物驴子，并请将黄作汉讯审以明真象，依法治刑而招□诚。为此，谨呈第七区行政督察专员曹。

金塔县民众代表：吴国鼎（印）　方进仁（印）　常兴家（印）　李玉明（画押）
　　　　　　　赵志鲁（画押）王安世（画押）雷声昌（画押）王重俭（印）

附失踪人姓名及财物清单：

何法隆、孙太、蒋凤柱、王得礼；

白怀义失黑叫驴一个，鞍子一付，褥子一条，长袖一件，系腰一根，票洋一百零五元，眼镜一付；

韩多顺失镢头一把；

李生才失镢头一把；

关生才失口袋一条；

白念祖失织布袍子一件；

王天才失夹袄一件，票洋三元五角；

李蕊全失灰叫驴一个，票洋三元，被袍一个，皮褥一条，鞍屉一付；

俞汉章失本布袍子一件，丝布衫三件，被袍一件，洋草帽一顶，马棒一根；

王习曾兰丝布衫子一件，驼毛搭子一个，马棒一根，褥子一个，茶缸子一个，票洋壹拾贰元；

付作冰皮褥子一根；

何其瑞夹袄一件，票洋四十元；

王遇诗黑叫驴一个，票洋二十元，棉袄一件，棉裤一根，鞍子一付，棉线搭子一个；

王平科羊毛小搭一个，票洋二元三毛；

张锡成失皮鞋一双，夹袄一件；

张宗荣失驼毛搭子一个；

王生和失驼毛搭子一个，青丝布长袖一件，票洋壹拾贰元七毛，青洋斜鞋一双；

常祯福失呼青搭子一个，票洋贰元；

向生辉失皮褂一件；

要尔能呼青搭子一个；

柴清和灰叫驴一个，鞍屉一付，棉线搭子一个，花褥子一个；

赵得文票洋四十五元五角；

董吉英夹袄一件，票洋五元；

赵仁刚票洋四元，夹袄一件及鞋一双，镢头一把；

孙惠元票洋七元；

马中林棉袍子一件；

李宗成票洋五元；

票洋三元，皮鞋一双。

处理意见：

派程科长切实查办，将该应首之崔即传署询质。失物令酒泉县责成二区即日赔清，并指令该代表等执照。

启文（印）

六月八日①

35—2. 甘肃省第七区关于分水期间酒泉民众聚众闹事给王安世吴国鼎等人的批示

1940 年 6 月 9 日　　酒历 1—690

批示专一巳字第 64 号

具呈人金塔县民众代表王安世、吴国鼎等：

廿九年六月八日呈一件"呈为酒泉民夫聚众伤命抢劫财畜请鉴核由"呈及失单均悉。除将该应首人员传署讯质外，已令酒泉县政府查明勒令该区如数赔偿，仰卯知照。此批。

七区专员曹启文

中华民国廿九年六月九日②

---

① 编者按：原文件页边另有"呈悉，除将该应首人员传署讯质外，已令酒泉县政府查明勒令该区如数赔价，仰即知照。此批。专员曹启文六月廿七日"手写处理意见一条。

② 编者按：原文件于页边另附"本案应切实责成酒泉县负责将失物赔清。启文，六月二十七日"手写批示一条。

35—3. 甘肃省第七区关于分水期间酒泉民众聚众闹事给酒泉县长的代电

1940 年 6 月 9 日　　酒历 1—690

代电专一巳字第 194 号

酒泉凌县长览：

案据金塔县民众代表王安世、吴国鼎等，本年六月八日呈称"入原文"等情，据此。除将该应首人员查办并批示外，合亟电仰该县长将所有失物，勒令二区即日陪清，并将办理情形具报为要。

附抄失单一纸。

专员曹专一巳佳印

中华民国二十九年六月九日

36—1. 酒泉民众殷培林等关于酒金两县均水
纠纷给七区专员的呈文及七区专员处理意见

1940 年 6 月　　酒历 1—688

呈为决堤放水断绝民命事：

窃查酒泉四境田禾端赖讨赖、红水二河之水，按粮均分，以资稼穑。自汉迄今，代远年永，率由旧章，并无歧说。即乾隆初，黄公修肃志时，已载明金、王接讨赖、红水二河之水尾，亦无上河决堤之例。不意民国十六年，该县有首绅赵积寿勾串劣绅，矜奇立异，锢蔽上听。前委勘察之员，该县夤缘运动，附和其议，遂致连年扰乱水规，致酒泉百姓不能生存，而军政长官格于不达事实之上命，动以军威擅压酒民，附和该议。为该县放水最烈者，本年六月六日，该县首领率民户五六百名，铣镶四五张，余皆执杖，先意蓄谋横击，强霸放水，殴伤我坝民夫六名。该首领见伤我夫，暗命该夫各自击伤，伪卧二十二名，希图抵赖。该县人先事粉词电达上宪，先发制人。该县于前月密地陆续调来游民，散布各乡，以取水为名，致酒泉四乡一月之内，被抢劫者十余家，无从缉捕，岂非杀人有转尸所而能无赃证可寻乎？然酒泉于讨赖河取水于立夏前一月，酒泉民夫修堤浚坝，日需万人，逾月方成；一旦决堤开放，修理复经月余。此处禾旱时久，逾期不浇，能留一草半苗乎？酒泉地当冲要，款项、夫役支应冗繁，民穷财匮，已达极点。该县偏处边隅，差款输轻，兼有特产棉布、索驼，吸收利源，民殷户富。当此国难时期，该县藉其余力兴波鼓浪，扰我酒民。酒金连境，乘我困弊，其心亦何忍乎？况酒泉担负过重，民不堪命，近来逃亡饿毙者不知凡几，若再直接受该县决水之害，酒泉之民非坐毙即流亡而已。后方岂不少一伙助乎？酒泉筹思延残喘之民命事微，而抵抗外侮关国家之存亡责重。即依旧日水量，金县足富壹仟叁百石粮之户民。维持旧制，兼活九千余百石粮之生命，孰得孰失？若不依循旧例，遵行抑制该县恶霸，任其翻江倒海，将来酒民不免流离。知而不言，有负上宪爱民慈衷；言之不行，只有延颈待毙而已。酒民诚惶诚恐，具呈上闻，除呈第四法院外，谨呈甘肃省第七区行政督察专员曹。

附呈酒泉民众花名一纸，计壹仟贰佰捌拾肆人。[①]

中华民国廿九年六月

处理意见：

呈暨附件均悉。查两县均水，案已久定，所谓循旧例阻止开放一节，本署未便做主，仰该民等深体两县唇齿相依之义。国难时期，安定后方为抗战主要之策略，互助互谅，仍照过去分水办法，按期均水，以垂邻谊，是为至要。至于失单所列伤人、失物各节，经查此次滋事，先由该县人民动手，地又在该县境内，而当日滋事人数，该县人民又多出金民三四倍以上。按理，该县为祸首；按情，金民远来均水，绝无有意滋事之理。故该县人民所有损失实属咎由自取。姑念民财困顿之苦，准饬该县县长就近追寻，将来找到与否，不与金民相干。仰即遵照为要。此批。

曹启文

中华民国二十九年六月二十九日

36—2. 甘肃省第七区关于酒泉民众殷培林等请求追还失物给酒泉金塔县长的训令

1940 年 6 月 8 日　　酒历 1—689

甘肃省七区公署训令专一巳字第 368 号

令酒泉县长凌子惟：

案据该县民众殷培林等壹仟贰佰捌拾肆名呈称"入原文"附抄失单一纸等情，据此，除批示外，合行令仰该县长遵照追查为要。此令。

附抄发失单一纸。[②]

37—1. 金塔民众王哲武等关于请求派委员严格执行酒金均水定案等事给甘肃省政府主席的呈文

1940 年 6 月 8 日　　酒历 3—692

呈为呈请速赐委员严厉执行酒金均水定案，并请查办酒人凶殴不法各情，祈依法严治，以彰国纪事：

---

① 编者按：签名从略，实有姓名 314 个。
② 编者按：此处未见失单，原文并无落款。

查酒金均水案迭经钧府两次省务会议决在案，每年芒种日起，由酒金河源讨来河口与金塔均水十日，以济夏禾。又于大暑后，由红水河口均水五日，以浇秋亩，俱有定案可查。事经三年，虽有均水之名，仍未见滴水流进金塔。此经过情事，厥有两因：一则酒民有意阻挠，再则第七区曹专员不能实力执行。是此敷衍将事，以致金塔人民奔走徒劳，望水如命，田禾被旱，地成焦土，惨苦之状不胜名言。本年幸蒙钧府电令第七专署及酒金两县长，使派民夫前往□案均水，乃于六月六日即本年芒种日，金塔绅首并民夫二百名，齐集讨来河口，听候放水并由酒泉驻军马连长带领军士协助，将至西河口石庙，有酒泉第二区区长黄作汉为之倡首，邀集军人入庙，未集准备，随令酒民猛行暴动。大概拥出去一千余人，各持长棍，向金塔民夫四面围击并将各民夫所带给养费共计二百七十元抢掠殆尽。比及驻军出庙弹压，已将金民打伤多人，其余逃命不遑酒泉人民愈拥愈多，群追不已。专署陈科长及凌县长再三劝使金民不要放水，即将受伤过重不能行动之白怀义等二十二人当场验明伤痕，交付凌县长带回，尚有失踪四人，至今未见音信，不知沉落水中？不知为酒人暗地所毙？凶殴之际，有乘马来往指挥者二人，据黄作汉言，一人崔凤俭，一人吴保长，此是众目所见，该凌县长亦未过问。为此情形逞凶反抗，致将钧府命令置于度外，金塔人民冤沉海底，受伤多人，奄奄待毙，无法申诉，只有哀呼主座电鉴，怜念金民，维持威信，迅请遴委贤员莅境实行均水定案，以救灾民，并请查办酒人凶殴不法各情，以昭法纪而惩凶恶。特此呈请伏乞恩允指示只遵。谨呈甘肃省政府主席朱。

金塔县公民代表：王哲武　李玉明　王安世　常兴家　成国胜　方进仁　王桂中　　梁学诗　吴崇桂　吴国鼎　王重检　雷声昌　梁启明

民国二十九年六月八日

37—2. 金塔县民众吴国鼎等关于酒泉县民众聚众抢劫财畜等事给甘肃省主席的呈文

1940 年 6 月　　酒历 1—693

呈为聚众伤命抢劫财畜遥乞钧座严加查办，以儆凶恶而维法纪事：

查金酒均水乃奉钧府令代表等理因遵命，不得不率民夫前往河口均水，同时专署委程科长，驻军派马连长及金酒县长、代表等先后前往河口。出城后，有酒泉二区区长黄作汉乘马飞行，金塔民夫离河口尚有数里，酒泉民夫视有暴动，马连长急令军队制止。该黄作汉力阻勿前，如有其他情形有伊负责，即请军队到庙休息。一转动间，该黄作汉暗令酒泉二区水利崔凤俭、吴保长率民夫约千余人，借军队休息，突然前往手执木棒、石块乱打。金塔民夫只有二百，当然寡不敌众，任酒泉民夫乱石、乱棒连打代追，少壮逃走，老弱受伤。□□马连长尾追其后，从中制止，□□黄作汉看守。查伤最重者率民夫代表白怀义、王□□，带伤者□

□□、□□□等二十三名河口点交凌县长。抢劫民夫给养票洋二百七十元，驴子四只，衣物等件□□□□。查民夫□□□、□□、蒋凤柱、王得礼四名未见踪迹，殒命活捉未曾查妥。俄而执行均水，凌县长保黄作汉仍在河口指挥□，查黄沙、兔儿均属二区管辖，该黄作汉正为二区区长，不惟暴动行凶，并且反对省令，军人受伤一名，以至均水不成。酒、金县长奉令均水，黄作汉擅行河口率夫打伤。奉谁命令？其情可疑。凌县长并未斥责酒泉民夫，足见应酬金酒均水。钧夫议决，已成铁案。法律乃国家之准绳，人民之保障，无论何人，应宜遵守。酒泉民夫抢劫更胜土匪，法律可否能容？抑或酒泉独立？代表等将下情据实呈请钧府电鉴，迅赐查办，追还抢劫财物、驴子，并请将黄作汉讯审以明真相，依法治罪，而昭□戒。为此，谨呈甘肃省政府主席朱。

金塔县民众代表：吴国鼎　王安世　吴崇德　方进仁　王重俭　常兴家　王哲武　雷声昌

37—3. 甘肃省政府关于金塔民众代表吴国鼎等控告酒泉黄作汉阻挠分水、伤人劫掠等事给七区专员的训令

1940 年 6 月 24 日　　酒历 3—692

甘肃省政府训令建二巳字第 1422 号

令第七区行政督察专员曹启文：

　　案据金塔民代表吴国鼎、王安世等呈"为酒泉黄作汉等聚众暴动打伤人命，抢劫财畜，请严办"等情前来，除批示"两呈均悉。查酒金均水发生械斗一案，已电饬曹专员、马旅长等严加制止，并召集两县之长暨民众代表会商和平有效办法，负责监放在案。至所称黄作汉等聚众暴动，打伤人命，抢劫财畜一节，仰候令曹专员彻查具后，以凭核夺"等语，印发合行抄发原件，令仰该专员彻查后，以凭核夺。此令。附抄发原呈二件。

主席朱绍良（印）
建设厅厅长李若军（印）
民国二十九年六月廿四日

37—4. 甘肃省第七区专员催令酒泉县政府查办金塔民众控告酒泉民众相关事项的训令

1940 年 7 月 12 日　　酒历 1—693

训令专一午字第 411 号

令酒泉县政府：

　　案奉甘肃省政府本年六月廿四日建二巳等第一四二三号训令开"入原文"等因，附抄原呈二件。据此，查此案前据该民等径呈到署，当维本署电饬该县长彻

查具报在案，何以事过多日，迄今未呈复。奉令前因，令合行令仰该县长遵照，迅即彻查具复，以凭核夺。此令。

附抄原呈二件。

民国廿九年七月十二日

38—1. 酒泉县农民安作基请求省府彻查酒金分水纠纷等事给七区专员的代电及七区专员处理意见

1940 年 6 月 12 日　　酒历 1—689

酒泉县政府代电 225 号

第七区行政督察专员曹钧鉴：

窃查酒泉自春徂夏，气候不均，雨水两缺，时过芒种，无水灌田。讨来河水量微细，洪水河迄今未发水，各河渠坝多涸，禾苗被旱枯萎，灾荒现象转瞬即成现。农民需水如命，因干旱争水斗殴涉讼者，时有见闻。乃金塔人民昧理欺心，强求决放酒泉之水，何藉上峰公令，岂知酒民痛苦。然强迫放水，事实难能，酒民以酷旱情急之际，一旦激生意外，政府亦必不忍闻此。当以平和，免酿成祸，既与金塔无益，反与酒泉有损；承认放水万难遵命，民情慌急，怨声沸腾。万恳彻查实情，转请省府停止与金塔放水而苏酒民生命，临电迫切，无任待命。

酒泉县农民：安作基（印）王尚德（印）李鸿文（指印）田生科（指印）
暨八万余农民全叩
中华民国廿九年六月十二日

处理意见：

具原代电人酒泉农民安作基、田生科等代电一件"为呈报该县水量微细禾苗枯萎请转呈停止与金塔放水而苏酒民由"删代电悉。除转呈省府核示外，令示以前，仰仍服从省令，不得滋事，以援后方治安为要。仰即遵照。此批。

38—2. 甘肃省七区公关于酒泉农民安作基等请求停止给金塔放水等事给省政府的代电

1940 年 6 月 29 日　　酒历 1—689

甘肃省政府主席朱钧鉴：

案据酒泉县农民安作基、李鸿文、田生科等暨八万余农民等删代电称"入原代电"等情，据此，查本年酒泉各坝因山中积雪太少，天气又寒，水量较小，确属实在情形。据电前情，未便壅于上闻，除遵照钧府建二己咨电办理并指令在案，令示以前，仰仍服从省令，不得滋事，以援后方治安外，理合具文转呈，鉴核示遵，实为公便。谨呈甘肃省政府主席朱。

职曹启文（印）

中华民国廿九年六月二十九日

39. 酒泉各区农民赵耀廷等关于控告金塔赵积寿等事给七区专员的呈文

1940 年 6 月 18 日　　酒历 1—689

第七区行政督察专员曹钧鉴：

窃查金塔劣监赵积寿市侩无赖，狡诈性成，把持地方，武断乡曲，藐视官府，钳制人民，以腐败不堪之老朽，操纵该县之权柄，吮民血汗，供其挥霍之资，摇尾奔营，扩张恶绅私势枭獍行为，人莫敢撄。势焰顿增，野心蓬勃，既扰害酒金两县人民不能安务农业，复谋捣乱后方，影响抗战前途，蓄意扰害酒泉，使农民不安，耗财废农，后方空虚，必致乱萌，遂生彼复运动流氓、游匪嗾向酒泉四乡，抢劫农民大受损害，惊慌不安。彼之欲望目的已达，又在该县敲诈民财，混迹省垣，夤缘奔走，希图投机以市侩陇营参议员，侥幸诡谋而竟成，该绅实系满清余孽，思想陈腐，不明参政意旨，惟知谣惑该县人民，大肆鼓吹宣传满清复国之伪词，煽动愚民而盲从该绅扬言欺人，自称"头枕蒋总裁，怀抱朱主席，手携专员，足踏县长"。或有问伊参议员，居何阶级？伊称"前清宣统皇帝业已在某处登基，将来伊即转本御史之职，任免县长，伊自有权柄。现金塔向酒泉拼水，较前更易，伊在主席之前，言听计从，屡次电令酒泉官府，强迫执行与金塔放水，皆伊之力，不但伊在省府宠信，即在中央政府蒋总裁处均有声望"等语，似此老奸谲滑之劣绅，置身参议之要津，尽为私人扩张势利，实有捣乱后方反对政府之行为，若不电请究治明正其罪，何以维持地方治安，以儆奸宄。

酒泉县各区农民：赵耀廷（印）任世文（印）　殷学礼　　　张谦有（印）

刘永富（印）马明中　　　　翟玉秀　　　秦治业（指印）

杨文炳　　　马维吉（指印）任向观　　　张瑞廷

卢崇德　　　孙锡龄　　　　吴国俭　　　孙秀林

陈有才　　　杨殿元（印）　马金龙（印）崔凤俭

崔翰源　　　张洪年　　　　盛世臣（印）张积德

盛万禄　　　王殿杰　　　　崔滋润　　　崔凤冈

孟学义（印）张子洲　　　　闫柏鉴　　　赵廷璧（印）

宋耀武　　　申多详（印）　张攀桂　　　毕生禄

范登贤　　　祁克功　　　　赵尔德（印）冯世臣

闫仲英　　　陈炳蔚（印）

等叩

40. 酒泉河北坝民众马桂吉等关于彻查金塔赵积寿扰乱水规等情况给七区专员的呈文及七区专员处理意见

1940 年 6 月 19 日　　　酒历 1—691

呈为耗材费力取水不易，劣绅害众，扰乱水规事：

窃查金塔劣绅赵积寿，假公济私，祸国殃民。民国十六年，勾串金塔无知之徒，讨要讨来河之水，经肃州行政长李朝杰及镇守使裴建准亲自查明，既无前例，且逐年减少之酒泉用水，万不能分给金塔，谕令勿再生端，打消金塔原案。迄今二十五年，该赵积寿又复捣乱。省府委派杨世昌、林沛霖二员，来肃查勘。适值冬令，河水鼓冰，到处皆白，实际情形，无法探视。杨、林二员昏悖不明，含混卸责，借词酒泉水多，蒙蔽呈报，前主席于不查，以关系重大之事，冒然立案，酒民屡屡呈诉，毫无效果。查酒民取用河水，艰苦匪易，千百年来，不知耗费若干血汗金钱，始克谋得一饱，仅就卑坝等而论，已足惊人。卑坝有一大口系河北坝，三小口系野麻湾、新城子、老鹳闸。每年由清明至立夏，一月之间，修坝夫役，纷纭不绝，一切用品，供给无休。春夏两次，共需夫九千余名，芨芨三万四千余觔。每觔以五分合洋一千七百余元，葫麻草一万二千余觔，以三分合洋三百六十余元，又费用铁铣、铁尖子等项洋二千八百余元，食用不计其数。统上所述已足可观，尚有其他各坝以及千百年来其数字实不可思议。虽山为公山，水为公水，然亦须受尽万苦千辛之后，方能取得。何况年复一年，亢旱逐加，雪雨不降，水源无着。早年十四五丈之水量，现已减至四五丈微少。金塔用水，得各河下游，步步生津之利益变为泉水。酒泉虽至荒年，金塔仍可丰润，而且酒泉水规，古今遵守，丝毫不敢紊乱，用水时点香计算。近年水少，有香已完而水尚未到地者，稍一不慎，命案即出，且酒泉田地土薄石厚，禾苗非浇地四五次不能生长成熟，每次至少亦等待半月或二十天、一月不等。少水一次，既成旱灾，而金塔地质潮湿，则可见水既能丰收。今该赵积寿等既思不劳而获，复欲捣乱酒泉水规，而害至田荒人死之地步，险恶如此，实抗战期中之汉奸。尤其是金塔，富甲七区，粮食丰盈，酷害酒民，其心何居？前经省府议定，派员建修蓄水库。此实良法，亦建国中之大计。若只夺酒人之水付之金塔，恐非爱民之道。为此，恳祈钧座电鉴核夺，转恳省府，取消与金塔放水之成案，务须派员重行勘查，以重民命，并请实行修建蓄水库之决议，以全政府威信。如蒙恩准，感德无涯矣。谨呈甘肃第七区行政督察专员。

酒泉河北坝民众：马桂吉（印）①高宗礼（印）雷崇德（指印）杨文炳（印）

刘永富（印）　孙占禄（印）张□□（指印）吴国俭（印）

宋耀武（印）　赵建树（印）谢永平（指印）李进堂（印）

———————————

① 编者按：印文为"马维骥"。

闫栢监（印）　梅得贤（指印）……①

民国二十九年六月

处理意见：

　　来呈一味指责金塔不应分水，且涉及私人，不明大体。要知酒金原系一县，水利在昔即共同办理。刻虽划界分治，精神上仍应保持唇齿相依之谊。历年水案不能顺利执行，根本原因固属雪线日高，水源渐涸，而两县民众代表各有偏私，未尝非本案执行之惟一困难因素。除将实情具呈省府外，在未奉令前，仍仰该民等，深体时艰，勿因细故，致滋事端，是为至要。此批。

曹启文（印）

六月十九日

41. 陆军第八十二军二百九十八旅旅长马步康奉省府命令邀请金塔县长来酒泉商议均水办法的公函

1940 年 6 月 18 日　　酒历 1—693

恭字第 22 号

径启者：

　　顷奉司令长官兼主席朱电开"酒泉马旅长子壮借县府凝密前电计达，并曹专员等电报酒金均水发生械斗，除会同专员及凌、赵二县长等切实晓谕，并会同该旅长妥议办理外，仰速会同和平有效办法，负责秉公处理，以期膏均沾。万一不遵行，可由该旅长沿河派兵震慑，勿令两县民众进前先行开口，放水五日应以资救济。如再有滋事者，准予逮捕究办，并将会议结果及决定办法，先行电复司令长官兼主席朱绍良，建二巳齐印"等因，奉此除电复照办外，相应函请贵县长查照，迅即命驾来肃会同商议办法，并照电令执行，以符功令，实纫公谊。此致金塔县县长赵。

旅长马步康（印）

六月十八日

42. 甘肃省第七区专员、二百九十八旅旅长关于酒泉民众包围公署事给省政府的电文

1940 年 6 月 23 日　　酒历 1—689

兰州一三四四：

　　密马午电凉察，事前召集两县民众代表切实晓谕后，养晨率队一营前往放水。酒民在河口已聚两千余，情甚愤激，弹压无效。今午复议办法时，酒民忽集千余

---

① 编者按：原文自此以下残缺。

来署情愿，势焰极凶，初与保安队冲突，继又寻赵县长。经职等亲往制止，幸未肇事，再三劝谕，迄未解散。刻钟洪水已发，而例案执行更增困难。究应如何办理，请示遵职马步康、曹启文已梗戌叩。

曹启文（印）马步康（印）

中华民国二十九年六月廿三日

43—1. 甘肃省主席关于查办酒泉民众聚众包围专署给七区专员的电文及七区专员处理意见

6月30日　　酒历1—691

曹专员启文并转凌县长子惟梗漾电悉：

位密均水案，酒民竟又至专署抗命，殊属不法，仰仍遵照齐电负责执行，并将此次滋事首要查明严办，以遏刁风，仍将办理情形报查。

司令长官兼主席朱

处理意见：

饬酒泉严办首要分子。水案如洪水已发，即呈明省府不必再分。

启文

六月卅日

43—2. 甘肃省七区关于悉查酒金水案纠纷等情给甘肃省主席的代电

1940年7月3日　　酒历 1—691

代电专一午字第 146 号

甘肃省政府主席钧鉴：

建二巳俭电奉悉。查酒泉迭次大雨，洪水骤发，近已流达金塔，尚足灌溉。关于酒金水案纠葛，现已告一段落，除饬酒泉县政府将此次滋事首要拘案严办具报外，谨电奉覆。

职曹专一午佳印

附件：

代电 147 号

酒泉凌县长览：

案奉甘肃省政府建二巳俭电开"入原省"等因，奉此。除电覆外，合亟电仰该县长遵照，将此次滋事首要拘案严办，具覆为要。

专员曹专一午佳印

民国廿九年七月三日

43—3. 甘肃省第七区专员、二百九十八旅旅长
报告由军队放水事给甘肃省政府的电文

1940 年 7 月 3 日　　酒历 1—693

兰州一三四四位密建二巳俭电奉悉。当晚，职等率兵一团，亲赴河口监放，酒民到者即予包围，由兵掘口放水约二分之一。除滋

事首要查办另报外，谨闻。

职马步康　曹启文叩午江秘印
七月三日

附件：

抄省府原电

曹专员并转凌子惟、赵宗晋县长鱼阳电悉。查酒金均水历有成案，此次滋事虽因天寒水少，究系处理未当，漫无防范。除电马旅长派兵镇慑放水外，仰速会同马旅长，召集两县民众代表，要议和平有效办法，负责秉公办理；须知酒金唇齿相依，不能偏枯，应由该专员、县长等切实晓谕旨两县民众，勉以大义，迅速解决，勿稍偏倚至要，并电复。

朱绍良建二巳宥

44. 酒泉县农民赵耀庭等关于赵积寿假公济私
贻害酒泉等事给七区专员的呈文

1940 年 6 月 21 日　　酒历 1—689

甘肃省第七区行政督察专员曹钧鉴：

金塔恶绅赵积寿假公济私，借名敛财，包藏祸心，贻害酒泉，煽惑金塔民众漩起向酒泉分水之谬潮。当省府于二十五年委杨世昌、林沛霖二员查办时，该赵积寿奴颜婢膝，贿以金钱之外，又复媚以女色，寡廉鲜耻，狗彘不食。而杨、林二员竟以利欲熏心，不顾酒民生死，人云亦云，捉风捕影，谬词呈报。前省府于主席不查，轻予立案，酒民历次呈辩，毫无效果。

查酒金用水各有定规，千百年来灌溉相安，且金水多于酒泉，早经查明。金塔农产品多，而且早棉花到处皆种，富甲七县，更可证明赵积寿敛财乏术，借要水之名，横摊滥派，而以酒民生命为工具。比年啸聚民众前来酒境河口暴动，闾阎不安。值此抗战时期，该恶绅既酷害酒金人民，复扰乱后防治安，迹近资敌，形同汉奸，祸国殃民，罪大恶极。顷者更在金塔滩收麦子一百二十余石，运驼一百余只，于六月十六七日来酒粜卖，阳办水程，阴入腰包。尤可痛者，该劣绅自

列身省参议会以来，借名器以煽动，辱领袖而造谣，有"头枕总裁，脚踏县长，怀抱主席，手携专员"之狂吠，到处招摇。

总之，所谓酒金水案，全系该赵积寿一手所造成，并无若何事实上确切凭证，该劣绅不铲除，酒金民众无安宁之日。水案不复查则亦永无彻底解决之时，且恐强制执行厚金薄酒之下，复有大惨剧发生之一日。政府之威信，人民之生命，两者孰重孰轻，钧座明烛万里，岂须妄赘，迫切电陈伏候核示。

酒泉县农民：赵耀亭（印） 狄兴儒（印） 邢宗敬（印）丁尚学（印）

　　　　　　韩兴邦（印） 张凤德（印） 武秀文（印）谢思聪（印）

　　　　　　狄　亨（印） 张有成（印） 杨兴贵（印）舒自成（印）

　　　　　　惠念宗（印） 佘国珍（印） 闫兴财（印）张进喜（印）

　　　　　　张兴德（印） 谢永平（指印）梅得贤　　 徐吉仁（印）

　　　　　　高顺礼（指印）李进堂　　 白文华（印）安怀基

　　　　　　冯世承　　 李进全

等号叩

中华民国二十九年六月廿一日

45. 甘肃省政府关于酒泉杨殿元请求第八战区司令部调查金塔官绅决堤抢水一案给七区专员的训令

1940 年 6 月 28 日　　　 酒历 1—689

甘肃省政府训令建二巳字第 1455 号

令第七区行政督察专员曹启文：

案查前据金塔民众代表吴国鼎等呈以酒泉黄作汉等聚众暴动打伤人命抢劫财畜一案，业经令饬该专员澈查具复以凭核夺在案。兹奉第八战区司令长官司令部法兰字第三七二号训令开"案据酒泉县讨来河各坝民众杨庆文等虞电称'本月某日，金塔赵县长及绅首督率壮丁几百名暗至讨来河口，将酒泉修坝民夫包围乱击，头破骨折、重伤十余人，危在旦夕；继则驻军大队开到，协同金塔壮丁将坝堤寻险掘毁。伏思酒泉地当国际要线，尤为后方重镇，一切负担较他县亦重。乃政府罔顾事实，忍令无辜酒民罹此浩劫，用特电恳钧座迅电制止，并正以伤害之罪。俾维治安而重民生。临电泣陈，无任待命等情'。据此，究竟是何情形，合行令仰彻查究办，具报为要等因"。奉此，合行令仰专员遵照迅速并案澈查，具报为要。此令。

主席朱绍良（印）

建设厅厅长李兴军（印）

中华民国廿九年六月二十八日

46. 酒泉沙子坝户民陈炳蔚等关于水利艰难请求
停止均水事给七区专员的呈文及七区专员处理意见

1940 年 6 月 29 日　　酒历 1—690

呈为维持水利，断绝葛藤，以重民生事：

窃查酒泉县沙子坝，河深水底，形如燕子垒窝，言渠堤危险不固也。地临山坡，石厚土薄，需水最勤，逾旬失水，苗则槁矣。坝之两岸，完全沙漠，风吹水激，容易溃堤。浚泉干坝夫三百多名，春分节动工，修浚逾旬，水坝夫五百多名，立夏前工作月余方减，需工二万四千工，每工七角，合洋一万六千四百余元。留护坝夫四十名至秋后止，费不在上述内。用作石笼芨芨二万余斤，合洋九百元。胡麻草二万余斤，合洋四百余元。树苗七十车，合洋一百四十元。需此巨款，取水用犹不足，每年旱禾十分之三。二十五年，杨、林二员勘查水时，正值二月地冻未解，水无所施漫延横流，该委员即以放湖灌路之词蒙蔽上司，工不详察，蒙混立取水案，偏彼苛此，纵不为酒民生活计，独不为国家后方计乎。此真控制酒民为汉奸。自十六年扰害至今，历十四年之久，酒民困顿已极，众怒沸腾，行此最后之决诀目的，祈请速停放水之议，如上令不允，惟俟命而已。谨呈甘肃省第七区行政督察专员曹。

　沙子坝户民：陈炳蔚（印）　杨殿元（印）　赵　敏（印）　毛孔贤（指印）

　　　　　　　张明任（印）　王　汶（印）　闫兴财（印）　张积德（印）

　　　　　　　贾敬忠（画押）贾洛先（指印）傅好成（指印）张廷禄（指印）

　　　　　　　曹锦龄（印）　贾兆丰　　　　马明中（指印）李保元（指印）

　　　　　　　刘兴祥（画押）孟学义（印）

　　　　　　　　　　　　　　　　　　　　　　　　　　　　　　　　　等

中华民国二十九年六月

处理意见：

修工固苦，而无水旱田更苦，两县仍为抗战后防重地，应各自设法增加生产，以巩国基，万勿存畛域之见，为此而扰乱后防秩序。如日来聚众滋事，不但使社会不安，且数千人每日以有用之生产力，毫于无用之械斗，此种恶风在平时已在严禁之例。况时逢战时，纵不为两县民众着想，能不为抗战前途着想乎？仰深体政府此意，早化私见为要。此批。

　　　　　　　　　　　　　　　　　　　　　　　　　　　　曹启文（印）

六月廿九日

47. 黄草坝民殷学信等请求停止均水事给 七区专员的呈文及七区专员处理意见

1940 年 6 月 29 日　　酒历 1—690

呈为涸辙鲋以重后方国计事：

　　窃以黄草坝在讨来河南岸第三口，自龙口上地计长六十余里，全是青沙并无土质。每年春分节起，夫千余在上河源浚泉淘沙，千人共作月余不息。肃地气候每逢清明前后，狂风日吹，弥月不止，随风行填沟塞渠，沟即是路，路即是沟，此用水时由路行也。挑渠护坝，需用芨芨编装石笼，犬牙相依，外用草绳绊系密如蛛网，堵截逆行上岸约七八里。用芨芨二万七千余斤，胡麻草二万七千余斤，树梢七十车，计干坝夫三千余，水坝夫一千余，合计九千余工，每工七角合洋费洋六千三百余元，芨芨、胡麻草、树梢，合洋二千元，需款甚多。而该县劣绅赵积寿目为天然自流、民夫之苦役疮疾归乌，何有反翻率夫强夺权利，不讲公理。自十六年开端扰乱水规以致废弃稼穑，掣肘后方饷援，比至于今，怒不可遏，祈请速决免受迟毙命之厄。谨呈甘肃省地区行政督专员曹。

黄草坝户民：殷学新（印）　马全龙（印）　陈有财（印）

盛万禄（印）　张福基（印）　白文华（印）

等

中华民国二十九年六月二十九日

处理意见：

　　呈悉。本专员主政七区已历数载，该坝修土堵水情形，曾亲勘数次。工程固属艰巨，而如来呈所述，未免危言耸听，以之为借口，想推翻金塔均水案，显系故意滋事。惟本案便创立，民众遽感分水于己不利之虚惊，故历年多方阻挠，致不能顺利执行。要知水乃公水，非一县所可独占。纵然雪线日高，水源减少，在水库未修成以前应据"有饭大家吃、有苦平均受"之原则，互推互让，共存共荣，应不负政府之企望也。此批。

廿九年七月四日

48. 甘肃省政府关于查办理酒泉民众包围 专署给七区专员的训令

1940 年 7 月 5 日　　酒历 1—690

甘肃省政府训令建二午字第 2701 号

令第七区行政督察专员曹启文：

　　本年六月十八日专一巳字第一零六号呈一件"呈转酒泉农民安作基等'为该县水量微细，停止与金塔防水，请核示由'"呈悉，查酒民纠众抗命，屡滋事端，业经以建二巳俭电饬该专员等遵照齐电所示，负责监放，并严办首要在案。兹据金塔县长赵宗晋代电称"酒金均水未成，职于梗日与曹马会商善后，乃酒民千余于梗午包围专署，声索金塔县长，而时马已返部，凌始终未到会，出面劝遣无效。当晚职离专署时由曹同车护送，乃暴民追道狙击，幸曹专员及马旅长派阎副官亲自卫御，仅免不测。职同行之金绅成国胜及政警殷有年均被殴负伤，似此聚众于通衢狙击奉命来肃之邻县官绅，苟非另有组织策动农民，何敢千百结集，公然行凶？近来酒泉类此暴行层见迭出，已非一次，若不严加彻查惩办，则贻误金塔水利，关系尚属局部，而影响后方治安，影响可及全国。职身羁边治目睹险象，不敢点缄，谨具航邮代电，驰报即祈鉴核施行，函为切祷"等情，仰该专员仍遵照俭电，秉公办理，勿稍瞻询，仍将办理情形，具报查核，为要。此令。

主席朱绍良（印）

建设厅厅长李兴军（印）

中华民国廿九年七月五日

49. 酒泉县河北坝民众张守信等关于请求停止均水并请省府重新派员 查勘事给七区专员的呈文及七区专员处理意见

1940 年 7 月 8 日　　　酒历 1—692

具呈人酒泉县河北坝民众七十余人名书列状后，呈为命在危急势将旱毙，呈请设法救济事：

窃有金塔县民众代表赵积寿掩饰多词，蒙蔽省政府，令将酒泉县民众在讨来河取用之水，于芒种节开放十日着金塔县民众浇灌滋润多年，双方损失甚巨。今岁芒种节，该赵积寿又来滋事，经酒民众用全部武力抵御，该赵积寿始肯让步。民等若不及时将本案真相彻底声明，恐来岁芒种节该赵积寿又来滋事。民等势非得已，谨将酒金实在情形为钧署详细陈之。

查酒金两县，各有各区之水源，出自天造地设，非人力所能改移。金塔县之水源出自鸳鸯池，其水量稍逊于讨来河，与王子庄西坝、东坝、威鲁、三塘、梧桐、户口及金塔共计七坝，每年与公家纳粮不过一千余石。民等灌田之水取之讨来河，其水量稍多于鸳鸯池，与沙、黄、图、河、新、野、老共计七坝，每年与公家纳粮共计三千余石。但鸳鸯池之水每年立夏时，即被金塔一坝将王子六坝平口截干，非河水涨发，该王子坝绝无擅行放水之权。此种习惯，为王子庄地势潮湿，土性甚肥。每年若将春苗浇好，即全年不见水可望八分之收。金塔坝地势干燥，开辟最早，如十天不见水，禾苗即现败像。此金塔一坝截干王子六坝坪口之原因也。查酒泉地势较金塔坝更劣，其开辟较金塔更早。讨来河之水较早年减少一半，在民国十年前，民等之一石地能种夏田七斗者，现今不过能种二斗，其余种秋田一半干晒一半，如再将水时稍有紊乱，则此二斗地之夏田恐亦无法保存。

不但民等之所食无望，即公家之国赋责今何人完纳乎？查酒金两县之旱不旱，全视祁连山之积雪化不化。如天气炎热，积雪晒化，则万水汇集，自有汪洋难挡之势。金王七坝之草湖、闲滩完全变为水池，安有缺水灌溉之虞？该赵积寿明知故昧，硬谓讨来河之水，金塔县民众理应分浇地。试问酒泉之洪水、河东、河西、城东各坝尽皆缺水，又向何处去要乎？且金塔一坝将王子六坝坪口截干，则民等拒绝该等放水之要求自不得谓为无理。况酒泉为供给军用最繁之区，公路、汽车、桥梁而又修车站、飞机场，极力扩充。凡需用人夫、车辆、木料等，始虽有价偿给，渐至白手空拿，以致酒泉人啼饥号寒，呼吁无门者不可胜计。该金塔县与酒泉县连壤，独得安富尊荣，逍遥于数十里以外，以余钱壮其痴胆，与酒泉借端滋事，情理疏属不合。钧署督察酒泉已有数年之久，于以上所陈述各节，早在洞鉴之中。如蒙允准，请附带原状函转省政府，请派廉明无我之员，查明虚实，撤销芒种放水之案，则酒泉民众实为感恩再造矣。谨呈第七区专员督察公署专员曹钧鉴。

酒泉县第三区河北坝民众：张守信（指印）闻言喜（指印）郑治平（指印）
景万仓（画押）张生云（指印）白生云（画押）
顾发章（指印）杨文炳（印）　李俊全（印）[1]
孙育翰（印）　乔凤祥（指印）谭好春（指印）
梁金挂（画押）樊成有（画押）景有仁（画押）
陈万兴（指印）白岩林（画押）李发祥（画押）
秦治业（印）　杨华喜（印）　孙育成（画押）
殷玉财（指印）谭好德（印）　杜天福（指印）
马仓中（画押）景万保（画押）李万成（画押）
王登成（画押）顾立章（指印）李荣廷（印）
马学儒（画押）刘福官（画押）殷吉禄（指印）
黄发英（指印）王正文（指印）袁常年（印）
景有明（画押）李万有（指印）孟基德（指印）
顾隆章（画押）李荣先（画押）王培元（印）
马生云（印）　阎生林（印）　段安本（指印）
屈信庆（画押）钮天喜（印）　蔺昌敬（画押）
于万年（指印）顾宪章（画押）顾成章（画押）
李荣藻（印）　赵进义（印）　杨玉春（指印）
张殿元（画押）张兴基（指印）郑公平（指印）
徐学有（画押）蔺正统（画押）陈登禄（指印）
顾进章（画押）李生德（指印）

民国二十七年七月

---

① 编者按：印文为"李春全"。

处理意见：

呈悉。查酒金两县分水之困难及纠纷之起源的解决方法，及本专员对此案双方兼顾之苦心，迭经呈报。前据酒金各坝及农会、水利委员会呈请到署，业经批示各在案。惟案经确定，未便率予变更。好在省政府已用全力建修蓄水池库，着手根本解决。值此抗战紧张之际，应体念公家困难，不再阻挠分水，以贻政府西顾之忧。来呈竟敢斥言用全部武力抵御，实属不明大体，至金塔封闭王子六坝坪口，自属金塔水规情形不同，何能援以为例，妄事阻挠已定之成案？除呈请省政府从速建修水库，以资根本解决外，所请派员复节应勿庸议，仰即遵照。此批。

曹启文（印）

廿七年七月十三日

50. 酒泉县长关于酒泉民众代表呈请金塔县决堤放水事实难通且妨碍民生等事给七区专员的呈文及七区专员处理意见

1940 年 7 月 8 日　　酒历 1—693

酒泉县政府呈酒三巳字第四二号

案据酒泉民众代表赵耀亭呈称"呈为决堤放水事实难通，且碍民生事：窃查酒泉民田，端赖祁连山雪融化为讨来、红水二河之水，流出山外，以资灌溉，计时较刻，涓滴必争，自汉迄今，未能少更。即考之肃志所载，亦明言金王接讨来、红水二河之水尾，并无在酒泉境内溯流、均水之前例。不意民国十六年，该县绅首赵积寿等妙想天开，矜奇立异，妄倡在酒泉均水之谬议。嗣经省府派员勘察，又值冰雪弥漫，水道真象难明之际，遂致一误再误，演成理想不通之均水案。令盖亦事实所近于芒种、夏至之交，亢旱正甚，若将众目之所瞩之微细小水被金塔放去，酒泉百姓不能生存也。而军政长官明知事实难能，乃以格于上命，竟不惜施以军威，压迫酒民作无益之放水，此护彼决情形日趋严重。孰料本年六月六日，该县首士率领民户数百人编为八大队，俨若对敌，各携棍棒，潜至讨赖河各渠口，将酒泉修坝民夫殴伤多名。该首领等见伤人有事，又暗令自带多人躺卧装伤，希图抵赖，乃甫经官人走过，均各起身，大踏步归队而走。此等伎俩真令人痛心难述。最可疑者，自争水案起，酒泉各乡有不识面之生人，多以取水为名，潜伏各地，致酒县四乡，一月之内被匪抢者十有余家之多。人言纷纷，不敢必信，而蛛丝马迹难保不有匪人趁孔作乱。况酒泉各渠每年于立夏前一月，日需万人修浚，逾月方成。于立夏至夏至节一月半之间，各坝尚不能各得一水。今一旦决开，则悬崖陡岸，顿时窟窿漩涡，靡所底止。比至修齐奚止月余，至此则此处禾苗逾期不浇，秋后安所希望？查酒泉地当冲要，款项、夫役支应冗繁，民穷财匮，已达极点。该县偏处一隅，差款之供给既轻，人民之余力亦厚。当此国难时期，酒民日苦于路政、桥梁、飞机场、油矿军需供应之不暇，乃该县绅首乘我困弊，利急而扰害之，其心之忍，伊何堪问？且酒泉以负担过重之故，人民逃亡自毙者，日有所闻。今若再将救死不瞻之水，强润金塔，辙论水小路遥绝难流到，害酒而不利金，即为国家生产计，则其收入亦有相当减少。事实昭著旭，故危言耸听而视民如伤之政府，何必拘于一二好事者之浸润捏谮，忍令垂延待毙之酒民于尽力趋赴国难之外，再受金塔暴民压迫，做无味之牺牲？为今之计，在人工补救方法未经实施以前，惟有回复前代旧章，则上足下流，顺乎水性自然。倘酒泉人民若有浪费及把持情形，愿受公家最严厉之处分，否则事实所迫，虽公家做如何强迫或军队实弹冲杀，而酒民为维持生命计，亦惟有任其屠杀，护此一线生机，心所谓危，血泪陈词县长，久治此土，情形较熟，伏乞本其为国救民之旨，勿拘一事实不能之功令，坐视酒民妄遭流血惨劫。恳赐速呈列宪，另定妥善办法，免致以理想认作事实，俾令两县庸人久于自扰，殊胜哀恳，盼祷之至。谨呈"等情。计附民众粘单一纸，据此理合具文转呈钧署鉴核。谨呈甘肃省第七区行政督察专员公署专员曹。

附呈民众粘单一纸。

代理酒泉县县长凌子惟（印）

民国二十九年七月八日

处理意见：

指令粘单无。

七月十七日

51. 甘肃省政府关于仰查酒泉金塔民众因均水互控事给七区专员的训令

1940 年 7 月 13 日　　酒历 1—694

甘肃省政府训令建二午字第 1560 号

令第七区行政督察专员曹启文：

查酒金均水案，两县民众代表，迭次互控，业经令饬该专员秉公彻查在案。兹又据金塔代表吴国鼎、酒泉代表赵耀亭等先后呈诉前来，合行抄发原件，令仰该专员迅即并案秉公彻查，具复核办。此令。

计抄发原呈五件。

主席朱绍良（印）

建设厅厅长李兴军（印）

民国二十九年七月十三日

附原呈一：

分送兰州第八战区司令长官朱钧鉴：

曹、马召开会议，酒泉刁绅安作基等当场坚抗，决不均水养。晨马、曹及军队等前往河口均水，酒民千余持械抵抗，竟未执行。酒民迭次违抗钧令，如不严办，愈纵愈骄。金县滴水未见，旱灾已成，民不聊生，恳祈钧座严令均水，并将安作基等法办。

金塔代表吴国鼎、雷声昌、王重俭梗印

附原呈二：

分送兰州第八战区司令长官朱主席钧鉴：

梗晚，酒绅安作基嗾使民夫五百余到专署门口，突出持棍乱打，赵县长及代表等身带伤痕，幸曹急令解救。该绅屡抗钧令，街市暴动。酒泉交通要道，中外通行。代表奉令开会，酒人强悍更胜土匪，国法无存。电呈钧座彻底严办，以维治安。

金塔代表吴国鼎成国胜等泣叩敬印

附原呈三：

兰州省政府主席朱钧鉴：

金塔恶绅赵积寿假公济私，借名敛财，包藏祸心，贻害酒泉，煽惑金塔民众，漩起向酒泉分水之谬潮。钧府于二十五年委杨世昌、林沛霖二员查办时，该赵积寿奴颜婢膝，以金钱之外，又复媚以女色，寡廉鲜耻，狗彘不食。而杨、林二员竟以利欲熏心，不顾酒民生死，人云亦云，捉风捕影，谬词呈报。前主席于不查，轻予立案，酒民历次呈辩，毫无效果。查酒金用水各有定规，千百年来灌溉相安，且金水多于酒泉，早经查明。金塔农产品多，而且早棉花到处皆种，富甲七县，更可证明赵积寿敛财乏术，借要水之名，横摊滥派，而以酒民生命为工具。比年啸聚民众前来酒境河口暴动，闾阎不安。值此抗战时期，该恶绅既酷害酒金人民，复扰乱后方治安，迹近资敌，形同汉奸，祸国殃民，罪大恶极。顷者更在金塔摊麦子一百二十余石，运驼一百于只，于六月十七八日来酒粜卖，阳办水程，阴入腰包。尤可痛者，该劣绅自列身省参议会以来，借名器以煽动，辱领袖而造谣，有"头枕总裁，脚踏县长，怀抱主席，手携专员"之狂吠，到处招摇。总之，所谓酒金水案，全系该赵积寿一手所造成，并无若何事实上之确切凭证，该劣绅不铲除，酒金民众无安宁之日。水案不复查，则亦永无彻底解决之时，且恐强制执行厚金薄酒之下，复有大惨剧发生之一日。政府之威信，人民之生命，两者孰重孰轻，钧座明烛万里，岂须妄赘，迫切电陈伏候核示。

酒泉县农民：赵耀亭　狄兴儒　徐吉仁　邢宗敬　丁尚学　韩兴邦　张凤德
　　　　　　武秀文　谢思聪　狄　亨　张有成　杨兴贵　舒自成　曹念宗
　　　　　　佘国珍　闫兴财　张进喜　张兴德　谢永平　梅得贤　高顺礼
　　　　　　李进堂　白文华　安怀基　冯世承　李进全

等号叩

附原呈四：

呈为呈请根据事实解决金酒水案纠纷而免无端争扰妨害民生事：

窃查酒泉讨来河及洪水河，流水量微细事实不能变动，虚耗无味之民财物力，反致久旱，酒民难安，各详情历经缕细陈明钧府在案。兹将酒泉每年亢旱实际困苦，不能与金拼水事实情形再为主席详细陈述之。

（一）查酒泉地域，西南高而东北下，金塔位于酒泉东北，地势尤低。酒泉恃南山雪融之水流入讨、洪二河，浇灌所属田地。夏季山洪涨发，则损于酒泉，益于金塔，而上游之水流入下游，并临水河之泉水、清水河之泉水尽入金塔境内，并无旁泄，足敷灌溉，并不缺水。该县纵横数百里，地质潮湿，土质肥沃，物产丰富，农产较酒泉既早且优，如棉花、土布、食粮、蔬果之类，反售酒市。酒泉农产仅攻当地尚且不敷。该县地属平坦，历年开垦辟地，日渐增多，水仍足用，从未闻远跋酒泉开口分水之说。近来雨水稀少，酒泉已有田亩每年只能耕种一半，无水浇灌，被旱农民以负疲惫，逐年逃难，迭报突荒，无法救济。该县不按事实之能□，竟皆辟不己之广阔美田，反索灌于枯旱之酒泉。故存私见，扰害酒民不安。

（二）查酒泉水序，只讨来河各渠于每年立夏之日始正式分水，一经立冬，各口闭干；洪水河各渠，每年夏至前后始能见水。该县接酒泉之水，每年约在半年以上。酒泉各河渠之水下流，总汇入暗门、夹山，川流不息，即为该县之水源。该县丝毫不费人财物力，酒泉各渠每年修坝所费约需五六万元之巨，所得水份竟不敷用。每年五六七月，辄因浇水关系，互相争持，动演命案。事实俱在，非只耸听，岂能再使枯旱连年之酒泉小水，挹润金塔，置酒泉于生死不顾？

（三）查金塔水源全系泉流，现在水量已比酒泉较大，屡经委员测查水量，呈报有案。该县乃将己有之水不计数内，竟以无水之危词蒙哄欺，妄图加自己水份，不管邻县利害。抑知若果事实可能，何与千百年来无此先例，而于分县之际亦未划及？盖其事实所在，不能以人力强为。然水规定章，前人划分水利定有相当经验与研究。近数年来，酒泉冬乏积雪，夏少雨水，亢旱现象各区同声。加之人祸荐臻，捐派并举，征丁集夫，建桥修路，屡修机场，酒泉农民负担极苦，农村破产已达极点。乃金塔好事之徒，谬持私见，破坏后方治安，假借要求让水标帜，扰害酒泉民生。每年芒种、夏至执行放水，烘动农民，终于事实无益。

（四）查该县自民国十六年，有劣绅赵积寿丧心病狂，昧理要求让水，借敛人民血汗，供伊营运之费。近复车马喧腾，混迹省垣，夤缘于当道，欲近身政阶。阳则为金塔争水，致两县农民恶感弥深；阴则摇尾乞营参议员，扩张私势，嗾使金塔人民盲从狂吠，费时伤财，欲挑拨群众争斗，捣乱后方治安。政府欲息事安民，伊反滋事扰民。究其用意，势必使两县农民失业，邑里成墟，深恐该绅怀有奸谋，聪明因而偏蔽，用敢再陈详情呈请钧鉴俯赐，再委专员驻肃常川彻查、解决根本，令饬金塔劣绅收回野心，惩治主唆赵积寿，以维权益而重民生。

谨呈甘肃省政府主席朱。

　　　　　　酒泉县水利委员会委员：安作基　李荣廷　田生科　张　瀛

　　　　　　　　　　　　王尚德　赵焕文　狄兴儒

　　　　　　　　　　　　民国二十九年六月二十七日

附原呈五：

呈为耗材费力，取水不易，劣绅害众，扰乱水规事：

　　窃查金塔劣绅赵积寿，假公济私，祸国殃民。民国十六年，勾串金塔无知之徒，讨要讨来河之水，经肃州行政长李朝杰及镇守使裴建准亲自查明，既无前例，且逐年减少之酒泉用水，万不能分给金塔。谕令勿再生端，打消金塔原案。迄今二十五年，该赵积寿又复捣乱。省府委派杨世昌、林沛霖二员，来肃查勘。适值冬令，河水鼓冰，到处皆白，实际情形，无法探视。杨、林二员昏悖不明，含混卸责，借词酒泉水多蒙蔽呈报。前主席于不查，以关系重大之事，冒然立案，酒民屡屡呈诉，毫无效果。查酒民取用河水，艰苦匪易。千百年来，不知耗费若干血汗金钱，始克谋得一饱，仅就卑坝等而论，已足惊人。卑坝有一大口系河北坝，三小口系野麻湾、新城子、老鹳闸。每年由清明至立夏，一月之间，修坝夫役，纷纭不绝，一切用品，供给无休。春夏两次，共需夫九千余名，芨芨三万四千多觔，葫麻草一万二千余觔，二共价洋二千余元，又费用铁铣、铁尖子等项，约计洋二千八百余元，食用不计其数。统上所述，已足可观，尚有其它各坝，以及千百年来其数字实不可思议。虽山为公山、水为公水，然亦须受尽万苦千辛之后，方能取得。何况年复一年，亢旱逐加，雪雨不降，水源无着。旱年十四五丈之水量，现已减至四五丈之微少。金塔用水，得各河下游步步生津之利益变为泉水。酒泉虽至荒年，金塔仍可丰润，而且酒泉水规，古今遵守，丝毫不敢紊乱，用水时点香计算。近年水少，有香已完而水尚未到地者，稍一不慎，命案即出。且酒泉田地土薄石厚，禾苗非浇地四五次不能生长成熟，每次至少亦等待半月或二十天、一月不等，少水一次，既成旱灾，而金塔地质潮湿，则可见水既能丰收。今该赵积寿等既思不劳而获，复欲捣乱酒泉水规，而害至田荒人死之地步。险恶如此，实抗战期中之汉奸。尤其是金塔，富甲七区，粮食丰盈，酷害酒民，其心何居？前经省府议定，派员建修蓄水库。此实良法，亦建国中之大计。若只夺酒人之水而付之金塔，恐非爱民之道。为此，恳祈钧座电鉴核夺，转恳省府，取消与金塔放水之成案，务须派员重行勘查，以重民命，并请实行修建蓄水库之决议，以全政府威信。如蒙恩准，感德无涯矣。谨呈甘肃省政府主席朱。

　酒泉河北坝民众：马桂吉　宋耀武　吴国俭　赵廷璧　杨文炳　雷崇德　刘永福

　　　　　　　　孙占禄　张荣庭　闫嘉有　赵玺德　郭世安　秦治业　曾发俊

　　　　　　　　马维喜　孙毓廷　谢永平　闫栢监　高宗礼　李金堂　梅得光

　　　　　　　　　　　　　　　　　　　　　　民国二十九年六月

52. 酒泉县水利委员会关于酒泉县水利委员会主任委员安作基等呈请彻查事实根本解决酒金水案等事给七区专员的呈文及第七区专员处理意见[①]

1940 年 7 月 酒历 1—691

呈为呈请根据事实解决酒金水案纠纷而免无端争扰妨害民生事：

......[②]

处理意见：

呈悉。所称各节尚属实在情形，惟酒金两县水利纠纷与分水困难情形，历年以来，本专员身当其冲，知之甚悉，且迭经电呈委员覆勘在案，无如东隅已失、桑榆难挽。省政府以案经早定，屡次严令执行，而执行之际又复阻碍生，稍一不慎，即演惨剧。近数年来，每值分水，本专员镇慑维持双方并顾、恳费苦心，而金塔民众不谅，遂腾偏袒之谤，省府亦有执行不力之责。成案虽确定而省府已计划建修蓄水库，着手根本解决。如果酒民能体省府及本专员息事宁人之苦心，在水库未完成以前，于分水时不再阻挠，未□解决纠纷之途径，不然乱丝愈理而愈乱，纠纷愈演而愈大，结果如何，实难预料。至请派专员复查一节，因省府已用全力建修水库，焦点已不在此，即使呈请亦难生效，应毋庸置议。除呈请省政府从速建修水库，以资根本解决外，仰仍恪遵定案为要，再呈尾时对赵积寿未免言过其实，以后不得如此。合并饬知。此批。

专员曹启文七月十三日

53. 甘肃省政府关于金塔民众控诉均水无法实施酒泉民众聚众殴打金塔官民等事给七区专员的代电

1940 年 7 月 22 日 酒历 1—689

甘肃省政府代电□□字第 395 号

酒泉曹专员启文：

案据金塔民众代表吴国鼎、雷声昌、成国胜等检电称"奉令均水两次未成情形已电钧座，梗日酒泉县长凌子惟、刁绅安作基、崔凤俭等调唆酒民五百余均各持械，在专署门前啸聚侮辱属县赵县长，殴伤绅民盛国腾。经曹专员劝阻始解。继之分批结队各街游行示威，并在各商店搜捕金民。如此整天暴动，俨然目无法纪。乃凌置若罔闻，民等见势不好，潜逃返金。查凌在酒置买庄田，已隶酒籍。

---

① 编者按：此文件即上文附件四，惟开头处称"陈明钧府"、"再为主席详细陈述之"，似是上书省府，文末则云"谨呈甘肃第七行政督察专员曹"，故仍以给第七区专员之呈文视之。

② 编者按：此呈即第 51 组文件所附第四呈抄件，从略。

值钧府令均水际，凌召酒区长黄佐汉等日在县府密会。再，此次执行均水不通，酒民啸聚，将金塔官民侮辱被伤民夫、失踪财务被劫均系凌的主持。如此以强压若金，民难有生路。略先电呈，详情后禀"等情，合亟电仰该专员遵照先后电令，据实密查报核，勿稍瞻徇为要。

朱绍良建二午微印
中华民国二十九年七月二十二日

54. 酒泉县长关于转呈酒泉县农会水利委员会请求解决酒金水案纠纷而免无端争扰妨害民生等事给七区专员的呈文及七区专员处理意见

1940 年 7 月 29 日　　酒历 1—695

酒泉县政府呈酒三午字第五五号

案据职县水利委员会主任委员安作基、王尚德呈称"呈为呈请据事实解决酒金水案纠纷而免无端争扰，妨害民生事：窃查酒泉讨来河及洪水河流，水量微细事实不能变动，虚耗无味之民财无力，反致久旱，酒民难安，各详情历经缕细陈明。省政府暨钧座在案，兹将酒泉每年亢旱，实际困苦，不能与金拼水事实情形再为县长详细陈述之。

（一）查酒泉地域，西南高而东北下，金塔位于酒泉东北，地势尤低。酒泉恃南山雪融之水流入讨、洪二河，浇灌所属田地。夏季山洪涨发，则损于酒泉，益于金塔，而上游之水流入下游，并临水河之泉水、清水河之泉水尽入金塔境内，并无旁泄，足敷灌溉，并不缺水。该县纵横数百里，地质潮湿，土质肥沃，物产丰富，农产较酒泉既早且优，如棉花、土布、食粮、蔬果之类，反售酒市。酒泉农产仅攻当地尚且不敷。该县地属平坦，历年开垦辟地，日渐增多，水仍足用，从未闻远跋酒泉开口分水之说。近来雨水稀少，酒泉已有田亩每年只能耕种一半，无水浇灌，被旱农民以负疲惫，逐年逃难，迭报突荒，无法救济。该县不按事实之能囗，竟皆辟不己之广阔美田，反索灌于枯旱之酒泉。故存私见，扰害酒民不安。

（二）查酒泉水序，只讨来河各渠于每年立夏之日始正式分水，一经立冬，各口闭干；洪水河各渠，每年夏至前后始能见水。该县接酒泉之水，每年约在半年以上。酒泉各河渠之水下流，总汇入暗门、夹山，川流不息，即为该县之水源。该县丝毫不费人财物力，酒泉各渠每年修坝所费约需五六万元之巨，所得水份竟不敷用。每年五六七月，辄因浇水关系，互相争持，动演命案。事实俱在，非只耸听，岂能再使枯旱连年之酒泉小水，挹润金塔，置酒泉于生死不顾？

（三）查金塔水源全系泉流，现在水量已比酒泉较大，屡经委员测查水量，呈报有案。该县乃将已有之水不计数内，竟以无水之危词蒙哄欺，妄图加自己水份，不管邻县利害。抑知若果事实可能，何与千百年来无此先例，而于分县之际亦未划及？盖其事实所在，不能以人力强为。然水规定章，前人划分水利定有相当经验与研究。近数年来，酒泉冬乏积雪，夏少雨水，亢旱现象各区同声。加之人祸洊臻，捐派并举，征丁集夫，建桥修路，屡修机场，酒泉农民负担极苦，农村破产已达极点。乃金塔好事之徒，谬持私见，破坏后方治安，假借要求让水标帜，扰害酒泉民生。每年芒种、夏至执行放水，烘动农民，终于事实无益。

（四）查该县自民国十六年，有劣绅赵积寿丧心病狂，昧理要求让水，借敛人民血汗，供伊营运之费。近复车马喧腾，混迹省垣，夤缘于当道，欲近身政阶。阳则为金塔争水，致两县农民恶感弥深；阴则摇尾乞营参议员，扩张私势，嗾使金塔人民盲从狂吠，费时伤财，欲挑拨群众争斗，捣乱后方治安。政府欲息事安民，伊反滋事扰民。究其用意，势必使两县农民失业，邑里成墟，深恐该绅怀有奸谋，聪明因而偏蔽，用敢再陈详情呈请钧鉴俯赐，再委专员驻肃常川彻查、解决根本，令饬金塔劣绅收回野心，惩治主唆赵积寿，以维权益而重民生"等情。

又据县农会干事长王成德、朱子注暨各干事等呈称"呈为金塔绅众无中生有，强词要求，委员偏袒，酿成争端一案，缕陈详情，并声辩委员查报不实，各项仰恳电鉴核转，暂停放水，委派贤员彻查复勘，以明真相而重民生事：窃查金塔向酒泉要求一案，起源于民国十六年。其时乃一二劣绅如赵积寿等，为私人利益及借口敛财，计发动千百年来毫无形迹之谬议以谋，遂经当时肃州行政长及镇守使亲身莅河详查，认为不能成立，谕令勿再猛浪生端，庸人自扰，并报上峰有案。不意至二十五年，赵积寿等又鼓动无知金民，重事晓喋。该绅等既挥霍人民脂膏，车马纷纭，而官庭亦处理此案，文牍翔飞。酒金人民复以逼迫之下，寝馈不安。省府以兹事体大，不明真相，未便率然处理，当派杨世昌、林沛霖二员前来勘察。无如二员查考不明，受金绅一面之赇惑，有意偏袒，失政府之苦心，增酒民以水火。前于主席未及细察，委之有无含糊，轻予立案，允酒水放给金塔。于是比岁纠纷因之顿起，酒民一再呈辩，非敢故违命令。实以事实昭命生，然綮重于防水之案？诚有未能，已于烦渎者，兹重为钧座陈之。

（一）酒泉处祁连山麓，西南高而东北低，石厚土薄，地气干燥，蓄水量小，蒸发量大，禾苗非灌三四水不能成收。金塔距山较远，土层既厚而土质又较优，非但能蓄多量之水，亦且能吸收地内水分，禾苗一二水已足，故抗旱力极大。观其水轮距离日月之多，即足证明。酒泉常遭旱而金塔未之闻也。此其一。

（二）酒泉河流有讨来河、洪水、丰乐、马营、清水等河，除清水河系泉水浇灌少数田地外，其它均靠祁连积雪融化灌溉。其中丰乐、马营二河水力，近年马营流域之中寨、盐池等地，已因旱灾无人矣，根本无出境之可能。讨来、洪水二河实握有大部分酒人生命。近年雨雪渐少，夏季因气候变异又不易融化，加之民九至民二十一数次大地震之后，地质变迁，水量顿减，遂由先年十四五丈之水量，而成目下四五丈之水量，由先年远浇边山之讨来河，而成目下只润临城附近之河水。因之民生愈苦，不能聊生，每年荒地、旱地增加不已。金塔则有讨来河及洪水河下游之临水河水尾，连同清水河下游，汇于暗门之水，较酒泉尤多。二十七年六月，钧署会同两县县长查得实情，上述各河一到下游，再以地质关系，变为步步生津之泉水，四时不息。酒泉之山水，时有时无，金塔则独享上下游山泉水双重利益。兼之金塔之天仓、夹墩湾、营盘诸地，又浇灌黑河均来之水，而尚欲扰赖酒泉水利。此其二。

（三）酒泉纳粮一万石上下，每亩地平均承粮四升有余；金塔纳粮一千三百余石，每亩平均承粮不及二合。是则酒泉负担轻重悬殊，诚如金塔前请按粮分水之议，则按两县旧有之水，金塔尚须分水给酒泉。乃该县劣绅等于要酒泉之水时，并不计及所有之水，陷人益己，应处以法。此其三。

（四）两县用水，从古各有定章，各有定水。屡代以来并未闻金塔县由讨来河、洪水等河分水之说，且先年安置两县人民，绝无种地无水之设施，何以早年即不与分水？详考该县绅民所呈直系滴水皆无，何以千百年来金塔日见繁华，未成荒岛？假如真有金塔水分，在何渠？分于何时？在何地点？岂无蛛丝马迹之可寻？仅只强词生枝便可立足？若徒以同州、同河、兄弟唇齿等空洞名词，苦害酒民，揆情度理已难置信。此其四。

（五）酒泉各坝民众灌润田禾，取水极属不易。盖讨来、洪水两河每年必发洪水一次。一发洪水，所筑坝堤均被毁坏。次年立夏前，尽一两月时间，耗千万人财力，始克得水。此项费用每年约在五六万元。此外，则或因水低渠高，设法搭槽或因山岭阻隔，凿山穿洞，甚至屡修屡冲，奔走山谷，号呼日夜苦累之情，笔难尽述。且也酒泉各河行水向来甚迟，不能依时而浇，一旦发水则又冲田地、损坝口，奔腾澎湃，直入金塔，致酒民两不得润。水入金塔，性缓流慢，以益暗门之水，从容使用。是酒泉坝堤筑之不暇，万不能再挖而放之。况酒民劳而功少，金塔坐而利多，不劳而获之足，犹思苦害酒民，天良公理将何以堪？此其五。

（六）金塔绅众要水，动以王子庄亢旱为口实。查王子庄距酒泉二三百里，河道全系沙地，除每年山洪暴发之外，虽尽开酒泉一切水口，亦不济事。且讨来河流至王子庄之河道，乃若干年来洪水冲蚀而成，并非分水所用。何得狡赖，大损酒泉，小不益于王子庄，抑又何苦？该绅等为私人置买荒地设法，遂不惜以王子庄为标题而害及酒泉。即使讨来河水分下王子庄，绝无见水希望。只有出钱受愚弄而已。况河北、临水二河横堵河道，欲水注入金塔，势必拆毁该二河数十道堤坝。民众生命全被夺去，因小失大，讵能合算？此其六。

（七）酒泉水规至为细密而复杂，若有一机器焉，一钉、一螺之微，即可牵动全局而生不幸。各水口按所浇地亩多寡而分水，轮则按该口地亩远近而定。水之迟早、轮之长短又依各口沟分，土宜地气而规划，燃香计寸，日夜从来不间断。无水之时，空轮亦得点香。值于空轮者，虽禾旱死亦无如何。于此见水规之不可一毫紊乱。今与金塔挖取若干日，水规一乱，恐田禾之枯荣未定而人民之生死立分，酒泉必成一混乱之县，其结果直不堪设想矣。此其七。

（八）金塔绅众动曰酒泉放水淹路，而杨、林二员亦不查实，况人云亦云。且云酒泉浇水，淹过田禾。查酒民用水兼日夜，不敢稍息，一分一刻、一点一滴等于黄金。而酒泉道路复因无法管制之山水冲刷，加以酒民穷无整修之力，不得不顺水之性，以路为沟。至淹过田禾之词，更属荒谬。酒泉点香计寸，谁能等待淹过田禾？委员查勘之时，乃冰雪未消、田禾未种、水未上坝之际，究竟何所见而云？然谓非利令智昏，谁能信？酒金两县人民来往无间，乃亦不考事实而出此嫁祸栽赃之狡赖，有人心者必不出此。此其八。

（九）杨、林二员诳改志书，而以讨来、洪水二河水尾改为讨来河水及洪水河水，以酒泉民命为孤注而别开为金塔分水之生面。暗昧不明，存心偏向，以至于此。且也杨、林二员为偏袒金塔起见，又不惜谎报粮石，于酒泉则改屯为民之粮不计外，将丰乐、马营等处之粮亦不计算于金塔，则按改屯为民前之粮计算，而又将黑河流域之粮亦计之。似此故弄黑白，所查报之案，岂能准乎？对于报告水量，则将金塔暗门之水只字不提，直谓金塔无水。试问古至于今，金人何尚繁衍日过一日？该杨、林二员且以岳大将军钟琪"向来各私其民，偏徇不结"之语，证明酒人之霸水不舍，并引毛通判凤仪相度形势，而置王子庄以为与金塔分水之理由。殊不知何水浇何地。先年早有定章，不可或易。金塔自古有金塔之水，古人岂能令其偏枯千百年之久？果真无水，以岳钟锺、毛通判之人之力，何以见到之后不予明白规定？即使酒金争持，亦何不秉公结之？又何不遗有微迹？此足征金塔之无中生有、强词取闹。委员之着理想不顾事实，呈报昏暗，居心叵测。此其九。

（十）金塔自立冬起，即接用酒泉之水，迄至立夏，约在半年，是金塔灌夏禾则有暗门之水，泡冬地则有讨来河之水。若酒泉边山民众一届冬季，连吃水俱无；而金塔却经冬不休，得益独优。又查金塔田禾早于酒泉，立夏前酒泉尚不用水，讨来河水全入金塔，则金塔正可藉此灌足。既至立夏，金塔已有暗门之水接济，而酒泉亦开始灌溉矣。倘令酒泉立夏前用水，则彼时田尚未种，何为浇水？反之，若再立夏以后挖掘，害酒民之生命，乱金塔之水规，两俱无益，此金民所深知者。无如该劣绅等惟利是图，营私忘公，遂致争端酿成。两县民众迄无宁日。此其十。

（十一）开源节流，两者俱重。酒泉位置较金塔为高，有余之水无疑流入金塔。酒民亦惜水，勿枉废，自当极力节流。惟思开源尤为急务，与其趋毫不济事之轻，孰若就开源之重？开源者何？即掘井、掘泉水、修蓄水库三事也。查金塔地内水势极旺，到处可掘井，且极易为力而不费事。若能实行，其利不少。又杨、林二员所报告挖酒泉黄泥铺滩及青山寺、马厂之泉水，尚系良法。恳请饬令金塔尽量挖取，不无补益。至省府所计划之鸳鸯池蓄水库，更宜积极建修。此乃根本办法，较之无益金塔、大害酒泉之分水有天壤之别。恳乞施行，以免纠纷之延长，惨剧之发生。此十一。

（十二）酒泉食粮每年均感不足，金塔所产粮石，除贩运内蒙外，且于酒泉粮价昂贵之时，大批骆驼运来酒泉发卖。日前尚有金人七八十头骆驼，全数驮粮来酒泉发售。如果地方苦旱，何能有此余粮？且酒泉原先正粮将近万石。近数十年来，因旱成灾，报蠲维政，粮赋数只七千余石。此皆水不足用，有以促成之也。金塔则原粮一千余石，至今依然如故。以此较之，果谁苦旱太甚？皎然自见。此其十二。

总之，酒泉分水，乃事实上绝难处办之事，且此亦国计民生关系极大问题。政府为国家计，为人民计，亦何惜派委一二复查之人员，而只凭昏暗不明，偏袒诳妄之词，所立之案维持威信，将置民命于何地乎？此又最后恳请委派贤员，常川驻何勘察者也。繁词上渎，幸钧座一赐垂鉴，准予转恳以明真相而重民生，实感德于没齿矣。谨呈"各等情，据此理合具文转呈钧署电鉴核办。谨呈甘肃省第七区行政督察专员公署专员曹。

代理酒泉县县长凌子惟（印）
民国二十九年七月二十九日

处理意见：

呈悉。所呈十二点尚属实际情形，惟中间夹杂过甚之词，且对省府委员有受贿偏袒、无根无据之语，而对赵积寿更攻击不遗余力，均属不合。须知省府现正以全力建修蓄水库，而其焦点已不在派员复查至照立案分水及解决纠纷，则以全权付之本专员。况案经早定，奉令执行，此其原动力亦不在赵积寿，以此专呈，适足引起误会。本专员亦不知所以善其后也。况历年执行分水，本专员双方并顾，费尽苦心。而金塔民众既腾偏袒之谤，酒泉民众亦不无怒言。省府方面又难免执行不力之责。但本专员做事任劳任怨，这些谤在所不计。所望于酒民者，在此抗战吃紧之际，不贻政府之以西顾之尤，于分水之际，不再阻挠，极力避免纠纷。不久水库修成，自可根本解决也。除呈请省政府从速着手建修外，仰盼遵照为要。此批。

专员曹启文（印）

55. 甘肃省七区关于批示酒泉县各堤坝及农会水利委员会呈文给酒泉县长的指令

1940 年 8 月 22 日　　酒历 1—694

指令专一午字第 124 号

令酒泉县长凌子惟：

查此案前据该县各堤坝及农会水利委员会呈请到署，除分别批示，并呈请省政府建修蓄水库，以资根本解决外，仰即知服。此令。

专员曹启文
八月廿二日

56—1. 金塔县民众代表王玉振等控诉酒泉民众于均水时期
抢夺驴子等事给七区专员的呈文及第七区专员处理意见

1940 年 8 月　　酒历 1—694

具保告人金王各坝农民李成章、王玉振、殷义祥等为前奉省令均水，酒泉民众形同强盗，户民王得礼、蒋凤翥二人失踪，迄为不见回，并抢去驴物等件，电迭呈，未蒙归还。现在水既未见，金王禾苗早已旱黄。查禾稼登场收麦，非驴不可。特再扣恳专员大人案下，电鉴作主，切实查办。觅获失踪尸体，追还驴物，当速回金，否则民等行年半百，久不愿长生，即为金民牺牲亦无不可。如蒙恩准，永沾大德于生生世世矣。谨呈甘肃省第七区行政督察专员曹。

金塔县各坝民众：王玉振（印）　李成章（印）　殷义祥（印）
民国二十九年八月

处理意见：

严令酒泉县将查获之驴及养驴之人限三日送署惩办。

曹启文（印）
八月十一日

56—2. 第七区专员公署就追查
金塔民众失驴事给酒泉县长的训令

1940 年 8 月 12 日　　酒历 1—695

训令专一未字第 455 号

令酒泉县长凌子惟：

案据金塔县各坝农民李成章等三人呈称"入原呈"等情。据此，查金民所失驴四头，业经指明收养人姓名及地点，限三日内查获，送署惩办。合行令仰该县长遵照为要。此令。

专员曹启文（印）
民国廿九年八月十二日

56—3. 酒泉县政府关于递解任德宝等三人等事
给七区专员的呈文及七区专员处理意见

1940 年 8 月 13 日　　酒历 1—695

酒泉县政府呈酒建未字第一〇号

前奉专座面谕并秘书室交下名单，饬"将金塔民夫在西河口遗失驴子四头，向酒泉户民任德宝、杨子俊、李长光等追出交还，限七日办结"等因。奉此立即派警将任德宝传案数次讯追，据称并未拾有驴子。以此案系专座面交，未便照通常案件办理，即将该任德宝等三人关候讯，现已三日。惟查此案原告，不知究系何人，居住何处，无法传来面质，以致该任德宝等所称均是实情、抑系捏造，无从证明。兹将该任德宝等三人并具文呈送钧署。伏乞鉴核查收讯办，实为公便。谨呈甘肃省第七区行政督察专员曹。

附送任德宝、杨子俊、李长夫三名。

酒泉县县长凌子惟（凌子惟印）

民国二十九年八月十三日

处理意见：

交军法处询追并将原具对质。

启文

八月十四日

56. 关于金塔民众王玉师等丢失驴子为酒泉县民任德宝等所获案的询问笔录

1940 年 8 月　　酒历 1—694

传王玉师

问：姓名、年龄、籍贯、职业。

答：王玉师，三十七岁，金塔县人，农。

问：你失掉了几个驴子？

答：一个。还有白怀义、李蕊泉、蔡清和的三个。

问：你为什么知道驴子被任德宝、杨子俊、李长夫拿去呢？

答：我在当时分水时亲眼看见的。

问：（任德宝、杨子俊、李长夫）拿驴的是否就是这三个人？

答：就是的。任德宝拿得我的驴子，杨务本（误为杨子俊）拿的李蕊泉的驴子，李长光拿的蔡清和的驴子。白怀义的驴子谁拿去记不清楚，但看见一个人拿两个驴子是实。

问：你的此话是老实话吗？

答：是的。

传任德宝入庭

问：姓名、年龄、籍贯、职业。

答：任德宝，三十六岁，酒泉人，农。

问：你拿王玉师的驴子莫有？

答：莫有拿。

问：为什么王玉师说他亲眼看见呢？

答：恐怕他看错。

传杨务本入庭

问：姓名、年龄、籍贯、职业。

答：杨务本，三十六岁，酒泉人，农。

问：你拿李蕊泉的驴子莫有？

答：莫有。

问：为什么王玉师他说亲眼看见呢？

答：他要这样说，我也莫有办法。

传李长光入庭

问：姓名、年龄、籍贯、职业。

答：李长光（即李万贵），四十七岁，酒泉人，农。

问：你拿蔡清和的驴子莫有？

答：莫有。

问：为什么王玉师说他亲眼看见呢？

答：他要这样说，我也莫有办法。

　　王玉师（指印）　　任德宝（指印）　　杨务本（指印）　　李长光（指印）

56—5. 安作基关于担保坝民任德宝等三人出狱给七区专员的保状及七区专员处理意见

1940 年 8 月 27 日　　酒历 1—694

保状第 163 号

　　具报状人第二区黄沙坝公民安作基今保到专员案下，依奉保得有卑坝长夫任德宝、杨务本、李万贵等，蒙恩传讯关押多日。今公民保释出外，尚有传讯不到或他往避匿情事，惟公民负完全责任，所具保状备查。谨呈甘肃省第七区行政督察专员曹。

　　　　　　　　　　　　具保状人第二区黄沙坝公民安作基
　　　　　　　　　　　　中华民国二十九年八月二十七日

处理意见：

　　交军法助理员。

　　　　　　　　　　　　　　　　曹启文（印）
　　　　　　　　　　　　　　　　八月卅日

56—6. 任德宝等关于无辜被押请求开释事给七区专员的呈文

1940 年 9 月　　酒历 1—689

具诉呈人任德宝、杨务本、李万贵吁乞钧座鉴核，敬恳者为无辜受冤，情实难甘，请求澈底调查，以明真相而释冤抑事：

因民等为二区所属长夫，专以巡察河口为责。本年五月间，金塔人民来肃取水，因与酒泉民众互相争闹，去后声言遗失驴只三头，今竟向民等讨要。伊等闹事之际，当民等巡水上游，未曾在场，从何见收伊等之驴？且目下业将民等三家所有之驴逐一查看，并无其驴。今因两县水程关系，致民等受此不白之冤，羁押囚狱，将次月余，家中妻子不能存活，庄农立致荒废，任由牲畜践踏，无人关照。情不得已，惟有恳祈专员案下电怜作主，法外施恩，开释无辜以全蚁命。如蒙允准，则感大德无涯矣。谨呈甘肃省第七区行政督察专员曹。

具诉呈人：任德宝（画押）　李万贵（画押）　杨务本（画押）

中华民国二十九年九月

56—7. 袁毅关于调查酒金分水械斗情形给七区专员的呈文

1940 年 10 月 9 日　　酒历 1—688

谨呈者：

奉令饬查酒泉金塔分水械斗一案，经查得金塔失踪民夫王得礼、蒋凤柱并未失踪。复询农会王会长、赵县长，称"该失踪民夫等家属自报告失踪后，此后迄未来会府追寻"等语。传讯失踪人等，各该管、保长称"业已归来"等语。总上各情，似失踪人已经归家无疑，理合将调查情形谨呈专员鉴核。

职袁毅（印）

中华民国三十九年十月九日

鸳鸯池水库修建档案

一、民工征发

57. 甘肃省第七区关于金塔县民众王敦化控诉鸳鸯池蓄水库工地负责人截扣征雇车辆价款虐待民夫等事给金塔县长的训令

1945 年 1 月 31 日　　酒历 1—135

甘肃省第七区行政督察专员兼保安司令公署训令专二（34）子字第 60 号

令金塔阎县长重义：

案据该县户民王敦化等十三人代电，以鸳鸯池蓄水库工程负责人截扣征雇车辆价款，并虐待民夫。请派员澈查等情，合行抄发原件，仰该县长就近查明，具报凭夺。此令。

附抄发王敦化等原代电一件。

专员兼司令刘

中华民国三十四年元月三十一日

附件：

甘肃省第七区行政督察专员刘钧鉴：

缓修水库以抒民困，金塔二千多户，壮丁不过十分之二三，牛车不过十分之四五。北往额济纳运骑兵粮草，南往酒泉运步兵军屯，往来牛车无日或息，更有蓄水库人夫牛车支供，苦不堪言。每天出人夫四百余，牛车五十辆，按粮摊派。有人有车自行支供，无人无车出钱觅雇。每天计算担负国币六万一千六百元，人夫老弱不要，牛车瘦小不取。前次言及每人每天发国币五元，牛车发三十六元，徒有其名，以后多寡不发。至于待遇，食不如猪狗，宿在冰地石岗，工作稍缓，鞭棍交加。恳请钧署速派员前来调查，亏工病民莫此为甚。省府为干旱均水而救民，工程师因蓄水从中而取利。值此国难为艰，人民力竭，军需吃紧之际，于其抛玉引砖以致人民逃亡，不如照案均水以俟抗战胜利再行工作，两有裨益。我代表等睹此民不聊生之痛苦，具电敬恳，不胜待命之至。

金塔县人民代表：王敦化（指印）　王文寿（印）王殿贵（印）李乾元（印）

李荣庆（印）　　苗　寿（印）段兴魁（印）谢彩鹤（印）

张正福（印）[①]　成国秀（印）白汝琇（印）马占勋（印）

顾元墉（印）

---

① 编者按：印文为"张振富"。

处理意见：

拟批复并函水利林牧公司肃丰渠工程处原主任参酌，有当行否，谨请钧裁。

赵飘萍（印）

元月廿六

58—1. 甘肃省政府关于鸳鸯池蓄水库民工数额拨足六百名以利赶工
给金塔县政府的训令及金塔县长处理意见

1945 年 4 月 6 日　　酒历 3—885

甘肃省政府训令建二水（卅四）卯字第 1960 号

令金塔县政府：

建设厅案呈"甘肃水利林牧公司本年三月二十八日三四总字第 576 号函称'本公司前以肃丰渠工程处赶办鸳鸯池蓄水库工程，酒泉、金塔两县所拨民工不敷应用，历月核请□□□□□为六百名，经以三三总字第 2234 号文代电，转奉贵省政府第 7357 号建二（卅三）酉东代电，已分电酒金两县府遵办。兹据肃丰渠工程处本年三月二十二日电报该渠工地现到金塔县民工三百名，酒泉民工一百五十名，相差甚巨，不敷赶工。请转请贵省政府按照原定数额，每县民工六百名严催照数拨齐到工'等情，相应函达，即请迅赐转陈令催金塔、酒泉两县政府按原定数额拨足，以利赶工并烦见复为荷"等情。据此，合亟令仰该县政府遵照，迅即按照原定数额拨。足民工六百名，以利工进为要。此令。

主席谷正伦（印）

建设厅厅长张心一（印）

中华民国三十四年四月六日

处理意见：

令各乡公所遵照本府前令增摊数目催送。

喻大镛（印）

58—2. 甘肃省第七区关于鸳鸯池水利
工程招工办法给甘肃省主席的电文

1945 年 4 月 16 日　　酒历 1—135

谷主席钧鉴：

密鸳鸯池水利工程招工办法经商，承张厅长、原主任法定：

（一）酒金两县各派得力人员四员负责招雇管理；

（二）五、六、七各月两县各招六百名，八、九两月各招四百名，十、十一两月各招七百名；

（三）工人每名月发主食费三千六百元，副食费除燃料外，每名每月四百五十元，由工程处购油盐菜供给；

（四）详细办法正协议中，另文报核。

刘亦常专（34）印铣

58—3. 甘肃省第七区关于鸳鸯池蓄水库工程征雇民工办法给甘肃省主席的代电

1945 年 4 月 19 日　　酒历 1—138

甘肃省第七区行政督察专员兼保安司令公署代电专二（34）卯字第 287 号

兰州省政府主席谷钧鉴：

关于鸳鸯池蓄水库工程积极实施一案，经商承钧府张厅长与肃丰渠工程处原主任素欣议定鸳鸯池蓄水库工程征顾民工办法十条，经以专二（34）卯删电略报在案，谨检赍原办法一份，电请鉴核备查。

附赍鸳鸯池蓄水库工程征民工办法一份。①

七区专员兼保安司令刘专二（34）卯皓印
中华民国三十四年四月十九日

58—4. 甘肃省第七区关于抄发鸳鸯池蓄水库工程征雇民工办法给金塔县长的训令及金塔县长处理意见

1945 年 4 月 19 日　　酒历 3—885

甘肃省第七区行政督察专员兼保安司令公署训令专二（34）卯字第 286 号

令金塔俞县长大镛：

查鸳鸯池蓄水库工程亟待待完成，兹为改善民工待遇，提高工作效率，以求如期竣工起见，经商承省政府建设厅张厅长会同甘肃水利林牧公司肃丰渠工程处原主任素欣订定征雇民工办法十条，除呈赍省政府鉴核备查并分行外，合行抄发原办法一份，仰即遵照办理具报，此令。

附发鸳鸯池蓄水库工程征雇民工办法一份。

专员兼司令刘亦常（印）
中华民国三十四年四月十九日

处理意见：

一、遵照办理并提征工会宣布；二、令各乡公所查考遵行。

喻大镛（印）
四月廿三

---

① 编者按：附件《赍鸳鸯池蓄水库工程征民工办法一份》未见存档，应即为 58—4 文件附件所见者。

附件：

甘肃省第七区行政督察专员兼保安司令公署甘肃水利林牧公司
肃丰渠工程处协议鸳鸯池蓄水库工程征雇民工的办法

一、为提高民工工作效率，改善民工待遇以求如期完成鸳鸯池蓄水库工程，特协定本办法。

二、按工程需要议定本年五至十一月各月份征雇民工数额如下：

1. 五、六、七各月份酒金两县各月各征雇六百名；

2. 八、九两月份酒金两县各月各征雇四百名；

3. 十、十一两月份酒金两县各月各征雇七百名。

三、酒金两县征雇民工由各该县政府切实负责办理，按全县各乡镇保统筹分配，按期征送，不得短少。

四、酒金两县各派得力人员四员，以二人在县府工作，负责征集工人及主食费发放事宜；以二人在工地工作，由县长指派一人为民工大队长，负责民工管理，代表民工与工程处洽有关事宜；一人为事眼员，协助大队长办理一切事宜，以上四员生活费用由工程处按处内职员待遇发给之，如所派人员系兼职时，得由工程处酌给津贴。

五、工人组织以四十人为一班，食宿及工作单位每班设班长一人，受大队长之指导，班长由工人自行推举之。

六、每工每日由工程处发给主食费一百二十元，所需主食品由工人自行办理。副食品、清油、食盐、蔬菜每工每三十日按四百五十元，由工程处负责购发。燃料，由工程处供给不收价款。工人如发生疾病，所需医药费完全由工程处负担，席棚及炊具由工程处购发应用。

七、工资之发给采计时、记工两种办法，其能在较短之工作期间完成其指定工作者，仍照付其指定之工作期间发给工资。

八、主食费拨付期限五月份所需主食费四百三十二万元，由工程处于四月二十五日以前扫数拨交酒金两县政府，转发各该县民工，直接具领六至十一各月份所需主食费二千四百八十八万元，由工程处于五月二十五日以前一次分拨酒金两县政府，由各县按照预征民工名册，会同县参议会、党团预发给各应征民工，亲盖指纹领取。

九、依照工地工作难易实际情况规定每工每日工作最低标准如附表。

十、本办法由协议双方会呈省政府备案实施之。

民工每日工作最低标准表

工作种类	每日完成公方数	工作情形
挖运黄土	1.00	挖装卸用民工、运用汽车
配合土	4.00	用小轨推车运黄土，配人坝址土
运配合土	3.00	用小、轨推车
填压配合土	3.33	填用人工、压用兽力拉碾
运坝址土	3.00	用小、轨推车
压填坝址土	5.00	填用人工、压用兽力拉碾
运填碎石	1.00	用小、轨推车
干砌片石	0.50	
挖风砂	8.00	用小、轨推车
挖河底砂砾	1.00	机器抽水，人工挖运
挖坚石	0.43	使用火药
筑挡水堰	0.50	编篓篓笼填碎石塞漏缝

主要工方平均工作效率表

种类	每工完成公方数	工作情形
配合土	0.677	配拌、运填、加水压实
坝址土	1.890	运填、加水压实

58—5. 甘肃省建设厅长张心一关于 办理肃丰渠征工事宜给七区专员的电文

1945 年 4 月 20 日　　酒历 1—135

刘专员亦常兄：

△密面洽办理肃丰渠征工事宜，文电尚未到府，请速办为盼。

张心一建二水印皓

中华民国三十五年四月二十日

58—6. 第七区视察员刘汉关于鸳鸯池征工及 买布事宜给七区专员的电文及七区专员处理意见

1945 年 4 月 20 日　　酒历 1—138

专员刘钧鉴：

△密（一）鸳鸯池征工事宜，职会同刘工程师方烨驰抵县已三时，由县召集县参议会、青年团、县党部、中山、中正乡长举行征工会议，除民工主食由各保

统筹办理外，余均照原办法办理。（二）用织布长二丈八尺、宽一尺，价约 2500 元，洽商赵议长同意代办购否，恳电示遵。

职刘汉养叩

中华民国三十四年四月二十日

处理意见：

刘视察已离金塔，布决定不在金塔购。

赵飘萍（印）

四月廿二日

赵秘书电复。

刘亦常（印）

四月廿二日

58—7. 第七区视察员刘汉关于前往金塔办理
鸳鸯池水库征工事宜给七区专员的报告

1945 年 4 月 27 日　　酒历 1—138

窃职奉谕前往金塔办理鸳鸯池征工事宜，遵于本月二十日前往，当日抵青山寺，次日偕同水利林牧公司刘工程师方烨赴金塔，上午十时到达，当即由县府召集县参议会、青年团、县党部、中正、中山乡负责人于下午三时举行征工会议，除民工主食决议由各保负责外，余照原办法办理。该县民工大队长拟由姜昌宏（前任乡长）担任，事务员拟由陈自强（前任补给站站长）担任，其负责民工征集及生活费发放人员正予遴派中，其民工之摊派系按新赋粮石均分。该县定本月二十五日上午十二日召集乡保长会议决定之，理合报请鉴核，谨呈专员刘。

职刘汉呈（印）

中华民国三十四年四月二十七日

58—8. 金塔县水利委员会关于鸳鸯池水库
征雇民夫问题会议的记录

1945 年 4 月 25 日　　酒历 3—885

时　间：三十四年四月廿五日上午十二时

地　点：县府中山堂

出席者：姜昌宏　关兴汉　王舜德　景占科　何占元　柴得林　马天驷

张永举　王丕汤　张廷芳　魏迎儒　魏发生　吴贤□　谢彩鹤

柴天荣　段存本　成国胜　赵□□　张文质　李毓生　孙锡□

焦致荣（由焦致亭代）　张世英　向凤栖

主　席：喻大镛

记　录：赵生□

甲、开会如仪

乙、报告事项

一、主席报告（此略）

丙、讨论事项

一、关于水库民夫决自五月份起共为六百人，与前不同，应从新分配以符定额案。

决议：照分配表数额，如限督促齐全，不得短欠。

二、关于各保应派民夫应于三月份由保长召开会议应由何人先去造具名册四份，一份呈送县府，一份呈送乡公所，一份径送水库，一份留保办公处备查。

三、关于各保应派民夫须照定额，按日前往去做，不得迟延，换夫时日，若任意迟延，时日在延期内之工价由自己负，水库发之工价留作奖励金。

四、关于五月份民夫伙食费在工地未送来时，由民夫自己负担，在四月卅日以前，须先送工地，俾便应用。

五、关于各保此次派民夫须于本月卅日如数由保长率领送县，于五月一日早，由民工大队长率领前往工地开始工作。

六、关于民夫伙食，工地每日规定发价一百二十元，购面二斤半，现为顾及实际情形起见，每日发面二斤，米□□。

七、关于各保民夫工地规定每四十人编为一班，中山乡十二保编为九班，中正乡十一保共编为七班。

八、关于民工管理，除大队长经常驻工地外，并由各乡公所乡队副做联络员，每月初一、十五，须前往工地考察有无短欠民夫事宜。

丁、散会。

58—9. 金塔县政府关于鸳鸯池水库 民工问题给中山乡中正乡乡长的训令

1945 年 4 月 26 日　　酒历 3—885

金塔县政府训令建（34）卯字第 163 号

令中山乡乡长李毓生、中正乡乡长段存本：

案奉甘肃省政府建二水（卅四）卯字第一九六〇号训令"催酒金两县建修水库，民工仍按原定数额各拨足六百名，以利赶工"等因；正遵办间又奉甘肃省第七区行政督察专属专二（34）卯字第二八六号训令内开"查'入原文'此令"等因，附发办法一份。奉此，当经本府一再研讨，根据各保新赋配定应担民工数字，提交征工会议议决通过，记录在案，除分行外，合亟抄发原办法及分配民工数目表各一份，令仰该乡长遵办。

喻大镛

附件1：

乡别	中山乡				
保别	永丰保	新塔保	双城保	维新保	新民保
应纳新赋额	二九六四□□□	二七七六五〇〇	二一九〇一六〇	三三六四六七〇	二二四七八〇〇
配赋民工	三九	三七	二九	四四	三〇
备考					
保别	自强保	梧桐保	乐善保	三上保	三塘保
应纳新赋额	二七三〇四〇〇	一六六五二〇〇	三〇——三〇〇	一六九六〇〇〇	二〇三〇四〇〇
配赋民工	三六	二二	四〇	二二	二七
备考					
保别	营盘保	天仓保	合计		
应纳新赋额	一二三九一〇〇	一八二三〇〇〇	一七七七二九〇七		
配赋民工	一五	二三	三六四		
备考					

附件2：

乡别	中正乡				
保别	复兴保	五福保	三多保	永和保	仁和保
应纳新赋额	五五六四〇〇	一九〇三三〇〇		三二□□	
配赋民工	七	二五			
备考					
保别	□□□	□□□	□□□	□□□	□□□
应纳新赋额			一四四一〇〇〇	二八六六八〇〇	一四六一〇〇〇
配赋民工					一九
备考					
保别	□□□	□□□			
应纳新赋额	一九五四一〇〇	一八〇〇七一六〇	四五七四七六二三〇		
配赋民工	二五	二三六	六〇〇		
备考	三多、永和、仁和、新山四保共纳粮四百五十四石八斗八升六十勺				

58—10. 金塔县政府关于鸳鸯池蓄水库工程
民工征集及管理办法给七区专员的代电

1945 年 4 月 30 日　　酒历 1—138

金塔县政府代电建卯字第一七八号

甘肃省第七区行政督察专员兼保安司令刘钧鉴：

　　查鸳鸯池蓄水库工程征雇民工，前奉钧署与肃丰渠工程处协议鸳鸯池蓄水库征雇民工办法，当即遵照，积极筹划。兹遵照原办法规定并参酌本县实际情形，拟定《金塔县政府鸳鸯池蓄水库工程民工征集及管理办法》，以利推进，理合检同，电请鉴核备查。

　　附办法一份。

代理金塔县县长喻大镛（印）建卯江印

中华民国三十四年四月三十日

附件：

金塔县政府鸳鸯池蓄水库工程民工征集及管理办法

　　一、本办法遵照甘肃省第七区行政督察专员兼保安司令公署，甘肃水利林牧公司肃丰渠工程处协议鸳鸯池蓄水库工程征雇民工办法并参酌实际情形订定之；

　　二、本县民工依照各月规定数额，就受益土地按粮额平均分配征集；

　　三、各月民工人数分配确定后，应由各保长于上月二十五日以前编造应征民工名册四份，以三份分呈县政府、乡公所及工程处，以一份存查；

　　四、编造名册应以一月为范围推定衔接次序，每月最多换工一次，以免影响工作；

　　五、各月应征民工确定后，应由各保保长负责按期征送，衔接工作如有短少或不按期衔接到工，除勒令不足外并责令自备食粮，将其应得主食代金罚充民工奖励金，该管乡保甲长亦应受相当处分；

　　六、各月全部民工各编为一大队，下设各班以四十人组成，并以一保一班为原则，如一保人数过少者，得合并二保以上为一班。各班推举班长一人负责管理本班民工及食宿事宜。其为二保以上合并组成者，以人数较多之保，推举一人为正班长，余各推一人为副班长；

　　七、各月民工主食费由工程处预发，县政府根据分配工数转发各保，由各该保长等购食粮于开始工作前一次自送工地；

　　八、各班工作依规定标准计算报酬，其超过标准所得节余，余归全班民工所有。如工作不及规定标准，不敷费用，应由各班民工自行负担；

　　九、民工大队长由县政府指定，负责管理民工考查工作勤惰，登记工作成绩；

十、民工伙食及其他有关事务，由县政府指定事务员一人，负责督率各班班长办理；

十一、各班民工实到人数及其工作成绩，民工大队长应按旬呈报县政府一次；

十二、各乡乡公所应指定联络员一人，负责联络及督催民工事宜，每月月半及月终应各查工地一次，登记实到人数及应征民工与其他事宜；

十三、民工大队长事务员及各乡联络员工作勤奋成绩卓著者，由县政府呈请省政府及专员公署分别嘉奖；

十四、本办法自三十四年五月一日起施行，并呈报省政府及专员公署备查。

59—1. 甘肃省政府关于三清渠洪水坝鸳鸯池水利
工程情况及征工数目给七区专员的指令及七区专员处理意见

1945 年 5 月 22 日　　酒历 1—139

甘肃省政府指令建二水（卅四）辰字第 3308 号

令第七区行政督察专员刘亦常：

五月十日专二（34）辰字虞电报三清渠、洪水坝、鸳鸯池水利工程情况及征工数字，由电悉（一）（二），准备查（三），鸳鸯池蓄水库工程有时间性，据称民夫尚欠壹百名，究竟欠自某县，仰即查明申复，并饬各该县长务须按照规定数字，迅即征足，以利工进为要。此令。

主席谷正伦（印）
委员兼秘书长丁宜中代拆代行（印）
建设厅厅长张心一（印）
中华民国三十四年五月廿二日

处理意见：

二科查照申复并令酒金两县。

赵飘萍代

59—2. 甘肃省第七区关于征足鸳鸯池民工问题
给酒泉金塔两县县长的代电稿

1945 年 6 月 13 日　　酒历 1—139

甘肃省第七区行政督察专员兼保安司令公署代电专二（卅四）巳字第 467 号

酒泉县王县长、金塔县喻县长览：

奉省府建二卅四字第三三四八号指令节开"鸳鸯池蓄水库工程有时间性，据称民夫尚欠壹百名，究竟欠自某县仰即查明即复，并饬各该县长务须按照规定数

字迅即征足，以利工进为要"等由。除申复外，仰将该县所欠民夫迅即征足具报
为要。

专员兼司令刘专二（卅四）巳门印

中华民国三十四年六月十三日

59—3. 甘肃省第七区关于金塔县已征足
水库民工数目给甘肃省主席的代电稿

1945 年 6 月 27 日　　酒历 1—139

甘肃省第七区行政督察专员兼保安司令公署代电专二（卅四）巳字第 522 号
兰州谷主席钧鉴：

顷据金塔县喻县长建巳养电称"遵查鸳鸯池水库民工现已征足六百名规定数目，
谨复"等情。除酒金两县实到人数函肃丰渠工程处查复再报外，谨先电报备查。

甘肃省行政督察专员兼保安司令刘专二（卅四）巳感印

中华民国三十四年六月廿七日

60—1. 甘肃省水利林牧公司肃丰渠工程处关于抄送五月
上半月鸳鸯池蓄水库民工工数逐日统计表给七区的公函

1945 年 5 月 27 日　　酒历 1—138

甘肃水利林牧公司肃丰渠工程处公函三四肃丰字第 185 号
甘肃省第七区行政督察专员兼保安司令公署：

兹将酒金两县政府五月上半月雇送鸳鸯池蓄水库工作民工数额填制统计表，
随函送上，敬请查照。①

主任原素欣（印）

中华民国三十四年五月廿七日

60—2. 甘肃省第七区关于请将鸳鸯池工作
民工统计表抄送两份给肃丰渠工程处的公函

1945 年 6 月 6 日　　酒历 1—139

甘肃省第七区行政督察专员兼保安司令公署公函专二（34）辰字第 424 号

案准贵处本月廿七日肃丰字第一八五号公函开"兹将酒金两县政府五月上半
月雇送鸳鸯池蓄水库工作民工数额，填制统计表，随函送上，敬请查照"等由。

---

① 编者按：民工数额统计表未见。

除报省外，相应复请以贵处嗣后将此项统计表，每次准予惠送两份，俾便存转，实深纫感。此致甘肃水利林牧公司肃丰渠工程处。

专员兼司令刘

秘书赵飘萍代行

中华民国三十四年六月六日

60—3. 甘肃省第七区关于呈送五月上半月鸳鸯池蓄水库民工工数逐日统计表给甘肃省政府的代电稿

1945 年 6 月 6 日　　酒历 1—139

甘肃省第七区行政督察专员兼保安司令公署代电专二（34）巳第 423 号

兰州主席谷钧鉴：

鸳鸯池蓄水库酒金两县招雇送民工情况，经以专二（34）辰虞电报查在案，兹谨将肃丰渠工程处统计五月份上半月民工统计表二份，随电呈赍鉴核备查。

附赍统计表二份。

职刘代行秘书赵飘萍专二（34）巳（鱼）印

中华民国三十四年六月六日

60—4. 甘肃省第七区关于五月上半月鸳鸯池蓄水库民工工数逐日统计表业已呈送给甘肃省主席的代电稿及七区专员处理意见

1945 年 6 月 14 日　　酒历 1—139

甘肃省第七区行政督察专员兼保安司令公署代电专二（卅四）巳字第 468 号

兰州主席谷钧鉴：

建二水（卅四）辰字第三三四八号指令奉悉。查鸳鸯池蓄水库工程酒金两县代雇民夫，其五月上半月详细统计表，经以专二（卅四）巳字第四二三号代电呈赍钧府在案，除遵令转饬酒金遵照外，理合复请鉴核备查。

职刘专二（卅四）巳铣印

中华民国卅四年六月十四日

处理意见：

文件如此积压是何原故？

刘亦常

六月十四日

60—5. 甘肃省政府关于核查鸳鸯池水库五月份上半月民工出工数给甘肃省第七区的指令

1945 年 7 月 18 日　　酒历 1—139

甘肃省政府指令建二水（34）午字第 4555 号

令本省第七区行政督察专员公署：

　　本年六月六日专二（34）巳字第 423 号、专二巳鱼代电二件"电赍鸳鸯池蓄水库工作民工五月份上半月统计表，请鉴核备查"由，代电暨附表均悉。经核酒泉县各乡保民工总数应为 600 名，来表分配名额误为 590 名，仰另行分配，余准备查。此令。

主席谷正伦（印）

建设厅厅长张心一（印）

中华民国三十四年七月十八日

60—6. 甘肃省第七区关于鸳鸯池水库五月份上半月民工出工数填写无误给甘肃省主席的代电稿

1945 年 7 月 21 日　　酒历 1—139

甘肃省第七区行政督察专员兼保安司令公署代电专二（34）午字第 613 号

兰州主席谷钧鉴：

　　七月六日建二水（34）午字第四五五五号指令奉悉。遵查，原表名额栏内酒泉县各乡所分配民夫总数实为 600 名，谨电申复。

职刘专二（34）午马印

中华民国卅四年七月廿一日

60—7. 甘肃省政府关于鸳鸯池民工五月份上半月统计数次情形给七区的指令

1945 年 8 月 12 日　　酒历 1—139

甘肃省政府指令建二水（34）未字 5685 号

令第七区行政督察专员公署：

　　本年七月二十一日专二（34）午字六一三号马代电一件"电报鸳鸯池民工五月份上半月统计数字情形电，请核查"由，代电悉，准予备查。此令。

主席谷正伦（印）

建设厅厅长张心一（印）

中华民国三十四年八月十二日

61—1. 甘肃水利林牧公司关于抄送五月下半月
及六月上半月鸳鸯池蓄水库民工工数逐日统计表给七区专员的公函

1945 年 7 月 6 日　　酒历 1—139

甘肃水利林牧公司肃丰渠工程处公函三四肃丰字第 206 号

甘肃省第七区行政督察专员公署：

径启者，兹将酒金两县政府五月下半月及六月上半月雇送鸳鸯池蓄水库工作民工数额填制统计表随函附送，敬请查照。

主任原素欣（印）

中华民国三十四年七月六日

61—2. 甘肃省第七区关于呈送五月下半月及六月
下半月鸳鸯池蓄水库民工工数逐日统计表给甘肃省主席的代电稿

1945 年 7 月 12 日　　酒历 1—139

甘肃省第七区行政督察专员兼保安司令公署代电专二（34）午字第 574 号

兰州主席谷钧鉴：

顷准水利林牧公司肃丰渠工程处本月六日（卅四）肃丰字第二○六号公函"送酒金两县五月份下半月及六月份上半月雇送鸳鸯池蓄水库工作民工数额统计表各二份，请查照"等由。除分予存外，谨检同原表各二份随电呈赍鉴核分别抽备查。

职刘专二（34）午文印

中华民国三十四年七月十二日

61—3. 甘肃省政府关于五月下半月及六月下半月
鸳鸯池蓄水库民工工数逐日统计表给七区专员的指令

1945 年 9 月 15 日　　酒历 1—137

甘肃省政府指令建二水申第 62616 字

令第七区行政督察专员公署：

本年七月十二日专二（34）午字五七四号代电一件"电转赍酒金两县五月份下半月及六月份上半月修筑鸳鸯池蓄水库民工数额统计表，请鉴核备查"由，代电暨附件均悉。除饬酒泉王县长，嗣后应按规定数额出足外，仰就近催办，余准备查，此令。

主席谷正伦（印）

建设厅厅长张心一（印）

中华民国三十四年九月十五日

62. 甘肃省政府关于修筑鸳鸯池水库征雇民工等事给第七区的指令

1945 年 7 月 27 日　　酒历 1—139

甘肃省政府指令建二水午字第 5212 号

令第七区行政督察专员公署：

　　本年六月第四六八号专二（卅四）已铣暨同年月廿七日第五二二号专二（卅四）已感代电两件"为报修筑鸳鸯池水库征雇民工等情形，祈核查"由，铣感两代电均悉。仰仍严饬督促赶办具报为要。此令。

主席谷正伦（印）

建设厅厅长张心一（印）

中华民国卅四年七月廿七日

63. 甘肃省第七区关于按月上报代雇鸳鸯池
水库民工数目给酒泉县长的代电稿

1945 年 9 月 29 日　　酒历 1—137

甘肃省第七区行政督察委员会兼保安司令公署代电专二（34）申字第 799 号

酒泉王县长览：

　　仰将修筑鸳鸯池蓄水库该县代雇民工数目，自六月份起至本月底止，按期月报署，凭核为要。

专员兼司令刘专二（34）申谦印

中华民国三十四年九月廿九日

64—1. 甘肃省政府关于依照甘肃水利林牧公司所送
肃丰渠鸳鸯池蓄水库施工计划征足民工给七区专员的训令

1946 年 3 月 20 日　　酒历 1—137

甘肃省政府训令建二水（卅五）寅字第 1446 号

令第七区行政督察专员兼保安司令刘亦常：

　　建设厅案呈甘肃水利林牧公司本年二月二十八日函称"肃丰渠鸳鸯池蓄水库工程今后施工计划业经拟就，其中要点有三：（一）三十五年洪水前，尽量作两岸填土，并增加抽水设备，清一部分河底，洪水后增加运土、填土、压土设备，日夜赶作，明年四月底完成。（二）为减少民工数目并增加工作效率，计清基及填土仍用民工运土，用包工。（三）民工数目如下，请令县召集按期赶工：1. 三十五年四月至六月每日五百名，七八两月每日三百名九月至十一月每日一千名，十二月每日三百名；2.三十六年三四两月每日五百名，鉴于过去民夫不足、管理不周、老弱掺杂等情形，以后拟请由贵省政府派大员驻工，专责管理，务使工人足额及无老弱充数情形，此点极关重要，务请照办。相应检附施工计划函请查照转陈赐办，见复为荷"等情，附计划一份。经核所拟施工计划尚属可行，应准照办，除每月所需民工令由酒泉、金塔两县平均招集，并分令本府水利专员崔崇桂、赵积寿就近协助各该县政府外，合行令仰遵照督促办理，务须按月征足民工，勿使老弱充数，仍将办理情形随时报查为要。此令。

主席谷正伦（印）

委员兼秘书长丁宜中代拆代行（印）

建设厅厅长张心一（印）

中华民国三十五年三月廿日

64—2. 甘肃省政府关于依照甘肃水利林牧公司所送肃丰渠鸳鸯池 蓄水库施工计划征足民工给金塔县政府的训令及酒泉县长处理意见

1946 年 3 月 20 日　　酒历 3—886

甘肃省政府训令建二水（35）字第 1446 号

令金塔县政府：

　　建设厅案呈甘肃水利林牧公司本年二月二十八日函称"肃丰渠鸳鸯池蓄水库工程今后施工计划业经拟就，其中要点有三：（一）三十五年洪水前，尽量作两岸填土，并增加抽水设备，清一部份河底。洪水后，增加运土、填土、压土设备，日夜赶作，明年四月底完成。（二）为减少民工数目并增加工作效率，计清基及填土仍用民工运土，用包工。（三）民工数目如下，请令县召集按期赶工：1.三十五年四月至六月，每日五百名，七八两月每日三百名，九月至十一月每日一千名，十二月每日三百名；2.三十六年三四两月每日五百名。鉴于过去民夫不足、管理不周、老弱掺杂等情形，以后拟请由贵省政府派大员驻工，专责管理，务使工人足额及无老弱充数情形，此点极关重要，务请照办。相应检附施工计划函请查照转陈赐办，见复为荷"等情，附计划一份。经核，所拟施工计划尚属可行，应准照办，除每月所需民工令由酒泉、金塔两县平均招集，并分令本府水利专员崔崇桂、赵积寿就近协助各该县政府外，合行令仰遵照督促办理，务须按月征足民工，勿使老弱充数，仍将办理情形随时报查为要。此令。

主席谷正伦（印）

委员兼秘书长丁宜中代拆代行（印）

建设厅厅长张心一（印）

中华民国三十五年三月廿日

处理意见：

速拟民工分配数额提县政会议决定。

喻大镛（印）

四月十三日

64—3. 甘肃省第七区关于切实遵照省令征雇修建鸳鸯池民工给金塔县长的代电稿

1946年4月8日　　酒历 3—886

甘肃省第七区行政督察专员兼保安司令公署代电专二（35）卯字第 206 号

金塔喻县长览：

省府建二水（35）寅字一四四六号训令计达，仰切实遵办，并将办理情形随时报核为要。

专员兼司令刘亦常专二（35）卯斋印

中华民国三十五年四月八日

65—1. 甘肃水利林牧公司肃丰渠工程处关于征集四五两月份民工及拨付主副食费款给七区专员的公函

1946年4月16日　　酒历 1—137

甘肃省水利林牧公司肃丰渠工程处公函三五肃丰字第 101 号

甘肃省第七区行政督察专员公署：

本处鸳鸯池蓄水库工程施工所需民工，业经本公司呈请甘肃省政府核定。三十五年四月至六月，每日五百名；七八月每日三百名；九月至十一月，每日一千名；十二月每日三百名；三十六年三四两月，每日五百名；由酒金两县平均征集相应。函请贵署查照，令饬酒金两县政府征集。兹按工地实际需要情形，各月份名额略有变更，希在四月份每县征集一百名，于同月二十一日到工，五月份每县征集二百五十名，以后各月份名额另行函请，转饬征集。至民工工资，每工每日发给主副食费国币六百元整，民工所需燃料、炊具、工棚等，由本处供给，不收价款，并请由酒金两县政府各派得力人员二员，常川驻工办理民工食宿事宜，其待遇每员每月发给国币三万元。本处已将四五两月份民工主副食费于四月十七日分别拨付酒金两县政府具领转发并希查照。

主任原素欣（印）

中华民国三十五年四月十六日

65—2. 甘肃省第七区关于肃丰渠工程处请求酒金两县
征集四五两月民工给酒泉县长的代电稿

1946 年 4 月 23 日　　酒历 1—137

甘肃省第七区行政督察专员兼保安司令公署代电专二（35）卯字第 246 号

酒泉王县长览：

案准肃丰工程处（35）肃丰字第一零一号公函内开"本处鸳鸯池……并希查照"①等由准此合行，电仰遵照办理，并将办理情形具报为要。

专员兼司令刘专二（35）卯梗印

中华民国卅五年四月廿三日

65—3. 甘肃水利林牧公司肃丰渠工程处关于征集
四五两月份民工及拨付主副食费款给金塔县政府的公函

1946 年 4 月 16 日　　酒历 3—886

甘肃水利林牧公司肃丰渠工程处公函三五肃丰字第 100 号

金塔县政府：

本处鸳鸯池蓄水库工程施工所需民工业经本公司陈请甘肃省政府核定，三十五年四、五月至六月每日五百名，七、八两月每日三百名，九月至十一月每日一千名，十二月每日三百名。三十六年三、四两月每日五百名，由酒泉、金塔两县平均征集，相应函请贵府查照征集。但按工地实际需要情形，各月份名额略有变更，希在四月份征集一百名于同月二十一日到工，五月份征集二百五十名，以后各月份需要数额，另行函达。至民工工资，每工每月发给主副食费国币六百元整，民工所需燃料、炊具、工棚等，由本处供给，不收价款，请派得力人员二员，常川驻工办理民工食宿事宜，其待遇每员每月发给国币三万元，兹将四五两月份民工主副食费共计国币五百二十五万元开具中农行＃915651 支票二纸，如数拨发，即希查收补给领据为荷。

主任原素欣（印）

中华民国三十五年四月十六日

---

① 编者按：省略号为原文件所加。

65—4. 金塔县政府关于从速征集四月五月
水库民工给中山乡和中正乡的训令

1946 年 4 月 17 日　　　酒历 3—886

金塔县政府政府训令建（35）卯字第 751 号

令中山乡、中正乡公所

　　案奉甘肃省政府建二水（卅五）寅字第一四四六号训令略开"肃丰渠鸳鸯池蓄水库工程今后施工计划，业经拟就。三十五年四月至六月每日五百名，七、八两月每日三百名，九月至十一月每日一千名，十二月每日三百名。三十六年三、四两月每日五百名。由该县及酒泉两县平均招集按月征足，勿使老弱充数"等因，奉此，旋准肃丰渠工程处三五肃丰字第一〇〇号公函"以各月份名额略有变动，希在四月份征集一百名于同月二十一日到工，五月份征集二百五十名，每工每日发给主副食费六百元"等由，准此。兹比照上年度各乡保分配标准，拟分配四、五两月份各保征工数目表一份，令仰该乡长遵照，速即特饬各保，依期征集预筹食粮，事关水利工程，万勿延误为要！此令。

　　附各保四、五两月份民工分配表一份。

喻大铺

中华民国三十五年四月十七日

附件：

各保四、五两月份民工分配表之一[①]

中山乡			中正乡		
保别	四月份应酉己数	五月份应酉己数	保别	四月份应酉己数	五月份应酉己数
永丰	7	17	复兴		5
新塔	7	17	五福		12
双城	5	13	三多		17
维新	8	20	永和		7
新民	5	13	仁和		8
自强	6	15	太和		7
梧桐	4	10	尉仙		8
乐善	7	17	大有		10
三上	4	10	古城		13
三塘	5	13	新城		8
			新山		10
合计	58	145	合计	42	105

---

① 编者按：中正乡各保四月份应配数为空。

各保四、五两月份民工分配表之二

保别	五月份应配民工数	实到民工数	欠数	四月廿一日至五月十五日实缺工数	应到补工人数	四五两月份实欠面粉数	备注
永丰	17	3	4	105	11	694	
新塔	17	13	4	84	9	886	
双城	13	11	2	137	11	670	
维新	20	17	3	176	15	1 180	
新民	13	9	4	190	16	1 250	
自强	15	13	2	225	17	1 575	
梧桐	10	4	6	182	18	387	
乐善	17	14	3	252	20	1 155	
三上	10	7	3	122	11	1 050	
三塘	13	6	7	245	23	1 350	
合计	145	107	38	1 718	151	10 297	
复兴	5	2	3	47	6	525	
五福	12	11	1	109	8	1 075	
三多	17	13	4	167	15	1 725	
永和	7	7	0	68	4		
仁和	8	8	0	68	4		
太和	7	6	1	68	5	2 366	
尉仙	8	7	1	72	6		
大有	10	8	2	92	8	876	
古城	13	7	6	142	16	1 266	
新城	8		8	150	18	825	
新山	10		10	190	22	1 050	
合计	105	69	36	1 173	112	9 648	

65—5. 金塔县政府关于派成国胜傅生德常川驻工地办理民工食宿给肃丰渠工程处的公函

1946 年 4 月 19 日　　酒历 3—886

金塔县政府公函建（35）卯字第 775 号

　　案准贵处三五肃丰字第一〇〇号公函嘱"四月份征集民工一百名，于同月廿一日到工，并派得力人员二员常川驻工，办理民工食宿"等由准此。查本县民工已饬各乡保长如期征集，主食实物由各保先期购送并派成国胜为民工大队长、傅生德为事务员，常川驻工负责办理，准函前由，相应函复，即希查照为荷！此致肃丰渠工程处。

县长喻

中华民国三十五年四月十九日

65—6. 金塔县政府关于任命成国胜傅生德的派令

1946 年 4 月 19 日　　酒历 3—886

金塔县政府派令建（35）卯字第 777 号

令成国胜、傅生德：

　　兹派该员为鸳鸯池蓄水库本县民工大队大队长、事务员。此令。

县长喻大铺

中华民国三十五年四月十九日

65—7. 金塔县政府关于鸳鸯池蓄水库驻工
人员每月待遇给成国胜傅生德的训令

1946 年 4 月 19 日　　酒历 3—886

金塔县政府训令建（35）卯字第 776 号

令大队长成国胜、事务员傅生德：

　　案准肃丰渠工程处（卅五）肃丰字第一〇〇号公函略开"请派得力人二员常川驻工办理民工食宿事宜，其待遇每员每月发给薪俸国币三万元"等由准此。除分令外，合行令仰该员遵照切实负责办理，至于民工副食规定每人每日五十元，亦由队部负责筹办并仰遵照。此令。

县长喻大铺

中华民国三十五年四月十九日

66. 金塔县鸳鸯池蓄水库民工队长成国胜关于报告
各乡保民工实到数并请催征食粮给金塔县长的呈文

1946 年 5 月 5 日　　酒历 3—886

　　查各乡保民工近日实到工地八十二名，分别填表一份附赍。惟民工口食用尽，各保尚未送交一斤，实属无法维持，民工逐日领食，面粉缺乏毛袋，种种困难，难以推行工作，理合呈报钧座严饬催征口食，民工并筹需用口袋，以利进行工作，实为公便。谨呈县长喻。

　　附赍实到民工数目表一份。

金塔县鸳鸯池蓄水库民工队长成国胜　成国胜（印）

中华民国三十五年五月五日

处理意见：

所需口袋令乡公所代借。

喻大镛（印）
五月七日

附件：

金塔县中山乡、中正乡各保实到水库民工数目表

金塔县中山乡各保实到水库民工数目表		
乡名	中山乡	
保别	实到民工数	备考
永丰	15	
新塔	7	
双城	5	
维新	8	
新民	4	
自强	4	
梧桐		
乐善	2	
三上	2	
三塘		
合计	47	
金塔县中正乡各保实到水库民工数目表		
乡名	中正乡	
保别	实到民工数	备考
复兴	2	
五福	5	
三多	7	
永和	3	
仁和	3	
太和	3	
尉仙	3	
大有	5	
古城	4	
新城		
新山		
合计	35	

67. 金塔县政府关于催补各保五月份水库
民工及食粮给中山中正两乡的训令

1946 年 5 月 17 日　　酒历 3—886

金塔县政府训令建（35）辰字第 996 号

令中山乡公所、中正乡公所：

　　案据水库民工大队长成国胜"呈报五月份各保到工民夫统计报告单，呈请催补民工缺额及食粮"等情。据此查该乡各保尚欠民工六十五个、三十二个，除分行外，合亟抄发欠夫统计单一份，仰该乡长遵照，切实严催欠夫，各保迅速补送，限文到五日内，一律补足，以凭查照，并将五月份下半月民工食粮，提前送至工地，勿得稍延为要。此令。附发欠夫统计单一份。

县长喻

中华民国三十五年五月十七日

附欠夫统计单一份：

　　新塔保欠夫一名，双城保欠夫四名，维新保欠夫四名，新民保欠夫八名，自强保欠夫十名，梧桐保欠夫八名，乐善保欠夫十名，三上保欠夫四名，三塘保欠夫十三名，合计六十五名；三多保保欠夫五名，永和保欠夫二名，人和保欠夫二名，太和保欠夫二名，尉仙保欠夫二名，大有保欠夫五名，古城保欠夫一名，新城保欠夫八名，新山保欠夫十名，合计三十二名。

68. 鸳鸯池民工队长成国胜关于四五月份
民工到工情况给金塔县长的报告[①]

1946 年 5 月 25 日　　酒历 3—886

　　查本县各乡保四月份下半月、五月份上半月实到水库工地民工逐日统计表，分别造具二份，理合具文呈赍钧府鉴核备查。谨呈金塔县长喻。

　　附赍统计表二份。

金塔县鸳鸯池蓄水库民工队队长成国胜（印）

中华民国三十五年五月二十五日

---

　　① 编者按：此文件除两附表外，另有《中山乡、中正乡所欠面粉》与《中山乡、中正乡欠夫统计》附后，度其文意，似非原文件附件。然因别无所系，姑附此。

附件

金塔县各乡保实到水库民工逐日统计报告表（民国三十五年 4 月 21 日至 4 月 30 日）

乡别	中山乡											中正乡												总计	附注
保别	永丰	新塔	双城	维新	新民	自强	梧桐	乐善	三上	三塘	小计	复兴	五福	三多	永和	人和	大和	尉仙	大有	古城	新城	新山	小计		
应到数	7	7	5	8	5	6	4	7	4	5	58	2	5	7	3	3	3	3	4	5	3	4	42	100	自本年四月廿一日开工计算
日期 23		7		7							14													14	
24		7		7							14	2	5	6	3	3	3	2	4	3			31	45	
25		7		7							14	2	4	6	3	3	3	2	4	4			31	45	
26		7		7							14	2	4	6	3	3	3	3	4	4			32	46	
27		7	5	8							20	2	4	6	3	3	3	3	4	4			32	52	
28		7	5	8							20	2	4	6	3	3	3	3	4	4			32	52	
29		7	5	8			4				24	2	5	6	3	3	3	3	4	4			33	57	
30		7	5	8			4				24	2	5	7	3	3	3	3	4	4			34	58	
合计		56	20	60			8				144	14	31	43	21	21	21	19	28	27			225	369	
缺工数	70	14	30	20	50	60	32	70	40	50	429	6	19	27	9	9	9	11	12	23	30	40	195	624	

金塔县各乡保实到水库民工逐日统计报告表（民国三十五年5月1日至5月15日）

（各日期栏内数字为"实到"人数）

乡别	中山乡											中正乡												总计
保别	永丰	新塔	双城	维新	新民	自强	梧桐	乐善	三上	三塘	小计	复兴	五福	三多	永和	人和	大和	蔚仙	大有	古城	新城	新山	小计	总计
应到数	17	17	13	20	13	15	10	17	10	13	145	15	12	17	5	5	5	5	10	13	8	10	105	250
1	15	7	5	8		3		2	2		42	2	5	7	3	3	3	3	4	4			34	76
2	15	7	5	8	2	4		2	2		45	2	5	7	3	3	3	3	3	4			33	78
3	15	7	5	8	4	4		2	2		47	2	5	7	3	3	3	3	3	4			33	80
4	15	7	5	8	4	4		2	2		47	2	5	7	3	3	3	3	5	4			35	82
5	15	7	5	8	4	4		2	2		47	2	5	7	3	3	3	3	5	4			35	82
6	15	7	5	8	4	4		2	5		50	2	5	7	3	3	3	3	5	4			35	85
7	15	7	5	8	4	4		6	4		53	2	5	7	3	3	3	3	5	4			35	88
8	15	15	5	8	4	4		6	4		61	2	5	7	3	3	3	3	5	4			35	96
9	15	16	5	8	4	4		6	5		63	2	5	7	3	3	3	3	5	4			35	98
10	15	16	5	8	4	4		6	6		64	2	5	7	3	3	3	3	5	4			35	99
11	14	16	6	8	4	4		6	6		64	2	5	7	3	3	3	3	5	4			35	99
12	14	16	6	8	4	4		6	6		64	2	5	7	3	3	3	3	5	4			35	99
13	14	16	8	14	4	4	2	7	6		75	4	5	6	3	3	3	3	5	4			36	111
14	14	16	9	16	5	5	2	7	6		80	4	12	12	7	7	7	7	5	12			73	153
15	14	16	11	18	4	4	4	7	6		84	4	12	12	7	7	7	7	5	12			73	157
合计	220	176	90	144	55	60	8	69	64		886	36	89	114	53	53	53	53	70	76			597	1483
缺工数	35	79	105	156	140	165	142	186	86	195	1289	189	91	141	22	22	22	22	80	119	120	150	968	2257

中山乡、中正乡所欠面粉

中山乡四五两月份：

永丰保欠面粉六百九十四斤，新塔保欠面粉八百八十六斤，双城保欠面粉六百七十斤，维新保欠面粉一千一百八十斤，新民保欠面粉一千三百五十斤，自强保欠面粉一千五百七十五斤，梧桐保欠面粉三百八十七斤，乐善保欠面粉一千一百五十五斤，三上保欠面粉一千零五十斤，三塘保欠面粉一千三百五十斤，共欠一万零二百九十七斤；

中正乡四五两月份：

复兴保欠面粉五百二十五斤，五福保欠面粉一千零七十五斤，三多保欠面粉一千七百二十五斤，永和、人和、太和、尉仙保欠面粉二千三百六十六斤半，大有保欠面粉八百七十六斤，古城保欠面粉一千二百零六斤，新城保欠面粉八百二十五斤，新山保欠面粉一千零五十斤，共欠九千六百四十八斤半。

中山乡、中正乡欠夫统计

中山乡：永丰保欠夫四名，病假夫李兴孔、顾元生；新塔保欠夫四名，万国宾五月廿一日逃，杜贺德五月十八日逃跑代铁锨一张，吴明德五月十六日逃跑代洋勾一把，马学其五月十九日逃跑；双城保欠夫二名；维新保欠夫三名，陶永国五月廿二日因父逝世请假；新民保欠夫四名，王作生因病五月廿四日请假；自强保欠夫二名；乐善保欠夫三名；三上保欠夫三名；三塘保欠夫七名。

中正乡：复兴保欠夫三名，雷廷芳五月廿三日逃，殷生勤五月十八日逃跑；五福保欠夫一名，吴忠荣五月十八日逃跑；三多保欠夫四名；永和、仁和、太和、尉仙保欠夫二名，潘希文五月九日病假；大有保欠夫二名；古城保欠夫六名，李月金五月廿三日逃，赵同义五月廿三日逃跑，赵福祖五月廿三日逃跑，李知全五月廿三日逃跑；新城保欠夫八名；新山保欠夫十名。

69—1. 金塔县中正乡长关于转呈于学诗等请求减免水库民夫给金塔县长的呈文

1946 年 5 月　　酒历 3—886

为转呈新山保民众于学诗、张进宝等呈请负担过重祈减免水库民夫以维生计等情仰祈鉴核示遵由：

案据本乡新山保民众于学诗、张进宝、蒲占鳌、段经本、王立棕等呈称"查属保，地狭人稀，地瘠民贫，科则太重，往年所浇之水由酒泉老鹳闸渠内分流，全凭人夫款项而换。每年自春而下，与彼坝常出挑渠挖坝之夫三十六名，但有违误，该坝即停止水源，加之酒建公路派往人夫四十名，双方负担势难兼顾。此次奉钧所命令，又与属保扒来四、五两月份水库民夫，前后十四名，民等朝夕筹思，委实无法支供，只得冒昧呈请钧所核减并祈转呈县府，准予减免，以济艰苦"等情，据此，查该保民众所称各节，尚属实情，但水库民夫及新城保之夫，至今未到工地。本所屡经派员督催该保保长，声称无法征集，理合将各原情具文呈报钧府鉴核，可否减免，敬祈示遵。谨呈金塔县县长喻。

金塔县中正乡乡长段存本（印）

中华民国三十五年五月

69—2. 金塔县政府关于新山新城各保民众于学诗等请求减轻水库民工准由公路配夫内减轻十八名给中正乡公所的指令

1946 年 5 月 25 日　　酒历 3—886

金塔县政府指令建（35）辰字第一〇三五号

令中正乡公所：

本年五月十八日呈一件"呈转新山、新城等保民众于学诗等呈请负担过重，祈减免水库民夫以维生计由"呈悉。经本府提交第二十三次县政会议决议"准由公路配夫内减征十八名，计新山保十名，新城保八名"等语记录在卷，除饬民工队遵照办理外，合行令仰转饬知照，并速依水库民工即日到工为要，此令。

县长喻大镛（印）

中华民国三十五年五月二十五日

70. 中正乡新城保户民运庆余等关于减免水库人夫差徭给金塔县长的呈文

1946 年 6 月 24 日　　酒历 3—886

具恳请呼吁人中正乡新城保户民运庆余、孙芳庭、王正统等为呼吁迅免水库人夫，减轻差徭负担，吁恳钧座鉴核，电怜作主，俯赐成效，准予减免，以拯颠悬而维民生事：

窃查卑保山僻小邑，土瘠民贫，近年以来，灾旱频临，民情凋敝，实有不逮。更兼卑处所灌微末之水，全资人财物力之供输，以取有名无实之勺流。每年仲春之际，必起罄户民夫与无限财物，藉以修筑渠坝。而酒泉新城坝虽出夫款，寥寥无几，多数民等负担，若稍短缺，立闭坪口，点水不与。所以卑渠民夫自春迄秋在河作工，并查水看水，络绎不绝，计费款项五十余万之多，再加我县之水库夫役及各项差款至繁且巨，致贫民精疲力竭，实难兼顾农业生计，简直停止。卑渠水程无法维持，伏思敝保面积狭小，较粮亦少，出夫纳款与其他富庶大保比肩应负，已陷民于赤贫颠危之境，睹此苦况，怒马心伤。前经大会提议准免卑保水库人夫及减轻各项负担，虽云已蒙体恤，究竟未获实行。现值青黄不接之际，夫役差款双方应负减轻，成效毫无。民室如悬磬，嗷嗷待毙，吁地呼天无力措施，情危势迫，只得据实恳祈县座电怜作主，俯察民瘼，准予饬令迅免库夫，减轻负担，启民生路，拯救颠悬，则民等沾鸿恩于再造矣。谨呈金塔县县长喻

中正乡新城保户民：运庆余（印）　　孙芳庭（印）　　王正统（印）

运定久（印）　　韩兆福（印）　　运培柏（印）

盛怀林（印）　　仲凤仪（印）　　运建亨（印）

崔生德（印）

中华民国三十五年六月□日

处理意见：

　　呈悉。该保负担已在公路民工内予以酌减，且水库作工并无须自带口粮，所请未便准减仰即知照。

喻大镛（印）

六月廿四日

71—1. 甘肃省水利林牧公司肃丰渠工程处关于拨发六月份民工主副食费用给七区专员的公函

1946 年 5 月 14 日　　酒历 1—137

甘肃省水利林牧公司肃丰渠工程处公函三五肃丰字第 120 号

甘肃省第七区行政督察专员公署：

　　本处鸳鸯池蓄水库工程于本年六月份每日应需民工五百名，相应函请贵署赐予分饬酒金两县政府每日各按二百五十名征集，于六月一日如数到齐，以利工进。至民工主食及副食费，酒泉粮价较高，每工每日共发给六百五十元；金塔粮价较低，每工每日共发给六百元。上项主食等费不日款到，即行径拨酒金两县政府具领转发。敬请查照赐办为荷。

主任原素欣（印）

中华民国三十五年五月十四日

71—2. 甘肃省水利林牧公司肃丰渠工程处关于酒金两县民工主食及副食费给金塔县政府的公函

1936 年 5 月 14 日　　酒历 3—886

甘肃水利林牧公司肃丰渠工程处公函三五肃丰字第 121 号

金塔县政府：

本处鸳鸯池蓄水库工程于本年六月份每日应需民工五百名，相应函请贵府查照，每日按二百五十名征集，于六月一日如数到齐，以利工进，至民工主食及副食费，每工每日共发给六百元。上项主食等费不日款到，即行拨付，敬请赐予征集为荷。

主任原素欣（印）

中华民国三十五年五月十四日

处理意见：

转饬各保仍照五月份征集。

喻大镛（印）

五月廿日

71—3. 金塔县政府关于六月份水库民工仍照五月份配数征集给中山中正两乡公所的训令

1946 年 5 月 25 日　　酒历 3—886

金塔县政府训令建（35）辰字第一〇二四号

令中山乡公所、中正乡公所：

案准甘肃水利林牧公司肃丰渠工程处三五肃丰字第一二一号公函内开"本处……"①等由准此，除分令外，合亟令仰该乡公所遵照迅速转饬各保长仍照五月份配数征集，如期到齐并将四、五月两份欠工一律补足，勿得延误为要。此令。

县长喻大镛（印）

中华民国三十五年五月二十五日

71—4. 甘肃水利林牧公司肃丰渠工程处关于查收本年六月份民工主食及副食费款给金塔县政府的公函

1946 年 5 月 28 日　　酒历 3—886

甘肃水利林牧公司肃丰渠工程处公函三五肃丰字第 135 号

金塔县政府：

本处鸳鸯池蓄水库工程于本年六月份征雇贵县民工数额及规定每工主食等费，经以三五肃丰字第（121）号函达在案。兹因粮价增涨，上项主食等费，每工

---

① 编者按：此处引号、省略号为原文件自带。

增加为六百五十元，共计国币四百八十七万五千元整，开具中国银行#217389 支票二纸，如数拨付即希查收赐据为荷。

主任原素欣（印）

中华民国三十五年五月二十八日

71—5. 金塔县长关于征集六月份民工及
办理主副食情形给七区专员的代电稿

1946 年 5 月 30 日　　酒历 3—886

金塔县政府代电建（35）辰字第一零四四号

甘肃省第七区行政督察专员兼保安司令刘钧鉴：

专二（35）辰字第（325）号代电奉悉，遵即如数征集，惟本县粮价最近继涨增至每市石已达二万六千元，主副食费每工每日六百五十元，尚感不足。该处拟发六百元，实不敷用，业经商准该处亦照六百五十元发给，一俟款到，拟以五十元作为副食费，余作主食费，分别转发供应。奉电前因理合电复鉴核。

金塔县县长喻大镛建（35）辰陷印

中华民国三十五年五月三十日

71—6. 金塔县政府关于筹办鸳鸯池蓄水库
民工食粮及征集民工问题给七区的代电稿

1946 年 6 月 19 日　　酒历 3—886

代电建二（35）字第 1216 号

甘肃省第七区行政督察专员兼保安司令刘钧鉴：

专二（35）巳字第三八七号元代电奉悉，遵查肃丰渠工程处发到本县六月份工款四百八十七万五千元，七月份四百零三万元，八月份三百一十万元（尚未发足），业经按规定主食费范围购到低价小麦五百市石，足敷维持至八月工食，在新麦登场前，工食可以无虞。民工人数业经按规定人数补足，逐日在山工作，奉电前因，理合电复鉴核备查。

金塔县县长喻建（35）巳（皓）印

中华民国三十五年六月十九日

72—1. 甘肃省政府关于派水利专员王自治协助
鸳鸯池蓄水库工程给七区专员的代电

1946 年 5 月 7 日　　酒历 1—137

甘肃省政府代电建二水（35）辰字第 2414 号

第七区刘专员：

　　兹为加紧完成肃丰渠鸳鸯池蓄水库工程进行起见，特再加派本府水利专员王自治前往工地协助。除分行外，特电悉径洽妥速赶办，报查为要。

省政府建二水（卅五）辰虞字

中华民国卅五年五月七日

72—2. 甘肃省政府关于肃丰渠民工亟需
补足加速赶修给七区专员的训令

1946 年 6 月 10 日　　酒历 1—134

甘肃省政府训令建二水（35）巳字第 3188 号

令第七区督查专员公署：

　　建设厅呈专员王自治五月十八日渠工地点验民工，酒泉仅有一百七十七名，金塔县有一百六十五名，套牛车三十九辆，均与原预算规定相差甚多，请速催促增加等情。查该渠工程五、六月份征工数额为五百名，酒泉金塔两县各半，招集早经令饬遵办在案。现值赶工时期，亟应征足数额以免延误工进。余分令酒泉金塔两县加工，并指令仍径洽催办外合，虽令仰遵照，督饬加工赶修，报查为要。此令。

主席谷正伦（印）

建设厅厅长张心一（印）

中华民国三十五年六月十日

处理意见：

　　二科遵办并复。

刘亦常

六月十八日

72—3. 甘肃省第七区关于加工建修鸳鸯池水库给酒泉金塔县长的电报稿

1946 年 7 月 2 日　　酒历 1—134

甘肃省第七区行政督察专员兼保安司令公署代电专二（35）巳午字第 456 号

酒泉王、金塔喻县长览：

　　案奉省府六月十日建二水（35）巳字第三一八八号训令"开建设厅案呈……此令"①等因，查鸳鸯池工程关系酒金两县人民生计，至大且巨，本年以内务必赶修完竣。该县五、六两月所征民夫及牛车辆与预定数目相差甚远，殊有未合，奉令前因仰该县长迅即加征径行洽送，具报为要。

专员兼司令刘亦常专二（35）午冬印
中华民国三十五年七月二日

72—4. 甘肃省第七区关于加工建修鸳鸯池水库给金塔县长的代电及金塔县长处理意见

1946 年 7 月 2 日　　酒历 3—886

甘肃省第七区行政督察专员兼保安司令专署专二（35）午字第 456 号

金塔喻县长览：

　　案奉省府六月十日建二水（35）巳字第三一八八训令开"建设厅案呈水利专员王自治五月十八日函报，业于十六日往肃丰渠工地点验民工，酒泉仅有一百七十七名，金塔仅有一百六十五名并单套牛车三十九辆，均与原预算规定相差甚多，请速雇促增加等情。查该渠工程五、六月份征工数额为五百名，酒泉、金塔两县各半招集，早经令饬遵办在案。现值赶工时期，亟应征足额数以免延误工进，除分令酒泉、金塔两县加工并指令仍径洽催办外，合亟令仰遵照督饬加工赶修，报查为要。此令"等因。查鸳鸯池工程关系酒金两县人民生计，至大且巨，本年以内，务必赶修完竣。该县五、六两月所征民夫、车辆均与预订数目相差甚远，殊有未合，奉令前因，仰该县长迅即加征，径行洽送，具报为要。

专员兼司令刘亦常专二（35）午冬印
中华民国三十五年七月二日

处理意见：

　　速查最近实到及补工人数报核。

喻大镛（印）
七月六日

72—5. 金塔县政府关于为奉令电报本县水库民工积欠已补足及本月民工分配等问题给七区专员的代电

1946 年 7 月 17 日　　酒历 1—134

金塔县政府代电建（35）午字第一三八四号

---

① 编者按：此处引号、省略号为原文件自带。

甘肃省第七区行政督察专员兼保安司令刘钧鉴：

专二（35）午字第四五六号代电奉悉遵，查本县鸳鸯池蓄水库本年五月份积欠民工，业经加工补足，本月份民工依照分配数额全数到齐，理合电请鉴核。

金塔县长喻大镛建（35）午篠印

中华民国三十五年七月十七日

73—1. 甘肃水利林牧公司肃丰渠工程处关于拨付
七月八月民工主副食费款给第七区专署的公函

1946 年 6 月 9 日　　酒历 1—134

甘肃省水利林牧公司肃丰渠工程处函三五肃丰字第 157 号

甘肃省第七区行政督察专员公署：

查鸳鸯池蓄水库工程本年六月份所需民工数额，业经本处函请转饬酒金两县府征集七、八两月份每日应需民工四百名，即希贵署分饬酒金两县府每日各征集二百名，按时如数到工以利工进，至七、八两月份，民工主食及副食费每工每日规定为六百五十元，本处已将七月份民工主食及副食费于本月九日分别径拨酒金两县府，具领转发，相应函请查照。

主任原素欣（印）

中华民国三十五年六月九日

73—2. 甘肃水利林牧公司肃丰渠工程处关于拨付
七月八月民工主副食费款给金塔县政府的公函及金塔县长处理意见

1946 年 6 月 9 日　　酒历 3—886

甘肃水利林牧公司肃丰渠工程处函三五肃丰字第 159 号

金塔县政府：

贵县民工主副食款，业经拨付至七月份。兹为应贵府购备民工食粮急需，暂将本年八月份民工主副食费，先拨付三百一十万元，开具甘肃省银行支票，中国银行支票各一张，即希查收，赐据为荷。

主任原素欣（印）

中华民国三十五年六月九日

处理意见：

查收付据。

喻大镛（印）

六月十日

74. 鸳鸯池蓄水库民工队长成国胜关于
水库实到民工统计表给金塔县长的报告

1946 年 6 月 22 日　　酒历 3—886

　　查五月上半月统计表，业已呈报在案。兹将五月下半月及六月上半月各乡保实到水库民工逐日到工统计报告表分别造具二份，理合具文呈报钧座鉴核备查。谨呈县长喻。

　　附赍统计报告表二份。①

金塔县鸳鸯池蓄水库民工队队长成国胜（印）

中华民国三十五年六月二十二日

75—1. 甘肃水利林牧公司肃丰渠工程处关于九月份
应需民工数额分配酒金两县府征集给七区的公函

1946 年 7 月 2 日　　酒历 1—134

甘肃水利林牧公司肃丰渠工程处公函三五肃丰字第 193 号
甘肃省第七区行政督察专员兼保安司令公署：

　　本处鸳鸯池蓄水库工程，本年七八月份应需民工数，业经函请转饬酒金两县府征集。九月份每日应需民工一千名，相应函请贵署分饬酒金两县府每日各征集五百名，按时如数到工，以利工进。至九月份民工主副食费每工每日规定为六百五十元，本处已将八、九两月份民工主副食费，于本月一日分别径拨酒金两县府具领转发，即希查照。

主任原素欣（印）

中华民国三十五年七月二日

75—2. 甘肃省水利林牧公司肃丰渠工程处关于七八两月份所需
民工数额及拨付八九月份民工主食及副食费款给金塔县政府的公函

1946 年 7 月 2 日　　酒历 3—886

甘肃水利林牧公司肃丰渠工程处公函三五肃丰字第 192 号
金塔县政府：

　　本处鸳鸯池蓄水库工程，本年七、八月份应需民工数额，业经函达征集。九月份每日应需民工一千名，相应函请贵府，每日按五百名征集，如数到工，以利工进，至九月份民工主副食费每工每日规定为六百五十元。兹将八、九两月份民

---

　　① 编者按：统计报告表未见存档。

工主副食费，共计国币一千三百七十八万元，除扣八月份预拨款三百一十万元外，尚有一千零六十八万元，开具中国农民银行#882686 支票一张，如数拨付，即希查收，赐据为荷。

主任原素欣（印）
中华民国三十五年七月二日

75—3. 甘肃省第七区关于征集
九月份民工五百名给酒泉金塔县长的代电

1946 年 7 月 10 日　　酒历 1—134

甘肃省第七区行政督察专员兼保安司令公署代电专二（35）字第 488 号
酒泉王县长、金塔喻县长览：

准肃丰渠工程处七月二日（卅五）肃丰字第一九三号公函开"本处鸳鸯池……即希查照"等由[①]，仰该县长如期将九月份民工五百名征齐按时如数送达鸳鸯池工地，万勿再延误时日或短缺名额，仍希将征送情形具报为要。

专员兼司令刘亦常专二（35）午灰印
中华民国三十五年七月十日

75—4. 金塔县政府关于九月份民工主副食费
领款问题给中山中正乡公所的训令

1946 年 7 月 17 日　　酒历 3—886

金塔县政府训令建（35）午字第 1387 号
令中山乡公所、中正乡公所：

查九月份本县水库民工配额为伍佰名，每工每日主副食费仍为六五〇元，除以五十元作为副食费外，其余六百元作为主食费。兹决定由本府会同参议会预先直接发放。自九月一日起，由保长督饬领款，民工按时到工工作，除分令外，合行令仰抄发领款清册格式暨民工分配表一份，限五日内一律造齐报府，以凭发放，勿得延误为要。此令。

中华民国三十五年七月十七日

附件：

中乡保领款水库九月份主食费清册

姓名	甲别	分配工作天数	共预领工资数	工作起讫日期	领款人盖章	监放人盖章	备注
							应注明领款日期

---

① 编者按：此处引号、省略号为原文件自带。

金塔县各乡保三十五年九月份水库民工分配表

乡别	中山乡			乡别	中正乡		
保别	九月份每日应配民工数	总工数	九月份应领主食费数	保别	九月份每日应配民工数	总工数	九月份应领主食费数
永丰	35	1 050	630 000	复兴	10	300	180 000
新塔	35	1 050	630 000	五福	25	750	450 000
双城	25	750	450 000	三多	35	1 050	630 000
维新	40	1 200	720 000	永和	15	450	270 000
新民	25	750	450 000	仁和	15	450	270 000
自强	30	900	540 000	太和	15	450	270 000
梧桐	20	600	360 000	尉仙	15	450	270 000
乐善	35	1 050	630 000	大有	20	600	360 000
三上	20	600	360 000	古城	25	750	450 000
三塘	25	750	450 000	新城	15	450	270 000
				新山	20	600	360 000
合计	290	8 700	5 220 000	合计	210	6 300	3 780 000

76—1. 甘肃水利林木公司肃丰渠工程处关拨发于酒金两县十至十一月份及三十六年度三四月份民工主副食费已经拨付给七区的公函

1946 年 8 月 7 日　　酒历 1—134

甘肃省水利林木公司肃丰渠工程处公函三五肃丰字第 192 号

甘肃省第七区行政督察专员公署：

　　查酒金两县三十五年度四至九月份民工副食费，业经分别拨付并函达在案，兹按省府核准酒金两县于本年度十至十一月份每日应各征雇民工五百名，十二月份每日各一百五十名，三十六年度三四月份每日各二百五十名，共计为壹拾万零八百工。本处已将此项民工主副食费，每工每日按六百五十元按数于七月二十九日分别拨付酒金两县政府具领，转发相应函请。

主任原素欣（印）

中华民国三十五年八月七日

76—2. 金塔县政府关于筹购水库民工食粮情形给七区专员的代电

1946 年 8 月 23 日　　酒历 1—140

金塔县政府代电建（35）未字第一六八五号

甘肃省第七区行政督察专员兼保安司令刘钧鉴：

　　专二（35）未字第五九九号删代电马日奉悉，遵查本县所领肃丰渠工程处工款已在酒泉购到小麦七百五十市石，足敷维持至本年年底，明年度所需约五百市石已分别按市价向各保价购收存，均经会同参议会办理妥当，奉电前因理合电复鉴核备查。

金塔县县长喻大镛（印）建（35）未梗印

中华民国三十五年八月二十三日

77—1. 甘肃省政府关于酒金两县加征
民工建修鸳鸯池水库给七区的指令

1946 年 7 月 19 日　　酒历 1—134

甘肃省政府指令建二水（35）午字第 4188 号

令第七区行政督察专员公署：

本年七月二日专二（35）午字第四五七号冬代电一件为奉电转饬酒金两县加征民工建修鸳鸯池蓄水库情形请鉴核由，代电悉准予备查。此令。

主席谷正伦（印）

建设厅厅长张心一（印）

中华民国三十五年七月十九日

77—2. 甘肃省政府关于加征民工加速完成鸳鸯池水库
工程给金塔县长的电文及金塔县长处理意见

1946 年 9 月 6 日　　酒历 3—888

县×密据报鸳鸯池工程股赶需工甚急，请将三十四年三、四两月应征民工数额移至本年九、十两月征用，并将本年十一、十二两月份民工除原定额数外，十一月份每日另增六百名，十二月份每日另增一千三百名，特电仰按规定数额从速加工赶修。

正伦建二方申支

中华民国三十五年九月六日

处理意见：

核计各月应征数目赶征。

喻大镛（印）

九月六日

77—3. 甘肃省政府关于三十五年度水库民工征工
事宜给金塔县长的电文及金塔县长处理意见

1946 年 9 月 12 日　　酒历 3—888

县×密据报鸳鸯池工程股三、四两月应征民工数额移至本年九、十两月征用，并将本年十一、十二两月份民工除原定额数外，十一月后每日另增六百名，十二月份每日另增一千三百名，特电仰按重行规定数额从速加工赶修报查。

正伦建二濩申支
中华民国三十五年九月十二日

处理意见：

速催并电复。

喻大镛（印）
九月十二日

77—4. 甘肃省第七区关于奉省政府命令征工赶修鸳鸯池
给酒泉金塔县长的代电稿及七区专员处理意见

1946 年 9 月 17 日　　酒历 1—140

甘肃省第七区行政督察专员兼保安司令公署代电专二（35）申字第 741 号
酒泉王县长、金塔喻县长览：

案奉省府电以"鸳鸯池需工甚急，请将三十六年三、四两月征用，并将本年十一、十二两月份民工除原定额数外，十一月份每日另增六百名，十二月份每日另增一千三百名，特电仰饬加工赶修"等因，奉此合函，电仰遵办，具报为要。

专员兼司令刘专二（35）申篠印
中华民国三十五年九月十七日

处理意见：

查省府三十五年三月廿日建二水（35）寅字第一四四六号训令规定，鸳鸯池征工自三十五年四月起至卅六年四月止，三十六年三、四两月征民工名额，每日为五百名，故省府来电内三十四年三、四两月应征民工数额应该为三十六年三、四两月应征民工数额，始与原来规定相符，合并签照。

刘亦常（印）
九月十三日

77—5. 金塔县政府关于三十五年度水库民工征工事宜给中山中正及民工大队长的训令

1946 年 9 月　酒历 3—888

令中山乡公所、中正乡公所，令民大队长成国胜：

案奉甘肃省政府方身支电内开"据报鸳鸯池工程赶需民工甚急，请三十六年三、四两月应征民工数额移至本年九、十两月征用，并将本年十一、十二两月份民工除原定额数外，十一月份每日另增六百名，十二月份每日另增一千三百名，特电仰按规定数额从速加工赶修"等因，奉此，查本县九、十两月份原配民工每日五〇〇名移加三十六年三、四两月份，每日二五〇名，每月每日为七五〇名，十一月份原配民工每日五〇〇名，每日另增民工三〇〇名，每日为八〇〇名，十二月份原配民工一五〇名，每日另增民工六五〇名，每日为八〇〇名。兹照例分别抄发各乡保应配民工数额表一份，除分令外，合亟令仰该乡长遵照迅速转饬所属各保，依照规定数额限三日内征足不得短少，并将征集情形具报凭核为要。此令。

附发各保每日应配民工数额表一份。

县长喻

附件：

各保每日应配民工数额表一份

中山乡				中正乡				
保别	九月份每日应配民工数	十月份每日应配民工数	十一月份每日应配民工数	十二月份每日应配民工数	保别	九月份每日应配民工数	十月份每日应配民工数	十一月份每日应配民工数	十二月份每日应配民工数
永丰	□	□	56	56	复兴	15	15	16	16
新塔	□	□	56	56	五福	37	37	40	40
双城	38	38	40	40	三多	52	52	56	56
维新	60	60	64	64	永和	23	23	24	24
新民	38	38	40	40	仁和	23	23	24	24
自强	45	45	48	48	太和	22	22	24	24
梧桐	30	30	32	32	尉仙	22	22	24	24
乐善	52	52	58	58	大有	30	30	32	32
三上	30	30	32	32	古城	38	38	40	40
三塘	38	38	40	40	新城	23	23	24	24
					新山	30	30	32	32
合计	435	435	464	464	合计	315	315	336	336

78—1. 甘肃省政府关于派水利局副局长王自治前往
工地督催加工赶修给七区专员的训令

1946 年 9 月 12 日　　酒历 1—140

甘肃省政府训令建二水（35）申字第 5517 号

令第七区行政督察专员刘亦常：

　　查肃丰渠水库工程正在趱赶，需工甚急，业于本年九月六日以建二水（35）申支及申鱼各电饬按重行规定数额督饬加工赶修在案。兹为加强工作效率，期于冻季前完工，计特派本省水利局副局长王自治，前往该县督催民工，以利工进，除分令酒泉、金塔两县外，令亟令仰遵照前令电令从速加工赶修，报查为要。此令。

主席谷正伦（印）

建设厅厅长张心一（印）

民国三十五年九月十二日

78—2. 甘肃省政府关于肃丰渠征工及派水利局王自治
前往督催问题给七区的电文及七区专员处理意见

1946 年 9 月 17 日　　酒历 1—140

　　专县△密据报肃丰渠水库工程所需九、十、十一、十二各月份应征工数，需用迫切，请饬速派等情，该工程正在赶办，业经转饬按重行规定数额，为增强效率，期于封冻前完工。计已加派水利局副局长王自治前往工地督催，仰遵照径洽加工赶作报查。

正伦建二水（35）申寒

中华民国三十五年九月十七日

处理意见：

　　1.严电酒金如数加工；2.问明情形；3.代电详复省府。

刘亦常

九月十七日

78—3. 甘肃省第七区关于奉省府电令征齐
民工赶修鸳鸯池给酒泉金塔县长的代电

1946 年 9 月 22 日　　酒历 1—140

甘肃省第七区行政督察专员兼保安司令公署代电专二（35）字第 769 号

酒泉王县长、金塔喻县长览：

案奉省府建二水（35）申寒电内开"据报肃丰渠……赶作报查"①等因，奉此查九至十二月份各月应征民工各额，本署业以专二（35）申篠代电饬知在案，仰即按期如数整齐加紧赶修万勿延迟，并将办理情形具报凭核为要。

专员兼保安司令刘专二（35）申梗印
中华民国卅五年九月廿二日

78—4. 甘肃省第七区关于奉命增工赶修给甘肃省主席的代电

1946 年 9 月 23 日　　酒历 1—140

甘肃省第七区行政督察专员兼保安司令公署代电专二（35）申字第 768 号
兰州主席谷钧鉴：

建二（35）申寒电奉悉，查关于鸳鸯池增工赶修事宜前奉电令业已转饬就近两县按期如数征齐赶修举报，除再严令该两县遵办外，谨电复备查。

刘专二（35）申梗印
中华民国卅五年九月廿三日

79. 甘肃省第七区关于派水利局副局长王自治前往
督催征工赶修事宜给酒泉县的代电

1946 年 9 月 26 日　　酒历 1—140

甘肃省第七区行政督察专员兼保安司公署代电第 815 号

专△密据酒泉县政府九月五日呈以准县参议会函"停止征派鸳鸯池蓄水库民夫请核示"等情。该项水库工程正在趱赶，需工万急，除已派水利局副局长王自治前往坐催并电酒金两县仍从速加工外，特电仰遵照迭电令，按重行规定数目督饬征催足额赶修，勿误工进，仍报查。

正伦建二水 2356 申敬
中华民国三十五年九月二十六日

处理意见：

　　转酒泉并复。

刘亦常
九月廿六日

---

① 编者按：省略号为原案卷自带。

80. 酒泉县关于征集鸳鸯池九十月份民工给七区专员的代电

1946 年 9 月 28 日   酒历 1—140

酒建（35）申字第二一号

甘肃省第七区行政督察专员刘钧鉴：

专二（35）申字第七八一号代电奉悉"遵查该水库移征三十六年三、四月份民工"一节。本月现已过半，拟决定从十月份起将本月补征数及十月份应征及加征数共征民夫九百名，除已分令各乡镇限期征集外，理合将遵办情形谨电复请鉴核备查。

试署酒泉县长王昇荣叩（印）酒建（35）申俭印

中华民国三十五年九月二十八日

81—1. 甘肃水利林木公司肃丰渠工程处关于酒金三十五年度 十一十二月份民工征集及主副食费问题给七区的公函

1946 年 9 月 29 日   酒历 1—136

甘肃水利林牧公司肃丰渠工程处公函三五肃丰字第 236 号

甘肃省第七区行政督察专员公署：

查酒金两县本年度四至十二月份及三十六年度三、四月份民工主副食费款，业经先后拨清并函达在案。现以本年赶工原定十一、十二月份民工额不敷需用，经陈请本公司转请省府准在十一月份除原定额外，每日增加六百名，十二月份每日增加一千三百名（除原定额外）共一千九百名，合计为五万八千三百工，由酒金两县平均征集。本处已将上项新增民工主副食费每工每日按七百五十元，于九月二十八日分别拨付酒金两县府各二千一百八十六万二千五百元正。相应函请贵署备查并希分饬酒金两县府照额征集以利赶工，至纫公谊。

主任原素欣（印）

中华民国三十五年九月二十九日

81—2. 甘肃省第七区关于已告知酒金两县征集民工给肃丰渠的公函

1946 年 10 月 9 日   酒历 1—136

甘肃省第七区行政督察专员兼保安司令公署代电专二（35）酉字第 807 号

甘肃水利林牧公司肃丰渠工程处公鉴：

三五肃丰字第二三六号公函，悉已分别电饬酒金两县办理矣，特复。

专员兼司令刘专二（35）酉佳印

中华民国卅五年十月九日

81—3. 甘肃省第七区关于告知酒金两县照额征集民工 并送达工地给金塔酒泉县长的电文

1946 年 10 月 9 日　　酒历 1—136

甘肃省第七区行政督察专员兼保安司令公署代电专二（35）酉字第 808 号

酒泉王县长、金塔喻县长览：

案准甘肃水利林牧公司肃丰渠工程处（35）肃丰字第二三六号公函内开"查酒两县……至纫公谊"[①]等由，准此查增工一节，业经本署迭电饬知在案，仰即如数征齐，送达工地，勿延为要。

专员兼司令刘专二（35）酉佳印
中华民国三十五年十月九日

82—1. 金塔县长委派蒋清桂等为催工员的派令

1946 年 10 月 1 日　　酒历 3—888

派令建（35）酉字第 1889 号

兹派蒋清桂、俞殿进、赵得恩、曾天佑、萧登鳌、魏占保、殷福学、郑永□、王大定为维新保、新民保、自强保、乐善保、三上保、三塘保水库民工催工员，此令。

县长喻大镛（印）
中华民国三十五年十月一日

82—2. 金塔县长委派王积功等为催工员的派令

1946 年 10 月 23 日　　酒历 3—388

派令建（35）酉字第 2032 号

兹派王积功、张生智为新城保、新山保水库催工员，此令。

县长喻大镛（印）
中华民国三十五年十月廿三日

---

① 编者按：省略号、引号为原案卷自带。

83. 甘肃省第七区关于酒泉修筑鸳鸯池征工情形给甘肃省主席的代电

1946 年 10 月 28 日　　酒历 1—136

甘肃省第七区行政督察委员会兼保安司令公署代电专二（35）酉字第 852 号

兰州主席谷钧鉴：

建二水（35）酉微电暨酉马电均奉悉，据酒泉王县长面称"本县现时到修鸳鸯池民工共七百五十人，十一月份，应加之工已派员赴各乡催征"等情理。今据情转请鉴核备查。

刘专二（35）酉虞印

中华民国卅五年十月廿八日

84—1. 甘肃省第七区关于上报鸳鸯池水库民工确数
给金塔县长的电报稿及处理意见

1946 年 11 月 23 日　　酒历 1—136

金塔喻县长：

△密仰，将该县七月以后实到筑路人数若干，工数若干，本年修筑鸳鸯池水库使用民工人数若干，工数若干，仰即查明确实数，电报为要。

刘专二（35）戌寝印

中华民国三十五年十一月二十三日

处理意见：

去电问事不清楚，则复电亦必不清楚，于是有难于统计之顾虑。[1]

84—2. 甘肃省第七区关于酒金两县修鸳鸯池
到工情形给甘肃省主席的电文

1946 年 11 月 30 日　　酒历 1—136

甘肃省第七区行政督察委员会兼保安司令公署代电专二（35）戌字第 927 号

兰州主席郭钧鉴：

建二水（35）戌寝电奉悉，经饬酒金两县赶修去后。兹据报该两县本月每县每日实到民工均在九百五十名以上等情，除随时督饬赶修外，谨电备查。

刘专二（35）戌陷印

中华民国卅五年十一月卅日

---

[1]　编者按：此处理意见未具名，揣其语气，当为第七区专员刘亦常。

85. 甘肃省政府关于酒金两县修鸳鸯池到工情形给七区的指令

1946 年 12 月 22 日　　酒历 1—136

甘肃省政府指令建二水（35）亥字第 71670 号

令第七区行政督察专员兼保安司令公署：

专二（35）第九二七号陷代电一件"电报本月份酒金两县修鸳鸯池到工情形请备查由"代电悉。准予备查此令。

主席郭寄峤（印）

委员兼秘书长丁宜中代拆代行（印）

建设厅厅长张心一（印）

中华民国三十五年十二月廿二日

86. 鸳鸯池水库民工队长关于各乡保实到工地民工给金塔县长的报告

1946 年 12 月 23 日　　酒历 3—888

谨将职部自三十五年十二月十一日至十二月廿日止各乡保实到民工数额列表呈报鉴核备查。谨呈金塔县政府县长喻。

附民工统计表一份。

驻鸳鸯池蓄水库民工队队长王居端（印）

中华民国三十五年十二月二十三日

附件：

金塔县各乡保实到水库工地民工逐日到工统计报告表

（民国三十五年十二月十一日至十二月二十日）

乡别	中山乡										
保别	永丰	新塔	双城	维新	新民	自强	梧桐	乐善	三上	三塘	小计
应配											
日期	实到	实到	实到	实到	实到	实到	实到	实到	实到	实到	实到
11	73	65	63	89	64	70	54	53	39	51	621
12	70	64	62	88	64	68	54	52	39	50	611
13	69	63	58	88	64	68	54	53	40	50	607
14	68	64	58	88	64	67	54	54	40	50	607
15	68	61	58	89	64	67	53	54	40	50	604
16	66	61	58	88	63	66	50	63	40	50	595
17	66	60	58	88	62	66	50	79	42	60	631
18	63	47	57	89	62	66	50	79	42	61	616
19	63	47	57	89	62	66	50	79	42	61	557
20	58	34	48	78	56	51	46	63	32	60	526
合计	664	566	577	874	625	655	515	629	396	543	5 975

续表

乡别	中正乡											
保别	复兴	五福	三多	永和	仁和	太和	尉仙	大有	古城	新城	新山	小计
应配												
日期	实到	实到	实到	实到	实到	实到	实到	实到	实到	实到	实到	实到
11	15	35	29	43	23	41	30	20	38	41	42	357
12	15	34	30	42	23	42	30	20	38	41	42	357
13	14	32	27	43	22	42	30	20	36	43	55	364
14	14	34	28	41	22	42	30	20	37	34	55	357
15	13	35	27	39	21	42	29	21	36	34	55	352
16	13	66	47	39	20	42	29	32	36	22	52	398
17	13	68	51	42	21	42	29	34	36	25	54	415
18	11	70	51	40	18	36	27	34	36	30	50	403
19	11	70	51	40	18	36	27	34	36	30	50	403
20	11	41	46	30	15	23	17	24	30	18	43	298
合计	130	485	387	399	203	388	278	259	359	318	498	3 704

87. 甘肃水利林牧公司肃丰渠工程处关于继续征补
三十五年及三十四年欠工给七区的公函

1947 年 1 月 7 日　　酒历 1—136

甘肃水利林牧公司肃丰渠工程处公函三六肃丰字第 6 号

甘肃省第七区行政督察专员公署：

　　查酒泉县府于三十五年度应与本处征雇民工壹拾二万六千六百个，截至是年十二月底止，除实到外，尚欠工一万零五百九十五个，连同三十四年所欠工六千一百二十五个，共计欠工一万六千七百二十个。相应函请贵署令饬酒泉府于本年元月内将上述欠工继续征补齐全，以清手续，至纫公谊。

主任原素欣（印）
中华民国三十六年一月七日

处理意见：

　　查明现有工数并面商王县长赶补。

刘亦常
元月九日

　　元月二日实到民工七二八，共作工四千余工（十日）。办理情形已提会报本件存。

刘亦常（印）
元月十五日

88. 中山乡梧桐乡民众关于甲长王从善白怀福办理
水库民夫不公给金塔县长的呈文及金塔县长处理意见

1947 年 3 月 2 日　　酒历 3—888

呈为本甲甲长王从善、白怀福办理水库民夫不公事：

查民去岁在十一月间派民往水库，口粮均摊，民原有粮三升，应在水库做工三天。经民去当三天期满，该甲长不派人去换，向该轮换。该甲长称再连一班，无奈就连一班，共为六天。六天两班期满，民子因天寒未能抵御，无人来换，口拦于他人，每日出小麦二升五，合共挡二十一天工出工资小麦，该拦夫向民讨要此小麦，即向甲长要，该甲长屡推不付。拦夫人要此小麦，民出寡妇幼子之下，饥寒难顾，无所依靠，身口吃何能担负如此工资？以致无法，只得匍匐前来叩乞县长案下，传案追讯，以减轻民之担负而重差徭平衡，则户民实沾恩不戴矣。谨呈金塔县县长喻。

具呈人中山乡梧桐保民户：李白氏（画押）

被呈人：白怀福王从善

证人：白吉清（画押）

中华民国三十六年三月二日

处理意见：

速传讯进究。

喻大镛（印）

三月二日

二、民工待遇与相关收支问题

89. 金塔县参议会关于欠发民工价款大部应统一划拨地方的决议
及给肃丰渠工程处的公函稿

1945 年　　酒历 3—885

决议：自卅二年七月至卅四年二月底，蓄水库所欠价款除木工、石工应发价款由参议会负责代发外，余由地方保存与各有关机关函请水库拨交地方保管。

径启者，查贵处欠发卅二年七月至卅四年二月本县民工价款，兹准贵处陈主任勉卿来县接洽，补发当由本县临参会派员会同发放。兹据初步发放结果，因欠款数额较多，零星各花户多，不愿亲来领取且当时所送民工多，由各保直接代雇以致补发份款似不得不由保长代领。因是扣抵中饱，势所难免。兹经本县有关机关会商结果，金以继续发放，非为实惠，未必及民。且恐陡增流弊与滋扰。似可将全部欠款拨交地方，除木工、石工应领价款由参议会负责转发外，由地方共同保管，作为公共事业之用，可否之处，用特函请贵县办理为荷！此致肃丰渠工程处。

金塔县参议会

90. 金塔县永丰等保等关于民工口粮难于自备 给金塔县长的呈文及金塔县长的处理意见

1946 年 4 月 25 日　　酒历 3—886

呈为呈请豁免民工住食，着水库工程处自给食用，免累户民，而维困月由：

查水库近日分派民夫，如期到工尚要自备住食事。查职各保近因公路工作，非常紧迫，住食自备非常困难。近在开放春水之际，各处例规，都要修河筑堤，再还要修理分支渠沟，以利使水，即此各项工作非人力不可。查各保每一户民，无不应工修路，无不应工修河建筑沟渠者，人夫奔忙不云细述。近春来地用种子，夫要住食，再加家庭自食，大户之家不说，即如小户之家，仓无宿粮，大丰凭人力苦□者多，人被甲长们送公路当工，家丢妇孺日食难维，不但有地不得及时播种，尚连日食两餐不饱食。啼饥号寒者，悲声载道，如不系地方之社粮，县仓之籽种，□□公粮，□□贫户几难耕种，今再加水库之民工，职等催促人夫，尚在困难，再□□□□□□□□□□合向户民收集，又恐滋事，再者昨日公路发生抵盗公粮之报告，一□□□□□□□□□□□丝毫不给，似此情形，职等碍难维办，是以联名叩恳钧座鉴核，准予民工按保征集，住食着该工地自行发给，以免苦□□□□金塔县长喻。

具呈人 永丰 新塔 维新 双城□□□□ 陈积儒（印）
李成铭（印）　王兴邦（印）　蒋多祝（印）
中华民国三十五年四月二十五日

处理意见：

民工按保征集甚不合理。工食费已发到所，请由工地自给，碍难照准。

喻大镛（印）
四月二十六日

91. 金塔县关于派员前来商洽民工食宿事宜 给甘肃水利林牧公司肃丰渠工程处的公函

1945 年 4 月 26 日　　酒历 3—885

甘肃水利林牧公司肃丰渠工程处公鉴：

案奉七区专属专二卯字第二八六号训令附"发鸳鸯池蓄水库工程征雇民工办法转饬遵办具报"等因。兹经本县征工会议决定依照现额为数征齐，一律于五月一日开始工作，主食实物由各保先期送达工地，并派姜昌宏为民工大队长，陈小祥为事务员，常驻工地，请依原办法第四条给予专任待遇。另派中山乡乡队附张建中、中正乡乡队附王福基为各该乡联络员，每月月半及月终各去工地一次并负催任，请依第四条酌予津贴。兹为须筹全部民工食宿事宜，特派事务员陈小祥前来商洽。相应电请查照，予以协助便利为荷！

喻大铺
中华民国三十四年四月二十六日

92. 酒泉县长关于派员监督发放鸳鸯池水库民夫主食费事给七区专员的签呈

1945 年 4 月 28 日　　酒历 1—138

查往鸳鸯池蓄水库工作民夫刻已陆续到达，拟定于明日（二十九日）上午六时在本府发给主食费，签请钧座派员监发为祷。谨呈专员刘。

职王昇荣（印）
中华民国三十四年四月二十八日

处理意见：

刘视察前往监发。

赵飘萍代（印）
四月廿八日

93. 金塔县长喻大铺关于鸳鸯池水库慰劳团慰劳奖励事宜给七区专员的电文及七区专员的处理意见

1945 年 5 月 17 日　　酒历 1—138

专员刘：

△密鸳鸯池水库工民东日由职率工地按新定办法开始工作，元日特组民工慰劳团团员 300 余人在工地举行盛大慰劳会，发给各界慰劳毛巾 600 条，猪肉 220 斤，蔬菜 1200 斤，辣面、油、醋各 15 斤及其他食品。唱慰劳歌并授荣誉旗及荣誉麻背心，荣誉旗授予成绩最好之班，每半月改授一次，并筹集民工福利基金 36 万元，经常办理慰劳奖励事宜，群情感激，工作奋进。谨电鉴核。

职喻大铺建辰铣印
中华民国三十四年五月十七日

处理意见：

电复备查并口头告知王县长。

刘亦常

94. 酒泉县长关于限期交纳所欠粮食事给各乡保的训令

1946 年 1 月 30 日　　酒历 3—886

训令建（35）子字第 16□号

　　查本县鸳鸯池蓄水库民工业于本年元月五日结束，各乡保新欠民工面粉"兹经召集党团参议会及有关机关会议决定，按每斤以一百五十元收价，由各保长负责缴县府转交参议会保管"等语记录在卷。并抄发该乡各保欠数一纸，仰即转饬各保长限十日内一律清交，再勿迟延为要！此令。

附欠单一纸：

　　建国保欠面粉二百〇一斤，永丰保欠面粉一百八十八斤，新塔保欠面粉八百二十五斤，双城保欠面粉二百六十三斤，惟新保欠面粉一百六十八斤，新民保欠面粉一千二百八十斤，自强保欠面粉四百六十八斤，梧桐保欠面粉一百二十斤半，乐善保欠面粉五百〇八斤，三上保欠面粉三百一十二斤半，三塘保欠面粉三百九十五斤，营盘保欠面粉二百〇五斤半，天仓保欠面粉二百五十九斤半，□□保欠面粉二百〇一斤，三多保欠面粉一千四百二十三斤，永和保欠面粉三十五斤半，尉仙保欠面粉一百四十四斤半，大有保欠面粉七百一十斤半，古城保欠面粉二百四十六斤半，新城保欠面粉九百七十七斤，新山保欠面粉六百八十八斤，共计四千四百二十六斤。

酒泉县县长喻大铺

中华民国三十五年元月三十日

95. 金塔县长关于交付上年民工款结余给金塔县参议会的公函

1946 年 1 月 30 日　　酒历 3—886

公函建（33）子字第 12□号

　　查本县上年水库民工工款业经本月十四日结束，会议审查后事，关于节余款项，计福利基金二十七万三千六百七十元，副食费节余九十一万另三百另五元，贷款利息节余八十二万另五百三十八元五角五分及主食节余面粉一万二千余斤，均经决议交由贵会负责保管记录在案。除主食节余面粉俟向各保按议定价格每斤一百五十元收回后再行转送保管，并依会议决议提出经办人陈建周奖金一十五万元外，兹将各项节余共一百八十五万四千五百一十三元五角五分，计送请保管，相应函请查照赐据并见复为荷。此致金塔县参议会。

　　附送银行支票一张、商会存款条据两纸。[①]

县长喻大铺（印）

元月三十一日

---

① 编者按：所附银行支票一张、商会存款条据两纸，原文件未见。

96. 金塔县政府关于请确定鸳鸯池蓄水库民工
工资并提前发款给七区专员的代电

1946 年 4 月 14 日　　酒历 1—137

金塔县政府代电建（35）卯字第七三八号

甘肃省第七区行政督察专员兼保安司令刘钧鉴：

专二（35）卯字第二〇六号齐代电奉悉，自应遵办，惟本年工资若干未奉规定，致于工食无法筹办，拟请转工程处比照市价确定工资，并提前预发工款以资筹办。奉电前因，除分电省府外，理合电复鉴核。

代理金塔县县长喻大镛建（35）卯寒印

中华民国三十五年四月十四日

97—1. 金塔县政府关于转发金塔县参议员李经年等关于从优计划
鸳鸯池水库民工工资的提案给甘肃水利林牧公司肃丰渠工程处的公函

1946 年 4 月 3 日　　酒历 3—886

建（35）卯字第 642 号

案准金塔县参议会金参秘（35）寅字第二五四号公函，以首届第二次大会李参议员经年等提案"建议县府函林牧公司肃丰渠充裕民工工资并促成水库工程一案，嘱查照办理见复"等由，附提案一份，准此，相应检同原提案一份，函请贵处查照办理并希见复为荷。此致肃丰渠工程处。

附原提案一份。

县长喻

中华民国三十五年四月三日

附原提案：

提案人：李经年

联署人：王习曾吴国鼎吴永昌

案　　由：建议县府函林牧公司肃丰渠充裕民工工资并促成水库工程案

理　　由：查本县水库修建工程已经三年，人民出力委实不少，年来虽际抗战，事繁灾歉，本县民工助力未曾稍懈，兹以浩大工程亟待完成，民工助力尤在需要。时值年岁歉收，农仓空虚，粮价贵昂之秋，当可从优计划工资，赈济民生，以利进行，可否，提请公决。

办　　法：函县政府转肃丰渠鸳鸯池蓄水库工程处切实办理

中华民国三十五年三月三十日

97—2. 甘肃水利林牧公司肃丰渠工程处关于参议员李经年等
提议从优计划民工工资等情况给金塔县政府的电文

1946 年 4 月 10 日　　酒历 3—886

甘肃水利林牧公司肃丰渠工程处公函三五肃丰字第 94 号

金塔县政府：

　　顷准贵府建（卅五）卯字第（642）号函以准金塔县参议会金参秘（卅五）寅字第（254）号函送"首届第二次大会李参议员经年等建议，函本处充裕蓄水库民工工资提案，嘱查照办理"等由。上项提议，俟本次协议征雇民工办法时商酌办理，相应函复，即希查照。

主任原素欣

顾淦臣（印）代行

中华民国三十五年四月十日

98. 金塔县政府关于上年度中山乡各保所欠水库面粉
限期交付给中山乡及乡公所的训令

1946 年 4 月 17 日　　酒历 3—886

金塔县政府训令建（35）卯字第 752 号

令中山乡、中正乡公所：

　　查鸳鸯池蓄水库工程奉令于本月廿一日开工，上年度该乡各保所欠面粉，本府曾以建（35）丑字第一六五号训令饬折价清交在案，迄今数月尚未交情，殊属玩忽。兹因开工需面在即，令仰该乡长遵照速饬欠面各保，仍交面粉（欠面各保，此次工款拨发后）交清，各保速即转饬领款为要！此令。

　　中山乡梧桐保交清，中正乡永和保、五福保交清。

县长喻

中华民国三十五年四月十七日

99. 金塔县政府关于请求预发鸳鸯池水库
工款给七区专员和甘肃省主席的代电

1946 年 4 月 17 日　　酒历 3—886

金塔县政府代电建（35）卯字第 738 号

甘肃省政府主席谷钧鉴、第七区行政督察专员兼保安司令刘钧鉴：

　　甘肃省政府建二水（35）寅字第一四四六号训令、七区公署专二（35）卯字第二〇六号齐代电奉悉，自应遵办，惟本年工资若干未奉规定改于工食，无法筹办，拟请转公司方面、工程处比照市价确定工资并提前预发工款，以资筹办，奉令、电前因除分电省府、专署外，理合电复鉴核。

代理金塔县县长喻建（35）仰寒印
中华民国三十五年四月十七日

100—1. 金塔县第二十一次县政会议提案

1946 年 4 月 18 日　　酒历 3—886

提案者：建设科提案

案　由：鸳鸯池蓄水库定二十一日开工，发到四、五月份工款五二五〇〇〇〇元。兹拟具分配办法是否有当，请公决案。

  一、四月份民工一百人，五月份二百五十人，仍比照上年成例分配；

  二、目前市仍每日二斤半面价，需五百元。工程处发六百元，拟将所余一百元半数拨作福利基金贷放生息，办理民工福利事业，半数作为副食费；

  三、上年各保欠面价责令交面继续供给，节余面粉按价出售，收回价款拨作县银行股金，仍交参议会保管；

  四、四五月份面粉除以欠数及节余拨充外，余交由磨户承磨供应。

决　议：主食仍由各保自筹，福利基金由商会负责保管代放，余通过。

喻大镛（印）
四月十八日

100—2. 金塔县政府关于分配鸳鸯池蓄水库四五月份
民工工资情形给七区专员的代电

1946 年 4 月 26 日　　酒历 3—886

金塔县政府代电建（35）卯字第 846 号

甘肃省第七区行政督察专员兼保安司令刘钧鉴：

  专二卯字第二四七号梗代电奉悉。遵查，本县鸳鸯池蓄水库民工四月份一百名已陆续到工，工款四、五月份发到五二五〇〇〇〇元。经县政会议决议，主食每人每日规定五百元，由各保长统筹食粮，副食费五十元，由民工大队代办，余五十元占为福利基金，由商会保管生息，业经发放完毕，理合将办理情形电报鉴核。

代理金塔县县长喻建（33）卯梗印
中华民国三十五年四月二十六日

100—3. 金塔县政府关于认领民工福利基金并
贷款生息给金塔商会理事长的训令

1946 年 4 月 26 日　　酒历 3—886

金塔县政府训令建（35）卯字第 844 号

令商会理事长米兴仁：

　　查本年四、五月份水库民工福利基金，前经县政会议决议"每人每日拟存五十元，共四三七五〇〇元，交由商会负责代放生息"等语记录在案，合行令仰遵照具领，妥慎保管并依一般利率代放生息，按月具报为要，此令。

县长喻大镛

三十五年四月二十六日

100—4. 金塔县政府关于抄发结算表给中山乡和中正乡公所的训令

1946 年 4 月 26 日　　酒历 3—386

令中山乡、中正乡公所：

　　四、五月份主副食费，业经发到，经提县政府会议决议"主食定可每人每日五百元（每日二斤半面，每斤二百元），仍由各保统筹供给。副食每人每日五十元，由民工大队代办，所余五十元占为福利基金交由商会代放生息，上年各保欠面不再收款，仍分别追面，按全部欠数照每斤二百元扣回，价款交参议会保管，作为县银行股金"等语，记录在卷。兹抄发该乡各保结算表，仰即转饬迅将积欠交清并来府领款按时供应主食为要，此令。

　　附抄发结算表一份①。

喻大镛

中华民国三十五年四月二十六日

100—5. 金塔县政府关于分配民工款额给金塔县参议会的公函

1946 年 4 月　　酒历 3—886

公函教建（35）卯字第 860 号

　　查本年四、五月份水库民工主副食费，兹准肃丰渠工程处发到五二五〇〇〇〇元，依第廿一次县政会议决议，上年各保欠面不再收款，仍追交米面继续供应，按每斤二〇〇元扣回价款，交由县商会保管作为县银行股金。计上年各保欠面，

---

① 编者按：所附结算表未见。

除按每斤一五〇元收回一〇三六一五斤价款，□五四七五元及金城、建国保欠面二〇一斤，营盘保欠面二〇五.五斤，因此次未予分配民工，无法扣回，暨新城保当有二八二斤，新民保当有一四七.五斤价款未能扣回外，兹共扣回七四八斤价款一四八〇〇〇〇元。又教保会共垫付石印机及材料费计七六三三二七.一二元，兹因亟待缴库发放，各据经费已由扣回价款内代为扣交，计共交贵会七七二一四七.八八元，再各保欠面粉数目因各保多未与民工队部详细核算，容有错误。兹依队部所开数目扣价，将来若有更正，当随时函达查照用，特声明，相应检同价款八七二一四七.八八元，送请查照，□□见复为荷。此致金塔县参议会。

喻大铺

中华民国三十五年四月

100—6. 金塔县政府关于分配鸳鸯池蓄水库四五月份公款情形给七区专员的代电

1946 年 4 月 30 日　　酒历 1—137

金塔县政府代电建（35）卯字第八四六号

甘肃省第七区行政督察专员兼保安司令刘钧鉴：

专二卯字第二四七号梗代电奉悉。遵查，本县鸳鸯池蓄水库民工四月份一百名已陆续到工，工款四五月份发到五二五〇〇〇〇元。经县政府会议决议主食每人每日规定五百元，由各保长统筹食粮；副食费五十元，由民工大队代办；余五十元作为福利基金，由商会保管生息，业经发放完毕，理合将办理情形，电报鉴核。

代理金塔县县长喻大铺（印）建（35）卯陷印

中华民国三十五年四月三十日

100—7. 甘肃省第七区关于分配鸳鸯池民工工资给金塔县长的代电及金塔县长处理意见

1946 年 5 月 8 日　　酒历 3—886

甘肃省第七区行政督察专员兼保安司令公署代电专二（35）辰字第 290 号

金塔喻县长览：

建（35）卯陷代悉。查现时百物昂贵，每工每天六百元，维持生活亦不充裕，不应再由该项工款内提一部为福利金，应全数发给，俾免影响民工生活，仰即遵办，具报为要。

专员兼司令刘亦常专二（35）辰齐印

中华民国三十五年五月八日

处理意见：

　　速再补发五十元。

　　　　　　　　　　　　　　　　　　　　　　　喻大镛（印）

　　　　　　　　　　　　　　　　　　　　　　　五月十四日

101. 金塔县三塘保保长王大定关于水库公路主食难办
给金塔县长的呈文及金塔县长处理意见

　　　　　　1946 年 5 月 12 日　　　酒历 3—886

呈为困月难维，饥景难度，水库及公路民工住食难办，工作难行事。叩乞钧座恩鉴作主，设法调济，以利工作，而维民众之艰苦事：

　　查职管属之三塘保一带之居民，近夏以来饥景显露，一半小户之家日不能炊，即大户之家亦系嗷嗷呻吟，饥荒普遍，家家呼号，群民之饥苦，堪难罄述。有挑煮野菜而食者，尚可将就时饥。惟有公路水库之民夫，住食无着，起前开工之际，麦米价值低，公发之款尚能维持少数。近三、四、五月份至发款，不惟不足少数支垫，而且现届困月之际，原因去秋秋旱歉收，地方空虚，户无积粮之原因，目下户户号饥日食难维，就是公家重款代购，叫户民又向何处籴来？职为水库及公路之民工住食事，鞭督各甲长数次，而无一甲踊跃清交者，视此情形又各甲长受其地方人士之诡串，磨弄于职，职即不避嫌疑，逐甲各户亲自督收（即住食面粉及补给站之豆粮、麸皮等项），虽然亲自督收，实际还系劝导踊跃缴纳，又不敢私相鞭虐，遇有顽极恶劣者，以厉言数语而已。亲督之间视其户内之情况，始知饥困几遍，鸠形菜色实难忍睹，兼以春苗未育之处，更难忍视。目前诉者，惟公路及水库两点，职向户内斤米斤面，难以收集。工作之民夫嗷嗷呼饥，使职午夜不安，无计可筹。不惟民众因饥不给，己政府说职不尽责，职再想用特别手段惩办，又恐事外生事，不但与职不利，而与政府法令攸关。职午夜扪心，惟有俯乞钧座电鉴作主，轸念民瘼，设法调济，以利工作。维职艰而恤民苦，如疑职藉词妄诉，恳恩派员履地勘查，清浊自分。如蒙允准良法调济，职幸甚矣，地方幸甚矣。谨呈金塔县县长喻。

　　　　　　　　　　　　　具呈人中山乡三塘保职王大定　王大定（印）

　　　　　　　　　　　　　中华民国三十五年五月十二日

处理意见：

　　呈悉。查军需负担事实未可减轻，水库、公路民夫主食仰饬自行携带，口粮每日不限二斤半，并自行分别起仍以资轻简为要。

　　　　　　　　　　　　　　　　　　　　　　　　　　县长喻大镛

102. 金塔县政府关于从速征集牛车前往酒泉拉运
民工食粮给中山乡和中正乡乡长的训令

1946 年 5 月 30 日　　　酒历 3—886

金塔县政府训令建（35）辰字第 1041 号

令中山乡乡长吴国鼎、中正乡乡长段存本：

　　查水库本年六月份民工主食费款，业已拨到。兹向酒泉订购小麦二百市石，计需牛车六十七辆，比照水库民工数字，该乡应分配牛车三十九辆、二十八辆，每车各带口袋三条，合亟令仰迅速征集齐全并由该乡公所，派干事一人，限六月一日前押送到酒泉协助装运返县，勿□为要。此令。

县长喻

中华民国三十五年五月三十日

103. 金塔县三塘保民户关于水库口粮负担过重
给金塔县长的呈文及金塔县长处理意见

1946 年 5 月　　　酒历 3—886

呈为饥困难度，日食惟艰，民不聊生事；叩乞钧座天恩鉴照，设施拯救，顾全民命事：

　　查民等三塘保地方，历年遭旱，夏秋歉收，地方空虚积极。不想去秋□又被旱荒，未得实收，户户仓空栈虚。兼因春水细流失其灌溉，播种无几，后为春苗未育，民心惶惶，万分焦急，目下困月将临。在此米珠薪桂之际，民等扣留困月之食粮，尽被保甲长搜集而去，尚有日不聊生之家，多数全靠佣工生活。现亦被甲长们送公路或水库当夫，不但不能□□佣工之□，维持日食，而且使家中大小受饥无告，多数如此嗷嗷待哺。不□工苦及日食维艰，还要按粮输纳差徭，即如补给站之附食马干、豆料、麸皮及公路水库之住食面粉，接踵摊派输纳不清，而保甲长梭巡收集，刻不容缓，致民等无法可维，挑煮野菜充压时饥，缩省米面支供保甲。想摊项巨多，缩□□两竭能抵交，而且将一般赤贫者，被野菜食塞，鸠形鹄色实难忍睹，奄奄一息惨情难述。敝乡援例金□□水后，民等各处就要建修河堤，亦系按户支当人夫，口食自备，谁不能少。目前处此困月之际，民等日不能饱餐一饭，怎样工作？在无法设想之际，要求保长与民等转恳政府，求以拨粮救急之方。不但维持民食好来交付住食面粉，以□保甲事宜。该保长不惟不与民等申述呈恩，而且越加紧急，亲自逐户督收各项，迫民等告贷无门，申诉无路，一息残喘奄奄待毙。人生一世孰能无辜而死，思不得已，只得同声具诉，匍匐前来，具情哀恳钧座天恩鉴照，轸念民瘼，大施普及之恩，救民等倒悬之灾。如蒙喻允，设施拯救顾全蚁命，则民等一方荷恩戴德，感激无极矣。谨呈金塔县县长喻

　　具呈恳恩人三塘保户民：成国忠（印）　李兴兰（印）　　任大兴　（印）

　　　　　　　　　　李生俊（指印）李生棠（指印）王文祺（印）

　　　　　　　　　　陈自中（指印）陈积元（指印）万占宽（指印）

　　　　　　　　　　王中义（指印）郭登中（指印）王中才（指印）

　　　　　　　　　　万义业（指印）王万邦（指印）尹正昇（指印）

　　　　　　　　　　成　□（指印）成　峰（指印）李泽沛（指印）

　　　　　　　　　　成　勋（指印）何凤修（指印）

民国三十五年五月

处理意见：

　　呈悉。该保困苦情形至深轸念，惟修筑公路、水库均系要政，保长督促责成所在，除令饬民工队在青黄不接时期，每日不限交面二斤半，准由各民工自行造食以济事实外，仍仰勉渡艰困为要，此批。

县长

104—1. 金塔县政府关于青黄不接时期民工
自带口粮问题给肃丰渠工程处的公函

1946 年 5 月 13 日　　酒历 3—886

金塔县政府公函建（35）辰字第 92 号

　　查本年蓄水库工程开工以后，正值青黄不接时期，本县承去岁旱灾，□□食粮，至感空虚。贵处所发主副食费虽勉可敷用，但集中统购，易于刺激物价。分保办理征集亦属为难，本府选据各保长声请"每日二斤半主食，供应不易。请准将主食费发交民工，口粮由民工自带。不拘种类及数量，就其所有者自带工地，自行组合。不拘人数，俾口粮种类不齐，数量不足者，亦可糊口度日，免误工程并济时艰"等情，据此，查所称当属实情，除准将主食费发交民工自备食粮，转饬民工队部，凡有自带口粮，不愿集中入伙者，准予自行组合，但以不妨碍工价为原则外，相应函请查照惠予通融增发灶具，俾渡艰困时期为荷。此致肃丰渠工程处。

喻大铺

中华民国三十五年五月十三日

104—2. 金塔县政府关于青黄不接时期民工主食供应
问题给水库民工大队长成国胜的训令

1946 年 5 月 13 日　　酒历 3—886

金塔县政府训令□□□□□

令水库民工大队长成国胜：

查现值青黄不接，粮食空虚，水库民工原规定每日六百元，主食供应困难。本府迭据各保长声请"准由民工自带口粮，不拘种类及数量，由各民工自行组合，不拘人数。俾口粮种类不齐，数量不足者，亦可糊口度日"等情。查所称当属实情，兹规定除由保统□□□□□并无困难者外，如有自带口粮，不愿集中入伙者，应准自行组合，但以不妨碍工作为原则，除分令乡公所并函工程处，准予通融增发灶具外，仰即遵照办理，并将办理情形报查为要，此令。

喻大铺

中华民国三十五年五月十三日

105. 金塔县长为转上半年水库工费福利息金节余给县参议会的公函

1946 年 5 月 22 日　　酒历 3—886

金塔县政府公函建（35）辰字第 1013 号

查上年水库民工福利息金，业经清算完结，并将节余款项函送贵会在案。兹查本县合作社、联合社所借五十万元，因当时先已借出，故未一并函送，兹可清结全部手续，特将该社借据送存贵会，相应请查照赐据为荷。此致金塔县参议会。

附送合作社五十万元借据一纸。[①]

喻大铺（印）

三十五年五月廿二日

三、水库施工、工程设备与维修改造

106—1. 金塔县长关于鸳鸯池蓄水库工程
无人负责给甘肃省主席的电文

1946 年 2 月 19 日　　酒历 3—886

兰州主席谷：

密鸳鸯池蓄水库原主任素欣已赴渝，工程无人负责，已告停顿，务恳仍饬继续进行，以免功亏一篑。

职喻建（35）丑（佳）印二月十九日喻大铺（印）

中华民国三十五年二月十九日

---

① 编者按：借据未见。

106—2. 甘肃省政府关于鸳鸯池水库工程不致停工事给金塔县长的代电

1946 年 2 月 28 日　　酒历 3—886

甘肃省政府代电第 1066 号

金塔喻县长：

本年二月九日佳电悉，当经电据甘肃水利林牧公司二月二十一日函复开"接奉贵省政府本年二月十四日第 1610 号代电，以据金塔县长喻大镛电报'原主任素欣赴渝，鸳鸯池蓄水库工程停顿，转嘱继续进行见复'等由，查该项工程现正积极准备，一俟春暖即行复工，决不致有停顿，相应复请查照转陈"等由，准此特电仰遵照。

省政府建二水（卅五）丑俭印
中华民国三十五年二月廿八日

106—3. 甘肃省第七区关于鸳鸯池水库
工程急待开工事给甘肃省主席的电文

1946 年 3 月 15 日　　酒历 1—137

甘肃省第七区行政督察专员兼保安司令公署电

兰州主席谷钧鉴：

△密查金塔鸳鸯池工程已局部完成，惟自原主任素欣去后，即陷于停顿状态，至今尚未开工。又闻肃丰工程处将改为本省水利局赓续办理该项工程，未知确否，现急待开工，以免前功尽弃，究应如何办理，理合报请鉴核示遵。

职刘专二（35）寅铣印
中华民国三十五年三月十五日

107. 甘肃省主席就鸳鸯池水库工程应加速修筑给第七区的电文

1946 年 11 月 8 日　　酒历 1—136

刘专员：

专二发酉代电悉。现在冻期将届，该项工程吃紧万分，仰按分配数严予催办，以利赶速并报查。

寄峤建二水卅五戌虞

108—1. 甘肃省政府关于肃渠尾工务于本年流水前全部完成给七区的电文及七区专员回复电报稿

1947 年 1 月 18 日　　酒历 1—136

刘专员：

建二水（36）子佳代电计达△密。肃渠尾工务于本年流水前全部完成，□□□□□□□□□□仰速与原主任商订管理民工有效办法。由该专员负责办理依限完工报查。

郭寄峤建二水（36）子铣

中华民国三十六年一月十八日

主席郭钧鉴：

建二水（36）子铣电奉悉△密。奉谕负责办理鸳鸯池工程，自当遵命。除赶工计划及负责完工办法，容即召集有关人员确商再报外，谨先电复。

职刘亦常建二水（36）子号印

108—2. 甘肃省第七区专员关于拟召集会商于洪水前完成鸳鸯池水库工程给甘肃省主席的电报稿

1947 年 1 月 25 日　　酒历 1—136

主席郭亲钧鉴：

△密肃渠尾工遵限于洪水期前施工完毕，已定于本月艳日在鸳鸯池工地会同原主任召集崔、赵两专员，两县县长及两县有关负责人员确切检讨详订有效办法，严密实施，详情容俟艳日开会后电呈。

职刘亦常亲叩子感印

中华民国三十六年元月二十五日

109. 甘肃水利林牧公司肃丰渠工程处关于商定收买蓄水库内耕地办法给金塔县政府的公函及金塔县长处理意见

1947 年 5 月 13 日　　酒历 3—888

甘肃水利林牧公司肃丰渠工程处公函三五肃丰字第 162 号

金塔县政府：

鸳鸯池蓄水库内经测丈，尚有耕地一百四十二市亩五分，不久水库蓄水即将淹没，甚至不能耕种。□□□□□□□□□□为顾全农民利益，函应收买。查此耕地属贵县中山乡第三保第十四甲，□□□□□相应填送地主名册函请贵府查

照派员于五月二十日莅临工地，商定收买办法（商定地价及其田赋如何处理），
至纫公谊。

主任原素欣（印）

处理意见：

　　派贺技士、□乡长会同办理。

喻大镛（印）
五月十五日

附件：

鸳鸯池蓄水库内耕地地主姓名册

地主姓名	地亩数（亩）	所属乡保	备注
于登武	八.三	中山乡第三保十四甲	
苗英第	三〇.一	仝上	
简尚武	三九.一	仝上	
苗浩	三四.一	仝上	
王得福	三一.〇	仝上	
合计	一四二.五		

110. 甘肃省第七区关于举行肃丰渠落成典礼给金塔县长的代电

1947 年 7 月 4 日　酒历 3—2347

甘肃省第七区行政督察专员兼保安司令公署代电专二（36）午字第 2209 号

金塔喻县长览：

　　案查前奉主席郭建水已敬电开"兹定午删举行肃丰渠落成典礼，如何盼电复
凭办"等因，经以专二已有电复遵照规定日期举行去后，兹奉主席郭建水午东电
开"除电水利林牧公司筹备外，仰邀酒金两县长及参议会派员届时参加"等因，
奉此合行电仰遵照并转党团参各机关负责人员届时一体参加为要。

专员兼司令刘亦常专二（36）午支印
中华民国三十六年七月四日

111—1. 甘肃省第七区关于鸳鸯池水库故障给兰州当局的电报稿

1948 年 1 月 8 日　　酒 1—679

兰州（1376）钧鉴：

　　鸳鸯池蓄水库闸门经蓄水后，因二号齿轮损坏，无法试验启闸，职于子虞前
往金塔鸳鸯池蓄水库查看蓄水情形：（1）水库蓄水早满，上月已流往溢洪道；
（2）铰机一架，前因提闸门压力过大，铁质不佳，□时齿轮损坏不能应用，速配

制。（3）搁水坝北原始□距坝顶约四五公尺，于子微渗漏流水极小。据樊工程师宝兰云□□无大关系，□□□□负责人特加注意。（4）溢洪道北端下游因水冲击填石影响，已将导水墙用柴草阻向南流，溢洪道似应北边稍高，逼水势趋向南边，庶几库堤安如磐石。所有察勘情，用特电请鉴核。

职王印专二建水（37）子印
民国三十七年元月八日

111—2. 甘肃省第七区关于金塔县蓄水库漏水给兰州当局的电报稿

1948 年 1 月 23 日　　酒历 1—679

兰州（4164）钧鉴：

　　据金塔县长喻大镛三（37）字马电称"入原电马印"等情，查新近漏水一处，在导水墙以东头北端。谨转报核备案。

职王叩专二建水（37）子梗印

111—3. 甘肃省政府关于使用人力开启闸门以降低水库水位给七区专员的代电

1948 年 1 月 28 日　　酒历 1—679

甘肃省政府代电水字第 1364 号

酒泉王专员：

　　子梗电悉。蓄水库土坝背坡漏水如达一臂之粗即直径约为三英寸，并混浊带有土粒流出现象时，应急启闸门，启门时须先加重平衡，重至两顿，除原有摇手柄使用外，并于管制室前经二段之钢索上（斜坡上钢索与启闭机至平衡重中间之钢索）系麻绳用人力徐徐拉启，使库内水位降低，及至土坝背坡漏水减小或变为清水时，即速关下闸门蓄储水量，供给春耕。

省政府水子俭印
中华民国三十七年元月二十八日

111—4. 甘肃省第七区关于人工开启闸门事给金塔县政府的代电稿

1948 年 2 月 13 日　　酒历 1—679

甘肃省第七区行政督察专员兼保安司令公署代电第 346 号

金塔县政府：

　　案奉甘肃省政府水子字第 1394 号俭代电开"入原电……俭即"等因，□□□□□□查电示系麻绳用人力徐徐拉启闸门一层究需人力若干始能拉启，管制室前能否容纳人数，该县有无意见具处凭度，并应随时注意漏水浑浊常有土粒流出现象为要。①

专员兼司令王二（37）丑元印

中华民国三十七年二月十三日

111—5. 甘肃省政府关于防护水库渗水
详细办法给第七区专员的代电

1948 年 2 月 7 日　　酒历 1—679

甘肃省政府代电水丑字 1415 号

酒泉县王专员：

关于鸳鸯池蓄水库渗水处理办法已于本年元月二十八日以三六四号水俭代电饬办在案，兹以该项办法尚未尽善，特再详示妥善办法如下：

A. 查土坝渗水为普通所有之现象，不足警奇，然如渗水达及下列各种情况须注意闸门之启落：

（一）渗水达及一臂之粗，直径约为三英寸，而水中带有土粒，呈浑浊现象；

（二）渗水虽不及一臂之粗，而水中却带有土粒，且时趋扩大或浑浊加重局势；

（三）土坝后坡发生骤烈沉陷或滑陷现象，渗水逐渐扩大。

释由如下：

1. 土坝如发生（一）（二）两种现象时，土坝中心填土部分必有大洞产生，延时愈久漏洞愈大，危险殊甚；

2. 如土坝内部含水过多不易排泻，抬高内部漫润水位至坝后脚部骤然露出，可能发生（三）种现象，亦甚危险。有上述三种现象产生应即启闸门宣泄，库内存水降低水位减小水钻土坝之压力，各种危状即可日渐缓和，迨至险状逐渐缩小，渗水变为涓涓细流，清而不浑，柔弱无力时再行关上闸门储蓄剩水，期收春灌之目的。

如若土坝渗水确系下列情况应严密注意，但不可骤启闸门耗泻宝贵之存水，影响春灌：

（一）土坝后坡脚石缝中渗水清流缓而无力。

（二）斜距土坝顶边约为二十七公尺（高程为 1304.00）以上部分渗水清流无力。释由如下：

---

① 编者按：引号、省略号为原文件自带。

土坝南北两端均系建于原有石基山坡台地上，于土石接缝处可能渗水，□□□□□但因位置较高（1304.00以上），水压力小，不足为害。又如渗水为甚，缓清流时即知渗水在土坝内，若流动无力冲刷，土粒流出坝身以外形呈管流（如管中流水其速甚急）。

B．启门时应特别注意下列各点：

（一）加重平衡重量约及两吨。方法：1．将二个平衡重的重量集中于一个平衡重筒内；2．废料中铁钻等加入；3．压土坝铜滚轴卸下加入；4．必要时铜滚亦可打破加入；5．如平衡重圆筒内无法加装，可设法悬挂与平衡重之铜索上。

（二）用麻绳于管制室前端斜坡铜索上以人拉绳，惟须缓缓用力渐渐就加大，万不可忽紧忽松，使启闭机各部分亦随之承受骤小骤大之力，损坏牙齿等件（因接绳人忽松时启闭机零件部分受力必然骤为增大）万一人力使用稍究不能支持时，手摇柄时将手摇柄处弓形肖子扣上稍停再启。

（三）增高启闭室内温度使各部机件上滑油融化，活动灵敏，除去各转动部分尘垢添加滑润油。

（四）启门之前稍微倒关闸门，使其活动藉去闸门车轮中间砂石后再缓缓提上。

C．土坝渗水补救办法：

（一）渗水甚缓，漏洞并不甚大者，于渗水处加筑土砂石等配合物夯打坚实，渗水处二公尺。

（二）渗水较多，漏洞甚大者，于渗水处填塞柳梢、麦草、野蒿等，上填土石，层层夯打，其外再压块石增加抗力。

（三）土坝表皮发生裂缝渗水，于裂缝下游打桩填石，再于裂缝填塞土砂夯打坚实。仰即遵照转饬办理，随时报查。

省政府水丑虞印

中华民国三十七年二月七日

111—6. 甘肃省七区专员关于勘察鸳鸯池水库渗水状况给甘肃省主席的电文

1948年2月17日　　酒历1—679

兰州省政府主席郭钧鉴：

密水字文电奉悉。据樊工程师宝兰赴鸳鸯池水库勘查渗水情形之结果谨签覆拟后：

（一）渗水地点为距土坝北端十五公尺坝高十一公尺处，靠近土坝与石山接缝处；（二）渗漏的完全为清水□□□□□□□；（三）渗漏水量极微，情况并不严重，已责成管理处随时注意；（四）是否为原始地之自然泉眼，尚难判明；（五）

土坝安全无问题，绝不影响本年放水，但前次毁断之齿轮务请从速赐予更换，以便将来开启闸门。

职王叩子篠

中华民国三十七年二月十七日

111—7. 甘肃省鸳鸯池蓄水库管理处关于土坝漏水情形、启闸所需人数及请求更换齿轮事给七区专员的代电

1948 年 3 月 18 日　　酒历 1—680

甘肃省鸳鸯池蓄水库管理处代电鸳（32）寅字第 8 号

甘肃省第七区行政督察专员兼保安司令王钧鉴：

专二 37 丑字第 346 号丑元代电奉悉，查本处土坝所漏之水，现时无大变化，并未带有混浊现象，如有混浊情形时，即应遵照指示各节办理。关于启闸，约需三十余人（据原主任所留之意见书），管制室前可能容纳所有启闸人数。惟东座启闭机之齿轮破坏尚未修复，启闸颇感困难。仍请钧座电请省府将新制齿轮早日运处更换，俾资启闸放水。

甘肃省鸳鸯池蓄水库管理处处长喻大镛（印）副处长赵积寿（印）

（31）寅齐印

中华民国三十七年三月八日

处理意见：

　　新制齿轮转请速发。

王维墉（印）

三月十日

111—8. 甘肃省第七区关于鸳鸯池蓄水库漏水及启闸所需齿轮给甘肃省政府的代电

1948 年 3 月 22 日　　酒历 1—680

甘肃省第七区行政督察专员兼保安司令公署代电：

甘肃省政府钧鉴：

案查前奉钧府水子字第（1364）号俭代电，饬该蓄水库土坝漏水至三英寸时启闸放水，降低蓄水位以策安全一案，遵经转电金塔县政府遵办去后，兹据甘肃省鸳鸯池蓄水库管理处鸳（37）寅字第八号齐代电称"入原电齐印"等情，查原电所请将新制齿轮运处更换，俾资启闸放水一节，实需切要之举，理合转请电鉴，运换为祷。

王叩二水（37）寅养印

中华民国三十七年三月二十二日

111—9. 甘肃省政府关于鸳鸯池蓄水库齿轮已运及事给七区专员的指令

1948 年 4 月 3 日　　酒历 1—680

甘肃省政府指令水二（37）卯字第 1370 号

七区专署王专员：

一、本年三月廿二日二水 37 寅字第六六九号寅养代电悉。

二、齿轮业已另铸妥，当于三月廿一日托油矿局汽车运往酒泉交樊工程司宝兰暂收，俟转运该库，并派水利局技师吴尚贤前往指导装置。

三、仰俟更换时协助办理。

主席郭寄峤（印）

中华民国三十七年四月三日

112—1. 甘肃省第六区专员关于兰州从鸳鸯池管理处
借排水机给七区专员的电文

1948 年 4 月 24 日　　酒历 1—679

王专员：

奉省政府卯效电开"兰州自来水工程排水设备困难，仰转饬鸳鸯池管理处拨借排水机两部，并协助设法运兰"等因，即希查明办理见复为荷。

弟张作谋武二水（37）卯敬

中华民国三十七年四月二十日

112—2. 甘肃省第七区关于起运抽水机给甘肃省政府的代电

1948 年 5 月 27 日　　酒历 1—680

甘肃省第七区行政督察专员兼保安司令公署代电第 1320 号

甘肃省政府：

一、前准六区专署武二水（37）卯教电开"奉省政府卯效电开'兰州自来水工程挑水设备困难，仰督饬鸳鸯池受理处拨，借抽水机两部，并协助设法运兰'等因，即希查照办理，尽覆为荷，弟张作谋武二水（37）卯敬"。

二、已于辰厌电饬先行运肃。

中华民国三十七年五月二十七日

113. 甘肃省鸳鸯池灌溉工程处关于向鸳鸯池水董会
商借材料工具事给金塔县政府的公函

1948 年 6 月 18 日　　酒历 3—887

甘肃省鸳鸯池灌溉工程处公函（37）工字第五号

　　查本处开工在即，需用建筑材料及工具等甚多，现以物价高涨，工款限制，时间所迫，购置不易，经再三研究，惟有请鸳鸯池水董会尽先借给，方能如期完工。除呈报水利局并分函该会赐准借用、如有损耗由本处负责代为报销、不准者负责赔偿外，相应函请贵府查照协助办理并希见覆为荷。此致金塔县政府。

处长江浩（印）

副处长张卓（印）

中华民国三十七年六月十八日

处理意见：

　　协助办理。

喻大镛（印）

六月廿一

114—1. 甘肃省政府关于鸳鸯池蓄水库溢洪道
加高工程暂不能实施的指令①

1948 年 6 月 29 日　　酒历 3—887

甘肃省政府指令水三（37）巳字第 2502 号

一、三巳马电悉。

二、查鸳鸯池蓄水库溢洪道加高工程原在本年度申请贷款办理之计划中，但以贷到款少，原工程需整修之处甚多，且土坝尚未臻坚固，目前不能实施。

三、仰知照。

主席郭寄峤（印）

中华民国三十七年六月廿九日

---

① 编者按：原文件受文单位不详，当为金塔县政府。

114—2. 甘肃省鸳鸯池灌溉工程处金塔
鸳鸯池蓄水库溢洪道加高工程计划书

1948 年 7 月　　酒历 3—2433

一、总述

金塔鸳鸯池蓄水库自卅六年完工蓄水，于本年春余放水禾苗茂盛，预庆丰收，农产可增一倍。原计划蓄水量 1200 万公方，灌地七万市亩，实际需水量仍感不足。本年各坝上游浇水达□□之多，下游则仅一二次，原因为输水渠渗漏过大所致。

库水蓄水深 1537 公尺，上坝高为 2297 公尺，尚有 7 公尺剩余容量未被利用，拟用木板活动闸加高溢洪道 15 公尺，计全部工程费约 125 亿元。本工程实施后增蓄水量 450 万公方，可灌田约 15 000 亩，但因下游渠道未加整理，增加水量只能供应需水不足之区，故增产较小，每亩增产以 5 市斗计，以市价可获纯利 120 亿元，若输水渠道加整理后 450 万公方之水，均可恳辟新地，其利当不止此。

二、资料

1. 形势　鸳鸯池水库土坝顶高 2297 公尺，蓄水高 1537 公尺，剩余 7 公尺之容量未被利用，土坝中心溢洪道长 100 公尺，东面临岩石质坚固，滚水坝长 37 公尺，深达 3 公尺，余 6 公尺一段亦为变质□岩□□利用。

三、计划

1. 治理方法　利用溢洪道滚水坝基础直线延长，每隔二公尺作洋灰混凝土墩一座，与地面齐平，上埋生铁柱，高出地面 15 公尺，用木板分段嵌铁柱上。拦水偏东岸留两孔装安活动闸板以司启闭，于闸孔间用浆砌块石，备消力槛功放（附图—V2 鸳鸯池水库溢洪道加高工程设计图）[①]。

2. 采用本计划之理由　提高溢洪道位置必须在土坝中心线上用混凝土或条石作滚水坝，蓄水固属安全，但经济价值难成立，利用原有滚水坝加桩设备，可收事半功倍之效，水量可由两孔闸门节制，故用活动板较为上选。

四、预算

本计划工程费按卅七年七月酒泉物价估算为 125 亿元（详附表）实施时物价如有涨落，按物价指数推算之（表见下页）。

五、增益

本计划实施后增蓄水量 450 公方，可增灌农田 15 000 市亩，在下游输水渠未整理以前，仅可供应下游水量不足之区。每亩增产以 0.5 石计，每石按市价 800

---

① 编者按：原图未见。

万元计，年可获利 120 亿元，若下游渠道加以整理，蓄水用垦新荒其利益当不止此。

工程费预算表

□□名称	单位	数量	单价	共价	备注
挖松基础	公方	16.79	60 万	10 000 000	每工每日发面粉 2.5 市斤
1:24 混凝土	公方	14.48	560 万	81 188 000	
洋灰	桶	33.00	1500 万	495 000 000	
生铁柱	市斤	6 000.00	80 万	4 800 000 000	
方木 20×15×2.065	公方	18.49	5 000 万	774 500 000	
方木 15×15×2.065	公方	11.62	4 800 万	609 760 000	
方木 15×10×2.065	公方	1.55	4 500 万	69 750 000	
垫铁护头	个	1 000.00	300 万	3 000 000 000	
螺丝钉	个	2 000.00	20 万	400 000 000	
柏油	公斤	200.00	60 万	120 000 000	
闸门钢轨	公尺	6.00	500 万	30 000 000	
铁锚	个	51.00	200 万	102 000 000	
木工	工	300.00	100 万	300 000 000	
小工	工	1 000.00	60 万	600 000 000	
采沙	公方	652.00	120 万	7 824 000	运距 300 公尺
采石	公方	1 303.00	180 万	23 454 000	运距 200 公尺，包括开石
管理费	10%			1 128 550 000	
共计				12 500 000 000	

六、结论

1.经济价值：由上述计划工程费与增益比较可见其利丰厚，经济价值成立。

2.施工程序：普通工人采征工给食制，征请民工建修技术工人，雇用施工时间限九月至十月二个月完成。

施工程序表①

工程项目	九月			十月		
	上	中	下	上	中	下
挖基础						
混凝土						
闸板						
铁件						
附注：表完工日期						

---

① 编者按：原表格为空。

114—3. 甘肃省第七区关于八月份整修
鸳鸯池工程问题给甘肃省主席的电文

1948 年 7 月 12 日　　酒历 1—680

甘肃省主席：

　　查本年整修鸳鸯池工程，目前大致完成，八月可全部告竣。以本年灌水情形视察，蓄水量尚感不足，下游轮水正少，亟应加高溢洪道，可增加原蓄水量三分之一，方敷金塔全县耕地之用。所需款项如能早拨，即可提前施工，可否之处谨请鉴核。

职王二（37）午仰

中华民国三十七年七月十二日

114—4. 甘肃省政府关于鸳鸯池蓄水库溢洪道需
增贷款给甘肃省第七区的指令

1948 年 7 月 30 日　　酒历 1—680

甘肃省政府指令水三（37）午字第 2804 号

甘肃省第七区专署王专员：

　　一、二午养电悉。

　　二、本案已据金塔县政府电同前情，经指令"查鸳鸯池蓄水库溢洪道加高工程，原在本年度申请贷款办理之计划中，但以贷到款少，原工程需整修之处甚多，且土坝尚未臻坚固，目前不能实施"在案。

　　三、现正饬工程需按现有之款酌量办理中。

　　四、仰知照。

主席郭寄峤（印）

中华民国三十七年七月卅日

114—5. 甘肃省政府关于鸳鸯池蓄水库增高
溢洪道竣工参加落成典礼给七区专员的指令

1948 年 11 月 19 日　　酒历 1—681

甘肃省政府指令水三（37）戌第□□□□号

　　七区专署王专员：

　　一、成齐电悉。

　　二、准予备查。

主席郭寄峤（印）

中华民国卅七年十一月十九日

115. 甘肃省鸳鸯池灌溉工程处关于金塔鸳鸯池蓄水库 37 年度整理工程计划书

1948 年 7 月　　酒历 3—2433

一、资料

1. 现况

a. 闸门　金塔鸳鸯池蓄水库闸启闭机齿轮一具，于三十六年夏季放水被毁，闸门失去启闭功效，后经水利局在兰州铸造安装，以闸厢摩阻力及水压力使闸门启闭。困难终以剪力过大，复使齿轮破裂及蓄水宣泄尽，闸门因用杠杆抬起加木桩支撑。

b. 溢洪道　水库溢洪道西岸便桥墩及下导水墙基脚被三十六年秋洪冲刷成深坑，影响便桥及导水墙安全。

二、计划

1. 治理方法

a. 闸门　水库蓄水最高时为 15.37 公尺，水压力达 75 公吨，闸门本身重量仅三公吨，故启闭甚属困难，重新改设目前财力不可能。补救之法，在两闸门下各保留 3 公寸深穴，计算泄水量足够春耕之用，另铸齿轮一具安装在水库深五六公尺，时水压力减小闸门启闭灵活（齿轮图存水利局）。

b. 溢洪道　水库溢洪道控制断面远离土坝中心，致流水不畅，三十六年洪水将便桥墩及下导水墙基脚冲刷成一深槽，显示控制断面之上移拟用洋灰灰浆砌，块石加固桥墩及导水墙基，深槽间作浆砌块石隔墙数道，隔墙内填铺石渣以护导水墙基础，用 1/200 之比降束水向溢道中部流行。

三、预算

本计划工程费按酒泉三十七年七月份物价估算为 52 亿元（详附表）

工程费预算表

工程名称	单位	数量	单价	总价	备注
启闭机齿轮	个	1	5 亿	500 000 000	包括运费在内
挖基础松石	公方	73.00	60 万	43 800 000	每日每工给面粉 2 斤
1:2:9 洋白灰细块石	公方	46.13	360 万	166 068 006	
1:3 白灰浆砌块石	公方	242.60	360 万	873 360 000	
干砌块石	公方	95.00	260 万	24 700 000	
填砂石土方	公方	2 260.0	90 万	2 034 000 000	
米砂	公方	86.62	120 万	103 944 000	平均运距 200 公尺
采石	公方	297.73	180 万	535 914 000	平均运 200 公尺包括开挖在内

工程名称	单位	数量	单价	总价	备注
洋灰	桶	14.00			利用管理处旧料给价
白灰	公斤	80 781.32			同上
木工	工	300	100万	300 000 000	修理平车工具等
铁工	工	120	100万	120 000 000	同上
管理费	10,			498 214 000	
共计				5 200 000 000	

四、增益

本计划实施为每年必须之养护费，无增益之可言。

五、结论

本工程为争取时间先行开工，现除便桥墩及导水墙基业已完成外，隔墙及填砂石方可于短期内完成。

116. 关于金塔县鸳鸯池蓄水库维修的提案[①]

1948年秋季　　酒历3—886

一、水库涵洞后洞出水明槽应行补修。

1. 冲塌情形——查水库涵洞后洞口出水明槽原日开取甚窄，本年山洪较大，冲刷时间甚长，明槽西边石岸被塌约三公尺余，近土坝坡脚前，经呈请县府派柳柴八车压护，幸未再塌；

2. 补修方法——拟将明槽东岸山石一块约三百立公方，用炸药炸去，导水顺东岸流通，西岸水浅时，可用柳屯十二个，芨芨草筐等内装石片压护，可免冲刷；

3. 应需工料——民工约一千八百五十个，红柳屯子十二个。

二、溢洪道下游挑挖排水沟及做诸水坝各一条。

1. 挑沟做坝之功用——溢洪道下游上年流水亦被冲拉沟数处，但不妨碍工口，惟水流向西由出水洞口前跌入河身，直冲坝脚并将流沙、淤泥沉积洞口，时间经久，则坝脚受冲刷之害。洞口挑沟使水直入河身，可免其患。

2. 挑挖方法——溢洪道下游挑直沟一条，长四十五公尺，宽三公尺，导水直流并将原流水部分做土坝一道，用块石护面挡水，向北由沟流入河内；

3. 应需工料——约需民工六百六十个，铁锨、洋钩由管理所供给，溢洪道闸板后钢轨靠柱力量不足，应加做斜撑；

4. 钢轨力量不足之情形——活动闸板之后靠柱系用旧钢做成，上年冬季蓄水将满之际，靠柱五根后仰随用本柱、块石支撑抢救并将蓄水放底，未出危险，此项工程关系重大，修好可蓄水四百万方，倒失则县城附近可遭水灾；

---

① 编者按：此文件责任人、日期均不详。从其内容来看，似在1948年秋季。

5. 补修办法——前曾计划用钢轨做斜撑，因现有钢轨不够，即难实施，为防危险起见，拟做水柱斜撑九三根，长二公尺九寸，大一公寸五见方，上用铁卡与钢轨靠柱连接，下埋土内二公寸，虽不耐久可免近年危险；

6. 应需工料——木柱九三根，可由县城附近购买，约需木工三十个，铁卡子九三个，利用现存废铁自行打造，民工二百四十个。

三、修理启闭机齿轮：

1. 齿轮不合之情形——启闭机原有用以启闭闸门，三六年冬季启闸，将东座机器大齿轮拉坏，即呈请省府另铸并派江浩运库，装置巨料，随时仍即拉坏，上年工程处由山丹铸来一个，因齿犬与其他齿轮不能衔接，故东座闸门无法活动，西座机器二号齿轮亦与上年拉坏，质属生铁，无法更换，惟东二号能开二用，目前如将大齿轮修好，即可蓄水；

2. 修理情形——本地生熟铁工均不能修理，前经洽范金生包修，现尚未动工；

3. 应需工料——据酒泉技匠估计约费小麦八石。

四、活动闸板及闸门各铁件均应涂油：

1. 涂油之益——闸板系木质，易于弯曲朽坏，闸门虽系铁件，但水内锈蚀均能促其寿命，每年涂油可保坚固；

2. 涂油方法——购买黑石油用锅熬炼，乘热涂抹，油冷即可凝结；

3. 应需工料——黑油约三百加仑，民工五十个。

五、导水墙开缝应予补修：

1. 裂缝情形——导水墙身内系用白灰、片石砌成，外用洋灰钩缝，上年冬水冲洗，多有裂缝，水入墙身，浸泡日久，墙基恐不坚固；

2. 补修方法——用洋灰浆灌糊钩缝，可免水入墙身；

3. 应需工料——洋灰二袋闸工可做。

六、边湾工程处遣散剩余洋灰二十余袋，可否由地方摊款购存，以备应用。

七、管理所工务员黄绍孔因待遇不足，生活困难，可否由地方另筹津贴。

八、民工管理及伙食应请专人负责。

1. 征集及管理——征集方法每保最好雇佣长夫，可免更换费时和逃跑；

2. 伙食统筹——民夫口食应由保长统筹交乡公所派人员负责收发。

九、工程费应提早摊收，以资开工即可购料。

以上各项是否可以实施，敬请大会公决。

117—1. 甘肃省第七区关于将鸳鸯池现存铁轨运兰给金塔县长与省政府的电文

1948 年 12 月 3 日　　酒历 1—681

甘肃省第七区行政督察专员兼保安司令公署二亥字第 3181 号

金塔马县长览：

查鸳鸯池管理处保存小钢轨运兰一案，前经二县材（36）戌巧代电特饬运署以便洽运在案，兹奉省府建水戌陷电鸳鸯池现存铁轨，亟待军用。仰速便车运等因，特仰遵办。

专员王二（37）亥

兰州（4164）：

△密建水戌陷电奉悉遵即转电金塔县照办。惟由酒转兰，向无空驶汽车派员押运，亦需旅费。谨将困难情形电请核示。

职王二（37）亥东
中华民国三十七年十二月三日

117—2. 甘肃省第七区关于鸳鸯池钢轨运兰给金塔县政府的代电

1949 年 1 月 14 日　　酒历 1—682

甘肃省第七区行政督察专员兼保安司令公署代电二子第 143 号
金塔县政府：

一、顷奉甘肃省政府建交子尤电"入原电"。

二、查此案业前经电饬该县将钢轨运兰在案。

三、奉电前因仰速运酒，以便给运为要。

中华民国三十八年一月十四日

117—3. 联合勤务总司令部第三区公路军运指挥所
关于轻便铁道及斗车问题给七区的公函

1949 年 1 月 24 日　　酒历 1—682

酒泉第七区专员公署：

一、奉三区军运指挥部运照字 5029 号代电："1. 奉长官公署（38）元月八日，铁二兰字第（0017）号运输命令，饬由金塔县鸳鸯池运轻便铁道及斗车（20）只至兰飞机场工程处。2. 斗车只数及吨位，该项命令中未曾说明。希该处径给酒泉专员公署询□后具报派运。3. 该项物品限元月廿日前运兰具报。"

二、该项轻便铁道及斗车（20）只，究有若干公吨，并需车数，希即详查见复，以便派车启运。

三、特电查照。

主任唐明元（印）
中华民国三十八年元月二十四日

117—4. 甘肃省第七区关于轻便铁道
及斗车问题给金塔县政府的代电

1949 年 2 月 2 日　　酒历 1—682

甘肃省第七区行政督察专员兼保安司令公署代电二丑字第 321 号

金塔县政府：

　　一、案虽联合勤务总司令部第三区公路军运指挥所，第十三办公处（卅八）子运确字第□□一零一号，代电开"入原文"。

　　二、仰速查明需用车辆，具报凭转为要。

专员兼司令王

中华民国三十八年二月二日

117—5. 金塔县政府关于鸳鸯池蓄水库管理所
轻便铁道及斗车给七区专员的代电

1949 年 2 月 10 日　　酒历 1—683

剑三（38）丑字第 322 号

甘肃省第七区行政督察专员兼保安司令王：

　　一、二（38）丑字第三二一号代电奉悉。

　　二、遵将本县鸳鸯池蓄水库管理所存放铁道及斗车查填数量表一份。

　　三、谨祈核鉴。

代理金塔县县长马元鹗（印）

中华民国三十八年二月十日

117—6. 甘肃省第七区公署关于鸳鸯池蓄水库管理所轻便铁道及
斗车数量问题给联勤总部第三区军运指挥所十三办公处的代电

1949 年 2 月 16 日　　酒历 1—683

甘肃省第七区行政督察专员兼保安司令公署代电一丑字第 467 号

联勤总部第三区军运指挥所十三办公处：

　　一、案准贵处 38 子运确字第 0101 号代电询鸳鸯池蓄水库管理所轻便铁道及斗车数量一案。

　　二、经电饬金塔县具报去后，嗣转该县剑三（38）丑子第 322 号代电，呈赍存放铁道及斗车数量表一份。

　　三、特电查照。

四、附送鸳鸯池蓄水库管理所存放铁道及斗车数量表一份。

专员兼司令王

中华民国三十八年二月十六日

117—7. 甘肃省第七区就鸳鸯池钢轨运兰事给酒泉县政府的代电

1949 年 4 月 22 日　　酒历 1—683

甘肃省第七区行政督察专员兼保安司令公署代电二卯字第 970 号

酒泉县政府：

一、案查兹奉省府电开鸳鸯池钢轨已由长官公署，饬三区军运指挥部派车限子胥运兰，仰径洽办理报核一案。

二、查此项铁轨由该县借用，仰即径交军运指挥部运兰报核为要。

专员兼司令王

中华民国三十八年四月二十二日

四、水库管理、贷款偿还以及水费征收问题

118—1. 甘肃省第七区关于鸳鸯池水库经费问题给金塔县长及鸳鸯池管理处副处长的代电

1947 年 10 月　　酒历 3—388

甘肃省第七区行政督察专员兼保安司令公署代电专二会财（36）酉字第 772 号

金塔喻县长并转鸳鸯池管理处赵副处长览：

奉省府财会水会酉俭字电开"鸳鸯池管理处应领经费已由府核定，款已于本月有日一次填拨，除代电该县洽领外，仰知照"等因，特电知照，仰即洽领并将核定经费情形报署备查。

专员兼司令王维墉专会二财（36）酉江印

118—2. 金塔县政府关于鸳鸯池蓄水库管理处经费收到情形给七区专员的代电

1947 年 11 月 12 日　　酒历 3—388

代电三（36）戌字第 2394 号

甘肃省第七区行政督察专员兼保安司令王钧鉴：

专二会财（36）酉字第七七二号戌佳奉悉，遵查鸳鸯池蓄水库管理处七至十一日经费，已由贵府汇到，惟改编预算迄仍案奉到，除电催复核定后，呈报钧署外，理合电报核备。

金塔县县长喻三（36）戌文印

中华民国三十六年十一月十二日

119—1. 中山乡民众宋希天等请求迟闭库口、浇灌冬水给金塔县水利管理处的呈文

1947 年 10 月 30 日　　酒历 3—388

呈为冬水蓄旱忧地干荒，恳祈悬鉴迟闭库口照例退水，以资灌溉边远荒芜地事：

窃我八、十两保尾末边陬之区，如头、二、三墩、牛头湾、野麻洼、太窑子等处，曩系浮漫之渠，每年立冬各坝水退，梧桐河借资灌溉浮漫之地，兹为定例。如其冬水微细，即□□虞□年水库完成，拟定规章，立冬以后即□□□□□春冰消，放水仅浇有坪口之地，宁有余水□□□□□□亩者，边远农民悚然惶惧，与其坐困于来年，□□□趁早为之治理。况自清丈土地以后，我边末荒芜之地，有□□等，一则田赋者负担过巨，不堪胜言，在兹薪桂米珠之时，旱灾遍被之日，秋禾既未见水，冬水又早停蓄，诚恐明春播种□□□□□□□□□不将此□□□情历历，吁恳钧处，伏祈电鉴作主，怜念民隐，饬令各坝水利委员立冬以前，照例水退梧桐大河借资灌溉尾闾浮漫之地，更□□□□。俾我边远之地，泽润均沾，无干荒之隐忧，倘蒙□□准则我各处边远之民深感再造之鸿恩矣。谨呈金塔县水利管理处处长喻、赵。

中山乡□□□□□□公民 宋希天（印）王学孔（印）张登云（印）雷润田（印）
　　　　　　　张　锭（印）张文仁（印）史宗鉴（印）关立功（印）
　　　　　　　任玉昇（印）□□发（印）

中华民国三十六年十月三十日

119—2. 金塔县长关于呈请为浇灌冬水给宋希天等人的批示

1947 年 11 月 15 日　　酒历 3—388

批示三（36）戌字第 2449 号

具呈人宋希天等：

民国三十六年十一月六日呈一件"为呈请为浇灌冬水"等由呈悉。兹经本府十一月八日召开水利会议决定"自本月二十四日起梧桐坝全部之水协济头、

二墩等处，浇灌六天等语"记录在卷，除饬该坝水利员遵办外，仰即知照！此批。

县长喻

中华民国三十六年十一月十五日

120—1. 三墩户民史宗鉴等关于冬水灌溉给
金塔县水利委员会主任委员的呈文

1947 年 11 月 8 日　　酒历 3—388

呈为民生慌迫，恳祈协给冬水以资灌溉而期延续生命：

窃三墩为边末小岔，向称浮漫之渠，本年因河水细流，曾呈恳钧府准予协受水时十个，无奈为上流截阻未曾浇灌，因此夏秋之禾干旱殆尽，民生甚为慌迫，冬水如再封闭库口，则必致全部干荒，来春绝无播种希望，是以民心惶迫，寝食难安，理合具文呈恳钧府鉴核，准予协给冬水十四昼夜，以资灌溉荒田而苏民命，则不胜待命之至，谨呈金塔县水利委员会主任委员喻。

三墩户民史宗鉴（印）李凤林（印）柴天荣（印）　柴天贵（指印）

刘建汉（印）段兴鸿（印）赵国恩（指印）李松林（指印）

中华民国三十六年十一月八日

120—2. 金塔县长关于呈请为浇灌冬水给史宗鉴等人的批示

1947 年 11 月 15 日　　酒历 3—388

批示三（36）戌字第 2448 号

具呈人史宗鉴等：

民国三十六年十一月六日呈一件"为呈请协济冬水以资灌溉"等由呈悉。兹经本府十一月八日召开水利会议决定"自本月十九日起梧桐坝全部之水协济三墩等处，浇灌五天等语"记录在卷，除饬该坝水利员遵办外，仰即知照！此批。

县长喻

中华民国三十六年十一月十五日

121. 甘肃省鸳鸯池蓄水库管理处关于机构裁撤并移交
文件器材事给金塔县水利委员会的公函

1948 年 3 月 26 日　　酒历 3—887

甘肃省鸳鸯池蓄水库管理处公函鸳寅字第 12 号

案奉甘肃省政府财会人（37）寅字第一五二八号训令饬本处于本年二月底裁撤，将所有经管文卷工具器材列造移交清册，分别移交水董会接收等因，奉此，兹将各项清册缮造齐全，相应函请贵会查照，希即来处接收为荷。此致金塔县水利委员会。

附移交清册五份。[①]

处长喻大镛（印）

副处长赵积寿（印）

中华民国三十七年三月二十六日

处理意见：

请吴委员永昌、成委员国胜会同接受。

喻大镛（印）

三月廿九日

122. 甘肃省政府关于协助办理鸳鸯池灌溉工程给七区专员的电文

1948 年 4 月 21 日　　酒历 1—680

水二（37）卯字第 1955 号

七区专署王专员：

　　一、鸳鸯池灌溉工程兹已给妥农行贷款二百四十亿元。

　　二、已成立鸳鸯池灌溉工程处，派刘思荣为处长，积极筹备，一俟款到立即施工。

　　三、仰切实协助办理。

　　四、本案已分令金塔喻县长。

主席郭寄峤（印）

中华民国三十七年四月二十一日

123—1. 甘肃省政府关于渠道管理所组织规程给金塔县长的训令

1948 年 5 月 22 日　　酒历 3—2433

甘肃省政府秘□□□2191 号

金塔县喻县长：

　　一、兹制定鸳鸯蓄水库管理所组织规程一种。

　　二、通令印发仰参考办理具报。

　　三、管理所经费渠及道养护费，采以渠养渠原则□□□□□□□□□每年征收一次或两次但总额不得超过每亩小麦一市斤，详细□□由水董会议制订报请该——府转报本府备查。

---

　　① 编者按：移交清册篇幅过大，兹从略。

四、本案已分令驻鸳鸯池蓄水库水利专员。

主席郭寄峤

中华民国三十七年五月二十二日

附件：

渠管理所组织规程

第一条 为养护渠道管理用水，特设渠管理所（以下简称本所）。

第二条 应□置所长一人，总务员工务员各一人，均由水董会聘请有水利经验兼得相当技术人员充之。

第三条 所长承水利专员之指导指挥，并监督所属总理全所□□。

第四条 总务员掌理全渠水董、斗夫、渠丁之人事，管理水费征解用□□□用水纠纷之解决及其他不属于工务事务。

第五条 工务员管理全渠水量之分配，管理用水方法□指导，阀门□□之启闭，渠道及建筑物之养护修理及有关防汛等事项。

第六条 本所经费由灌溉区受益田亩分担之。

第七条 本规程自呈准日施行。

123—2. 甘肃省政府关于检发渠管理所钤记式八份给金塔县长的训令

1948 年 6 月 3 日 酒历 3—2433

甘肃省政府训令水巳字第 2273 号

金塔县喻县长：

一、本年五月廿二日秘人水三（37）辰字第二一号；

二、关于渠管理所应需即，兹检发钤记式八份。

附钤记式一份①。

主席郭寄峤

中华民国三十七年六月三日

123—3. 甘肃省政府关于规定渠管理所隶属问题给金塔县县长的训令

1948 年 7 月 27 日 酒历 3—2433

甘肃省政府训令民水三□午字第 2777 号

金塔县马县长：

一、本府为求各水渠妥加养护管理用水起见，经制定渠管理所组织规程，于本年五月廿二日以秘人水三（37）辰字第二一九号令，须发饬遵照参考办理并发

---

① 编者按：钤记式为篆体，印文为"金塔县肃丰渠管理所"。

该所钤记式样令，该府转发自行刊用在案。

二、兹规定

（1）管理所行政方面隶属县政府。

（2）技术方面应受水利专员指导或返向水利局请示。

三、仰遵照并将该所成立刊用钤记日期印模及职员姓应详历造册一并报查。

主席郭寄峤

中华民国三十七年七月廿七日

124. 甘肃省鸳鸯池灌溉工程处关于向鸳鸯池水董会
商借材料工具事给金塔县政府的公函

1948 年 6 月 18 日　　酒历 3—887

甘肃省鸳鸯池灌溉工程处公函（37）工字第五号

　　查本处开工在即，需用建筑材料及工具等甚多，现以物价高涨，工款限制，时间所迫，购置不易，经再三研究，惟有请鸳鸯池水董会尽先借给，方能如期完工。除呈报水利局并分函该会赐准借用、如有损耗由本处负责代为报销、不准者负责赔偿外，相应函请贵府查照协助办理并希见覆为荷。此致金塔县政府。

处长江浩（印）

副处长张卓（印）

中华民国三十七年六月十八日

处理意见：

　　协助办理。

喻大镛（印）

六月廿一

125. 甘肃省第七区专员关于报告甘肃省主席
视察鸳鸯池蓄水情形的电文①

1948 年 7 月 12 日　　酒历 1—680

电：

　　兰州主席郭密成于午马赴金塔查看鸳鸯池蓄水情形，并考察庶政，当日返署，除鸳鸯池蓄水库为作报告外，谨电核备。

专员王子梗秘午

---

① 编者按：原文为拟制电报草稿，未说明收文单位，无题目。其中"兰州主席郭"应是时任甘肃省主席的郭寄峤。

126—1. 甘肃省政府关于迅速征收鸳鸯池蓄水库水费给金塔县长的指令

1948 年 10 月 6 日　　酒历 3—2435

甘肃省政府指令水（37）酉字第 3365 号

金塔县马县长：

一、本年十月廿日剑三（37）酉字第七六一号代电悉。

二、查鸳鸯池蓄水库灌区本年确已获益，所称无力支付绝非事实，至征工四载，均经照给工资，无异以工代赈，于该县人民原有利益，且农行催还到期贷款甚急，亟应及时偿还以昭大信，并备该渠库本身养护整修之用，所请缓征一节，碍难照准。

三、仰仍照准前令切实宣导，并限于文到半月内征齐具报。

四、本案并分令七区王专员详为宣导，并仰秉承赶办。

主席郭寄峤（印）

中华民国卅七年十月六日

126—2. 甘肃省政府关于征齐鸳鸯池水费小麦给金塔县马县长的代电

1948 年 11 月 24 日　　酒历 3—2434

甘肃省政府代电水（37）戌字第□□□号

金塔县马县长：

一、查该县鸳鸯池蓄水库渠应征卅七年度水费小麦，经制定水费征收办法令饬遵照办理，并于本年十一月六日以水（37）戌字第三三六五号指令限文到半月内征齐具报在案。

二、特再电仰遵照务必依限征齐具报。

主席郭寄峤（印）

中华民国卅七年十一月廿四日

126—3. 甘肃省政府关于征齐鸳鸯池水费小麦给甘肃省第七区的代电

1948 年 11 月 24 日　　酒历 1—681

甘肃省政府代电水（37）戌字第 3459 号

甘肃省第七区专署王专员：

一、查金塔县鸳鸯池蓄水库应征卅七年度水费小麦，经制定水费征收办法，令饬督导办理，并于本年十一月六日以水（37）戌字第三三六五号训令，限文到半月内征齐具报在案。

二、特在电仰遵照，务必依限征齐具报。

主席郭寄峤（印）

中华民国卅七年十一廿四日

126—4. 金塔县政府关于鸳鸯池水库缓征水费给甘肃省政府主席的代电

1948 年 12 月 2 日   酒历 3—2435

金塔县政府代电剑三（37）戌字第 1061 号

甘肃省政府主席郭：

一、水〈37〉酉字第三三六五号指令于戌月删日奉悉。

二、遵查鸳鸯池蓄水库工程虽告成功，但蓄水量仍感不足，故上年春水尚未灌溉普遍，夏秋二禾已告歉收。本年度夏禾致旱歉收而秋苗浇灌未全，边远岔分多未见水或得水失期，收获无几。刻下人民多数已无食粮，生活困苦，更因就地公教自卫各部食粮，担负过重，人民筋疲力竭，若再征收水费小麦，不惟民力难支，且恐民情难慰。再本县地籍尚未整理就绪，拟应俟地亩确定后按亩开征。

三、本年溢洪道工程加高蓄水量或能充足，惟收益须待来年，而本县新丈地亩于明年当能确定，此项水费拟请暂缓征收，藉舒民困，以俟明年利益均沾，地亩正确再行征收水费而顺舆情。

四、谨祈鉴核。

县长马

中华民国十二日二日

126—5. 甘肃省第七区关于缓征鸳鸯池水库水费给甘肃省政府的代电

1948 年 12 月 10 日   酒历 1—681

甘肃省第七区行政督察专员兼保安司令公署代电二（37）亥字第 3271 号

甘肃省政府：

一、案据金塔县政府剑三（37）戌字第（1061）号代电"入原文"。

二、该县所称尚属实情。谨电特请鉴核。

王

秘书丁代行

126—6. 甘肃省第七区关于未盖公印给金塔县政府的电文及金塔县长处理意见

1948 年 12 月 10 日　　酒历 3—2434

甘肃省第七区行政督察专员兼保安司令公署代电第 3272 号

金塔县马县长：

一、剑三（37）戌字第 1061 号代电悉。

二、查来文该县长漏未盖章，应饬监印人员嗣后注意。

三、本案业经转请省府核办矣，仰知照。

专员兼司令王维墉

秘书丁振华代行

中华民国三十七年十二月十日

处理意见：

一、监印人记过一次。二、存卷。

马元鹗

十二月十四日

126—7. 甘肃省第七区关于转发省政府催缴水费训令给金塔县长的代电

1948 年 12 月 4 日　　酒历 3—2434

甘肃省第七区行政督察专员兼保安司令公署代电二（37）亥字第 3202 号

金塔县政府马县长：

一、案奉甘肃省政府水（37）戌字第（3386）号训令：

1. 查年来本省为发展水利建设，申请中央拨发工款外，其大部工程费用系向中国农民银行以贷款方式办理。此项贷款均注约定期限必须如期偿还以昭大信，而冀嗣后贷款顺爱利。经本府制定《甘肃省各渠水费征收办法》规定已完成，各渠到期应还贷款本息，一律征收水费，并以征收小麦为原则，其用途除归还贷款之本息外，并用于已成工程之管理养护及应修工程之兴办等费用。经令饬已成各工程所在地之县政府（局）遵照办理在案。

2. 兹据金塔县政府本年十月廿日代电称："一、水保会秘（37）申字第三四号训令暨附发甘肃省各渠水费征收办法一份均奉悉；二、查本县建修鸳鸯池蓄水库历时四载，征工数字浩大，人民支工实筋疲力竭，本年虽开始蓄水，因蓄水量不足利益未能普遍，钧府有鉴于此，及时加高溢洪道工程，仍有本县负担民工。

又兼本县本年夏秋歉收，灾情奇重，旱、冻、沙等灾情形，已呈报在案，此项水费已无力支供，祈准予缓征；三、谨祈鉴核示遵。"

3. 除指令："查鸳鸯池蓄水库灌区本年确已获益，所称无力支付决非事实，至征工四载均经照给工资，无异以工代赈，于该县人民原有利益。且农行催还到期贷款甚征一节，碍难照准。仰仍遵照前令切实宣导并限于文到半月内征齐具报外，兹抄发原办法，并仰该专员详加宣导督饬，迅速征收以利还款，暨该渠库本身养护整修之用，仍将办理情形具报。"

二、特抄发办法仰遵照办理具报为要。

专员兼司令王维墉

中华民国三十七年十二月四日

126—8. 甘肃省第七区关于征收鸳鸯池水费给金塔县政府的代电

1948 年 12 月 7 日　　酒历 1—681

甘肃省第七区行政督察专员兼保安司令公署代电二亥字第 3223 号

金塔县政府：

一、奉省政府水利（37）戌字第（3459）号代电"入原文"。查此案业以二（37）亥字第三二零二号代电，饬遵在案。

二、仰即遵照，依限征齐径报，并将该项水费征收详情分报本署备查为要。

专员兼司令王

中华民国三十七年十二月七日

126—9. 甘肃省第七区关于征收鸳鸯池水费给金塔县长的代电

1948 年 12 月 7 日　　酒历 3—2434

甘肃省第七区行政督察专员兼保安司令公署代电二（37）亥字第 3223 号

金塔马县长：

一、奉省政府水（37）戌字第（3459）号代电："1. 查金塔县鸳鸯池蓄水库应征卅七年度水费小麦，经制定水费征收办法令饬督导办理，并于本年十一月六日以水（37）戌字第三三六五号训令限文到半月内征齐具报在案；2. 特再电仰遵照务，须依限征齐具报。"

二、查此案业以二（37）亥字第三二零二号代电饬遵在案。

三、仰即遵照依限征齐送报，并将该项水费征收详情分报本署备查为要。

专员兼司令王维墉

中华民国三十七年十二月七日

126—10. 甘肃省政府关于迅速征齐鸳鸯池蓄水库水费给七区专员的代电

1948 年 12 月 25 日　　酒历 1—682

甘肃省第七区行政督察专员兼保安司令公署代电水（37）亥字第 3506 号

甘肃省第七区专署王专员：

一、本年十二月十日（37）亥字第三二七一号代电悉。

二、查鸳鸯池蓄水库灌区，去年种地九万三千余亩。本年种地据人民向县府报告，已在十二万五千余亩以上，较去年多种三万二千余亩，每亩以二斗计，增产即在六万余石。现在所收水费，每亩仅平均小麦约八升三合余（甲等地每亩一斗二升，乙等地每亩八升，丙等地每亩五升），并不为多，且此项水费系归还该库贷款本息及该库本身岁养护一切之用。所请缓征，碍难照准。

三、仰遵照负责严催，迅速征齐，妥储报核，勿延。

主席郭寄峤（印）

中华民国三十七年廿五日

126—11. 甘肃省第七区关于鸳鸯池蓄水库从速催清水费应给金塔县政府的代电

1949 年 1 月 5 日　　酒历 1—682

甘肃省第七区行政督察专员兼保安司令公署代电二子第 36 号

金塔县政府：

一、查上年十二月六日，该县剑三（37）戌字第（1261）号代电，经转请省府在后，兹奉水（37）亥字第三五零陆号指令"入第二、三两项"。

二、仰遵照办理，从速催清具报为要。

专员王

中华民国三十八年一月五日

126—12. 金塔县参议会关于转呈省府缓征鸳鸯池蓄水库水费给金塔县政府的代电

1949 年 1 月 24 日　　酒历 3—2435

金塔县参议会代电金参 38 字第 129 号

金塔县政府：

一、顷在县政会议得悉，贵府奉省政府令，将于最近开始征收本县鸳鸯池蓄水库水费。查鸳鸯池蓄水库工程，虽告成功，但建修期间耗费本县人力物力不浅，虽然政府照给工资物价，但影响农民工作与生产率亦巨，加以上年蓄水量不足，人民未曾受到普遍灌溉之利，且遇天旱，上年自春徂秋时，雨未降，山洪未行，夏秋二禾一律被旱，收益有限。值此国难时期，人民负担重重，田赋公粮完纳后，十室九空，家无余粟，户鲜盖藏。目前人民生计，已形成最严重之问题，本会业经呈请省府拨发赈饥粮及春耕籽种在案。倘贵府若再开始征收水费、小麦，不但民力不支不能成为事实，且民情难慰，造成惶恐局面。特此电请转请省府体恤民艰，暂为缓征本县鸳鸯池蓄水库水费。

二、希查照从速据情呈请缓征为荷。

议长李经年

副议长吴国鼎

中华民国三十八年元月廿四日

126—13. 甘肃省政府关于按规征收
鸳鸯池蓄水库水费给七区专员的训令

1949 年 2 月 1 日　　酒历 1—682

甘肃省政府训令水三（38）字第 3738 号

甘肃省第七区专署王专员：

一、查金塔县鸳鸯池蓄水库灌区征收水费一案，业经本府委员会第一五五二次会议，决议通过甘肃省各渠水费征收办法，并依办法第四条规定"水费征收机关由省政府指定工程所在地县政府（局）办理"于三十七年九月廿五日以水保会秘（37）申字第三四号训令抄发该项办法。令饬该县政府遵照办理在案。

二、嗣据该县长及该署先后呈以该县修建该库征工四载，民力疲竭及地籍尚未整理等情，请求缓征。经核所称征工四载一节，均照给工资，无异以工代赈，于该县人民原有利益。该库灌区本年确已获益，且征收水费按照种地每亩平均仅小麦约八升三合，并不为多；况此项水费系归还该库贷款本息及该库本身岁修养护一切之用，所请缓征，碍难照准。饬仍迅速征齐妥储报核亦在案。

三、为求此项水费克速征齐起见，兹特命令规定征收水费为该县长职权之一，其奖惩适用征收田赋例办理。

四、除令金塔县马县长迅速遵照，迭令征收外，仰即恪遵照严催，克日依照迭令如数征齐报核，勿任籍故推延，致干议处为要。

主席郭寄峤（印）

中华民国三十八年元月一日

126—14. 甘肃省政府就金塔民众请求缓征
鸳鸯池蓄水库水费问题给金塔县长的代电

1949 年 2 月 10 日　　酒历 3—2434

甘肃省政府代电水二（38）丑字第 3760 号

金塔县马县长：

一、据该县参议会本年元月廿五日子有代电请缓征鸳鸯池蓄水库灌区卅七年度水费，并据该县民众代表李生华等代电同前情。

二、查本案前据该府先后代电呈请缓征，经于卅七年十一月六日以水（37）戌字第三三八五号指令及同年十二月廿五日以水（37）亥字第三五九六号指令，饬遵复于本年二月一日以水（38）丑字第三七三八号训令，责成该县长仍遵迭令，如数征齐报核，勿再藉故推延，致干议处各在案。

三、除批示该代表等外，仰仍恪遵迭令迅速征收，并将本府卅七年十一月六日水（37）戌字第三三八五号及十二月廿五日水（37）亥字第三五九六号指令核示该灌区征收水费情由函转该县参议会仍将征收情形报查。

主席郭寄峤（印）

中华民国三十八年二月十日

126—15. 甘肃省第七区关于鸳鸯池蓄水库
水费克日征齐给金塔县政府的电文

1949 年 2 月 11 日　　酒历 3—2435

甘肃省第七区行政督察专员兼保安司令公署代电二（38）丑字第 430 号

金塔县政府：

一、奉省政府水三（38）子字第（5738）号训令开："1. 查金塔县鸳鸯池蓄水库灌区征收水费一案，业经本府决议通过甘肃省各区水费征收办法并依据办法第四条规定办理饬遵在案。2. 嗣据该县及该署呈，以修建该库，征工四载，民力疲竭及地籍未整等情，请求缓征，经核所称征工四载一节均照给工资无异以工代赈，该库灌区本年确已获益，且征收水费按照种地每亩平均约八升三合，并不为多，况此项水费，系归还该库贷款本息及该库本身岁修养护之用，所请缓征碍难照准，饬仍速征报核亦在案。3. 为求此项水费克速征齐计，兹将明令规定征收水费为该县长职权之一，望奖惩适用征收田赋例办理。4. 仰即确遵照严催克日如数征齐报核。"

二、查此案业以二 37 亥字第 3202 号及 3273 号代电饬遵在案。

三、仰即遵照依限征齐具报，并将征收详情分报本署备查，勿延为要。

专员兼司令王维墉

中华民国三十八年二月十一日

126—16. 甘肃省政府关于抄发各县渠水费征收办法暨三十七年度水费征齐给金塔县长的训令

1949 年 2 月 25 日　　酒历 3—2435

甘肃省政府训令水保会秘（38）金塔县马县长：

一、兹抄发甘肃省各县水费征收办法一份。

二、仰遵照迅将该县鸳鸯池蓄水库卅七年度全年应征水费依办法第五条规定标准，分别征齐报凭核办。

主席郭寄峤

财政厅长兼水费征稽委员会主任委员李子欣

中华民国三十八年二月廿五日

处理意见：

遵办具报。

二月十四日

附件：

甘肃省各渠县水费征收办法

一、凡经中国农民银行水利部贷款，并由中央或省政府拨发公款及垫□兴办之农田水利工程，其受益田地，属于原有地主者其水费征收除法令，另有规定外，悉依本办法办理之。

二、依本办法所征收之水费其用途如下：

1. 贷款之还本付息。

2. 已成工程之管理养护。

3. 应修工程之兴办。

三、各渠用过贷款公款还本付息之期限及数额，有合约规定者从合约，无规定者由省政府核定之。工程管理养护数，每年由各渠管理机关按实需编拟预算，呈由省政府核定施行。

四、水费征收机关，由省政府指定工程所在地县政府、局办理。

五、水费以征收小麦为原则，其标准如下：

1. 甲等地（受益最多、优良水地及园艺地）每亩年征小麦一市斗二升。

2. 乙等地（受益次多之普通水地）每亩年征小麦"八市升"。

3. 丙等地（收益平常之较次水地）每亩年整小麦"五市升"。

前项征收标准，俟各该渠贷款偿偿以及支付管理养护费用有余。经政府考查，认为必要时，得减收或缓收之。

六、水费以征收小麦为原则。如有保管、储存及其它不便原因时，得呈准省府按当地县城时价折征价款。此项时价，系指县政府汇解水费日期之小麦在县城之市价。

七、水费之征收，如因特殊关系（人力不可抗之虫害、霜灾、水患等）致征收困难时，得由该县（局）呈请省政府查明，□减成数，或缓至次年补征之。

八、水费征收前，由征收机关指导渠管理机关召集水董会议。将灌溉面积及受益农产调查确实，造具分等、分户征收详册三份。一份征收机关留备开征；一份渠管理机关留作催征之用；一份呈送省政府核查。

九、水费征收应备五联收据，除二联分存征收机关及管理机关；一联作为通知书，由征收机关分发；一联俟实收时，即扯给缴费人；一联报省政府核查，并将征收情形由征收机关按月报省政府核查（表式附后）。

十、本办法自公布日施行。

甘肃省___渠___年度水费（小麦）征收月报表												年 月份第 页
水董姓名	经管村庄	受益地亩			本月共收粮额（或折价）			合计	连前累计共收粮价（或折价）			合计	备注
		甲等	乙等	丙等	甲等	乙等	丙等		甲等	乙等	丙等		
总计													

县（局）卡　　　　　　　　　覆核　　　　　　　　　填表

127. 金塔县政府就鸳鸯池水库本年蓄水情形给七区专员的代电

1949年2月17日　　酒历1—683

金塔县政府代电剑五（38）丑字第365号

甘肃省第七区行政督察专员兼保安司令王：

一、查本县鸳鸯池蓄水库水位至本月十四日升高一七公尺，也已蓄满于洪道下流。

二、谨祈鉴核。

代理金塔县县长马元鹗（印）

中华民国三十八年二月十七日

128—1. 金塔县政府关于水库管理所保留水利专员及派赵讲鲁为水利专员给七区专员的代电

1949 年 5 月 18 日　　酒历 1—683

甘肃省第七区行政督察专员兼保安司令王：

一、查肃丰渠鸳鸯池蓄水库，自上年加高溢洪道工程完竣后，工程处即行结束。该库保管事宜，奉令成立管理所，由本府负责监督办理。惟所长一职，因当时无适当人选，派本府第三科科长姜昌宏兼任。

二、复查该库修建期间，本县耆绅省府水利专员赵积寿协助甚力。赵专员已于本年春初病故，临终时对职恳荐吴永昌，堪负水库管理之责。据云吴氏曾任本县县参议员，老诚持重，谨慎勤敏。水库兴修时，督工管料，协助甚多。工程处结束后，关于材料等接收保管等项，均由吴氏负责办理。

三、除派吴永昌代理鸳鸯池水库管理所所长，并缮员工名册赍呈谨祈核鉴备外，关于水利专员遗缺，奉令因省府紧缩机构，节省开支，将予裁撤。惟水库整修工程尚多，拟请仍予保留，以赵故专员之侄赵讲鲁接充。查赵故专员逝世后，水库事宜已由赵讲鲁继续代办。谨祈转请省府保留专员名义，并速派赵讲鲁接充。俾专责成以，便继其先志，协征水费，服务地方，兼示政府轸念贤劳之德意为祷。

四、谨祈核示。

代理金塔县县长马元鹗（印）

中华民国三十八年五月十八日

附件：

金塔县政府：金塔县鸳鸯水库管理所职员简历表

职别	姓名	年龄	籍贯	学历	经历	备注
所长	吴永昌	六一	甘肃金塔	甘肃自治讲习班毕业	曾任县议员、农会会长、水利委员会委员等职	
总务长	李名扬	二八	甘肃金塔	河西中学初中部肄业	曾任田粮处会计员、水库管理处事务员	
工务员	黄绍孔	三四	安徽寿县	安徽寿县高级小学肄业、□□□□县初级中学肄业	安徽省公路局徽杭省屯公路看工、湘桂铁路第七分段 □□、□民铁路第五总段暨工、甘肃水利林牧公司暨工员	

128—2. 甘肃省第七区关于鸳鸯池水库管理所职员
名册及派赵讲鲁为水利专员给甘肃省政府的化电

1949 年 6 月 6 日　　酒历 1—683

甘肃省第七区行政督察专员兼保安司令公署代电二巳字第 1267 号

甘肃省政府：

一、案据金塔县政府剑三（38）辰字第（1367）号代电称："（一）肃丰渠鸳鸯池蓄水库自工程处结束后，奉命成立管理所。本府派吴永昌代理所长，并缮原公名册赍呈谨请核备；（二）水利专员赵积寿于本年春病故遗缺，奉令紧缩机关，应予裁撤。惟水库整修工程尚多，拟请仍予以保留。祈转省府保留专员名义，并以赵故专员之侄赵讲鲁接充，俾等责成。"

二、兹检赍原名册一份，谨请核示。

王

中华民国三十八年六月六日

128—3. 甘肃省政府关于派吴永昌为鸳鸯池
蓄水库水利专员给七区专员的指令

1949 年 6 月 27 日　　酒历 1—683

甘肃省政府指令人口（38）巳第 2616 号

第七专员王：

一、本年六月六日二（卅八）巳字第一二六七号代电登附册均悉。

二、查鸳鸯池蓄水库水利专员一缺，业经本府令派吴永昌代办理，并经令饬金塔县政府遵照在案。

三、仰口照附册存查。

主席郭寄峤（印）

委员兼秘书长丁宜中代拆代行（印）

中华民国卅八年六月廿七日

128—4. 甘肃省政府关于吴永昌接任鸳鸯池
蓄水库管理所所长一职给金塔县长的指令

1949 年 6 月 21 日　　酒历 3—2433

金塔县马县长：

一、本年五月廿八日剑三（卅八）辰字第一三六七号代电及□□□□。

二、查鸳鸯池蓄水库水利专员一缺已由本府令派吴永昌接充并经令饬遵照在案，至该库管理所长一职，应饬依管理所组织规程第二条推选其他人员充任报查，余准备查。

三、仰遵照。

主席郭寄峤

委员兼秘书长丁宜中代拆代行

中华民国卅八年六月廿一日

128—5. 甘肃省建设厅关于派吴永昌为鸳鸯池蓄水库水利专员给金塔县长的代电

1949 年 6 月 29 日　　酒历 3—2433

金塔县马县长：

一、奉省政府人铨（卅八）巳字第（2615）号训令开："一左列人员业经本府核定任免，派令附发应即转发益饬新任人员到职后依法送审或呈报动态登记，二仰遵照。"

二、兹检发原派令并抄饬知联各一件，希收转。

姓名	吴永昌
机关职称	本省鸳鸯池蓄水库水利专员
官等	
任免类别	代理
饬知事项	原任专员赵积寿病故出缺

建设厅厅长骆力学

中华民国卅八年六月二十九日

129. 甘肃省政府关于鸳鸯池蓄水库代还清楚但仍需征收水费给七区专员的训令

1949 年 5 月 25 日　　酒历 1—683

甘肃省政府训令□□第 1777 号

甘肃省第七区专署王专员：

一、查金塔县鸳鸯池蓄水库曩由本府洽向中国农民银行□□□□□□□款本息，除届催还三期由本府统筹垫还外，兹□□□□□□□□，将该渠应还全数贷款本息截算至本年五月底止，提前一次由本府代还清楚。该渠所有卅八年五月底以前农行贷款债务，准即免除。

二、该渠今后本以渠养渠原则，只负担本身整修养护及一切必需费用。

三、前项费用，应仍依照颁发《甘肃各渠水费征收办法》，由该县县长负责征收，就地妥为保管。呈候按照计划预算动支。

四、除分令该管□□□□□□□。

主席郭寄峤（印）

建设厅厅长骆力学（印）

中华民国五月二十五日

130—1. 金塔县参议员雷声昌等建议厘定科则并免征水费的提案

1949 年 5 月 28 日　　金 3—2434

查本县僻处边陲，地多斥卤，土质极劣，所有田地全靠祁连山融淌雪水灌溉，故无一定水量，情形与川旱地完全相同；加以近数年来，西北气候改变甚骤，山洪愆期，雨水失时，累遭奇旱。目前鸳鸯池蓄水库虽云竣工，然涵洞开闭不灵，储水有限，灌溉田亩无几，亢旱之灾，尤不能避免；且建筑水库期间，人民费尽财力物力，现在尚未得到一点实惠，政府却又征收水费，加重人民负担，是以有据情呈请以川旱地厘定科则，并免征水费之必要，事实如此，并非无病呻吟，有意与政府为难也。拟请县府据情电请省府核办。

提案人：雷声昌

联署人：王国宾　李生华　赵讲鲁　公兆麟

审查意见：拟请大会通过。

决议：通过。

执行情形：拟转请省府核办。

李经年（印）

六月四日

130—2. 金塔县政府关于雷参议员等提议案给甘肃省主席的代电

1949 年 6 月 11 日　　酒历 3—2434

金塔县政府代电剑三（35）巳字第 1902 号

甘肃省政府主席郭：

一、准本县参议会二届六七次大会参议员雷声昌等提议"本县土地以川旱地厘定科则并豁免水费以恤民艰"议案一纸，嘱转呈到府。

二、查本县入夏无水尚属实情，理合抄录原提案一纸随文附呈。

三、谨祈鉴核示遵。

县长马

中华民国三十八年六月十一日

130—3. 甘肃省政府就金塔县参议会提案的回复代电

1949 年 7 月 8 日酒历 3—2434

甘肃省政府代电建二（38）午 4451 号

金塔县马县长：

一、剑三（38）巳字第（1902）号代电暨提案均悉。

二、查各县办理复查更正截限早逾，如该县确有局部地亩不公科则失平情事，应由该县长查明。在不变动现有赋额原则下，酌予分别查更并查挤隐匿漏编土地，调整公允，所请以川旱地，厘定科则一节未便照准。

三、该县鸳鸯池蓄水库卅七年度水费前经该县民众代表请愿，已准缓至本年秋收后征收。经以水寅齐电饬遵在案，至征收水费系为该库本身整修养护及扩修增灌工程等用，并非省用，仍须依照规定办理。

四、仰遵照并转函该会知照。

主席郭寄峤（印）

委员兼秘书长丁宜中代拆代行（印）

中华民国卅八年七月八日

131. 金塔县政府关于派亢学文、俞登寿为该所
练习生事务员给水库管理所长的指令

1949 年 9 月 5 日　　酒历 3—2433

人三（38）午字第 2129 号

水库管理所长李名扬：

一、兹派亢学文为该所工程练习生，俞登寿为事务员，自九月一日起支粮。

二、除将该员派令随会附发仰即转发外，并将该员到职日期报核。

三、仰即遵办。

县长马

中华民国三十八年九月五日

五、其他事项

132—1. 金塔县政府关于肃丰渠工程处要求派警驻防鸳鸯池
水库工地事给七区专员的代电及七区专员处理意见

1946 年 2 月 19 日　　酒历 1—137

金塔县政府代电民警（35）丑字第二三七号

甘肃省第七区行政督察专员兼保安司令刘钧鉴：

顷准肃丰渠工程处三五肃丰字第 44 号公函"请派警八名驻防鸳鸯池工地等"由，自应照办。惟查本县警察队本年奉令缩编，仅有警察四十二名，除警长外，实有警士三十七名。另除伙夫、清道夫、理发、警勤务调驻省银行盘查哨外，实有担任勤务警士不足三十名，且须担任城防所有传案、传达公文及临时派遣，至感不敷，实在无法分派。准函前由理合，电请钧座俯准转函该处，另行设法或自行招募为祷。

代理金塔县县长喻大镛（印）民警（35）丑皓印

中华民国三十五年二月十九日

处理意见：

现有驻军在该渠工地驻扎，暂时勿庸派警驻防。本件存。

刘亦常

二月廿二日

132—2. 甘肃水利林牧公司肃丰渠工程处关于
组织自卫队维持工地治安给七区的公函

1946 年 2 月 24 日　　酒历 1—137

甘肃水利林牧公司肃丰渠工程处公函三五肃丰第 48 号

甘肃省第七区行政督察专员兼保安司令公署：

本处鸳鸯池蓄水库工地治安前蒙贵署赐派保警维持，日前因贵保警调回训练，经函请金塔县政府派警接防。兹准函复以警士不敷分配，无法照派，另行设法等由。本处拟自行组织自卫队，招募队警十名，以资自卫用。特函请准予备案，但以武器无法购得，特请贵署赐借或代购步枪五枝，子弹二百发，至纫公谊。

主任原素欣

中华民国三十五年二月二十四日

132—3. 甘肃省第七区关于组织自卫队
维持工地治安给肃丰渠工程处的代电

1944 年 3 月 13 日　　酒历 1—137

甘肃省第七区行政督察专员兼保安司令公署代电专保叁（35）寅字第 97 号

甘肃水利林牧公司肃丰渠工程处：

　　三五肃丰字第四八号函敬悉"贵处刻拟招募队警十名以资自卫"一节，自属妥善，惟"代购枪弹"一节，查贵处已备员工自卫手枪七枝，暂时足资应用。俟省保安司令部有枪可领时，当再代为设法。特复。

专员兼保安司令刘专保叁（35）寅元印
中华民国卅三年三月十三日

132—4. 甘肃省政府关于派警保卫鸳鸯池水库工地给金塔县政府的训令及酒泉县长处理意见

1946 年 3 月 22 日　　酒历 3—886

甘肃省政府训令建二水（卅五）寅字第 1508 号
令金塔县政府：

　　建设厅案呈甘肃水利林牧公司本年三月十四日函称"查肃丰渠鸳鸯池蓄水库工程所在地极为偏僻，人烟稀少，工地治安堪虞。曩昔由七区专署派兵警卫，现已调回。经工程处向金塔县政府洽派警卫，彼以紧缩见拒用，特函请查照转陈令饬金塔或酒泉县政府派警保卫为荷"等情，合亟令仰遵照派警保卫并具报为要。此令。

主席谷正伦（印）
委员兼秘书长丁宜中代拆代行（印）
建设厅厅长张心一（印）
中华民国三十五年三月廿二日

处理意见：

　　仍将本县实际困难情形呈报并拟由本县代为招募。

喻大镛（印）
四月三日

132—5. 金塔县政府关于代为招募警卫事给甘肃省主席的代电

1946 年 4 月 3 日　　酒历 3—886

金塔县政府代电建（35）卯字第号
甘肃省政府主席谷钧鉴：

　　建二水（卅五）寅字第一五〇八号训令奉悉。查本县警察队自本年奉令裁减过，仅有警士四十一名，城防自卫时感困难，无法调派，拟请由本府代为招募若干名担任该库警卫，是否有当，理合电请核实。

代理金塔县县长喻建（卅五）卯门印
中华民国三十五年四月三日

132—6. 甘肃水利林牧公司肃丰渠工程处关于派员商谈 警卫事情给金塔县政府的公函及金塔县长处理意见

1946 年 4 月 6 日　　酒历 3—886

甘肃水利林牧公司肃丰渠工程处公函三五肃丰字第 84 号

金塔县政府：

　　本处工地治安事宜，前洽贵府派警担任，旋准函复无警可派，当经陈请本公司代购枪支准备自卫，顷奉函示毋庸购买已洽。奉甘肃省府建二水寅养代电，准转由贵府设法派警保护等因，兹派本处职员赵钧国前往接洽，即希赐洽为荷。

主任原素欣

顾淦臣（印）代行

中华民国三十五年四月六日

处理意见：

　　已面洽，由该处自行招募酌由本府借用枪支。

喻大镛（印）

四月八日

132—7. 甘肃水利林牧公司肃丰渠工程处 关于借给枪枝和子弹给金塔县政府的公函

1946 年 4 月 9 日　　酒历 3—886

甘肃水利林牧公司肃丰渠工程处公函三五肃丰字第 87 号

金塔县政府：

　　本处工地警卫事宜经洽，贵府允予借给枪枝协助，至为公感。兹拟借步枪十枝，子弹二百发，即请赐借并希见复为荷。

主任原素欣

顾淦臣（印）代行

中华民国三十五年四月九日

处理意见：

　　酌借并报省府、专署备查。

喻大镛（印）

四月十日

132—8. 金塔县政府关于借给步枪六枝给肃丰渠工程处的公函

1946 年 4 月 13 日 酒历 3—886

金塔县公函建（35）卯字第 759 号

案准贵处三五肃丰字第八七号公函嘱借用枪弹等由，查本县自卫枪支大多不堪应用，已呈复专署，兹拟将可用者六枝借贵处应用，惟子弹甚缺，不敷应用，拟请另行设办法购备，准此前由，相应函复，即希派员备据领枪为荷。此致。

甘肃水利林牧公司肃丰渠工程处

县长喻

中华民国三十五年四月十三日

132—9. 甘肃水利林牧公司肃丰渠工程处
关于派员去领枪支给金塔县政府的公函

1946 年 4 月 23 日 酒历 3—886

甘肃水利林牧公司肃丰渠工程处公函三五肃丰字第 106 号

金塔县政府：

建三五卯字第（759）号函达准借给本处步枪六枝，兹派本处职员吴祐持据前往洽领，即希赐领为荷！

主任原素欣（印）

中华民国三十五年四月二十三日

处理意见：

照借，该处借条存警察队。

喻大镛（印）

四月廿四日

132—10. 甘肃水利林牧公司肃丰渠工程处关于送
招募卫警姓名表及佩戴符号样式给七区专员的公函

1946 年 5 月 23 日 酒历 1—134

甘肃水利林牧公司肃丰渠工程处公函三五肃丰字第 131 号

甘肃省第七区行政督察专员兼保安司令公署：

本处为谋工地安全计，拟自行招募警士自卫一节，前经以三五肃丰渠字第（48）号函请准在案，现已招募警士七名，于五月一日起开始自卫，理合造具姓名表并检同规定所佩符号样式一并送请。备查为祷。

附肃丰渠工程处卫警姓名表。

主任原素欣（印）

中华民国三十五年五月二十三日

附件：

肃丰渠工程处卫警姓名表

职称	姓名	年龄	籍贯	到差日期	备注
班长	苟国荣	30	四川巴县	三十五年五月一日	
警士	闫秉臣	35	甘肃金塔	同上	
	刘文斗	34	同上	同上	
	杨兴明	32	同上	同上	
	张永昌	29	同上	同上	
	张维福	30	同上	同上	
	徐中华	25	陕西商南	同上	

132—11. 甘肃水利林牧公司肃丰渠工程处关于送卫警佩戴符号样式给金塔县政府的公函

1946 年 5 月 23 日　　酒历 3—886

甘肃水利林牧公司肃丰渠工程处公函三五肃丰字第 132 号

金塔县政府：

　　本处为谋工地安全，计经向七区行政督察专员兼保安司令公署，请准自行招募警士自卫。兹已招募竣事，特制符号一种发给佩戴，以资鉴别，相应检送符号样式一枚，请备查为祷。①

主任原素欣（印）

中华民国三十五年五月二十三日

133—1. 甘肃省政府关于犒劳原素欣给七区专员的电文及七区专员处理意见

1946 年 11 月 2 日　　酒历 1—136

刘专员：

　　△密原主任素欣主办水库工程艰苦，逾恒勤劳卓著。经本府委员会决议致电慰劳，并拨付工程犒劳费拾万元，由该专员代表发给，款已由汇发，仰查收照办报查。

省政府建二水（35）戌东

中华民国三十五年十一月二日

---

① 编者按：卫警佩戴符号未见。

处理意见：

转原主任并以新闻发表，稿送阅。

刘亦常

十二月二日

133—2. 甘肃省第七区关于犒赏费给原素欣的代电

1946 年 11 月 7 日　　酒历 1—136

甘肃省第七区行政督察委员会兼保安司令公署代电专二（35）戌字第八六四号

甘肃水利林牧公司肃丰渠工程处原主任素欣兄勋鉴：

案奉省府建二水（35）戌东电内开"原主任……报查"等因，奉此相应电达查照，一俟该款汇到当即专差送达。

弟刘专二（35）戌虞印

中华民国卅五年十一月七日

133—3. 甘肃省七区关于派员送犒劳费拾万元给原素欣的代电

1946 年 11 月 16 日　　酒历 1—136

甘肃省第七区行政督察委员会兼保安司令公署代电专二（35）戌字第 895 号

甘肃水利林牧公司肃丰渠工程处原主任素欣兄勋鉴：

前奉省府建二水（35）戌原电发吾兄犒赏十万元一事，本署业以专二（35）戌虞代电转达在案。兹查该款已由省府汇发到署，特派本署技士刘景廉送达，请△△为荷。

弟刘专二（35）戌铣印

中华民国三十五年十一月十六日

134—1. 甘肃省政府关于读者投书揭举金塔县长喻大镛贪污情形给七区专员的电文

1947 年 12 月 24 日　　酒历 1—1341

甘肃省政府代电秘诉（36）亥字第 215 号

第七区王专员览：

秘书处案呈"准《和平日报》兰州社社会服务编辑室函，以接获读者陈积儒十二月五日酒泉投书以揭举金塔县长喻大镛三年来从未发补给价款，暨侵蚀建筑鸳鸯池蓄水库与酒架公路民工工资食粮"等情是否属实，合行抄发原件，电仰查照，具复凭核为要。

郭寄峤秘诉（36）亥回印

中华民国三十六年十二月二十四日

附件：

编辑先生：

甘肃金塔县县长喻大镛，自到职以来，以该县百姓愚弱易诳，贪污无所忌惮。

（一）过境及留驻该县军队，所需副食品及草料，该县亦与邻县同样设有补给分会，亦议价由百姓处买进，再转售与军队，依法应于收进上项物品时，发给百姓价款（就是当时不能发给过后亦可）售出时收款，但该县所设补给分会仅收偕款，不发价款，如斯办三年，百姓不敢过问。

（二）甘省府为开发塞上水利，于卅年在鸳鸯池（酒金两县交界处）建筑蓄水库，土木由酒金两县百姓以轮流服役方式承作，其工资、食粮、副食费等则由政府发给，全部工程已于本年七月完工。但迄今百姓未见到一粒麦一块钱。

（三）去年该县与酒泉合筑酒架小路（酒泉至额济纳）工程除桥梁外，由酒金两县百姓与（二）同式承作。亦由政府发给工资等，但同样亦未领到分文。除上三项，其他贪污及不合理事件，枚不胜举，兹不多赘。百姓为此怨声鼎沸，"斯日曷丧"之声之不绝，惟惮于威力，习于愚弱，无人敢公开质问或提起控诉。

该县为我国北垣，去蒙古甚迩，与今军事重镇额济纳，唇齿相依，在今国家多事之秋，外蒙又时与我无故寻衅，政府若不能取得民心，一旦有事，何能令人民诚心合作。喻县长不但不念民艰未见及于此，且更努力为政府与人民之间，播种仇恨种子，尤其为补给分会之事，已在军民之间凿成一道鸿沟。百姓的脑子是简单的，保守的成见一深，是不容易拔除的，我目睹百姓深受饥苦，耳听百姓哀声求救，及他们对政府失望的心情，再不忍让着无辜的百姓哑口忍受其压迫，更不忍在国家的前门边上，有人为政府与人民间，开成一道更深的鸿沟，特含泪辄述于此，敬请先生在贵报容一席之地，把它公诸于世，让社会有心人予以纠正（篇幅词句，若有不合，恳请删改更为欢迎）或者请先生函转负责当局，将事实调查清楚予以制裁，更将在我与先生都算是为国家尽了一份责任。

其实俞县长是大个子，还是小个子，我还没见过，老百姓的话是不会有假的，尤其上面的三件事，更不是一个人说的，我思之再三，是不会有屈于喻县长的。

陈积儒谨上

十二月五日于酒泉

134—2. 关于彻查金塔县长贪污情形给甘肃省政府的调查报告

1948 年 1 月 15 日   酒历 1—1341

甘肃省政府秘诉（36）亥字第二一五号代电以"据《和平日报》检送读者投书揭举金塔喻县长大镛贪污情形，仰查报凭核"等因附发原件一纸，奉此遵于元月七日赴该县详查，兹将查获情形分陈于后。

1. 关于补给部分查该县补给分会于卅五年奉令结束，曾经办理结束手续，缮造清册，尚有数字可稽。在此以前经办补给人员，虽有迭更，其领发价款实物配收新旧人员，从未经办接交手续，间有送县参议会审核文件，颇多残缺不齐，因之卅五年六月份以前，有上述情形无法可资详查。自卅五年六月份起，至卅六年三月份止，共领到各部队发给价款陆仟陆佰叁拾陆万肆仟零陆拾伍元，实发民众价款贰仟零柒拾陆万零陆佰柒拾陆元，地方开支（招待、劳军、员工薪津）等费贰仟玖佰玖拾捌万叁仟叁佰零肆元，发商生息壹仟伍佰陆拾万元，结存贰万双零捌拾肆元（送参议会审核中）。再查发商生息一节，自卅六年二月份起，至同年十一月份止，其得息洋壹仟壹佰零五万元。除将息洋如数支付，地方虽用外，尚动用本洋壹仟叁佰肆拾肆万贰仟贰佰伍拾元，应结存本洋贰佰壹拾五万柒仟柒佰五十元（附贷款开支清册），核算册列零支数与总计数不符。再查自卅六年元月十六日起，至同年十二月底止，共收各部队发给价款叁亿伍仟玖佰壹拾捌万叁仟零捌拾捌元七角五分，发给民众贰亿零壹佰万双零陆仟零贰拾玖元五角，□□费贰佰壹拾万元，退各部队洋贰佰捌拾柒万伍仟柒佰捌拾元（部队领用食物未曾用完退归时将款收回），员工薪金地方开支壹仟叁佰壹拾柒万伍仟柒佰捌拾元，发商生息陆仟万元，尚存捌仟双零贰万贰仟肆佰陆拾玖元二角五分。此款由县银行筹备处经存转发民众（附银行经手补给纸款收支表）。以上发给民众价款，有由民众自行交纳实物，自行领收价款者；有由乡保甲长代领扣垫他项款项者；有时价款已尽而无款可发者；有由价款甚微，得不偿失，而民众不愿来领者，各此情形，概或有之，所称仅收价款，不发价款，查非事实。

2. 修建酒建公路部分查修建酒建公路，其路基及采石、运石、民夫主食，由各乡按人数多寡领款筹办供应伏食，若有余款配给工资，会同县参会点名发放，每次工程告一段落，即召集党团参开令审核，并将审核结果提报县政府会议，俾众周知，所称人民未领到分文，亦非事实。

3. 修建鸳鸯池水库部分查修建水库民夫伙食于民国卅四年，主食费发由各乡筹办供应，副食由工程处负责办理。卅五年四月至九月主食费发由各乡筹办供应，副食由民夫大队负责办理。卅五年十月至十二月，主食会同参议会由县统筹供应，副食由民工大队负责办理。卅六年主食会同参议会均由县统筹供应，所征民工仅供给伙食并无工资，所称老百姓未见到一粒麦一块钱，系未明事实。

以上调查各节详询该县第一届、第二届参议会议长顾子材、李经年，均称查询情形，皆属实在（附证明）。惟查该县补给站在卅五年六月以前，新旧补给站长多有更动，未经办理接交手续，究竟原配实物，已收实物，民工实物，各若干；领到价款，已发价款，欠民价款，各若干，挪用价款是否实在、正当、应该。补给机构成立起至卅六年十二月底止严令该县府督饬各该补给负责人员从速澈底清理缮造实物款项清册，粘附单据及一切应备手续，会同党团参酌核实审核公告民众，并报省查核，是否有当（读者陈积儒在酒金二地查无其人合并辨明）理合将经查情形速同证件暨报告原件一并报请钧座电鉴核转。谨呈专员王。

附报告原件一贷款开支清册一银行补给价款收支表一参议会证明一。①

职翟振翩（印）

专员王

134—3. 甘肃省第七区关于呈金塔县长喻大镛调查报告给甘肃省主席的代电

1948 年 1 月 21 日　　酒历 1—1341

甘肃省第七区行政督察专员兼保安司令公署代电第 159 号

甘肃省政府主席郭钧鉴：

案查前奉钧府秘诉（36）亥回代电以指，据兰州《和平日报》社社会服务编辑室函送指"获读者陈积儒酒泉投书，揭举金塔县长喻大镛三年来从未发补给价款暨侵蚀建筑鸳鸯池蓄水库与酒架公路民工工资、食粮"等情，抄发原件，饬金酒具复凭核等因，附原件一纸。奉此遵即派本署视察翟振翩查报告后，兹据该员本年六月十五报告称"入原文"等情附呈报告原件、贷款开支清册、银则补给价款收支表、参议会证明各一件，除此理合检同原件□□责请鉴核。

附赍呈贷款开支清册银则补给价款收支表参议会证明各一件。

王专叩（37）一子马印

中华民国三十七年元月二十一日

134—4. 甘肃省政府关于金塔县长喻大镛不法一案尚需继续核查给七区的指令

1948 年 3 月 6 日　　酒历 1—1341

甘肃省政府指令秘诉（37）亥字第 80 号字

令第七区专员公署：

本年元月专一（37）子第 159 号代电"为澈查金塔县长喻大镛不法一案请鉴核由"代电暨附件均悉，关于动用补给价款息金部分经核，尚有不合规定之处，

---

① 编者按：贷款开支清册、银则补给价款收支表与参议会证明未见存档。

惟如确属用之，在公不无可原，应饬送参议会审议后具报核查，其余各节，既经查非事实应免置议。

此令。主席郭寄峤（印）

委员兼秘书长丁宜中代拆代行（印）

中华民国三十七年三月六日

134—5. 甘肃省第七区关于转发省府意见给金塔县长的训令

1948 年 3 月 17 日　　酒历 1—1341

甘肃省第七区行政督察专员兼保安司令公署训令一民（37）寅字第六〇二号

令金塔县长喻大铺：

案前奉甘肃省政府秘诉（36）亥字第二一五号回代电，附发该县长被控不法一案原件饬查明具复等因，遵经令派本署视察翟振翮查报转奉秘诉（37）寅字第八〇号指令开"入原文"等因，合行令仰该县长遵照相理，具报以凭核复为要。此令。

专员兼司令王

民国卅七年三月十七日

134—6. 金塔县政府关于动用补给价款息金事给七区专员的代电

1948 年 4 月 9 日　　酒历 1—1341

金塔县政府代电秘（37）卯字第 755 号

甘肃省第七区行政督察专员兼保安司令王：

一、钧署一民（37）寅字第六〇二号训令奉悉。

二、遵查本县因公动用补给价款息金部分事前经县政会议通过用后，均经参议会审核在案。

三、兹检赍本县参议会证明一纸[①]。

四、谨祈鉴核。

金塔县县长喻大铺（印）

中华民国三十七年四月九日

---

① 编者按：参议会证明未见。

民国档案类文献（下）

一般水利纠纷类档案

一、酒泉县第四区半坡村控诉清水村擅开新渠案（马营河流域）

135. 酒泉县政府第四区署关于控诉清水另开渠坝
捣乱水利事给催征员王元的指令

1938 年 8 月 21 日　　酒历 1—704

酒泉县政府第四区署指令第 252 号

令半坡催征员王元：

　　一件"为清水开坝一案请缓日商酌由"呈送。查清水另开渠坝，本于半坡无碍，只有将各水口修理妥善，以防发生问题而已。所系民众商酌之处，实属无理。倘有不肖之徒从中捣乱水利，即以暴徒恶霸惩办，并惟该员是问。仰为仍遵前令办理，勿再藉词烦渎职为要。此令。

区长袁世英（印）
中华民国二十七年八月廿一日

136. 酒泉县第四区半坡村民张兴元等就遭受
第四区长拘押事给酒泉县视察员的具结

1938 年 8 月　　酒历 1—704

酒泉县专员府视察员宁：

　　案下依奉结得为清水村、丰乐川与弊村半坡堡，因在坡地址挖开新坝一案，以故起争。呈陈区署，具文祈恳区长调查地道可否挖问情形，以并保护地址。损失理由文件敝村长王元、保长潘文龙派户民上区署送呈此文，系前七月二十八日下午申时事，户民刚进区署呈上文件，未及见区署干事，沈俊立将户民拘押锁班房至晚□，区长将户民二人提堂拷打三次，仍锁押班房一星期。直至又七月初五日方才放出，有户民亲戚雷国金立具，户民二人在其中再不得阻滞，甘结系雷国金作担保，担负永不能反复理由，谨将切实情形一并陈明，具甘结是实。谨呈酒泉专员公署视察员。

具结人：张兴元（指印）潘明保（指印）
中华民国廿七年八月

137—1. 酒泉县第四区半坡村民董元章等控诉清水村民沈俊与第四区区长袁世英给第七区专署的呈文及七区专员的处理意见①

1938 年 9 月 12 日　　酒历 1—704

窃民等前以清水村强行开渠，扰乱水线，已将情况呈请核办在案，本应听究，曷敢晓渎，曾奈该等偏私情状，不先分析"表暴"，亦有蒙蔽应得处分，亟宜逐款"扬榷"，恐干咎责。查该村狂徒沈俊前在西湾刱有田地百余亩，因水缺乏，无计"设施"。适当并村设区之际，上河清为中心之地，允宜设备，而以区署"偏安"该村，欲允"偏陂"私衷。此其藉公营私，蔑法违民一也。无如该区长袁世英素系"冬烘"，不究违法与否，犹同"浮萍"随波而行。嗣以情投意契，该沈俊昕夕曲承，供应无缺，随将区长延居乃家，益形幸宠，自既不耻，"何恤人言"，反致区长言听计从，形同"木偶"。大抵所施政策，则以村民爱憎为趋舍，挟嫌为屈伸，保长因私任免，村甲假公敲扑，接洽劣豪，"摸索"肥瘠，此其溺职浸权，阻挠秩序二也。在前该区长委用张学义为书记，公余之暇，私往各村强摊冒派，视民如仇，殴辱剥蚀，纵恣无惮。既经各该村保甲指款证明，列控申诉，有案可稽，正在究讯间，该书记乘机在县斗侮拉刘秘书，随被专员严加策责，送交法庭尽法惩治，人所共恶。而该区长既不抚躬循省，犹复多方维护，致被责辱。现时张书记已充武装兵士，不论途径街巷，如逢各村催征等员，无不以控一赏百报复苛罚。拉畜剥款，诉控迭起，人民受制，贻患无穷，谓非该区长"懦缓"纵容之所致，此其任用非类，民难未苏三也。乃该沈俊既与区长恬密日久，因以改筑汔路，谓取捷径，而乃"珀合"辟渠引流之隐衷，其该村引水，虽由丰乐川开源，必经王家闸所逾，时有余滴经漫王寿朝之地，淹亩数斗余。该村派夫查水，诈言：二石有奇，即罚洋二十五元，挖渠伊始，该等既疑王寿朝反对，逐因藉索罚款，以资"抱怨"。该沈俊势依区署，喝令公务员差将王寿朝共相侮殴，伤痕颇巨，现在法庭讯判，尚未了结。此其藉势侵凌，摧残弱族四也。此次强制另开新渠，是在沈俊田亩之水，相与构接私委水利陈耀祖"为虎作伥"，强开乃坝，依公济私，若令从新筑堤，则充旱民地百余亩，况均系同国分子，在公家既无歧视，何彼等迎机相仇若此？惟是该区长忝膺民社，自应施惠及民，何乃偏纵沈俊等强残"刻核"，压迫村氓？此其别派分乱，遑恤致旱五也。民等迂拙时形，未敢 "僭越"，减水受旱，正供攸关，干触法纪。区长势豪之暴行，侵略民权，毂弦"嚆矢"而"引发"，因公致咎，敢诉微衷，允否究办之处，应出自公决施行！谨呈甘肃省第七区专员公署专员曹。

---

① 编者按：此篇文件中的所有引号、感叹号皆为原作者所加。

酒泉县第四区半坡村民众代表：董元章（指印）王　元（指印）潘文龙（指印）

张恒元（指印）王　禧（指印）张治元（指印）

潘文成（指印）陈加守（指印）李彦春（指印）

贺世武（指印）张同元（指印）余登元（指印）

景玉连（指印）陈加有（指印）潘文同（指印）

潘明伦（指印）张新元（指印）潘明保（指印）

张惠元（指印）潘文千（指印）潘明海（指印）

中华民国二十七年九月十二日

处理意见：

呈悉。查原呈浮词太多，且不明晰，姑准派员会同呈悉。酒泉县政府查办仰即知照。专批。

九月十五日

原件交宁登第会同酒泉县府委员与前呈并案查复。

九月十六日

137—2. 甘肃省第七区就董元章等诉控诉沈俊等节外生枝 另挖新渠请派员查勘给酒泉县政府的训令与批示

1938 年 9 月 14 日　　酒历 1—704

甘肃省七区公署训令专一申字第二六九号

令酒泉县政府：

案据酒泉县第四区半坡村民众代表董元章等二十一名呈诉沈俊等节外生枝，另挖新渠一案，是否属实，除派员予批示外，合行抄发原呈令仰该县长派员，会同遵照撤查究办，并将办理情形会报为要。此令。

专员曹启文（印）

中华民国二十七年九月十四日

138—1. 酒泉县第四区半坡村民潘文龙等请派员查勘清水村 陈耀祖等另开新渠妨害水利给第七区专署的呈文①

1938 年 9 月 15 日　　酒历 1—704

酒泉县政府第 26 号

窃民地处僻壤，向称久旱之区，其接水脉，系在丰乐川引流，水线由南委曲东泄，宛若弓行。民地近在东域，"尾闾"朝北而行。先年洪水暴发，地多淤蚀，所浇时水，尚形缺乏，户单民稀，无力修葺，以致旱荒频仍，户鲜"盖藏"。

---

① 编者按：此篇文件中的所有引号、感叹号皆为原作者所加。

乃清水村应浇水分，与民同出一源；而其所引之水，正系大河巨流，年远代湮，无相争夺。现经少数巨族沈俊等势依区署，"负隅莫攫"，遂已勾结水利陈耀祖等节外生枝，陡改前例，即在河东另挖新渠，希取捷径，新开形式，犹如弓弦，直径行水，途减里许，是则只顾彼己之私，已将民亩处于虚位。在前水溢东岸，冲没熟地七石余，节年被水浸蚀，西北犹复残没地数十石；如开新渠，则河北以外，旷弃田地数百亩，谓非贻患无穷，实非浅鲜。且筑堤援流，原冀利益，违民强制，无关乃亏，总期该伊等"蚕食"河岸，"虎眈"水权，插辟沟道，注彼挹兹，如是水力汲引逾大，而民岸益形高亢，来水逾下，非旱何恃。此致旱而允当减赋，彼得水而不能增粮，往返徒劳，无异"精卫衔石"，凋残民力，何若"娲皇补天"。

无如区长袁世英脑系"冬烘"，胸罕"夏冰"，不究彼此之损益；乃分酒食于瘠肥，冒请公币，令给三千巨数，任情徇欲，契投四五劣徒，以爱憎为趋舍，尤偏私而压迫，藉渠"虚靡"公款，乃竟"充牣"私衷。前因民等集河阻止，不令开挖，区署以违抗乃令，仰使陈情核夺，遂令各保长计户稽查，如有反抗开渠情事，一并从严究治，遂将送牍人分掌扑责，肌裂皮开，严守看管，侮辱难形，因民稍涉抑阻，遂至"漫令尽诛"，致"编氓"于法网，纵"饿隶"以横行，民等"鸡肋"难支，"蝉寒"乏清，代民请命，免致法机，合无仰恳钧署电核倚准派员前诣河渠，查勘水源支流，免致歧异，尚冀"设施"水程，"维护"正供，祛彼私心，仰谋公益，并祈饬将该区长等威福擅权，稍示抑制，以期绥谧地方，而延残余民息，应疾核示遵行！谨呈甘肃省第七区专员公署。

　　酒泉县第四区半坡村民众代表：潘文龙（指印）张治元（指印）潘文千（指印）
　　　　　　　　　　　　　　　董元章（指印）张同元（指印）潘文成（指印）
　　　　　　　　　　　　　　　李文炳（指印）陈加守（指印）张新元（指印）
　　　　　　　　　　　　　　　潘明海（指印）张万业（指印）潘明保（指印）
　　　　　　　　　　　　　　　张恒元（指印）景玉连（指印）张和中（指印）
　　　　　　　　　　　　　　　李彦春（指印）潘明伦（指印）王　元（指印）
　　　　　　　　　　　　　　　王　瑞（指印）潘明生（指印）李法春（指印）

　　　　　　　　　　　　　　　　　　　　　　中华民国廿七年九月十五日

138—2. 甘肃省政府就酒泉民众潘文龙等
请派员解决水利纠纷给第七区专署的训令

　　　　1938 年 9 月 28 日　　　酒历 1—705

甘肃省政府训令建二申字第 1888 号

令第七区行政督察专员公署：

案据酒泉县第四区半坡村民众潘文龙等"呈以陈耀祖等另开新渠妨害旧渠，区长偏袒擅权，请派员查勘"等情。除批示外，合行抄发原呈。令仰该署详细勘查妥慎办理具报。此令。

主席朱绍良（印）

建设厅厅长陈体诚（印）

中华民国二十七年九月二十八日

139. 酒泉县第四区清水村民众代表沈俊等请求准予开凿新渠给七区专员的呈文及七区专员的处理意见

1938 年 9 月 　　酒历 1—704

呈为呈请事：

窃查属村用丰乐川河水之水渠，系由西南流向东汇，在经过半坡村王金墩一段渠，成弓背形，沿坝全系沙漠，曩年行水，往往水小渗入沙漠，水大又将坝堤冲倒，以致有水不能浇地，受害实非浅鲜。近来又在该段坝之以北，修筑公路，如遇该段沙坝冲倒，下流即冲坏公路。种种不便，以故拟在该坝南另开新渠一段，系成直径，可省七八里地。此渠如果开成之后，第一能避去湾曲潜渗容易倒塌之旧坝，不致有水受旱之虑，并且能多浇数十石之地亩。第二不至冲坏公路，裨益甚多，于该村并无少害。前经将此情形呈报县府暨区署，嗣经区长饬令准其开凿，属村即派民夫前往开凿。不意有半坡村村长王元、户民张兴元、张万业等挑唆民众，率领一百余人各持大头榆棍前来阻挡，意在行凶。经水利员陈耀祖报告与区长，经区长饬差将张兴元等传问拘押，才未闹起巨祸。查半坡村阻止属村开凿新渠，并无其他理由，意在旧坝容易偷用属村之水，希图损人利己，不讲公德已极。为此恳请钧座电鉴做主核办，准予属村在所拟地点开凿新渠，以利水程，而免潦旱实为公便。谨呈甘肃省第七区行政督察专员曹。

酒泉县第四区清水村民众代表：沈　俊（印）　　岳元龄（印）　　陈耀祖（印）

杨希元（指印）杨峻年（印）　薛天喜（指印）

张希学（指印）杨清学（印）　陈大伦（印）

吕振泗（指印）岳赐龄（指印）杨希成（指印）

杨昶年（指印）薛天印（指印）

中华民国二十七年九月

处理意见：

原具呈人酒泉清水村民沈俊等，呈一件"呈请准予属村在所拟地点开凿新渠由"呈悉。查此案业经本署派员会同酒泉县府委员前往查勘，据称仍应修理旧渠，除令酒泉县长督催民夫兴修外，仰即知照。此批。

140. 甘肃省政府就酒泉县半坡村民王元等再次呈诉清水村沈俊等强行开渠给第七区公署的训令与第七区专员的处理意见

1938 年 10 月 6 日　　酒历 1—705

甘肃省政府训令建二酉字第 1967 号

令第七区行政督察专员公署：

　　案据酒泉县第四区半坡村民王元等"呈为清水村沈俊等强行开渠扰乱水线再陈劣迹乞核办"等情。查此案前据该民等呈诉到府，业经令行该署查勘核办在案，兹据前请除批示外合再抄发原呈，令仰迅速办理，具报以凭案夺。此令。

主席朱绍良（印）
民政厅厅长施奎龄（印）
建设厅厅长陈体诚（印）

处理意见：

　　查此案业经呈报在案，此件暂存。

十月六日

141. 甘肃省第七区就酒泉县第四区半坡村民董元章等呈诉沈俊另开新渠给酒泉县长的训令与七区专员的处理意见

1938 年 10 月 13 日　　酒历 1—705

甘肃省第七区训令专酉字第三〇五号

令酒泉县县长：

　　案查该县第四区半坡村民众代表董元章等呈诉沈俊等节外生枝另挖新渠一案，当由本署派员会同该县委员前往彻查在案，兹据呈复称"入原呈"等情。据此，查该委员所拟修理旧渠，不开新渠各节，尚属妥善，仰即转饬遵照，并督促此该村民对于旧渠赶速兴修为要。此令。

中华民国廿七年十月十三日

处理意见：

　　原具呈人酒泉第四区半坡村民众代表王元等，呈二件"呈诉沈俊等节外生枝另挖新渠请彻查旧究办由"二呈钧悉。查此案业经本署派员会同酒泉县府委员前往查勘，据称开挖新渠，于田地有损，仍应修理旧渠等语，除令酒泉县长督催民夫，赶速兴修外，仰即知照。此批。

142. 甘肃省第七区关于查勘酒泉县半坡村民众控诉清水村民众擅开新渠妨害水利事给甘肃省政府的代电

1938 年 10 月 20 日 酒历 1—705

甘肃省第七区专酉字第一五二号

甘肃省政府主席朱钧鉴：

案奉钧府建二申字第一八八八号训令内开"案据酒泉县第四区半坡村民众潘文龙等呈陈耀祖等另开新渠妨害旧渠区长偏袒擅权请派员查勘等情，除批示外，合行抄发原呈，令仰该署详细勘查，妥慎办理具报。此令"等因，计抄原呈一件，奉此查此案业前据该民等呈请到署，当即派员会同酒泉县府委员前往查勘，旋据报称"查旧日水渠堤坝年久失修，水流漫无限制，渗耗甚大，故沈俊等有提倡另开新渠之议。但另开新渠，损失半坡村田地甚大，仍应将旧渠加以疏浚，建筑堤坝，则工程小而纠纷少"等语。当以查复各情，尚属妥善，业经令饬酒泉县长督催半坡村民夫协助兴修在案，奉令前因，理合将处理本案情形，具文呈报，鉴核备查。谨呈甘肃省政府主席朱。

第七区行政督察专员曹启文
中华民国二十七年十月廿日

143. 酒泉县长就派员调查清水半坡两村水利纠纷给七区专员的代电

1938 年 10 月 24 日 酒历 1—705

案奉钧署专一申字第二六九号训令开"案据酒泉县第四区半坡村民众代表董元章等二十一名呈诉沈俊等节外生枝另挖新坝一案是否属实，除派员并批示外，合行抄发原呈，令仰该县长遵照派员会同撤查究办，并将办理情形会报为要此令"等因，计抄发原呈一件。奉此遵即令委职县秘书韩景福会同专署委员宁发第前往该区详细查勘具复。兹据报告调查情形分细如下：

（一）清水旧有河道绕半坡村北部，与新计划之渠恰似一弓背，新渠恰似弓弦。该旧河道因年久失修有一里许沙石淤积，使水困难。惟该新渠直径仅约三里，而旧渠直径仅约五里，而沙石淤积之处，则仅里许。以开新渠三里工程与修旧渠里许工程相较，悬殊甚大，似以旧渠为宜。

（二）旧水渠之所以淤积，实因年久未修，且仅北面有一河堤，南面则无。过去已冲坏许多良田。若稍加修理即成好河，而新渠则上段系利用半坡村使水小沟，两岸均系良田；若一开成大渠，不论现在要占用两岸田地，即将来冲没之虞亦在所不免。清水民众则谓伊等情愿将新渠两岸以石砌成，然工程浩大，殊非易事，且下段要利用已废汽车路一段，事前并未呈准县府。因该区区长袁世英之冒然指令，即欲开渠，实属非是。

（三）清水村因开新渠与半坡村之冲突已成绝对的。若开新渠则不为无清水民众无益，且纠纷时起，殊非所宜；若开新渠，对清水之利益小，而对半坡之祸患大，此半坡民众之所焦虑而不能退让者。据该半坡村民众请求，若清水修理旧河，该村情愿出夫帮助。根据以上各情，职拟请令饬清水民众无须令开新渠，速即设法修理旧渠，并令半坡民众出夫帮助，则纠纷自解，而两村民众亦两有裨益等情前来，理合将该员查得情形，具文呈报专员电鉴核夺只遵。谨呈甘肃省第七区行政督察专员曹。

代理酒泉县县长凌子惟（印）

中华民国二十七年十月二十四日

144. 第七区专署委员宁发第关于酒泉县第四区半坡村王元等控诉清水村民强行开渠给七区专员的代电

1938 年 10 月　　酒历 1—704

第七区专署第 363 号

案奉专座发下酒泉县第四区半坡村公民王元等呈诉清水村民强行开渠扰乱水线一案，职当时会同县府委员辑介亭，遵即前往清水村召集当地民众相询。据该村民岳生龄口称，旧有水道因被细砂淤塞，水行迟缓，远路又远，不能多溉田地，并与公路有碍等语。据半坡村民王元等口称，旧日水道因清水村民多不修理虽有淤塞渗透情形，但放水时多与该村六个时辰，与公路亦无妨碍等语。职次日会同清水村民杨某等先生往旧日水道查勘，次查新渠。

（1）查旧日水渠似一弓背形，只有渠道北面筑有小堤，渠道南面并未筑坝，多未修理，听其横流，漫无限制，故旧道多被细砂填满。渠道南面，据该地人谓昔日亦系良田，因水道未修，现成一片砂滩。盖公路在水渠北面，距公路尚有里许。

（2）查未开渠道似一弓弦形，旧虽有一小沟，系半坡村民溉田水道，沟两面均系良田。设从新开渠两面田地奉非受损失不可。职拟令清水村民原将旧有水渠加以疏浚，渠道两面建筑高堤，并令半坡村民协助修理。于公路于人民两得其便。况所修之旧道约有三里路程，所费工程亦不多大。因第四区区长袁世英处置□□然指令开渠以致纠纷顿起。

所有查勘经过情形理合具文呈请钧座电鉴核夺。谨呈甘肃省第七区行政督察专员曹。

附呈原指令一件、切结一纸、诉呈一纸。^①

职宁发第（印）韩介建（印）

中华民国二十七年十月

二、酒泉县洪水河坝上三坝与下四闸
龙口位置争议案（洪水河流域）

145. 酒泉县第三区洪水坝上三坝民众请求澈查下四闸
紊乱水规事给七区专员的呈文及七区专员处理意见

1940 年 5 月 22 日　　酒历 1—554

为呈请紊乱水规，欺压民众，率伙凶殴，强权夺理。迫叩专员电鉴，俯赐派员会同县府勘查，维持水规，遵章开口，以儆紊乱水规而救众民生命事：

窃查第二区洪水坝河，系分下四闸、上三坝两坝。计下四闸纳粮八百石，上三坝纳粮七百石。早年两坝分水坝口，遵依规定，自东崖至西崖作为两坝安口活地。水流东崖，次年修干坝时，即近东崖平坦处安立两坝水口仍远东崖一丈五尺；水流西崖，次年修干坝时，即近西崖安立两坝水口，亦远西崖一丈五尺。惟许东西挪动，不许于龙洞上下更移，每年修干坝时，多用石笼，照依旧定丈尺，各在龙口镶帮砌底，一律平固。每年修坝，遵例彼此公平开口，相传至今，毫无紊乱水规情事。

去年委任吴镇抚为下四闸水利之责。接办以来，欺压卑坝粮少民弱，修坝之时，不遵龙洞安口地址，将卑坝口任由该水利指定高坦地址，使水不能畅流，以致卑坝各沟受其干旱，庄农歉收，受害非浅。本年立夏之前，卑坝民众公议按照旧规开修坝口，以免水不畅流，致误农业。讵料该水利吴镇抚以恶霸行为，欺压卑坝民众，强权夺理，紊乱水规，不准卑坝遵依旧规开修坝口，仍以高坦地址强迫修坝。不但开挖耗费民工，而且水不畅流。现该坝断绝卑坝坝形，由伊改为水道，一坝两口。本坝受害，伊坝得利，全不思水规重政，曷敢任意紊乱？民众等伏思水源为民众命脉，何能任其欺压？因以水源与命脉相依，本年经众计议，拒绝压迫行为，遵规守例，以适当地点修开坝口，使水畅流，民众生活始有依赖，而且增加农民生产，对抗战亦有利益。讵料该水利吴镇抚利己损人，不遵水规，强乱水规，率领凶徒恶党，各执棍棒，如虎似狼，将卑坝民夫横行毒打，不准另行开口。以此紊乱水规，谋绝水源，欺压民众，逼迫强为，实属非法至极。况查现在政府命令应当如何提倡水程，尽量振兴水利，使水畅流，不致干旱，增加农民生产，藉助抗战力量，公令非常热心振作，该水利吴镇抚紊乱水规，欲绝民生，

---

① 编者按：原案卷未见所附指令、切结、诉呈。

违反政令，实难含忍。出于水程为民众生命攸关，压迫无奈。理合联名具文呈请仰祈专员电鉴，俯赐派员会同县府勘查，维持水规，依照旧例公平开口分水，永远遵守。以儆紊乱水规谋绝水源，而救民众生命。则卑坝民众永沾感恩德万代不忘矣！谨呈甘肃省第七区行政督察专员曹。

酒泉县第二区洪水坝上三坝民众代表：赵正明（指印）白永年（指印）
郎兴发（指印）罗隆国（指印）
张发本（指印）卢登海（印）
张学文（印）　于科林（印）
程义九（印）　闫瑞廷（印）
王焕章（指印）赵玉庭（指印）
冯宗林（指印）茹其信（印）
茹其汉（印）　杜生金（押）
段福先（押）　茹大昇（指印）
王栋生（指印）刘汉基（指印）
张俊德（指印）辛建寅（押）
刘凤山（印）　卢双先（押）
景　元（印）　盛应洪（印）
罗禄云（指印）
中华民国二十九年五月

处理意见：

本案纠葛，全在龙口安置之位置，前经逊清乾隆五十七年七月十八日判处有案，时虽经二百余年之久，若地势无绝对变更，自不应率尔更动，致乱旧规。着派本署第一科科长会同县府即日前往勘查，绘具图说，呈候核夺专批。

曹启文
五月二十二日

146. 酒泉县第三区洪水坝上三坝民众代表罗隆国等控诉下四闸藐视公令绝填坝道给七区专员的呈文及七区专员处理意见

1940 年 5 月　　酒历 1—554

酒泉县政府第 104 号

呈为呈请藐视公令，绝填坝道，依恶欺压，强绝民生，迫叩专员电鉴，维持法令，俯赐派员会同县府莅坝监视，开挖判修坝口，以儆藐视公令紊乱水坝而就众民生命事：

窃查卑坝前以"下四闸土豪水利吴镇抚紊乱水规，欺压民众，率众行凶，谋绝水规，祈请派员勘查，平均开口以维水规各情形"呈报在案。幸蒙钧署派员莅坝勘查，理宜按照水规成案开口，该下四闸土豪恶霸等拒绝公令，抗不遵行。复经专员以平允办法判开坝口，两坝各无损害，该下四闸民众当面应允开坝。民等因以水源为民众命脉，当时水未上地，一苗未浇，暂顾权宜之急，遵依修挖坝口，费用民工一千余名。开挖之际，适钧署委员回署报告勘判情形，忽该恶霸水利吴镇抚依钱仗势，惑乱众心，阳奉阴违，藐视法令，嗾使该坝民夫各持榆棍将判修坝口填塞，虚耗民工、强绝水源，致误民生，实属胆大妄为而藐法至极。现在该下四闸水源畅流，禾苗全浇。卑坝不能开口，点水未见，禾苗立有枯旱之虞，若不呈请依法严制开口，使水源断绝，民生无望。本年卑坝禾苗非受枯旱，民众立绝生命之路，将有交器废农之虑。民众等出于压迫无奈，众命攸关，只得具文叩乞专员电鉴，维持法令，俯赐派员会同县府莅坝监视开挖判修坝口，以儆藐视公令紊乱水规，而救民众生命。则卑坝民众有生之路同感恩德万代矣！谨呈甘肃省第七区行政督察专员曹。

酒泉县第二区洪水坝上三坝民众代表：罗隆国（指印）白永年（指印）

卢登海（指印）于同源（指印）

段福先（指印）景　元（指印）

茹其信（指印）茹其汉（印）

郎兴发（指印）柴兴泰（指印）

鲁双先（印）　茹大昇（指印）

孔学义（指印）盛福有（指印）

赵玉庭（指印）张发本（指印）

张松林（指印）郎如财（指印）

中华民国二十九年五月

147. 酒泉县第二区洪水坝下四闸民众请求 惩办上三闸刁悍土劣给七区专员的呈文

1940 年 6 月 19 日　　酒历 1—554

甘肃省第七区行政专署第 120 号

为呈请惩办刁悍土劣妨害水利抗不遵命事：

窃因酒泉县第二区洪水大坝上三闸少数无知愚盲妄动纠纷，藉决水口寻衅滋事昧理诬控，曾经下四闸民众将该闸滋事情形，呈请钧座查究按粮公定水口已蒙委员澈查，按河流形势指定双方便利之处开口。该闸土劣特人多势众故意滋事不遵，一味藐玩公令、欺凌民等。伊等竟集结民夫七八百名汹汹欲动武，恶言狂继骂民等，纵行数人畏祸忍辱惟命是遵。该闸土劣卢双先、闫明善、张兆林、罗禄云、罗隆国、赵其仁、白鹤年、程千、于同元等极欲喝众殴拉民等，伊等轰动一时，情甚危险。民等惟求依公理仍循河道中心开挖，按粮规定水口至平最公，伊等以不遂私愿坚决违抗，以无力开挖，宿意妨害下四闸。该等取水口藉词无力何以集夫滋事摊钱兴讼，而竟有伏祈专员钧鉴，详情惩究仍以河道中心，按粮开口，而维成例以儆妄争而垂永久。谨呈甘肃省第七区行政督察专员曹。

酒泉县第二区洪水坝下四闸民众代表：田生科（印）程习学（印）

冯攀桂（印）郑　怀（印）

张千伦（印）马明中（印）

闫叔基（印）程　祥（印）

夏正贤（印）刘汉栋（印）

程　洙（印）王国仁（印）

张鹤年（印）

中华民国二十九年六月十九日

处理意见：

　　准予派查勘后，再行核办。

启文

六月廿日

148. 酒泉县第二区洪水上三坝民众控诉下四闸土劣藐视公令给七区专员的呈文及七区专员处理意见

1940 年 6 月 20 日　　酒历 1—554

酒泉县政府第 119 号

呈为呈请紊乱水规凶戏法令依众欺寡屡塞坝口，迫叩专员电鉴维持法令，执法如山，惩治土劣，以免屡次藐法填坝而重水程要案事：

　　窃查卑坝呈控下四闸水利吴镇抚紊乱水规，纠众塞坝各情，一再呈报在案。初蒙钧署派员按例开口分水，该下四闸土豪等藐视公令，强绝水源；复蒙钧署派委陈科长会同县政府仇科长亲莅卑坝勘查，按照水规成案，应近东崖一丈五尺为安立两坝坝口地址。该下四闸势大民广，欺压卑坝民众，强迫近东崖两丈有余安立坝口，卑坝民众以水源与众命相连，忍让吞声，权为应允，当同委员开口；讵料水将入坝，流未数日，忽该下四闸土豪刘汉栋、张永德、张千伦、郑怀、于鸿林、程希学、马兴基、田生科、马明中、田生德、闫叔基、冯兴元、程祥、冯进义、夏正先、马世珠、程珠、赵殿抚、王国仁、张国兴、张鹤年等纠合民夫千余人，各执榆棍，恶气汹汹，横筑石坝堵截水源，并用石堵塞卑坝坝口数尺，且将卑坝长夫程千拉辱。近日水源全入该坝。似此违抗公令，一再填塞坝口，视法令如儿戏，欺压卑坝民众，致误民生，天理何在，法令何容？欺迫无法，正欲匍匐来案喊控之际，忽该土豪等督率民夫，愈将卑坝口高筑堵塞，点水不流。查该下四闸水源自三月间畅流至今，禾苗全浇。卑坝蒙委员两次监视开口，水流数日即被堵塞，现在禾苗枯旱在地，目观显然。该坝屡次违抗命令，堵塞水源，禾苗枯旱，致使本年庄农无望，报灾事轻，现在差款何力应付，而且众民生命愈无望矣！欺迫民众等生计无路，国赋无着，只得再恳我专员电鉴，维持法令，执法如山，惩治恶劣土豪，整理水案，以救卑坝众民生命。倘若法令不能制止，则卑坝民众非废弃农业，祈请发给路证，逃荒乞食，顾全生命不可！倘蒙恩准，严惩恶劣，速行裁定，维护水规成案，卑坝民众有生之日，则感恩德万代不朽矣。谨呈甘肃省第七区行政督察专员曹。

　　　　　　　　酒泉县第二区洪水上三坝民众代表：赵正明（印）卢登海（印）
　　　　　　　　　　　　　　　　　　　　　　　罗隆国（印）郎兴发（印）
　　　　　　　　　　　　　　　　　　　　　　　于同元（印）卢双先（印）
　　　　　　　　　　　　　　　　　　　　　　　白永年（印）狄三刚（印）
　　　　　　　　　　　　　　　　　　　　　　　张发本（印）张克贵（印）
　　　　　　　　　　　　　　　　　　　　　　　赵玉庭（印）张松林（印）
　　　　　　　　　　　　　　　　　　　　　　中华民国二十九年六月

处理意见：

　　准予派员勘查，再行核夺。

　　　　　　　　　　　　　　　　　　　　　　　　　　　　　启文
　　　　　　　　　　　　　　　　　　　　　　　　　　　　　六月廿日

149. 酒泉县二区上三闸民众请求法办张永德扰乱水规事给七区专员的呈文及七区专员处理意见

　　　　　　1940 年 6 月 23 日　　　酒历 1—554

甘肃省政府第 126 号

呈为故违功令蓄意扰乱水规而害民命恳祈依法严惩而做刁玩事：

　　窃查洪水河上三闸与下四闸水规，因往年叠起纠纷立有铁案，前已呈阅，迄今百余年未尝稍逾。不意去岁吴镇抚充当水利员以来，因伊系下四闸民，处处偏袒，阴嗾张永德等故意破坏历年水规，不按定例，任意移置水口，致上三闸水渠无法引水。前经县府及钧署派员履勘数次，最后经程科长与仇秘书亲莅河口监开水口，始获解决此案。孰意上三闸水渠流水甫经旬余，而张永德等手持木棒，又复率领民夫千余，不遵功令，仍将监开水口填塞，流水尽涸；且将上三闸看水民夫路存智、鲁应管等捕捉，不打不骂将肾部阴毛拔尽而放归。其野蛮残忍诚非邻村所应有；且吴水利前曾扬言于人曰，自吾充水利移置水口后，欲上三闸得能灌溉，除非洪水暴发，否则勿其妄想。其自豪蓄害之言，人所共闻，非民等故造耸听。其有意扰乱，故违功令之态度可见一班。再查自入春以来，下四闸张永得等捣乱水规已有三次，其间伊等乘机多灌溉二十余日；现在所有下四闸田地均皆遍浇二次，而上三闸一次尚未完全遍浇，田苗多数枯死，非民等故为虚言，请派员履勘及观现在田禾状况。即当知其详情。值此天年亢旱水命相连之际，二十余日之损失，何堪胜言。当此次张永得等将上三闸水口闭塞之后，民等即进城呈报钧座，蒙派黄区长前往调查。而该张永得闻讯，复星夜遣人将所填河口取开，蒙混委员，希避罪名。然分水渠坝之不按规定尺寸及现在大量流水仍在下四闸渠之事实尚在，稍具慧眼，岂能蒙混？现在民等用水如命，而该张永得等一再故生事端，乘机渔利，致上三闸民命如儿戏，视政府功令如鸿毛。如不严惩则政府之威信何在？保障民权何有？素我专座爱民如子执法如山，凡有不平，莫不秉公处理，令张永得等如此蛮横刁玩播弄政府欺侮民等捣乱水规、屡抗功令实属成何事体。伏恳立予惩处以救民命而奠水规，则不胜迫切待命之至。谨呈甘肃省第七区行政督察专员曹。

原呈人酒泉县二区上三闸民众：赵其仁（指印）卢登海（印）

赵正明（指印）茹其翰（指印）

被告下四闸：郑　怀　张千伦　冯攀桂　程习学　田生科　夏百寿　于清林

张永得　尤存林　程习学　马明中　闫述基　程　祥　夏正贤

刘汉栋　夏百福　张国兴　张永德　赵殿福　王国仁　张鹤年

民国二十九年六月二十二日

处理意见：

将该被告等一律传询严惩。

启文

六月廿三日

150. 酒泉祥盛店具关于担保因水案纠纷被押的张永德给第七区专员的保状及七区专员的处理意见

1940 年 7 月 10 日　酒历 1—694

保状：

谨呈保状人酒泉祥盛店保得张永德为水案纠纷被押，恳祈钧座电情释放。若有逃避行为，自保证负完全责任。所具保状是实。谨呈第七区行政督察专员曹。

具状人：酒泉祥盛店记（印）

中华民国二十九年七月十日

处理意见：

准予保释，但不得再行滋事。如犯，即加重惩办。附誊。

启文

七月十一日

151. 酒泉县政府关于请派员前往洪水坝处理上三下四两闸水口给七区专署的呈文及七区专员处理意见

1941 年 4 月 15 日　　酒历 1—554

酒泉县政府酒建卯字第 42 号

　　查洪水坝上三下四、两闸水口纠纷尚未结案，本府为息事宁人起见，兹定于本月二十日上午八时协同有关机关前往该坝分水闸口秉公勘定。除分别饬知遵照，外理合呈请钧署派员协同处理实为公便。谨呈甘肃省第七区行政督察专员曹。

代理酒泉县县长郭柏（印）

中华民国三十年四月十五日

处理意见：

　　派程科长前往协同办理。

四月十七日

三、酒泉县黄草四坝民众成立水程合作社并以所欠水程麦子捐献青年团案（讨赖河干流）

152. 甘肃省第七区公署干部陈琇关于处理黄草四坝户民王廷诰控诉王清等强摊水程麦子并捐献青年团事给七区专员的呈文及七区专员处理意见[①]

1942 年 2 月 2 日　　酒历 1—571

　　……案经传询两造，该坝昔年水利由村长兼办，三十年公举，被告王清为水利议……，每石……摊小麦一斗三升为经费。嗣因欠驻军草价二百元及为水规在法院及县府打官司……花费，每石粮加收四升。该坝共粮八十石，应摊小麦一十三石六斗，除已收到七石三斗，归还为打官司借杨姓小麦三石加利一石五斗，并办水利开支二石五斗外，下余王清等头前数人应出之四石五斗，扣作自己酬资并未交出，而原告王廷诰等四人应出之一石八斗。以事前不知为何不肯交纳，王清等仍将此麦报于青年团作为献金。该团已转酒泉县府催交。王廷诰等又呈禀本署，此乃本案前后情形。综观各项事实，该王清如果将王廷诰等欠粮收齐，无非作为自身酬资，未必以小麦一石八斗慷慨献金。若能连同自身及头人等应出之四石五斗，完全献出方为真正爱国。今将自身现粮自扣他人欠粮现金，显系肥己，不足藉公泄愤沽名。如何办理之处，签请核示。

职陈琇（印）

二月二日

---

①　编者按：原文件甚残破，前部不全，纸面颇有蛀洞，本段中皆以省略号代替。

处理意见：

应令其完全交出，除王廷诰粮交青团外，余粮交署以作振济贫民之用。

二月三日

153. 酒泉县西南乡黄草四户民王清
给七区专员的辩诉及七区专员处理意见

1942 年 2 月 5 日

1942 年 2 月 5 日　　　酒历 1—571

酒泉县政府第 138 号

具辩诉人酒泉县西南乡黄草四户民王清伏乞钧座鉴核为辩诉王廷诰破坏水程、妨害民众，请求澈底讯判，以儆破坏而维水程：

事情因卑沟位在本坝下游，历年以来屡受上沟堵截之旱，乃依天气炎热，河水旱发受旱轻微忍耐而过。兹因本年称为亢旱之年，由上沟人民不依水规任意截浇。酷旱卑沟地内生烟，民众情急，联合商议设立水利，合作讨论确定，当即呈请乡公所许可。在案后民众齐集公所，推民为水利常务员之责，与众户代表交涉水程以免来年受人堵截之害，公议每石粮应摊公费小麦一斗三升，约定秋后由村甲长经收。以上所议各事，当时笔录在册；至秋后村甲长只顾催办买粮，不顾此项，复经众户兼收，由先生登帐或收或支，民毫未经手。查王廷诰身负保长，不但此事不同之商议，即就些小事，无不邀到。而今昧食前言，控民私摊私收，蒙蔽钧座，堂讯断令民退出小麦若干，民实难担负，理合据情辩呈专员电情作主，详细讯办以免破坏水程而维地方旱灾实为德便。谨呈甘肃省第七区行政督察专员曹。

具辩诉人：王清（印）

中华民国三十一年二月五日

处理意见：

查案汇办，如果出自议并有利水业，即免予追缴。

启文

二月六日

154. 黄草四坝户民萧永泰等控诉王廷诰等欠交水程麦子并诬告
水利常务员王清事给七区专员的呈文及七区专员处理意见

1942 年 2 月　　　酒历 1—571

酒泉县政府第 125 号

为呈请诬控名誉扰乱水规事：

缘因敝沟下流田地照例原有水利员办理，至十六年改组村甲后由村甲代办。每年水程缺乏，灌溉不足。因本年夏季挨水之时，点水不见，村甲公事甚忙，以致禾苗亢旱，众户自动集合公所商议数次，设立水程办法，公议筹办水程麦子每石粮一斗三升，以作办公费及办水人员薪水暨修理渠坝公杂费，议决通过以后，推举王清、吴良栋等七人办理，方为浇灌禾苗。发生有本沟恶豪王廷诰、张发科、马占喜等反以声称私摊款项，勾串富户数人，咬乱水规，情出无奈，呈请将欠麦献于青年团。该恶不但不出服务人员，受人诬告，情理难容，理合据情呈明行政公署作主，俯准澈底根究，以敷政□□而免众户，窃允批示施行。谨呈第七区行政专员曹。

众户民：萧永泰（印）王　璮（印）　田兆洪（指印）闵有成（印）
　　　　朱廷禄（印）王　增（印）　庞兆乾（指印）李滋源（指印）
　　　　张宗义（印）张思论（指印）景汉忠（印）　吴希俊（印）
　　　　吴　钧（印）吴正有（印）　王应铭（印）　辛盛祖（指印）
　　　　张廷义（印）韩玉秀（印）　张　科（印）

中华民国三十一年二月

处理意见：

准予汇案办理。

启文
二月五日

155. 酒泉西南乡张思论等控诉王廷诰等欠交水程麦子并诬告水利常务员王清事给七区专员的呈文及七区专员处理意见

1942 年 2 月 6 日　　酒历 1—571

酒泉县政府第 142 号

具呈请人酒泉县西南乡黄草四民众吴钧、萧永泰、闵有成、王增等伏乞钧座鉴核敬呈者为破坏水程妨害地方，请求传案秉公讯断以儆刁狡而免亢旱：

事情因卑沟之口位在本坝下游，今年以来屡受上游各沟截浇之害，蒙天庇佑，山水早发，受旱轻微忍耐而过。藉因本年亢旱较往尤甚，被上沟不遵水规，任意堵灌，致之卑沟田内酷旱生焰，民众情急联合讨论设立水利合作，决议确定具文呈请乡公所许可。在誊之后，民众齐集公所商议。人众为散柴不便交涉，推举王清为水利常务员之责，代表办理水程。筹划公费每石粮摊小麦一斗三升，议定秋后由村甲长经收。而因秋后甲长催办买粮，不顾管理此项。经由民众经收，先生登帐。该王清毫未染手，而况上项之事均笔录册簿。今该王廷诰如此破坏妨害水程，办理不能进行，不但本年受其旱灾，而且来年定无浇灌之水，所有之地亦不能养家。再查王廷诰地广粮多，身负保长提议之时，屡在当场尚有笔录。今以摊麦不给，串通铁生禄、张发科四人控诉王清扰乱水程，民众实无命矣。理合呈请专员电情作主，详细究办，以儆捣乱而维水程，并免王清诬受拖累，实为得便。谨呈甘肃省第七区行政督察专员曹。

具呈请人：张思论（印）　萧永泰（印）　吴　钧（印）　闵有成（印）
　　　　　王应中（指印）王应明（指印）王　增（指印）张廷义（印）
　　　　　景汉忠（印）　吴希云（指印）庞兆乾（指印）吴正有（指印）
　　　　　李子源（指印）吴希俊（指印）张宗义（指印）辛绳祖（指印）
　　　　　朱廷禄（指印）张玉秀（指印）曹延义（指印）

中华民国三十一年二月

处理意见：

汇前案办本案似乎出自众愿，且能兴修水利，所用之麦既然取之于民用之于民，应免追仍饬共照旧办理。

启文

二月六日

156. 酒泉县政府为三民主义青年团酒泉分团函请征收王廷诰抗欠水程麦一案应如何办理给七区专员的呈文及专员处理意见

1942 年 2 月 8 日　　　酒历 1—571

酒泉县政府酒建丑字第 27 号

案准三民主义青年团甘肃支团酒泉分团部青酒宣字第壹号函开"顷据酒泉县西南乡黄草四农民王清等呈称'窃缘卑沟居于下游，近年以来屡受上沟扰乱水规之影响。民等于本年夏季齐集公所，提设立水程合作社一处，推定六人办理。当时纪录筹划需用薪费每石粮依按一斗五升摊收，各自情愿署名盖章；除夏季与上沟兴讼费用小麦若干，除收获外尚有户民马占喜等地广粮多、多灌水时成收庄农，陡起奸心，挺抗筹项，妨害办理水程必要。[①]民等伏思，若不将此筹项献公，被伊等扰乱公议妨碍来年水程碍难承办，定受干旱影响。伏乞主任电鉴，准予饬役收讨以资补助公费而尽义务'等由，附呈水程合作社纪录一本、拖欠应缴薪费户民名单一份，准此查水程合作社为该乡农民自动设立之水利组织。

据报该马占喜等扰乱众议，妨害水规，拖欠应缴薪费。经本部调查确实政府应予合法维护，以树立民众自治精神。本部拟将此项拖欠薪费小麦壹石玖斗叁升五合，依数转汇河西学会，作河西学生奖学贷金基金，永为培育河西青年之用。兹将该王清等原呈水利合作社纪录及拖欠应缴薪费户民名单各一份，一并随函送上。即请贵府派员依数征齐，估价函送本部，以凭转汇实级公谊此致"等由准此，

---

① 编者按：档案原文如此，恐抄录原件时有淆乱之嫌。

正传讯间，据民人王廷诰、马占喜等呈称"情因王清诉民尚欠水程之麦捐助青年团，前经堂讯尚未结束。民等业已呈请专员公署当面吩咐，将该王清赈目查明，再为定夺伏思。民等被伊诬控，于理不合，只得声请钧府撤回原案，以资完结，实为德便。谨呈"等情前来查王廷诰等既称案经呈报钧署，审讯应否催收之处，理合具文呈请钧座鉴核指示，以便函覆该部实为公便。谨呈甘肃省第七区行政督察专员曹。

代理酒泉县县长郭柏（印）

秘书刘勋卿代行（印）

中华民国三十一年二月八日

处理意见：

　　本案已由本署询结，该县不必催收。

启文

二月十二日

157. 酒泉县西南乡第五村黄草四坝民众代表吴良栋等六人向七区专署请求整理水程以利民生事的呈文

1942 年 3 月 14 日　　酒历 1—571

酒泉县政府第 213 号

呈为整理水程以利民生事：

　　窃有酒泉县西南乡黄草四坝沟经数年前对与兴修水利浇灌感觉困难之极，考其缘故，是因该黄草坝沟口至尾相隔约二十里之远。倘逢年旱时期必起争斗，迫不得已在去岁四月间，业由民众会议表决推选王清等七人专门负责办理并呈请酒金水利委员会备案许可，所需经费及杂项等均在本沟受水之户筹摊，并有规定办法五条。而去岁王清等自任务以来，处处勤劳操持，对民众灌溉颇感重足。内有捣乱份子数人在内有意损害，而谋自私自利，所有一切办法毫无遵守，民众等无法推行坚固水利规则。覆恳专员鉴核作主，加委备案以坚全水规，实为恩便。谨将条例附呈。

　　一、建筑办法，在黄草坝上水北石河及下水黄英湖，以求水坝坚固。

　　二、需用物品苃苃五百斤、石条伍丈、木料约值价额国币捌佰伍拾元。

　　三、需款来源由受水人之户负担或由扰乱水规及不遵守条件酌量罚款亦可补助。

　　四、需用人夫及食粮亦从本沟受水之户负担。

　　谨呈第七区行政督察专员曹。

西南乡第五村黄草四坝民众代表：吴良栋（指印）闫有成（印）

萧永泰（指印）闫成义（印）

杨廷栋（指印）王壿（指印）

中华民国三十一年三月十四日

处理意见：

交转视察员会同县府建设科会勘监拟办理呈核。

三月十六日

158. 甘肃省第七区专员公署关于遵照拟定管理黄草四坝水利办法并派员负责管理的给酒泉县政府的训令

1942 年 4 月 15 日　　酒历 1—571

甘肃省第七区行政专署训令专一卯字第 94 号

案据西南乡第五村黄草四坝民众代表吴良栋等呈称"入原文"等情。据此，当即派员勘查。拟定单行办法六项，仰该县长遵照派员负责管理为要。此令。

附管理黄草坝水利单行办法一份①。

专员曹

中华民国三十一年四月十五日

159. 酒泉县西南黄草四坝户民王廷诰等上告王清损公肥私请求秉公判断的呈文

1942 年 6 月 26 日　　酒历 1—571

甘肃省政府第 84 号

具呈请人酒泉县西南黄草四坝户民王廷诰、马占喜等叩乞钧座鉴核敬呈者为私摊公粮暗中谋害，请求澈底调查秉公裁判，而维民生事：

情因民等入藉黄草坝务农为业，不敢多言是非，人所工知。兹因本年夏间正在浇灌田禾之际，乃有本村王清一不在农二不在公，藉以水程名目，不通民等知晓，私自摊派粮壹拾叁石六斗，仅与民等摊派粮一石八斗余；所摊之款不知作何用途，民等未曾而出指示不明，而该王清暗中谋害，是以挟怒，将民等之粮捐助青年团。经蒙县府票传民等遵命候讯，既或捐公何项之款，竟将私财捐助，岂能无故害人？于心难甘，惟有恳乞专员电鉴作主，准予传讯秉公判断而维民生。谨呈甘肃省第七区行政督察专员曹。

原呈人：王廷诰（印）马占喜（印）

铁生禄（印）张发科（印）

被告：王清 距城卅五里

中华民国三十一年六月二十六日

---

① 编者按：所附《黄草坝水利单行办法一份》未见。

处理意见：

交陈科长传讯，如属实依法处以贪污罪行。

启文

六月廿六

四、金塔徐公渠控诉酒泉新城坝
强堵渠口案（讨赖河干流）①

160. 边外新城坝户民王正统等六人关于控诉边里新城坝李柏华等
损坏坪口给七区专员的呈文及七区专员处理意见

1943 年 5 月　　酒历 1—226

具催呈边外新城坝户民王裕国、运庆余、王正统等为刁恶横行挺抗公令毁坪塞流逼坏民生，祈恩作烛奸查隐，准予严惩，以儆效尤而苏涸鲋事：

　　情因边里新城坝极恶李柏华，勾结该坝地痞郝光烈、张应选、张承祯等狼狈为奸，屡次损坏坪口，断绝小渠水脉，频经公断。讵意该土豪郝光显、姚光祖、李进芳刁唆阻挠，挺抗不遵，陷害敝渠数月之久，勺水未见，以致禾苗亢旱，枯槁无济，怒马心伤。现值国难孔殷，差徭繁巨。该恶故意蛊毒愚弄，不惟民生无望，即军食国赋亦将受其影响。民等抢地吁天，惶恐无措。似此怙恶不悛，横逆荼毒，视长官同草芥，轻国法如鸿毛。敝渠生命在伊掌握之中，民等几死无救，势不能待，自得陈词催促。伏乞钧鉴电怜作主，拯急济危，俯赐迅予提案质讯，保全民生以儆刁恶而苏涸鲋，则敝渠民等，沾鸿恩于无涯矣。谨呈甘肃省第七区行政督察专员刘。

边外新城坝徐公渠户民：王裕国（印）运庆余（印）孙芳庭（印）

王正统（印）任万观（印）运培柏（印）

中华民国三十二年五月

处理意见：

飘萍同志商冯县长办理。

刘亦常

161. 甘肃省七区公署关于酒泉县新城坝水利李柏华等
毁坪塞流仰澈查应予严惩具报给酒泉县政府的训令

1943 年 5 月 13 日　　酒历 1—226

甘肃省第七区行政督察专员公署训令专二辰字第二八九号

---

　　① 编者按：据具体案件来看，金塔徐公渠又名"边外新城坝"，酒泉新城坝又名"边里新城坝"。

□□□□□□：

案据金塔县署边外新城坝户民王裕国、孙芳庭、运庆余等呈称"入原文"等情，据此，所查金塔属边外，新城坝、徐公渠及酒泉之新城坝因水利纠纷，经依照成案决定解决办法，并派赵视察飘萍、刘科长廷鉾前往视察镶坪口。当时新城坝水利员责人员避匿不到，事后又复违反政府措施，毁坪塞流，殊属刁顽。仰将滋事首领查明从严惩处，并将办理情形具报为要。此令。

专员兼司令刘
中华民国三十二年五月十三日

162. 边外新城坝户民王裕国等关于控诉边里新城坝目无官长毁坪断流给七区专员的报告以及相关处理意见

1943 年 5 月 31 日　　酒历 1—226

呈为报告事：

窃查敝渠前被边里新城坝塞流毁坪、断绝水脉，以致禾苗亢旱枯槁无救。兹蒙钧座于五月二十八日二次派员监视镶坪，翌日上午九时镶讫开水至下午三时，不意该恶郝光显、李进芳强迫威逼，驱逐民众五六十人，复行损毁敝渠。民众与野麻湾上河首人同时善言解劝。内有凶徒孙进武、马尚德、王登云、孙锡张等巨石横击，不由分说，顷刻之间，坝毁殆尽。敝渠民众意欲拼命阻之，奈科长临行，谆谆嘱咐民等"如该民倘复刁横来毁，汝等以善言告之，弗听任伊所为"，民等自得凛遵。今该恶郝光显、李进芳频次唆恶为非，目无官长，若弗严加惩办，则小渠无遗类矣。情急势迫，自得冒死赘词，伏乞专员大人鉴核作主，依法严惩，以儆大恶而全民生，则小渠民等沾鸿恩于再造矣。谨呈甘肃省第七区行政督察专员刘。

具呈边外新城坝户民：王裕国（印）运庆余（印）孙芳庭（印）
张福智（印）任万观（印）运培柏（印）
中华民国三十二年五月三十一日

处理意见：

拟传新城坝滋事首领郝光烈、李进芳、张进武等迅究，如确系伊等所唆使，即依法严惩，可否请鉴核。请呈专座刘。

职赵飘萍谨签
六月一日

二科核议处意见尚可，应交冯县长处理。

刘亦常
六月二日

163. 酒泉县合作社联合社理事主席张培年关于担保 水案纠纷嫌疑人郝光烈给七区专员的保状

1943 年 6 月 3 日　　酒历 1—226

为承保事：

情因新城坝众民与徐公渠众民水案纠纷，嫌疑之间，该渠代表王裕国等遂将郝光烈呈控钧署，业经管押多日。查郝光烈担任酒泉县合作社联合社文书方面任务，现在县联合社准备积极推办煤炭生产业务。因伊在受法期间，欲待保释郝光烈出外清理手续。如郝光烈有传唤不到或避匿情形，培年愿负完全责任，用特出具保状敬请鉴核俯准，承保至沾德便。谨呈甘肃省第七区行政督察专员公署兼区保安司令刘。

酒泉县合作社联合社理事主席张培年（印）

中华民国三十二年六月

164. 酒泉县新城坝水利员高发荣与金塔县徐公渠 水利员李柏华等关于重定分水办法的合同

1943 年 6 月 7 日　　酒历 1—226

立写合同字据人酒泉县新城坝、金塔县徐公渠水利员李柏华、运庆余因水利纠纷涉讼一案，前于民国三十一年三月，间双方健讼，业将详细情形及经过事实分别呈请专署、县府主张公道，持平核办在案。迄今两载以来，彼此互争，尚未确实结果。揆诸情理，实于水利前途不无影响。兹于本年四月间，复因镶立坪口滋事生端，彼镶此毁，以致酿成骑虎之势。经外坝首领王懋亭、闫嘉有不忍坐视成败，邀集民众代表，双方讨论。为息事宁人起见，该徐公渠镶立坪口叁尺，新城坝镶立坪口壹丈肆尺；从古历四月初五日闭口起，计贰拾天至贰拾五日开口止，非经两方水利员到场监视，不能私行开放；再，每年修筑堤坝时期，该徐公渠水利与新城坝水利预先接头会商办理；每年徐公渠应出运输车壹辆，长夫看庙口粮，按旧市斗小麦两石五斗；如洪水爆发时，应出护坝长夫伍。各所有每年讨来河各项费用及南北龙王庙一切杂费，按坪口大小计算，平均分摊；惟修筑干坝人夫叁拾贰名、芨芨贰仟贰佰斤，应归徐公渠负担；胡麻荄应归新城坝负担，各持平均，以垂永久。其所立合同字据各执壹张，另抄壹张。呈请官庭备案，嗣后若有节外生枝，捣乱水规者，执纸鸣官，恐后无凭，立写合同字据，永远为柄。

酒泉县新城坝民众代表：高发荣（印）郝光烈（印）李进芳（印）

李柏华（印）郝以炘（印）郭举贤（印）

马维骥（印）曾学荣（印）高发达（印）

孙毓达（印） 梁成荫（印）杨文显（印）

姚绍玉（印） 任淮观（印）殷尚盈（指印）

孙芳庭（印）

金塔县徐公渠民众代表：运庆余（印） 王裕国（印）运培柏（印）

运播□（印） 任万观（印）王正统（印）

殷尚盈（指印）孙芳庭（印）张明智（指印）

合同解任：闫嘉有　王尚德

中华民国三十二年古历五月初六日

165. 酒泉县新城坝与金塔县徐公渠请求为新定分水合同 签盖印信给七区专员的呈文及七区专员处理意见

1943 年 6 月 8 日　　酒历 1—226

为呈请签盖印信以资备案事：

窃查金塔县徐公渠与酒泉县新城坝水利纠纷涉讼一案，迄今二载以来尚未结束。曾蒙钧座传讯，将新城坝水利员李柏华等管押在所，已将详细情形及经过事实分别呈明各在案。兹值两造民众痛改前非，当经别坝首领不忍坐视，邀集双方民众从中讨论，各皆悦服。除将撤消文件呈请钧署备查外，理合将订立合同字据各执一张，另抄一张，连同甘结一纸，一并具文呈请钧座鉴核备案，并祈签盖印信，以资遵守而垂久远，实为公德两便。谨呈甘肃省第七区行政督察专员刘。

酒泉县新城坝民众代表：李柏华（印）郭举贤（印）郝以炘（印）

金塔县徐公渠民众代表：运庆余（印） 王裕国（印）孙芳庭（印）

中华民国三十二年六月八日

处理意见：

合同准予盖印，以一张存卷，两张发交双方手执。

刘亦常

六月九日

166. 酒泉县新城坝与金塔县徐公渠民众请求撤销徐公渠 与新城坝水利诉讼案的呈文及七区专员处理意见

1943 年 6 月 7 日　　酒历 1—226

为呈请撤销以资备案而垂久远仰祈鉴核准予撤销备案以息健讼事：

窃查去岁三月间，徐公渠与新城坝水利涉讼一案，前将详细情形及经过事实，业已分别呈明各在案。迄今两载以来，彼此互争，尚未结束。揆之情理，实于水利前途大受影响。兹于本年四月间，复因镶立坪口滋事生端，彼也镶立一次，此也拆毁一次，以致酿成骑虎之势。曾蒙钧座电怜作主，维持公道，将新城坝水利员李柏华、郝光烈、张应选等羁押在所。该两造痛改前非，经外坝首领王懋亭、闫嘉有邀集民众代表，双方讨论为息事宁人起见，该徐公渠与新城坝情愿补助本年二次修坝材料、人夫费用国币五千元，以作损失之费，下不为例。再查徐公渠从古历四月初五日闭口起，计贰拾日至二十五日开口止。为开闭水口期限，双方悦服以息事争端，开坪之日，非经两方水利员到场监视，不能自行开口。至于新城坝镶立坪口壹丈四尺，徐公渠镶立坪口叁尺，所有每年讨来河各项费用及南北龙王庙一切杂费，按坪口大小计算，平均分摊。惟修筑渠坝人夫叁拾贰名、芨芨贰仟贰佰觔，应归徐公渠负担；胡麻荄应由新城坝负担，各持平允，以垂永久。兹将经过事实，理合具文呈请钧座鉴核备案，准予撤销，实为公德两便。谨呈甘肃省第七区行政督察专员刘。

酒泉县新城坝民众代表：郭举贤（印）　李进芳（印）　马维骥（印）
　　　　　　　　　　　孙毓庭（印）　郝以炘（指印）姚绍玉
　　　　　　　　　　　李柏华（印）　高发达（指印）曾学荣（印）
　　　　　　　　　　　孙锡璋（指印）曾发俊（指印）高发荣（印）
　　　　　　　　　　　任淮观（指印）梁承英（指印）杨文显（指印）
　　　　　　　　　　　郝光烈（印）

金塔县徐公渠民众代表：运庆余（印）　王裕国（印）　王正统（指印）
　　　　　　　　　　　任万观（印）　张明智（指印）孙芳庭（印）
　　　　　　　　　　　殷尚盈（指印）运培柏（印）　运扩久（印）
　　　　　　　　　　　运中统（指印）

中华民国三十二年六月七日

处理意见：

飘萍同志确查，令其双方签立字据，永远遵守。

刘亦常

六月八日

五、金塔王子庄六坝强堵金塔坝渠口案（讨赖河干流）

167. 金塔县政府关于处理王子庄六坝
与金塔坝水利纠纷处理的训令

日期不详　　酒历 3—2435

金塔县民字第□□号

查本县本年旱灾流行，夏禾歉收，民生凋蔽，情极可惨，目下所恃者，全以秋禾成收是赖，无如胡天不佑，沛霖无望，是则河水不惟不增，复又减少，以致秋苗亢旱，已将至极点。似此情形，我县人民生活将有不堪设想之虞。近日王子六坝人民以亢旱迫急，遂不顾大义，挺然将金塔坝水于分水坪全行堵闭，灌溉该六坝秋禾。旋经金塔坝人民诉呈到府，当即派员实地勘查，乃知王子六坝此所以如此私行封水者，实出于不得已而为之。本府自当予以免究，而金塔县人民亦应对此特别谅解，不可偏见横生，有意滋事。须知金塔县所有田禾固属干亢，然已灌溉亩数较王子六坝为多。揆诸情理，亦应将金塔坝水转让与王子六坝灌溉，以济燃眉。故于日昨由本府召集双方首人开会讨论结果，应由金塔坝为王子六坝分水七分，以资协济。当经推定本府建设科于科长会同王总水利员，克日前往分水坪按照议决，切实监督执行，免生纠葛。嗣后王子六坝由金塔坝分水七分，自应切实注意无论贫富之家，凡未经灌溉秋苗者，均得挨堤浇灌。至于麦茬荒地概不准随意浇灌。倘有恃势故违或有意捣乱者，一经查觉，定以妨害民生论处，决不宽贷。

县长阎

秘书柴代拆代行

168. 金塔县政府关于王子庄六坝民众火烧县府事给兰州当局的电报稿两封

日期不详　　酒历 3—2435

兰州：

　　本县王子六坝与金塔坝人民因分水起衅，迭经本府调处未果，近日王子坝将金塔坝水口全封，有意滋事，集众数百，连日闹府，并于微日在府内放火行凶，本府为自卫计，鸣枪弹压，现虽解围，闻王子坝仍继集众闹府，祈速示遵办，金塔柴庆丰代鱼叩。

兰州雷坛河 33 号之 2 阎县长：

　　本县水未发，王子坝连日聚众闹府，几经调处未果，兹六坝聚集众数百冲府放火行凶，当鸣枪弹压，现虽解围，闻该坝仍集众闹府，已电省请示，金塔末鱼叩。

169. 甘肃省政府关于金塔县王子庄六坝金塔坝因水利纠纷问题处理情形的电文

日期不详　　酒历 3—2435

甘肃省政府民字第□□号

　　查本县旱灾流行，夏禾歉收，民生凋蔽，情极可惨。近来河水增涨，王子六坝与金塔坝人民因分水浇灌秋禾，致起水利纠纷。经本府于七月廿一日召集金、王各坝水利开会讨论，结果应由金塔坝内水协济王子坝三分，以资补救，并由本府警佐会同各坝水利员，前往河口监督执行。惟以王子各坝渠远地弯，河水细流，不足浇灌，各水利员未呈明本府，竟于七月三十日率领民夫，挺然将金塔坝河口私行封闭，旋由金塔坝民众诉呈到府。经本府详查，而王子坝所以私行封堵金塔坝水口者，实出于亢旱急迫，不得已而为之。本府即予免究，复召集各坝民众代表开会讨论结果，以王子坝较金塔坝亢旱为甚，遂决议准将河水协济王子坝七分，金塔坝开三分，并由本府建设科长会同各坝代表于八月一日前往河口开水。讵料王子坝民众，不明大义，有意违抗，暗驱民夫百余人，堵霸河口，不让金塔坝开水。本府于次日又派军事科长前往河口执行，而王子坝水利员回避未到。即依照会议决案，给金塔坝开水三分。王子坝民众代表不遵议案，一闻金塔坝开水，即不情愿。遂驱民众万余人前来包围县府，有意滋闹。经当地各机关首领调解，并无效果。及至八月三日，民众来府者愈众，当日下午一时，竟大闹县府，放火行凶，经本府解劝，该民众非但不遵，反行暴动。本府观其情势阴险，揣有反动份子在内煽动，有意扰乱治安，当即派保安队弹压。查究结果，查获主动者三人，即行管押。次日，召集金王各坝民众代表及水利员三十余人开会讨论分水事宜，结果仍维持原案，应给金塔坝开水三分，并于八月六日由地方各机关首领会同各坝民众代表于上午七时前往河口执行。讵料八月五日晚，山水猛涨，各坝满流，全县民众均喜形于色，各坝皆不争执，水利纠纷遂得解决，所有捕获在押三人，拟由本署从严惩办后另文呈报。谨特电呈，伏祈备查。

县长阁

秘书柴代拆代行

六、其他案件

170—1. 酒泉县第五区五村水利于壮林等关于
请求派人查勘水利纠纷致七区专员的呈文

1938 年 6 月 26 日　　　酒历 1—703

具呈人酒泉县第五区五村水利于壮林、村长李学福，民众寇吉功、张兆林、监生玉、刘汉基、辛好儒、刘凤岐、冯兴彦、闫明善、张天义、卢存仁等叩恳专员鉴核作主，为霸塞坝口扰乱水规事：

　　缘因卑村坝口于六村水口相隔不远，近数年来浇灌田禾之时，各向坝口使用并无偷挖强夺等情，不料今岁天河流水甚少，至今卑村浇过者约有十分之三，多数田苗尚未见水，干旱在地，立候洪水暴发浇灌旱苗。忽于本月二十七日六村水利茹大昇、茹其义率领民夫将卑村坝口被石笼强塞逼干，实无饮鸟之水，全坝流水竟被六村挖去。现时该处各沟猛然大水流行，独霸浇灌。兹查六村应纳粮石于卑村均各相同，流水坝口各有规定，何能私已偷挖？卑村流水现时旱苗甚多巨，日每仰望天，日无法浇灌，民等焦思，不但本年粮款无力交纳，而且全村生命实难聊生，立刻外避之虑，理合具文呈请专员电鉴作主，恩准派员勘验惩办，以利水规而免扰乱施行，谨呈甘肃省第七区行政专员曹。

具呈酒泉第五区五村水利：于壮林（指印）村长：李学福（指印）

　　　　　寇吉功（指印）刘凤岐（指印）张兆林（指印）

　　　　　冯兴彦（指印）监生玉（指印）闫明善（指印）

　　　　　刘汉基（指印）张天义（指印）辛好儒（指印）

　　　　　卢存仁（指印）周存义（指印）杜生金（指印）

　　　　　王洪印（指印）王善统（指印）

　　　　　　　　被呈人：六村水利茹大昇　茹其义

　　　　　　　　　　证人：郑槐　刘汉英

　　　　　中华民国二十七年六月廿六日

170—2. 甘肃省七区公署关于派员查勘水利纠纷给酒泉县长的训令

　　　　　　　1938 年 6 月　　　酒历 1—703

七区专署专一巳字第一三九号

令酒泉县长凌子惟：

　　案据该县第二区第五村村民李学福水利于壮林等呈控第六村水利茹大昇、茹其义强塞坝口、独霸浇灌等情派员勘验惩办以利水规等情到署，除批示并派本署程科长乃善，前往勘查外，合行抄发原呈，令仰该县长，委派妥员，即日前往该坝，会同妥慎处理为要。此令。

　　　　　　　　　　　　中华民国廿七年六月廿七日

171. 甘肃省第七区专员公署关于酒泉县中渠堡拦接茅庵河滩溢水一案的训令与谕令

　　　　　　1942 年 7 月 14 日　　　酒历 1—571

甘肃省第七区专员公署训令专二午字第 215 号

令酒泉县政府：

　　查该县城东乡中渠堡拦接茅庵河滩溢水一案，迭经勘查后，审度实际情形，特制订规程七条，除印发中渠堡及树林沟各一份，俾资永久遵循外，合行检发原规程，令仰该县长遵照执行，并将办理情形具报备查为要！此令。即发规程一份。[①]

谕令专二午字第 159 号

　　查该中渠堡拦接茅庵河滩溢水一案，迭经勘查，审度实际情形，制定规程，除令发酒泉县政府遵照执行，并分发树林沟、中渠堡一份外，合亟检发该堡、沟一份，仰各永远遵循为要！此谕。即发规程一份。

---

①　编者按：规程未见。

右谕酒泉县中渠堡民众代表白兆明等、树林沟民众代表刘凤山等。

中华民国三十一年七月十四日

172—1. 甘肃省第七区专员关于召集水利委员及公正士绅会商解决祁家沟与夹边沟水利纠纷事宜以利夹边沟渠道疏浚事给酒泉县政府的训令

1944 年 4 月 3 日　　酒历 1—613

甘肃省第七区专署训令专二卯字第 160 号

令酒泉县政府：

案准甘肃水利林牧公司酒泉工作总站第三三酒字第七六号公函，略以"该县临水乡夹边沟引水渠道多被风沙堵塞，不能利用。如以人力挖掘，费工甚巨。拟引用清水河水之冲刷力，兼以人工浚导，可事半功倍，惟动工时与祁家沟渠坝有关。因该两沟水利纠纷久悬未决，一旦动工恐生误会。特函请派员协助办理"等由，准此，除函复外，合行令仰该县召集地方公正士绅及水利委员等，会商解决办法，协同实施，报署查为要。此令。

专员兼司令刘

中华民国三十三年四月三日

172—2. 甘肃省第七区专署关于派员会商解决祁家沟与夹边沟水利纠纷事宜以利夹边沟渠道疏浚事给甘肃省水利林牧公司酒泉工作总站的公函

1944 年 4 月 4 日　　酒历 1—613

甘肃省第七区公函专二卯字第一五九号

案准贵站三三酒字第七六号公函，略以"酒泉县临水乡祁家沟及夹边沟因水利纠纷嘱派员协助疏浚夹边沟渠道"等由，准此，除令饬酒泉县政府召集地方公正士绅及水利委员会商解决办法派员协助外，应函复请查照。此致甘肃省水利林牧公司酒泉工作总站。

刘亦常

中华民国三十三年四月四日

173. 金塔县西坝公民王天信等五十人关于呈控东坝民众不修河堤事给七区专员的呈文及七区专员处理意见

1943 年 9 月 2 日　　酒历 1—226

第七区专署保字 600 号

为呈诉偏执私见侵占河道兴己灭人事：

　　窃查金塔有王子六坝分水，并镶有六大坪口，东坝河与西坝河，向虽并驾而流，然东西河岸距离甚远，互不侵犯。嗣因该坝东邻威虏河水将伊河身渐次西冲，该坝向西移河数次，曾于二十六年，当经西坝首人萧生华等呈诉在案。迄至于今，侵占西坝河身作为伊河走水，乃将西坝宽大之侵占狭窄，西坝河东岸侵占无存，害得西坝人民另修河堤，受累不少。如本年山洪爆发，水势猛涌，以全县力量所修六坪上游之西拦河堤，尚且冲溃，荡然无存，以六坪不能容纳之水，倒于西坝一河容纳，虽有排水口两处，水势猛涌难以度流。尤其下游毗连东坝河岸，尽系沙堤。任何修理难保走失，此岸一倒，东坝河亦被冲破，水尽横流，威虏东西两坝均无点水。东坝无水，是全县水冲无情，西坝无水，是受东坝有意伤害。西坝人民不分昼夜，竭力堵修，甚至牺牲牛车堵修河岸。曾经县长勘查洞鉴矣，乃东坝大绅赵积寿，恃绅士之势，偏执私见，反以利己损人，不修河堤等情诬将民等呈控在案，明系加以诬妄吓人雏伏。况该绅常有挟势并西坝之水任伊摆布。西坝人民不敢启词也。又复唆使东坝首人杨玉玺等呈控，令西坝迁移河道，在西沙巷令修新河，谋为兴己灭之人计。查西沙巷南一段全系沙岭戈壁卵石，石块丛杂其中。前据肃丰渠之工程师试一测量，据云地形高仰，工程浩大，实非易事。况此国难民贫，请动国库，则亏公尽劳民力，则病民人力财力，殊感困难。一也。西坝远泻渠坝，且多沙碛，若改河在西，河窄而修堤不易，河宽而大，流心漏改移之后，能否保险无害，尚难预料。二也。且地势北段较南太低，一有大水，西河堤必易倒失，沿岸沙漠风沙害大，万难堵修，人民灾患必立见矣。三也。以民等愚见，莫若东西两坝，各自加力固修，旧河堤上游多修排水口；水大则由排水口退出，使无猛水下流，下游之河堤当然无失，东坝自无西顾之忧，西坝尚有安全之望，两有裨益，彼此相安。似此情由，除电恳省政府外，理合呈明钧鉴体恤艰困，以安民生，则感恩再造矣。谨呈甘肃省第七区专员公署专员刘。

　　　　金塔县西区乡西坝公民：王天信（印）贺讲善（押）杨宗国（印）
　　　　　　　　　　　　　　　陈开来（押）李春艳（印）李凤楼（印）
　　　　　　　　　　　　　　　常兴家（印）萧生华（印）李高林（印）
　　　　　　　　　　　　　　　姜建周（印）马应选（印）王敦化（印）
　　　　　　　　　　　　　　　李绵荫（印）杨维国（印）卢发荣（印）
　　　　　　　　　　　　　　　潘锡义（印）卢曰武（印）李春盛（押）
　　　　　　　　　　　　　　　张志士（印）马奋武（印）闫陞魁（印）
　　　　　　　　　　　　　　　杨汉德（印）蒲万科（印）张廷芳（印）
　　　　　　　　　　　　　　　吕正禧（印）张正邦（印）赵崇智（印）
　　　　　　　　　　　　　　　张佐芳（印）萧含云（押）何兴业（印）
　　　　　　　　　　　　　　　康自年（印）王宽国（印）邓伏仁（印）
　　　　　　　　　　　　　　　马天锡（押）王得文（押）闫兴德（押）

何成业（印）田生辉（印）罗中有（押）
罗相臣（印）

中华民国三十二年八月

处理意见：

令金塔县查明核办具复。

刘亦常
九月二日

174—1. 甘肃省第七区行政公署关于催交金塔坝
与茹公渠三七分水证据给金塔县长的代电

1945 年 9 月 19 日　　酒历 3—887

甘肃省第七区行政督察专员公署兼保安司令公署代电专二（34）申字第 750 号
金塔喻县长览：

前据该县报以金塔坝与茹公渠三七分水有案可稽，其案系何年何月在何处成立，经以专二（34）未字第六三七号代电，饬将所有证件图册赍署在案，迄未据覆。特再电催迅将该项文卷等件检送到署以凭核办。

专员兼司令刘亦常专二（34）申皓印
中华民国三十四年九月十九日

174—2. 金塔县长关于报送三七分水证据给第七区专员的代电

1945 年 10 月①　　酒历 3—887

代电建（34）酉字第 1194 号
甘肃省第七区行政督察专员兼保安司令刘钧鉴：

专二（34）申字第七五〇号代电奉悉，遵查金塔坝与茹公渠三七分水一案询悉，原有乾隆年间三七分水证据，于民国十一年两造兴讼时，呈交安肃道尹公署。后经重订金塔坝与茹公渠于每年立夏后五日各分水量五分。该项字据未经发还，现仅有碑文可考，再无其他证件。奉电前因，理合绘具酒金两县水系图说一纸，并检同碑文随电呈赍钧署鉴核。

附呈图说一纸，碑文一张②。

代理金塔县县长喻叩印

---

① 编者按：原文件无日期，从"代电建（34）酉字"可看出，应是在 10 月。
② 编者按：所附碑文未见。

附件：

酒金两县水系图说①

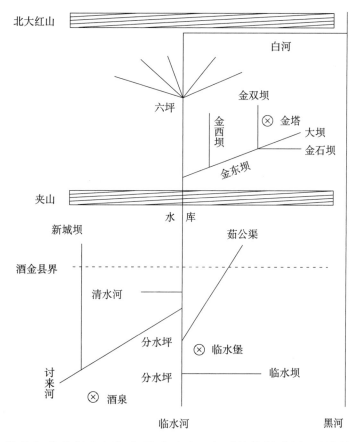

一、金塔县与茹公渠在每年立夏后五日，由两县县长或派职员履坪监视均分，茹公渠得水五分，金塔坝得水五分，所有金塔坝之五分水流入本县仅浇金东、金西、金石、金双等坝田亩，王子六坪再不开口。

二、临水坝在茹公渠口之上有，每逢立夏后水势微小时，临水坝常闭，下游河身再经茹公渠分堵，则金塔坝几不能得水，以致引起窃挖临水坝堤之时间，是以本年有殴毙张万福之惨案。

三、金塔坝口次引用与茹公渠之三七分水旧例，其目的在同上游之际水坝另行定案分水，以资平衡水权。

合并说明。

---

① 编者按：此图非实测图，仅为示意图，因案卷残破，难以依样重描，今予简化表示。图中各种地名、山名、河名与渠名皆采自原图，说明文字亦照录。

175. 金塔县西区乡第八保户民何开庆等关于旧寺墩草沟水冲淹威虏七号地亩事给金塔县长的呈文

1947 年 2 月　　酒历 3—888

呈为水淹地亩民不聊生事：

　　查户民等所居之地方，原名威虏七号，即今之西区乡第八保，地基与旧寺墩毗邻连界。现因三塘河之水，全从旧寺墩草沟而来，业将河岸截截冲破，户民等所种之地亩，即在旧寺墩河西岸之下，其水业上民地，陷害民等，日夜运上拦护，目下就遭淹没。日每找寻该地之渠差及首人，均是袖手旁观，置之不理，轻则由口吱唔，重则反颜似仇。倘若再延一二日，户民等之地亩庄村，就要全遭水淹。值此军需浩大之秋，地亩若被水淹，不仅户民等之生命，不能保救，且有一切负担凭何完纳？情迫危急，理合将实际情形备文呈祈鉴核，请求准予严讯旧寺墩渠差，火速拦水，以免民受水患，如蒙怜恤，则户民等不胜惶恐，急迫待命之至。谨呈金塔县县长喻。

　　　　具呈人西区乡第八保户民：何开庆（印）　刘天禄（指印）李春元（指印）
　　　　　　　　　　　　　　　柳逢泉（指印）张新年（印）
　　　　　　　　　　　　　　　　　被呈：王约章　马永章　秦国禄　吕兆瑞
　　　　　　　　　　　　　　　　　中华民国三十六年二月日

日常水利事务以及政策法规档案

176. 金塔县长关于报告水利造林计划给甘肃省建设厅长的呈文

1934 年 3 月 26 日　　酒历 3—2431

呈为仰祈鉴核俯准，俾资筹备进行事：

　　查职县地连戈壁，沙碛遍野，雨量既形稀少，河水又欠充裕，加一暴风时作，蒙沙内侵，旱沙灾害无年不有，民生疾苦，至于极点。县长巡视全境，所过之处，惟是沙垣绵亘，地处不毛。居民坐受穷困，殊为可怜。欲图补救，非积极兴办水利，广造森林不可。兹特拟具计划，理合具文呈赍钧座，鉴核示遵，实为公便。谨呈甘肃建设厅长许，计呈赍计划书一份。[①]

　　　　　　　　　　　　　　　　　金塔县长周志拯（印）
　　　　　　　　　　　　　　　　　中华民国二十三年三月廿六日

---

① 者按：原计划书未见。

177. 甘肃省建设厅关于奉令修缮堤防事给金塔县长的训令[①]

1934 年 6 月 酒历 3—2431

甘肃省建设厅训令

令金塔县县长：

案奉省政府建字第二五五三号训令内开"案准内政部土字第二二八号咨开'案查吾国水道，大失疏治，江淮河汉，年年告灾，不独民生憔悴，国本且将动摇。本部职责所在，时用忧危，疏浚治导，既非仓促能办，修缮堤防，实为目前切要之图。现在时届春令水位低落，官堤民埝，宜施培补；如果大汛期前，一律完竣，□□□□□，不致酿成巨灾，裨益国计民生自非浅鲜，拟□□省政府督饬所属，对于预防水患工程，迅即认真办理，毋误□□，并将办理情形，报部查考，除分行外，相应咨请查照办理。见复为荷'等由，准此，除咨覆并分令民政厅外，合行令仰该厅遵照办理。并将遵办情形呈复，以凭查考"等因，奉此。除呈复并分令外，合行令仰该县长遵照办理，并将遵办情形呈复，以凭核转为要。此令。

厅长许显时（印）

中华民国二十三年六月

178. 甘肃省建设厅关于防御水患给金塔县政府的指令

1934 年 7 月 酒历 3—2431

甘肃省建设厅指令字第四四三八号

金塔县政府：

令金塔县县长周志拯呈复奉令办理防御水患一案情形，请鉴核转报由呈悉。仰候据情汇报可也。此令。

厅长许显时（印）

中华民国二十三年七月

179—1. 甘肃省政府关于传达蒋介石保护
森林兴办水利相关办法给金塔县政府的训令

1934 年 9 月 酒历 3—2431

甘肃省政府训令建字第四五一八号

---

① 编者按：原文件有蛀洞。

令金塔县政府：

　　案奉军事委员会蒋委员长冬秘牯电开"查本年各省亢旱成灾，禾稼歉收，影响民食，虽白天时所致，然果人事预防有道，补救得宜，则亦未尝不可减轻灾情，缩小范围。兹将其轻而易行，有裨防救者数事，举示于次：（一）曰各地已有森林，务宜力予保护；每岁秋冬之季，乡民无知，时有烧山情事，尤应饬令各县政府严加禁止，藉免摧残而期滋茂；各地之荒山旷岸，并宜随时奖励植树，俾成丰林。盖林木既众，气候调和，雨阳时若，水旱之灾，均可减少，此实根本之计，未容忽视。（二）曰南中各省，原皆溪港纷岐，江湘映带，平日果能善为蓄泄，极饶水利。查各地农村对于山溪水道，常有陂闸之设法，虽稍举而有裨灌溉，殊非浅鲜，允宜督责农民，随时修理，不可任其废坏。其在涨落较易之河流，虽洋灰铁筋之大闸，费巨工艰，筹办非易，然由地方政府，指导民众，参酌科学方法建筑土坝以时启闭，则所费固省，而其利弥溥。（三）曰各地农村之内，应慨加奖劝，多辟池塘，逐年缮浚，平时既可以养鱼种与补助生产，旱时又可挹水注田，尤形便利。（四）曰应由各地方政府劝导乡镇农村，购置小号新式抽水机，设以款额稍多，一时骤难遽集，则或由合作社，或由各地保甲区公所，联保办事处负责设法，各银行或殷实商号贷款，分期归还，不唯易于吸受江水，且使农民灌溉节省，人力财力获益弥巨。凡上四者均非甚难之事，只须各地方官吏实必推行，农民切身利害所关，尤必乐于从命，则不期有若何财力之费，而治水防旱已收过半之功。弥患未然，若善于此，务望转饬主管各厅及所属各县一体恪遵，拟具办法，切实办理，并具报为要"等因。奉此，除分令外，合行令仰该县政府遵照切实办理，并拟具办法，呈复核转为要。此令。

主席朱绍良（印）

中华民国二十三年九月

179—2. 金塔县政府关于呈报防水造林办法给甘肃省主席的电文

1934 年 11 月 4 日　　酒历 3—2431

呈复职县奉令办理造林防水预防旱灾一案情形并赏办法一份请鉴汇事：

　　钧府建字第四五一八号训令开"案奉军事委员会蒋委员长冬秘牯电开'查本年各省亢旱成灾，稼禾歉收，影响民食。举示造林治水等防旱办法四端，令行饬属遵办'一案，除原文有案，邀免重叙外，尾开'合行令仰该县政府遵照切实办理，并拟具办法，呈复核转为要'"，遵查此项造林防水办法，当县长莅任之务，视察全县情形，就目前极为需要且轻而易举，所拟具办法，曾经呈转建设厅鉴核示遵在案。兹奉前因，理合该具前项办法，具文鉴核呈转汇转，实为公便。谨呈。

计呈赍甘肃省政府主席朱防水造林办法一份。[①]

周志拯（印）

中华民国廿三年十一月四日

180—1. 甘肃省建设厅关于抄发水利提案给金塔县政府的训令

1934 年 11 月　　酒历 3—2431

金塔县政府：

案奉省政府建字第五三八六号训令内开"查本府第一期县长会议，据该厅提议审县政府对于境内水利事项，无论有无奉令调查，或督促兴修，均应尽量分别详查，拟具计划图说，以资采择一案，当经决议，照审查意见通过等因。记录在卷。除令行各县政府遵照外，合行抄发原提案，及审查意见各一件，令仰该厅知照"等因，计抄发原提案及审查意见各一件，奉此，除分行外，合行抄发原件令仰该县长遵照。对于县内河渠，无论有无兴修可能，均应迅速切实勘查，拟具通盘详细计划克日呈厅，以凭核办。此令。

厅长许显时（印）

中华民国二十三年十一月

180—2. 金塔县长关于奉命编制全县水利计划给总水利员雷声昌的训令

1934 年 12 月 13 日　　酒历 3—2431

令总水利员雷声昌：

案奉甘肃省建设厅第六七零九号训令开"案奉省政府建字第五三八六号训令内开案本第一期县长会议拟具通盘详细计划克日呈厅，以凭核办。此令"等因，奉此，合行抄发原提议案，令仰该员你遵照原案办法，将全县水利切实计划，具报核转。切切。此令。

计抄发原提案一件。

县长周志拯（印）

中华民国廿三年十二月十三日

附件：

建设厅提议计划各县水利案

提议人：建设厅长许显时

类别：关于水利事项

---

① 编者按：原计划书未见。

议题：各县水利由县政府尽量详查拟具计划案

理由：甘肃苦旱，为人所共知，必先开浚河渠，修治沟洫，使高仰之田，可藉以随时灌溉，但各县河流情形不同，开濬水渠之方法亦异，应由各县政府分别详细查勘，拟具计划图说，以资采择，其办法如左：

办法：（1）各县政府对于奉令兴修之水渠，应负指挥监督完全责任，并将工程进行情形，随时具报查核。

（2）各县政府对于奉令调查之水渠，应分别引导河流方向，水渠长度、宽度及深度，附近地势土质，灌溉亩数，又工程计划概莫书，绘具详细图说呈报核办。

（3）除奉令调查或兴修之水渠外，各县政府应将全县应修水渠，依照前项办法，通盘计划，详细具报，以凭采择。右列办法，当否仍，请公决决议。

审查意见：

查此项计划，关系民生，至为重大，金拟由会呈请省政府通令各县，无论有无兴修可能，均应切实勘查，拟具计划呈请建设厅核办。

180—3. 甘肃省政府关于抄发原提案及审查意见给金塔县政府的训令及金塔县长处理意见

1935 年 1 月 8 日　　酒历 3—2432

甘肃省政府训令建字第五三八六号

令金塔县政府：

查本府第一期县长会议，据建设厅提议，各县政府对于境内水利事项，无论有无奉令调查，或督促兴修，均应尽量分别详查，拟具计划图说，以资采择一案。当经决议"照审查意见通过"等因。记录在卷，除令行建设厅知照外，合行抄发原提案，及审查意见各一件令仰该县政府遵照办理。此令。

计抄发原提案及审查意见各一件。[①]

主席朱绍良（印）

中华民国三十四年一月八日

处理意见：

依照原有水利计划，具呈鉴核。

周志拯（印）

一月十日

---

① 编者按：原文不存，当与上份文件相同。

180—4. 金塔县政府为呈报水利计划并河流图给甘肃省主席的呈文

1935 年 2 月 7 日　　酒历 3—2432

兰州朱主席钧鉴：

钧府建字第五三八六号训令内开"查第一期县长会议，据建设厅提议，各县政府对于境内水利事项，无论有无奉令调查，或督促兴修，均应尽量分别详查拟具计划图说，以资采择一案。抄发原提案及审查意见，令仰遵照办理"等因，奉此。遵查职县水利，当县长莅任之务，巡视全境即见沙碛遍野，雨量既形稀少，河水又欠充裕，竟至地多不毛，居民坐受穷困，曾经拟具计划，呈请建设厅鉴核示遵在案。兹奉前因，理合呈具原计划案一份，全县河流图一纸，具文呈请鉴核示遵，实为公便。谨呈甘肃省政府主席朱。

计呈赍水利计划一份，河流图一纸。[①]

周志拯（印）
中华民国二十四年二月七日

附件：[②]

……窃维建设事业，经纬万端。兹举其要，大者如农、工、商矿、畜牧、造林、水利、垦荒。该大端在亟待开发之西北各省，均应次第设施，以救兹近十余年沉沦于凋敝之民生。惟以金塔地连沙漠，加以灾乱之余，民力异常疲悴，如就以上所到各端，骤欲大举筹办，则地方元气未复，事实上恐未易办到。县长莅任后，趁奉令勘灾之便，视察全境情形，就目前极为需要，且轻而易举者，聊陈二端如左，只候钧裁。

甲、兴水利以御干旱

查金塔地邻戈壁，空气异常干燥，雨量极微，农田五万余亩，全赖引水浇种。而考查河水来源，均发自属之临水境内。以县界关系，临之视金，恒漠不相关。当春冬需水之时，临民水常有余，每放入碱滩沙地，一片汪洋，道途具为之堵塞，而金邑地多亢旱。及至夏秋之间，河涨水溢，临民则障闭渠坝，纵水入河，汹涌直下，而金邑沿河一带居民，田园居屋，往往被水淹没，而只徒叹奈何而已。县长忝膺民牧，抚字有责，亟思欲救斯弊，曾经函陈主席，拟将酒属之临水，划归金塔辖境以内，俾治权统一，藉资设法调剂在案。尚未奉到明令。兹力图整顿，谨拟定办法四种如左：

（一）酒金分水——会同酒泉县县长，按照沿河浇灌地亩，及距离远近，规定两地浇水日期，呈请钧厅核准备案，并勘立碑记，俾资永久遵守。

---

① 编者按：水利计划如下，河流图纸系手绘示意图，只标明王子庄六坝、金塔东西坝等，至为简略，今从略。

② 编者按：此水利计划原件卷首经过裁割，缺字一行。

（二）设置水利警察——会同酒泉县县长，在临水地方置水利警察八人至十人，常驻上游，按期分水，免双方争执，至起事端。

（三）凿筑蓄水池——距河水较远，常年乏水村，择定适当地点，按所浇田地多寡，修建蓄水池若干处。于夏秋水涨时，引水入池，以备浇灌田地。一可以减杀水患，一可以防御旱灾，此两全之道也。

（四）修浚河道——查金塔河为全县引水之道，每因风沙淤塞，消耗水量，甚至壅蔽河身，水流泛滥。水微时田地干旱，固属无可如何，然水大时只因淤沙障塞，河水不能畅流，以致少浇地亩，殊为可惜，兹令沿河居民，于河水干涸时，分段修浚，以免壅塞之害。

乙、造森林亦以御风沙

查金塔地连戈壁，蒙沙南迁历为民害。县长最近履勘，查得沙压地亩，计共有一千三百余亩之多，若非广植树木以调节其气候，捍御夫风沙，恐将来沙线日益扩大，农田自日形减少，谋生无计，地方居民，势必逃亡殆尽，则数万亩膏腴之田，将化为沙碛不毛之地矣。展念前途，何堪设想！兹究钧厅所颁甘肃省二十三年总理逝世九周年纪念植树办法，以饬民众，广为植树造林以资防御，兹拟定办法条如左。

（一）植树地点——县城植树地点：届时由县政府筹办苗木一千株，分配所属各机关，在县城南门外中山林四周空地，继续栽植。务期林木森布，作承久之纪念。并通饬各区民众，在道旁河边沟渠地畔，凡有空隙地段，尽量栽植，作为民有林，以供建筑及制炭燃烧之用。

（二）主要林木之选择——按照本地气候土宜，采办经济林木如沙荆、杏、梨等等。

（三）造林种类及用途，兹略分三种如次：1.保安林——如在沙线附近，及道旁河边所植之林，系以捍御风沙，障蔽水患为主旨，无论何人，永久不准采伐。2.公有林——如在公共地段，合众力而栽植之林，系以培养材木，俾供公共取材之用者，得十年轮伐一次，旋伐旋补，其章则易定之。3.民有林——如宅边地畔及私人所有地点，私人栽植之林，得自由砍伐，随时补种。

（四）造林期限——预定全县植林五十万株，分三期造成，每一年为一期，兹将栽植数目，分记如下：1.第一期，栽植拾万株；2.第二期，栽植贰拾万株；3.第三期，栽植贰拾万株。

（五）植树之分配——按全县一千七百余户，分上中下三等。第一期，上户每户植树一百五十株，中户每户植树八十株，下户每户植树五十株。第二、三两期，加倍栽植。本县气候严寒，植树时期统定于清明节前后，十五日内完成

（六）灌溉保护——除由县府及区乡公所，不时派人查察外，凡植树机关及个人，均有直接保护之责。如遇干燥损坏时，应立即灌溉保护并补栽之。

（七）修筑西拦河堤——查西栏河为王子六坝分水之镶平口，因年久失修，河岸被水冲没，每逢河水涨发之时，往往决口横流，泛滥无轨，浸入沙滩，汇归北海子渚泽，而六坝田地，全行受旱，兹拟摊派民款，修筑长坝一道，以资障蔽。查该堤长约五里半，高丈余，宽三丈至四丈，现已竣工，□文□□。□□□□政府依照奉农□贰，分饬各区乡，分别□注，送由县政府，调查属实，转呈建设厅查核注册，以便派员复查。

（八）奖惩□□□民众，对于造林植树，有特殊成绩者，县政府查明后，依奉本年总理逝世九周纪念植树办法，分别奖励之。其栽植不属者，着于分别处罚，以示惩戒。

181. 甘肃省建设厅关于抄发水利奖励条例修正问题给金塔县长的训令

1935 年 6 月 18 日　　酒历 3—2432

甘肃省建设厅训令第 10199 号

令金塔县县长：

案奉省政府建字第二八七五号训令开、案奉行政院第二零五三号训令开"案奉国民政府二十四年四月四日第二八七号训令开'查兴办水利奖励条例，前经制定，明令公布在案，兹将该条例酌加修正，应再通饬施行，除分令外，合行抄发修正条例，令仰知照并转饬所属一体知照'等因。并抄发修正奖励水利条例一份奉此，正核办间，又准全国经济委员会西北办事处函送此项条例并给奖章程各一份准此，合行茶抄发原件令仰该厅遵即转饬所属一体知照。此令"等因，并抄发原条例及章程各一份奉此，除分行外，合行抄发原条例及章程各一份令仰该县长知照。此令。

计抄发原条例及章程各一份。[①]

> 厅长许显时（印）
> 中华民国二十四年六月十八日

182. 酒泉县第一区奉命查验讨来河口七坝分水规则及黄草坝、沙子坝使水规则给酒泉县长的呈文

1936 年 3 月 28 日　　酒历 2—262

酒泉县第一区区董、区副为遵令查造事：

顷奉县长训令"照得各区远年水规红册及开沟当差老字据，应由区董即传知村正通告户民，一律送区呈验，如系真物加盖图记，照写二册。册后照写老字据。

---

① 编者按：原条例及章程未见。

一册存区，一册存道署，不准借补一字，速即办妥，送县盖印存查，以垂久远，切切。此令"等因，奉此，遵查讨来河口各坝分水红册、黄沙图三坝使水红册、老字据。据因同治年间肃城遭变，红册、老字据均遗失无存。自肃城克复，有本地老成人仍照旧规，以额粮多寡规定讨来河口各坝分水尺寸，并定黄沙图各坝使水时刻轮流浇灌。历年以来，遵照使行并未变更，兹奉前因谨将讨来河各坝沟分水渠口尺寸并黄沙图轮流浇灌使用水规则造具清册，祈请县长鉴核盖印立案，以垂久远。须至册者，计问讨来河七坝分水尺寸[①]：沙子坝应开渠口宽六尺五寸五分；图迤坝应开渠口宽二尺七寸八分；河北坝应开渠口宽三尺一寸；安远老鹳闸应开渠口宽一尺一寸四分；新城坝应开渠口宽一尺四寸；野麻湾应开渠口宽四寸四分。

黄草坝公议使水规则

黄草坝十沟受水人等知悉。照得我坝之水向遵旧章。每年自立夏之日卯时起，推算昼夜批水，不得任意紊乱。南五沟之水自下往上，官、四二沟应浇八昼夜完，中深、边来二沟应浇五昼夜完，三百户应浇三昼夜完。此系向例水章，上八天、下八天。若逢官、四二沟之水，应闭君闸、深、王家沟三昼夜，若逢中深、边来二沟之水应闭二昼夜，其余之日不得扰乱水规。北五沟之水上四天、下五天，蒲、项二沟应浇四昼夜完，高桥、官北二沟应浇五昼夜完，各沟遵照向章批水不得扰乱水规。若不届期开挖，应闭深沟、王家沟三昼夜，其余之日不得错乱水规。

沙子坝公议使水规则

沙子坝十一沟受水人等知悉。照得我坝之水遵照旧章水簿，历年以来，自立夏之日卯时起推算昼夜时刻，批水不得紊乱。东西沟连润坝一天，应使水三昼夜。沙沟应使水九时，常家沟应使水十五时，二分沟应使水二昼夜，石头沟应使水一昼夜，首场沟应使水二昼夜，半司家沟应使水一昼夜，张良沟应使水一昼夜，侯家沟应使水一昼夜，冯家沟应使水一昼夜。每十五天挨水一轮，回而复始。若逢东、西、沙、二、司、石六沟之水，仰沟开口分水浇灌，应与各沟出打水人夫四名，若逢首、张、侯、冯四沟之水，应闭仰沟口六昼夜。各沟若不届期开口挖水，任意扰乱水规，致干公议受罚。

谨呈酒泉县政府县长谭。

中华民国二十五年三月二十八日

183. 甘肃省七区公署关于抄发经济部协助各省办理水利工程办法给酒泉县的训令

1938 年 12 月 7 日　　酒历 1—703

甘肃省第七区行政督察专员公署训专二字第□□号

---

① 编者按：以下实有六沟尺寸。

令各属各局长、县政府

案奉甘肃省政府建二戌字第二一五六号训令内开"入原文"等因，附发办法一份奉此，除分行外，合行抄发该项办法一份，令仰该局长、县长知照。此令。①

专员曹启文（印）

中华民国廿七年十二月七日

184—1. 金塔县长请求酒泉派人出物协助金塔抵御水灾等事给七区专员的代电及七区专员处理意见

1939 年 12 月 21 日　　酒历 1—142

甘肃第七区行政督察专员曹钧鉴：

本县近日因酒泉秋禾收成浇灌已足，将北大河之水尽量放入金塔，致将金塔六坪迆南之堤埧冲破，水势浩大，漫野东流。所过田、房产、畜，均被淹没。昨夜冲入金塔城垣，状甚危险。职旬日以来，日夜亲往河口督工防御并动员全县民众抢救。无如冬水冰块壅积河道，极不入轨，漫延日甚。现正在日夜极力救护，尚未有显著之成效。城间民众惊惶万状。为此，即祈钧座，俯念本县灾情，准予令饬酒泉县府派民夫三千名，柴草二十万斤，星夜来金，协助护修，以免金塔城垣覆没，致人民生命受莫大之牺牲，至为切祷。

代理金塔县县长赵宗晋印

中华民国二十八年十二月廿一日

处理意见：

该县长在平时毫不注意防范，以致堤埧竟不能防此有限之冰水，冲坏民地县城，在职责亦属有愧本心。今反请求向他县，征调民夫堵修之越规及卸责之诡心，了然纸上。如此为政，能不愧对前防死难之军人？所请不准。

184—2. 金塔县长关于金塔水灾请求酒泉协助等事给七区专员的代电

1940 年 1 月 5 日　　酒历 1—705

甘肃省第七区行政督察专员曹钧鉴：

本县惨遭水灾情形已代电呈报在案。近日水势益涨，险状更甚，祈迅予转令酒泉县府将河流设法旁注，或就势堵塞，以免下游遭受巨祸，而成恤邻救灾之大义，临电不胜迫切之至。

代理金塔县县长赵宗晋艳印

中华民国二十九年一月五日

---

① 编者按：原办法未见。

184—3. 公务人员刘绳祖等关于金塔水灾
请求酒泉协助等事给七区专员的代电①

1940 年 1 月　　酒历 1—142

肃州专员曹钧鉴：

　　金塔河连日暴涨，水势汹涌，逼近城郊。现赵县长正在设法抢救，赶筑河堤，但危险期尚未过，居民惶恐万状。请速饬酒泉县政府转令沿河各保，将上游之水暂引田间，以分水势而策安全。

职刘绳祖刘定邦叩东

184—4. 甘肃省第七区关于命令酒泉县协同
金塔县救灾事给酒泉、金塔县长的代电

1940 年 1 月 9 日　　酒历 1—705

代电专一子字 13 号
令酒泉县政府：

　　酒泉凌县长，据金塔县政府代电称"本县惨遭……不胜迫切之至"②等情，据此除指令外，合亟电仰该县长即刻照办，毋稍延误为要。此令。
指令专一子字第□号
令金塔县政府：

　　艳代电悉，已饬酒泉县政府照办矣，仰仍督平该县民工抢堵，俾免酿成巨灾为要。此令。

中华民国九年一月九日

185—1. 甘肃省政府关于酒泉县红水坝夏正贤等
呈请准取讨赖河水事给七区专员的训令

1940 年 7 月 12 日　　酒历 1—554

甘肃省政府训令建二午字第 1546 号
令第七区行政督察专员曹启文：

　　案据酒泉县洪水坝民众夏正贤、田生科、王国仁等呈请准取讨来河水、挹润洪水坝旱田等情，合行抄发原呈，令仰该专员秉公查明具报，以凭核办。此令。

---

　　① 编者按：原文无日期，但从其内容来看，应与赵宗晋告急代电日期相近。刘绳祖、刘定邦当为金塔公务人员，具体职务不详。
　　② 编者按：省略号为原文自带。

计抄发原呈一件。

主席朱绍良（印）

建设厅长李兴军（印）

中华民国二十九年七月十二日

附原呈：

为呈请准取讨来河源之水挹润洪水坝旱田补助灌溉藉救涸鲋事：

窃查酒泉县属第二区讨来、洪水二河均系祁连山积雪融化而成。讨来河源稍长，冬季尚有微水；洪水河自山之北麓源流即短，系时令河，炎夏天热，恃山水浇夏禾；气候如寒，河涸而禾旱，秋禾种获皆迟，暑后山洪陡发，溃决坝堤，水溢淹田，费力补筑，以渠堤高溢水无法上地，田禾反被旱灾。秋冬水凝，河涸无水，但讨洪二河既属同区一源，当应拼水接济，且该地有分水渠堤遗迹尚存；况金塔邻县固有讨洪二河、临清二泉之尾水足敷灌田。尚居野心，初侵茹公渠之水。欲壑虽厌；近复夺讨来河口之水，利己损人，扰乱不休。查洪水坝纳赋一千八百余石，以行水迟缺，夏禾只能种十分之二，种秋禾只十分之三，余概荒歇。除引讨河之水补注外，别无可恃。民众熟思与其邻县侵夺本坝互争，因水斗殴涉讼，莫若挑取讨河源流补益事宜。伏祈主席钧鉴，付赐令查详情，准予取水藉资救济而维民生。谨呈甘肃省政府主席朱。

酒泉县洪水坝民众：夏正贤　田生科　王国仁　夏百寿　罗祥云　刘汉栋　张学诗
　　　　　　　　　　周志清　程智学　冯攀桂　于鸿龄　程　鼎　庄应桂　王成德

中华民国二十九年六月二十五日

处理意见：

令酒泉县彻查具报核转。

八月廿三

185—2. 甘肃省政府关于酒泉县红水坝夏正贤等呈请准取 讨赖河水事给酒泉县长的训令及第七区专员处理意见

1940 年 8 月 23 日　　酒历 1—554

甘肃省政府训令专一未字第 463 号

令酒泉县县长凌子惟：

案奉甘肃省政府建二午字第 1546 号训令开"入原文"等因奉此，合行令仰该县长遵照澈查具覆以凭核转为要。此令。

民国廿九年八月廿三日

处理意见：

　　将交程科长速会县府拟具办法。

曹启文
九月十日补充

186—1. 酒泉县西南乡黄草坝南五沟民众代表杨廷东等就派员监视水利镶筑坪口给七区专署的呈文

1942 年 4 月　　酒历 1—571

酒泉县政府第 283 号

为呈请派委监视水利镶筑坪口事：

　　缘西南乡黄草坝分为上下十沟，南石河五沟、北石河五沟。而西北石河粮少水多，南石河粮多水少。向年以来，使水不公，南五沟民众受其亢旱之急影响，兹于去年致其争斗纠纷，民等照依讨来河分水规章呈请钧府备案镶坪，已蒙委令水利委员会监视修理。而因坝内流水未曾修理平妥，民众复呈在本年修理干坝坪口应用材料，双方派夫修筑坝口而免纷争。当蒙钧府俯准并转呈省府核准各在案。现值春暖，坝口空干，即当动工镶筑，但水程攸关国计民生，诚恐发生他故，未敢擅专。理合呈请专员派委赴口监视，踊跃工竣，以彰水规而昭永远，实为公感。谨呈第七区行政专员公署曹。

　　西南乡黄草坝南五沟民众代表：赵金秀（指印）安作基（指印）陈有财（指印）

杨廷栋（印）　　毛凤翥（印）　　陈天寿（指印）
赵连科（印）　　任世文（指印）顾崇高（印）

中华民国三十一年四月

186—2. 甘肃省第七区专员公署关于派员前往酒泉西南乡黄草坝监视水利镶筑坪口的训令

1942 年 4 月 9 日　　酒历 1—571

甘肃省第七区训令专一卯字第 86 号

令本署职员陈琇：

　　案据酒泉西南乡黄草坝南五沟民众代表赵金秀、陈大明等十二人呈称"入原文"等情。据此，除批示外，合行令仰该员前往监修，并将办理情形具报备查为要。此令。

专员曹
中华民国三十一年四月九日

187—1. 甘肃省政府关于第七区专署兴办河西水利提案的处理意见以及抄发《甘肃省各县水利委员会组织大纲》并据此改组原水利组织给第七区专署的训令

1942 年 12 月 25 日　　酒历 1—1166

甘肃省政府训令民建二亥字第 16212 号

令第七区专署兼保安司令公署：

案查本年全省行政会议，据该署等提请兴办河西水利以裕民生而固国防一案，经提出大会通过在案，除原提案办法（一）、（二）、（三）各项由本府统筹办理并分行外，合行抄发原提案暨决议案及《甘肃省各县水利委员会组织大纲》，令仰遵照原办法（四）、（五）两项，转饬此属，切实执行，仍将办理情形随时报告。又各县已设立有水利委员会，此并仰遵照新颁组织大纲即行改组，并将改组情形及原有组织规程修正报查为要。此令。

计抄发原提案及决议案各一件，组织大纲一份。①

中华民国三十一年十二月二五日

附件：

甘肃省各县水利委员会组织大纲

第一条　甘肃省各县为促进地方水利工程、调节水利纠纷，特组设县水利委员会。

第二条　县水利委员会设委员七人至九人，主任委员一人，副主任委员一人，由县长兼任委员，由县长遴选地方公正人士，呈请省政府核委。副主任委员由县长就委员中遴荐，加倍人数呈请省政府核定。任期均为三年，但得连任。

第三条　主任委员主持会内一切事务，副主任委员襄理之。如遇主任委员缺席时，由副主任委员代行其职务。

第四条　水利委员会每月开会一次，必要时得召开临时会议。

第五条　水利委员会之职权如左：

　　甲、关于水利事业之倡议及设计事项

　　乙、关于水利工程之协进事项

　　丙、关于调解水利组织事项

　　丁、关于调查编纂水规或建议修正水规等事项

　　戊、其他事项

　　前列事项经会议决后送请县政府执行。

---

① 编者按：原提案、决议案未见。

第六条　县水利委员会委员均为义务职，必要时得酌设办事员一人至三人，其待遇比照县府办事员之规定。

第七条　县水利委员会经费得列入该县年度预算内，呈请各政府核定。

第八条　本大纲自公布之日施行，如有未尽事宜得随时修正之。

中华民国三十一年十二月十五日

187—2. 第七区公署关于询问下发兴办河西水利原提案及决议案相关事宜的公文

1943 年 1 月 5 日　　酒历 1—1166

甘肃省第七区公署民建二亥字第 16212 号

查县政府奉到本件否？如未奉到即应转行。

刘亦常

元月五日

187—3. 甘肃省第七区专署关于转发水利委员会组织大纲等件给酒泉各县的训令

1943 年 1 月 7 日　　酒历 1—1166

甘肃省第七区专署训令专二子字第 63 号

令各县局：

案奉省府民建二亥字第一六二一二号令开"原文"等因，奉此除分令外合行，令仰遵照办理，随时具报为要。此令。

附抄发原提案及决议案各一件，组织大纲一份。

专员兼司令刘亦常

中华民国三十二年元月七日

187—4. 酒泉县政府关于奉令改组酒泉县水利委员会并请省府核定委员人选给七区专署的呈文及七区专员处理意见

1943 年 3 月 18 日　　酒历 1—1166

甘肃省酒泉县政府呈酒建寅字第一八号

案奉钧署专二子字第六三号训令内开"案奉省府民建二亥字第一六二一二号令开'案查本年全省行政会议，据该署等提请兴办河西水利以裕民生而固国防一案，经提出大会通过在案，除原提案办法（一）、（二）、（三）各项由本府统筹办理并分行外，合行抄发原提案暨决议案及甘肃省各县水利委员会组织大纲，令仰遵照原办法（四）、（五）两项，转饬此属，切实执行，仍将办理情形随时报查。又各县已设立有水利委员会，此并仰遵照新颁组织大纲即行改组，并将改组情形及原有组织规程修正报查为要'等因，附抄发原提案及决议案各一件，组织大纲一份"奉此，除主任委员按照组织大纲规定，由职兼任外，并指定崔第桂、龚政德、伊登泰、王成德、张瀛、吴振河、李荣亭、王尚德、岳元龄、马世明为本会委员；至副主任委员照章应予遴荐，查有前任酒泉县农会干事王成德及伊登泰二人，精明老练，堪充此职，恳即转呈省府核定。奉令前因，理合具文呈请钧署鉴核，转呈加委，实为公便。谨呈甘肃省第七区行政督察专员兼保安司令刘。

代理酒泉县县长冯佩玺（印）

中华民国三十二年三月十八日

处理意见：

转呈加核委。

刘亦常

三月十九日

187—5. 甘肃省政府关于补拟酒泉县水利委员会备选人员资历表事给第七区专员的指令

1943 年 4 月 16 日　酒历 1—1166

甘肃省政府指令建二卯字第 3244 号

令第七区行政督察专员刘亦常：

本年三月廿七日，呈二寅字第 212 号呈府"呈报酒泉筹组水利委员会情形，请分别核委各委员由"呈悉。查所称崔第桂等未据责资历表，无从核委。仰即转饬补责，再凭核办。此令。

主席谷正伦（印）

建设厅厅长张心一（印）

中华民国卅二年四月十六日

187—6. 甘肃省第七区专署关于酒泉县政府缮造水利委员资历表事的训令

1943 年 5 月 1 日　酒历 1—1166

甘肃省第七区行政督察专员公署训令专二辰字第二七八号

令酒泉县政府：

案奉甘肃省政府本年四月十六日建二卯字第 3244 号指令内开"入原文"等因奉此，仰该县水利委员资历表，缮造二份来署，以凭转报为要。此令。

专员司令刘

中华民国三十二年五月一日

187—7. 甘肃省第七区公署关于转呈
酒泉县水利委员资历表给甘肃省政府的呈文

1943 年 5 月 19 日　　酒历 1—1166

甘肃省第七区行政督察专员公署呈专二辰字第三〇〇号

　　案奉钧府本年四月十六日建二卯字第 3244 号指令内开"呈悉查所称崔第桂等未具责资历表无从核委，仰即转饬补责，再凭核办"等因，奉此，遵即转饬补责来署，□□□□□□理合会同崔第桂等资历表一份，备文转呈。恭请鉴核，谨呈主席谷。

　　附酒泉县水利委员会委员资历表一份。[①]

刘亦常

中华民国三十二年五月廿日

187—8. 甘肃省政府关于所报水利委员人数超标
仅予委任其中八人给七区专署的指令

1943 年 6 月 11 日　　酒历 1—1166

甘肃省政府指令建二巳字第 4910 号

令第七区行政督察专员公署：

　　三十二年五月二十日专二辰字第三〇〇号呈一件"呈为转呈酒泉县水利委员会资历一份请鉴核由"呈表均悉。经核委员人数超过本府前颁《各县水利委员会组织大纲》之规定于法未合。兹核定崔第桂、伊登泰、王成德、龚政德、王尚德、张瀛、李荣廷、岳元龄等八人为委员，并以崔第桂兼副主任委员，委令随发，仰即转给，只领报查。此令。

主席谷正伦（印）

建设厅厅长张心一（印）

中华民国三十二年六月十一日

187—9. 甘肃省七区专署关于传达水利委员
核定结果给酒泉县政府的训令

1943 年 6 月 23 日　　酒历 1—1166

训令专二巳字第三六五号

---

① 编者按：原资历表未见。

令酒泉县政府：

发省政府令九件，仰即转发一面，经报查该县所报水利委员人数过多，超过本省《水利委员会组织大纲》之规定，于法未合。经省府核定，除由该县县长兼任主任委员外，以崔第桂、伊登泰、王成德、龚政德、王尚德、张瀛、李荣廷、岳元龄等八人为委员，并以崔第桂兼副主任委员，委令转发，仰即转给，只领报查。

专员司令刘

中华民国三十二年六月二十三日

187—10. 酒泉县政府关于奉发水利委员委令九件给七区专署的呈文

1943 年 7 月 12 日　　酒历 1—1166

甘肃省酒泉县政府酒建午字第一三号

案奉钧署专二巳字第三六五号训令"附发水利委员委令九件转饬发只领报查"等因奉此，遵即转发各该委员只领，除饬令各水利委员切实工作外，理合备文呈请钧署鉴核备查。谨呈甘肃省第七区行政督察专员刘。

代理酒泉县县长冯佩玺（印）

中华民国三十二年七月十一日

188. 甘肃水利林牧公司酒泉工作总站关于呈送临时整理六坪工程计划书并请派员相关事宜致金塔县政府的函

1943 年 4 月 5 日　　酒历 3—2436

径启者：

敝站本年度补助贵县临时整理六坪工程即将筹备动工，兹将施工计划书函送贵县备案。敝站因人员无多，按向例临时整理工程办事人员系请各县派员协助，兹请贵县农会会长李绵遴负责物料并兼采购，请农会书记李荣庆负责记账，并请贵县派干事一人负责起唤民夫、政警一人协助干事催夫。至盼贵县即日派定，函知以便组织就绪开始办公，即希查照见覆为荷。此致金塔县政府。

甘肃水利林牧公司酒泉工作总站临时整理六坪驻工代表顾淦臣（印）

附件：

临时整理金塔六坪工程施工计划书

一、施工机构

驻工工程师（顾淦臣）下设四组：1. 工程组（顾淦臣），下又设计划报表（顾淦臣）；监工六坝水利员。2. 物料组（李绵遴），下设采购（李绵遴）；记账

（李荣庆）；保管（王炳钰）。3. 会计组（顾淦臣）。4. 民工组，下设换夫及记账、催夫。

二、发款及报销手续：

……①

三、施工备料日期：

备料自四月七日起。

施工：

（a）各坝退水及隔堤

（b）东西拦河堤及西堤退水

（c）开工，五月十二日；完工，五月二十三日

四、人工及料具之预算：

1. 人工

四月十六日至四月二十六日，每日一百名，木匠七名

四月二十七日至五月十二日，每日民夫八十名，木匠四名

五月十三日至五月二十三日，每日民夫三十名，木匠八人

2. 材料：

（a）木材：

长四公尺径十五公分木料一三〇根

长三公尺径十公分木料一五〇根

长二公尺径六公分木料一〇〇根

（b）树梢：三百车（每车以三百市斤计）

（c）土钉：二十斤

（d）茇茇草：三千斤

3. 工具：

（a）手推车：十辆

（b）打桩架：一座

（c）石桩锤：一个

（d）麻绳：二十丈

（e）铁条：长五公尺，径二公分

（f）铁桩箍：二个

（g）石手锤：二个

（h）洋镐铁锨：六把

---

① 编者按：此处纸面破损，难以辨识。

189. 金塔县水利委员会三至八次会议记录[①]

1943 年 7 月 4 日至 1944 年 3 月 30 日　　　酒历 3—2437

第三次水利会议纪录

时间：卅二年七月四日上午三时

地点：县农会

出席：阎重义　赵积寿　李经年　吴永昌　梁学诗　王国宾　成国胜

　　　白汝璘　雷声昌

列席：甘肃水利林牧公司陈业清

甲、开会如仪

乙、报告事项

一、主席报告建修西拦河工作已告完成，在此阶段内，如何支配费款及□□补加整修地段案。

二、主席报告据建修委员呈报修工期间新费夫、柴、伙食数目，已经县府转函肃丰渠在案。

三、新有前领之建修费十二万元，除修工费用外，其余应照规定配发工价，其再修退水等工程费，应请补发。

丙、讨论事项

一、主席提议：修河所费人工、柴薪、工资应如何发给，请公决案。

　　决议：由各坝水利员造册并由本会委员监视发领。

二、监发委员如何推定请公决案：

　　决议[②]：□□□□李指导员、王兴山监发西三坪在乡公所监发，□□□□□□□□　正、成国胜为东三坪监发委员，□□□□议吴主席为金塔坝监发委员。

三、发民夫口粮单据表格印制费如何筹措。

　　决议：由工程费内提用。

四、新建六坪口及退水裁筑木桩，木及人工，应如何筹办，请公决议。

　　决议：暂缓。

五、主席提议：新有长工及短工坝份，应如何发价。

　　决议：其欠工坝份，除工如额补齐外，不得领价。长工应平均给价。

---

① 编者按：原文件于此有残缺。

② 编者按：原文件于此有残缺。

六、主席提议：六坪水细不能分坪，应并坪浇灌，应如何归并请公决案。

决议：（一）西三坪合并一坪，每坪浇灌五天，次序以抽签定之；东三坪合并一坪，户口三塘各浇五昼夜；梧桐坝因坪口窄狭，浇四昼夜，次序以抽签定。（二）五坪口水长到四寸，即仍分坪浇灌。

七、主席提议：东西拦河堤岸应由各坝分段负责养护案。

决议：通过。定六月六日上午七时，全体水利委员及各坝水利员会同勘查决定截段次序，依光绪十四年成案，金塔坝在东拦河分担一段。

第四次水利会议记录

时间：三十二年七月九日

地点：县农会

出席：阎重义　赵积寿　李经年　成国胜　梁学诗　雷声昌　李凤栖
　　　成国秀　蒋明柱　马天禄　王仕吉　蔺生香

主席：阎重义

甲、讨论。

乙、主席提议：关于各坝分段负责养护东、西拦河堤岸，究应如何分扒，请公决案。

丙、决议：西拦河援照旧案，由王子六坝分段负责保护；东拦河，根据光绪十四年六坝分扒三截，内第二截北头自上起，由金塔坝分扒一百三十丈负责保护外，其余两端仍由六坝分段保护，并将划分截段会同勘明绘图备案。兹将王子六坪各坪应扒截分数目开准于后：

清光绪十四年，西坝坪口二丈二尺，东拦河现一截四十八丈四尺，下靠户口坝；窝墩工靠东坝第二截卅九丈三尺，下靠户口坝，上靠东坝第三截八丈〇五寸，下靠户口坝，上靠东坝。西拦河坝一截廿六丈八尺，下靠东坝、上靠户口坝；第二截十三丈〇二尺，下靠东坝，上靠户口坝；第三截二丈二尺，下靠东坝，上靠户口坝；第四截廿四丈五尺下靠东坝。

东坝坪口一丈九尺五寸，东拦河坝一截四十二丈九尺；第二截卅四丈五尺；第三截七丈一尺四寸。西拦河坝截廿三丈八尺；第二截十一丈七尺；第三截一丈九尺五寸，第四截廿二丈五尺。

威房坝坪口二丈〇五寸；东拦河坝一截四十五丈一尺，第二截卅六丈三尺；第三截七丈五尺三寸。西拦河坝一截廿五丈一尺；第二截十二丈〇三寸；第三截二丈〇五寸；第四截廿三丈六尺。三塘坝坪口一丈五尺，东拦河坝一截卅三丈，第二截廿……①

_____

① 编者按：原文件至此缺，又附彩图一帧，惜原件断为数截，酒泉市档案馆同仁已初步缀合，但似仍有较大缺失，不录。

第五次水利会议记录

时间：三十二年七月卅一日下午一时

地点：县府会议室

出席：赵积寿 吴永昌 李经年 雷声昌 吴国鼎 阎重义 白汝琮

主席：阎重义

纪录：张文质

甲、开会如仪

乙、报告事项

　　一、主席报告：准肃丰渠工程总站函请征集本县各坝渠浇水规程案。

丙、讨论事项

　　一、主席提议：奉省府电报，询办本县本年秋冬及明春需水应办较大工程，为地方经济、人民能力无法负担者，限八月份向酒泉工作站洽办一案，应如何办理请公决案。

　　　　决议：函请肃丰渠派工程师来县测量修渠地形，并令饬各坝水利遵照拟具应修渠段，呈候办理。

丁、散会。

第六次水利会议记录①

时间：三十二年十月廿六日下午二时

地点：金塔县农会

出席：阎重义 孙党部 李经年 成国胜 王国宾 李凤栖 成国秀
　　　白汝璘 王殿云 王修善 赵讲鲁 杨玉玺 俞培基 张文质
　　　雷声昌

主席：阎重义

纪录：张文质

甲、开会如仪

乙、报告事项：略

丙、讨论事项

　　一、主席提议：据东区乡梧树呈请令饬三塘坝由六坪口下退水一案，应如何办理，请公决案。

　　　　决议：暂缓，俟调查后再设办法。

　　二、主席提议：据东坝水利员呈为旧寺墩派出修拦河柴、夫、粮石不符，且向三塘坝出夫一案，提前公决。

　　　　决议：此次旧寺墩按十九石六斗九升粮出柴夫拨由三塘坝办理。

　　　　丁、散会。

---

① 编者按：该文件标题下有草书批示云："派吴指导员查。"署名"阎重义"并盖有印章。

第七次水利会议记录

时　　间：三十三年二月廿九日上午十二时

地　　点：县府会议室

出席者：赵积寿　吴永昌　成国胜　梁学诗　王积中　顾淦臣　范学海

　　　　吴国鼎　雷声昌　沈　丹　阎重义　张文质

主　　席：阎重义

纪　　录：张文质

甲、报告事项：略

乙、讨论事项

一、主席提议：据东区乡户口、梧桐、三塘各坝呈请按新编地亩粮石增镶坪口一案，应如何办理，请公决案。

　　决议：原案保留。

二、主席提议：准肃丰渠函送金塔六坪口临时整理意见书一案，应如何办理请公决案。

　　决议：1. 镶坪及退水道新用木桩，每根按实价估计 200 元；2. 木工不管饭，每天给资五十元；3. 土工及柴草费临时酌给；4. 整修东、西坝堤岸定三月十五日开始，并请工作站派工程师来县指导；5. 负责人推农会干事长（担任监工监放）管账由农会书记担任。

三、主席提议：各坝水利员应如何调整案。

　　决议：即由县府谕饬各坝保选。

四、各坝防河筹备员应推何人担任，请公决案。

　　决议：东区乡各坝，除三塘坝由成国胜担任外，除为小组会议决通过，西渠乡俟由该乡公所选指。

五、本县防沙委员会应如何组织成立，请公决案。

　　决议：依法成立新有县防沙委员会，均由水利会委员兼任。

六、关于三塘坝与梧厨水利纠纷应如何设计，另改坪口或镶退水请公决案。

　　决议：原案保留俟整理渠道施工时再行解决。

丙、散会。

第八次水利会议记录

时间：卅三年三月卅日

地点：县农会

出席：白汝璘　李天文　许崇德　马万年　李得基　王志儒　卢日武

　　　景恩嘉　李锦荫　王青选　魏正其　赵开祖　张文质[①]

---

① 编者按：原文件至此缺。

190. 甘肃省主席要求酒泉金塔县长向甘肃水利林牧公司酒泉工作站报告应建而无力建设之水利工程的电文

1943 年 7 月 27 日　　酒历 3—2428

酒泉并转金塔县长：

　　河西水利，早经奉拨专款，设站办理。该县局本年秋冬及明春需水，应办较大工程，地方经济、人民能力无法负担者，仰刻速传询全县水董绅耆等，限本年八月半前径向酒泉工作站洽办并报查。

正伦建二午铣
中华民国二十二年七月二十七日

191. 甘肃省政府关于切实协助水利林牧公司业务给金塔县政府的训令

1943 年 8 月　　酒历 3—2428

甘肃省政府训令建二未字第 2335 号

令金塔县政府：

　　查本省水利林牧公司原由本府委托代办农田水利之勘测，设计，施工，水文之测候、森林畜牧之研究、试验改良繁殖等业务，职责重大，实与一般商业公司之组织性质及业务方针，完全不同。所有招工备料、购粮、警卫及其他事项，自应由各所在地方政府及驻防团队，尽力协助。前于本年三月十五日，以建二寅字第二一六七号令通饬在案，其遵令办理者固多，乃有少数以未明公司职责，或视公司为牟利机关，竟不开城协助，致业务进行，诸多滞碍，殊有未合。现在本省各部门经济建设，正在推动之际，农林要政，亟应积极倡导，以期配合进行，为此重申前令。嗣后关于该公司经办之各项事业，应予切实协助维护，不得仍前敷衍，以利工进而免贻误。除分行外，合行令仰遵照办理，并随时具报凭核为要。此令。

主席谷正伦（印）
建设厅厅长张心一（印）
中华民国三十二年八月

192. 甘肃省政府关于抄发第二次全国生产会议
决议案推动农田水利一案给金塔县的训令

1943 年 12 月 16 日　　酒历 3—2428

甘肃省政府训令建二亥字第□0414 号

令金塔县政府：

　　案准农林部行政院水利委员会十月十三日卅二工字第□367830816 号公函会开"案奉行政院三十二年七月十九日仁十一字第 16594 号训令开'据国家总动员会议与经济部呈送第二次全国生产会议决议各案，请分别令饬执行案情□就决议案中送请政府办理□类备案。根据各主管机关本年度预算及施政计划，分别整理、审核、拟定第二次全国生产会议决议案。行政院决定办法总表，应由各主管机关查□。原提案将交办，各案列表报核交核议各案分别□案呈复除饬国家总动员会议将决议各案原案分别检□并分令外合行抄发办□表令仰遵照'等因，□□□间复准国家总动员会议函送各项提案、大会记录及提案处理报告表到会查上项决议案内，关于农田水利应□□推动兴修案原提办法四项与各省现□□办法原则，尚属相符。除函四联总处查照参考外，相应□□原提案，函请查照办理并转饬所属遵照为荷"等由，附抄提案一件准此，除分行致电甘肃水利林牧公司遵办外，合行抄附原件，令仰遵照办理□附抄发原送提案一件。

主席谷正伦（印）

附原提案：

　　提案人：江西农业院

　　一、理由

　　抗战时期，后方生产问题，其重要性不亚于前方军事问题。此为社会□人士所公认者，而在增产问题中又以□□遍修农田水利工程为主干。故近年来，中央及地方政府莫不以兴修农田水利工程为中心工作。然农田水利工程之兴修，能否迅速普遍完成使命，全视各级政府推动之方法何如以为断。故吾人今复当悉心研求之方法，并力以赴，务使各地农田水利工程普遍兴修，如期完成，确切达到增加粮食生产之任务，以与前方军事之进展相配合，庶不负中央倡导之旨意。

　　二、办法

　　1. 凡工程简易，无须精密测量、设计及专门之施工技术，人民能自行办理者（我国古代农民自办之小型陂塘沟埧等是）应由县政府运用地方自治及政治力量，于每年秋收冬隙之际，发动全县民众力量，视工程之繁简，用征工方式，或贷款方式、补助方式，兴修当地各项简易水利工程，层级负责，严切督促，厉行考核，必能收普遍兴修之实效，且可阖立民办农田水利工程之习惯。

2. 凡工程艰巨，必须精密测量、设计及专门之施工技术，而非人民之力量所能自行办理者，应由各省水利机关予以工程上之指导，运用银行贷款扶助各地人民择要举办，或径由水利局贷款兴办，以资迅速。

3. 银行贷款必须适应各地之需要尽量扩充贷额，贷款手续尤应力求简单迅速。

4. 补助款项须订定补助经费办法，颁发施行。

193. 甘肃省政府就水委会电覆修正《甘肃省水渠灌溉引水章程》给金塔县政府的训令

1944 年 1 月 8 日　　酒历 3—2428

甘肃省政府训令建二子字第 127 号

令金塔县政府：

查前准行政院水利委员会函以本省所送之水渠灌溉引水章程装订错误，嘱查明不送，再行核办等由，当经补送去复。兹准本年十二月七日卅二二字第三四三零九号公函节开"关于贵省水渠灌溉引水章程，拟酌于修正如下：一、标题内'章程'二字修正为'规则'二字，凡条文内'本章程'字样一律改为'本规则'；二、第十八条末段但书修正为'但经管理机关认为有调节下沟渠中水量之必要时，不在此限'准电前由，除函院秘书处察照转陈外，相应复请查照办理为荷"等由，准此，除照案修正并分行外，合行令仰知照为要。此令。

主席谷正伦（印）

建设厅厅长张心一（印）

中华民国三十三年元月八日

194. 甘肃水利林牧公司酒泉工作总站关于查收三十三年临时整理东西拦河堤意见书等事宜给金塔县政府的公函

1944 年 3 月 13 日　　酒历 3—2436

甘肃水利林牧公司酒泉工作总站三三酒字第 66 号

金塔县政府：

查金塔六坪口东、西栏河堤，经去年秋洪冲刷后，即派测量队就近查得有整理之必要，遂拟具临时整理意见书，送请敝总管理处核准拨款助修在案。兹将原送意见书检附一份，即请查收，并希将动工日期，择定通知，俾便派员前往监修；再，此项工程费，谨请准十四万元，值兹物价昂贵，应仅先尽量用于料具之上，民工以不给工价或口粮为原则，不得已时或付给少数，仍请斟酌办理。

兼主任原素欣（印）

中华民国三十三年三月十三日

附件：

金塔六坪口临时整理意见书①

甲、总说

金塔王子六坝共灌王子庄耕地十七万市亩（间歇百分之五十），六坪口为六坝共有之进水口。三十二年春，由站拨款十三万元，整理坪口，并培修东、西拦河堤，六坝赖以灌溉，农民咸庆丰收，东堤乃免溃决，城廓遂未淹没。附金塔讨赖河灌溉区域图。

乙、查勘经过

三十二年十二月十四日，测量队在金塔测量，顺道查勘六坪口，已部分修筑，东拦河堤完全好无恙，挑水坝之间隔中已淤积部分，因去年秋洪甚大，坪口不能容纳，乃扒开西拦河堤而下，侵入王子西坝，西坝复不能容，兼以退水太高，乃向东冲断王子东坝，越户口坝、三塘坝而入梧桐河。

丙、整理办法

1. 培修西拦河堤，使堤顶高出洪水位五公寸，堤顶宽度加至三公尺，在低水河床中筑坝拦水，使在低水位及中水位时逼水入坪口；在洪水时，退水道越过四坝，坪口失其效用，欲保持坪口西拦河堤，须建活动堰。因水库完成时，须建永入进水工程，故临时工程不拟多费。在洪水时，低水河床中之拦水坝，任其冲毁，以保存坪□□□。

2. 在坪口之柴墩前端及两侧加打木桩，以防洗刷；在洪水时，即拉断西拦河堤，坪口进水仍多，故欲其不毁，必须加强。附坪口柴墩整理略图。

3. 四坝冲断处修隔堤，高出洪水位四公寸，顶宽一.五公尺，并开退水道长一〇.〇公尺，顶宽一公尺；洪水漫溢时，任其冲毁，以免冲溃下游渠岸。附退水道平面图及立面图。

4. 培厚东堤，使顶宽为四公尺，以防溃决。附东拦河堤断面图。

丁、工款估计

共计工程费十四万元整（详下）。

工程名称	东拦河堤	西拦河堤	坪口柴墩				退水道及隔堤			管理
材料种类及人工	填土方	填土方	杨榆条木	杨榆木桥	人工	其他	填土方	柴草	木桥	
材料人工　单位	公方	公方	根	根	工		公方	斤	根	
材料人工　数量	一,二三〇	三,二七〇	九六	一三四	一二〇		五,三五〇	八三,五〇〇	二二	

---

① 编者按：此意见书附图未见。

续表

工程名称	东拦河堤	西拦河堤	坪口柴墩					退水道及隔堤			管理
材料种类及人工	填土方	填土方	杨榆条木	杨榆木桥	人工	其他		填土方	柴草	木桥	
单价（元）	一〇	一〇	三五	三五	二〇			一〇	〇.二五	一七	
总价（元）	一二,三〇〇	三二,七〇〇	三,三六〇	四,六九〇	二,四〇〇	八〇〇		五三,五〇〇	二〇,八七五	三七四	九,〇〇一

注：1. 杨榆条木长二.五公尺，宽四公尺，径十公分；2. 杨榆木桥长三公尺，径十公分；3. 木桥长一公尺至三公尺，径十公分；4. 管理费占工程费百分之七弱。

195. 甘肃水利林牧公司酒泉工作总站关于东区乡公民卢洪畴等测量队测量东西两坝土地情形事宜给金塔县政府的公函

1944 年 3 月 15 日　　酒历 3—2436

金塔县政府：

　　接准金塔东区乡户口梧桐三塘公民卢洪畴等来件，以重新编查土地，结果东三坝地亩较前增加浇水，坪口应行镶宽，请准取消原有六坪，按现在编定新亩，酌量均匀各坝坪口等语。查敝站测量队，于去冬测至梧桐西部时，以天气严寒，即行停止，故梧桐东部及户口坝均未施测，所有东三西三两坝耕地亩数及间歇地亩数既未能确切明了，则分水镶坪之尺寸，此时自不便另行规定，惟此问题甚属重要，将来梧户两坝土地完全测毕，水库分水时，必妥议办法。兹准前由，相应将测量经过情形约略述及即希查照转知为荷。

兼主任原素欣（印）

中华民国三十三年三月十五日

196. 甘肃省政府奉行政院令修正本省水渠管理处组织通则等件给金塔县政府的通令

1944 年 3 月 18 日　　酒历 3—2428

甘肃省政府通令建二寅字 1080 号

令金塔县政府：

　　查本府前制定《甘肃省水渠管理处组织通则》等呈送行政院及行政院水利委员会备查并准委员会函复修正三项，经于三十二年七月十一日以建二戌字第九四一五号及本年元月八日建二字第一二七号训令，饬知各在案。兹奉行政院本年元月二十七日义肆字第一六八六号指令内开"呈件均悉，案均经本院酌于修正，转呈备案，随令抄发该项管理规则等五种，仰即知照"等因，附抄发《甘肃省水渠灌溉管理规则》、《甘肃省水渠管理处组织规程》、《甘肃省水渠水董会组织规程》、《甘肃省水渠养护修理及防汛办法》、《甘肃省水渠灌溉引水规则》各一份。奉此，除分行外，合行抄发修正案，令仰知照为要，此令。

附抄发《甘肃省水渠灌溉管理规则》、《甘肃省水渠管理处组织规程》、《甘肃省水渠水董会组织规程》、《甘肃省水渠养护修理及防汛办法》、《甘肃省水渠灌溉引水规则》各一份。①

主席谷正伦（印）

建设厅厅长张心一（印）

中华民国三十三年三月十八日

附件一：

甘肃省水渠灌溉管理规则

行政院三十三年一月二十七日兰北肆字一六八六号指令修正

第一条　本省大规模水渠之管理、养护及灌溉分配等事宜，除法令别有规定外，依本规则办理之。

第二条　水渠工程完竣，经放水验收后，应即组织管理处负责办理水渠灌溉其组织规程与定次。水渠受益农民应组织水董会协助办理灌溉事宜，其组织规程另定之。②

第四条　水渠修养改进等工程，由该管管理处及受益人民共同负责，其详细办法另定之。

第五条　渠水引灌次序以由下而上为原则，俟水到谷支渠渠尾时，再行循序向上推移，其详细规则另定之。

第六条　水渠灌溉农田方法，均以自流灌溉法为原则。如用吸水机、水车等机械工具起水灌溉时，须先呈经该管管理处核准。

第七条　凡欲利用谷渠水力作工业动力时，须拟具详细计划及建筑图说，呈经该管管理处审核勘查，认为与渠身灌溉俱无妨碍并加具意见转呈省府核准后，方得利用其工业用水规则另定之。

第八条　水渠为灌溉管理便利起见，仍按实际情形将整个灌区划分为若干单位，并将各分支渠划分适当段落，各单位灌区及渠段均应指定专责人员。

第九条　各单位灌区及各分支渠水量之分配，应以各该单位内水田亩数及作物种类为标准，各渠对全渠之岁修款工，亦依此比列定之。

第十条　水渠灌溉区内之农田，须依法取得用水登记，方得引灌。其地权移转时应向管理处办理移转登记，如需停止灌溉而亦应事先呈请核准注销登记。

---

① 原文件缺《甘肃省水渠养护修理及防汛办法》、《甘肃省水渠灌溉引水规则》二种。

② 原件此处缺第三条。

第十一条　水渠管理处每年年终应召集全体工作人员及关于有关人民代表，举行水利会议一次讨论左列各事项：

一、检讨本年度工作情形；

二、议决下年度应行□革事项；

三、推定下年度水董、斗夫、渠丁。前项会议情形须于会后十日内呈报省政府备案。

第十二条　每年夏、秋二季管理处应派专人员负责办理防汛事宜，其详细方法另定之。

第十三条　水渠受益农田应行负担之水利工程费，悉依《甘肃省水利特赋征收规则》办理之；如有需要，须征收岁修费或水费时，由管理处会同水董会拟具预算，呈请省政府核定之。

第十四条　水渠管理处应于每年年终将各该渠保护修理、引灌及农产物收获情形，详细调查，呈请省政府备查。

第十五条　水渠工作人员工作得力并保护渠堤特著功绩或办理不力、取巧舞弊以及阻挠灌溉、破坏水规之人民，应该管负责人随时查考，分别奖惩。其详细办法另定之。

第十六条　本规则及附属规□办法中所称之干渠系指自进水闸以下流经全灌区□渠道，斗渠系指自干渠两个之□口上引水，渠线较长灌地面积达数□以上之支渠道；分渠系指自斗渠分出不直接灌田各渠道；引渠系指斗渠或分渠分□用以直接引灌田亩之小渠道。

第十七条　本规则自公布之日施行。

附件二：

甘肃省水渠管理处组织规程

行政院三十三年一月二十七日兰北肆字一六八六号指令修正

第一条　本规程依《甘肃省水渠灌溉管理规则》第二条之规定订定之。

第二条　水渠管理处隶属于甘肃省政府建设厅。

第三条　水渠管理处置处长一人（除灌溉面积在五万亩以上者荐任外，余均为选任），承建设厅之命，综理处务，并监督指挥所属职员。

第四条　本处设左列两组分掌各项事务：

一、总务组，掌理文书、人事、出纳庶务，经征水利持赋及水费、用水登记、用水纠纷之解决及不属工务组之事项；

二、掌理闸门、斗口之启开，渠道建筑物之修理，测量、设计各渠工程，修理、养护水量之分配，管理用水方法之指导及其他有关防汛及工程事项。

第五条　本处置组长二人，组员三人至五人，技士、技佐各二人至四人；工务员四人至八人，办事员二人至四人。均委任，必要时得呈请建设厅指派工程人员协助办理工程事务。

第六条　本处置会计人员一人，委任依主计法规办理，岁计会计、统计事宜。

第七条　水渠管理处办事细则由管理处订定后，呈报省政府备案。

第八条　本规程自公布之日施行。

附件三：

甘肃省水渠水董会组织规程

行政院三十三年一月二十七日兰北肆字一六八六号指令修正

第一条　本规程依《甘肃省水渠灌溉管理规则》第三条之规定订定之。

第二条　水渠管理处得视各该渠实际情形，划分各干渠为若干段，每段置水董一人，辖斗口若干，每斗置斗夫一人，辖村庄若干，每村置渠丁一人，统受管理处之指挥，监督，分别办理各项事务；如灌区面积在万亩以下或灌区狭长，斗渠甚短得不置斗夫，由渠丁兼办斗夫工作。

第三条　渠丁由各关系村人民公举或轮充之，斗夫由各该斗渠丁公举之，水董由各该段斗夫、渠丁公举，并经管理处审查合格者，始得充任前项；水董、斗夫、渠丁选定后，由管理处汇报建设厅备案。

第四条　水董任期二年，斗夫、渠丁任期各一年，但得连举连任任；其遇有工作勤慎公正、成绩特优者，得经各该辖区人民半数以上之公举，改为终身职或十年以上之任期。

第五条　水董之人选如左：

一、年高德长、素孚众望并具有相当学识者。

二、以农为业者。

三、身体强健、无不良嗜好者。

四、非现任官吏或军人者。

五、私德健全，未受刑事处分者。

第六条　水董之任务如左：

一、执行各有关规章内规定水董应作及管理处临时饬办事项。

二、查报该管段内农田用水权之注册、移转及每年灌溉情形事项。

三、协助管理处分配及督导农渠用水，处理用水纠纷并协办各项渠道工程事项。

四、监督所属斗夫、渠丁、分别处理所在工作事项。

五、巡察渠道及建筑物事项。

六、征调民夫、办理修堤挖淤工程事项。

七、督催所属农户支纳水利特及水费事项，水量执行前项第五款事务，遇有灌户违反规定情事，得随时依法制止或报告管理处惩办之。

第七条　斗夫上任务如左：

一、监守斗门，并随同管理处员司，依照规定时间启闭斗门事项。

二、督率渠丁灌上巡察，并养护渠道及建筑物事项。

三、分配各村用水时间，并巡视农民用水情形事项。

四、查报该管斗内农田由用水权之注册及移转事项。

五、监督该管各渠丁处理所任工作事项。

六、填报该斗用水实况事项。

七、催缴水费并催征补修渠道民夫事项。

八、办理管理处及水董临时饬办事项。

斗夫执行前项第三款事务，遇有灌户违反规定，得随时设法纠正或报请该管水董制止之。

第八条　渠丁之任务如左：

一、分配该管农民用水时间事项；

二、督修渠道、塘坝及挖淤、护堤等水利工程事项；

三、监察农民用水情形事项；

四、督催各该村农民缴纳水费事项；

五、办理水董、斗夫临时饬办事项。渠丁执行前项第三项事务，遇有违反规定情事，得随时设法纠正或报请斗夫或水董制止之。

第九条　水董、斗夫、渠丁均为无给职，但水董、斗夫每年得酌支津贴，其数目由管理处按生活程度编入年度预算，呈请建设厅核定之。

第十条　各管理处每年春季召开水董会议一次，讨论该年份一切进行事宜，必要时得召开临时会议。前项会议出席人员，除灌区各段水董外，其每年新任之斗夫、渠丁亦得列席。

第十一条　水董会之职权如左：

一、建议修正各项管理章程。

二、建议改善管理处行政方法及饬办事项。

三、建议水渠改善工程。

四、弹劾管理处人员失职行为。

五、商洽解决各部分争执问题。

六、分配每年度各项工作并商讨联系办法。

第十二条　水董会之经费由灌溉区收益田亩分担之。

第十三条　水董会会议议决重要事项，由管理处呈报省政府核定施行。

第十四条　水董会办事细则另定之。

第十五条　本规自公布之日施行。

197. 金塔县政府关于召集各坝水利员及防沙人员如期报到的命令

1944 年 3 月 21 日　　酒历 3—2436

兹定本月廿五日（即古三月二日）召集各坝水利员及防沙人员来府商讨业务进行事宜，仰各遵照如期报到为要。计传：卢曰武（印）、王玉藻、段兴贵（印）、黄玉珍、王裕国（新山），以上防沙筹备员；王后裔（印）、李得仁、李世杰，以上水利员。防沙委员如已将防沙计划呈核，不来亦可。

金塔县政府

三月廿一日

198—1. 酒泉县丁家闸代表关于在讨赖河新开分水渠口请予审核备案给七区专员的呈文及七区专员处理意见

1944 年 4 月 15 日　　酒历 1—613

具申请书嘉峪乡丁家闸水利员王善廷暨民众代表张学福、王友贤等呈为陈明卑闸在讨赖河改良分水渠口以资调整水利情由，仰祈钧鉴核夺俯赐备案俾垂永久而利民生事：

窃卑闸向年以来与樊小、中高、北黄等沟、暨安远、老鹳、新野各地，均属河北地带，统名曰河北坝。在过去时代，由讨赖河与黄沙图诸坝，按粮分水；其分水渠口以粮数为规定，有大口小口之别。所有安远沟、老鹳闸、新城坝、野麻湾各处，皆各自开筑提口不相联系。惟卑闸向附属于樊小、中高、北黄六沟之内，在上游共同开口，取水之下流乃为分其支派，以此常于每年动工修筑堤岸、浚疏河道，其夫役之征集，工料之供给，工作时日之劳逸、迟速以及分水之候，彼此方面每来非分之要挟时，启无谓之争执，凌杂纷扰两无所益。卑闸民众有见及此，在改良水利原则之下，爰于去年春际，在讨赖河另开新口，别修筑坝，循照按粮规例分水，仍与水程旧章不相抵触。于是举承南、北坝口各方面并皆赞同，迄今已历一载。兹值开口分水之时，理合具呈申请，仰祈钧署电鉴核夺，附赐备案，俾资永久而利将来，实为德便。谨呈甘肃省第七区行政督察专员刘。

具申请书丁家闸水利员：王善廷（印）

代表：张学福（印）王友贤（印）赵文魁（印）

王焕章（印）杨　沛（印）黄登武（印）

中华民国三十三年四月十五日

处理意见：

查丁家闸在讨赖河壤坪分水，虽始自上年，然其坪口之宽度，渠道之部位，均无详细声述。既系变更成例，与旧日水规有无抵触，各渠坝是否同意，若凭其一纸申请，殊虽遽予凭断，拟饬酒泉

县详查具报，再行核夺并批复。

赵飘萍（印）

四月廿五日

如拟。

刘亦常

四月廿六日

198—2. 甘肃省第七区专署专员关于酒泉县丁家闸在讨赖河 新开分水渠口请予审核备案事给酒泉县政府的训令

1944 年 4 月 27 日　　酒历 1—613

甘肃省第七区训令专二卯字第 239 号

令酒泉县政府：

案据该县嘉峪乡丁家闸水利员王善廷、张学福等呈"以该闸已于去年在讨赖河按纳粮分水规例，另镶新坪口坝口，均皆赞同，请求鉴核备案等情"到署，究竟该闸坪口宽度若干，渠道部位何在，与旧日水规是否抵触，各坝口是否赞同，仅凭该民等一纸呈文，殊虽遽予核定。自行抄发原呈，仰该县长详查办理具报。此令。

专员兼司令刘

中华民国三十三年四月廿七日

199. 酒泉县长关于亲往讨来河河口监视分水事给甘肃第七区专员的签呈

1944 年 5 月 4 日　　酒历 1—613

酒泉县签呈酒建辰字第一号

查本县讨来河每年向于农历立夏日分水，照例请由县长亲往监视，按照旧例分配水量，各渠坝水利人员及民众均于是日集合到场。去岁因丁家闸新开水渠，致起纠纷。兹查本月五日为分水之期，各坝民众已派代表来县，请求前往监视。职拟于明日（五日）上午七时，率同科长、区指导员亲往监视分水，以示慎重，当日返县，理合签请鉴核，谨呈第七区专员刘。

代理酒泉县县长邱书林

中华民国三十三年五月四日

200. 甘肃省政府关于请协助行政院水利委员会工程师视察
水土保持工程给七区专署的代电

1944 年 5 月 17 日　　酒历 1—613

甘肃省政府代电建二辰第 3205 号

　　第七区行政督察专员公署准行政院水利委员会会本年四月十三日代电开"兹派本会视察工程师支应抢赴豫陕甘等省视察水土保持及护堤林育苗场等工程，除分电外，相应请查照，惠予便利，并赐指导为荷"等由，除分电外，仰随时予以便利为要。

甘肃省政府建二（卅三）辰支印

中华民国三十三年五月十七日

201. 河西中学关于西城墙崩塌阻塞水沟事
给七区专员的函及七区专员处理意见

1944 年 6 月 3 日　　酒历 1—1166

　　查本月二日下午九时五十分，本校后面西城墙里面，忽然崩塌有五丈长径。当将水沟阻塞，除通知水利公会，临时将水沟疏通外，相应函达，查照备案为荷。此致第七区专员公署。

河西中学董事□□□启

六月三日

处理意见：

　　该校另有函达县府，本件存。

刘亦常

六月十四日

202. 甘肃省政府关于抄发《兴办水利事业奖励条例》给七区专署的训令

1944 年 6 月 8 日　　酒历 1—1166

甘肃省政府训令建二（卅三）巳字第 4203 号

令第七区行政督察专员公署：

　　案准行政院水利委员会卅三年五月四日秘二辰支代电"抄送兴办水利事业奖励条例一份，请查照"等由，除行外，合行抄发原件，令仰知照，并转饬所属一体知照为要。此令。

计抄发兴办水利事业奖励条例一份。

主席谷正伦（印）

建设厅厅长张心一（印）

中华民国卅三年六月八日

附件：

兴办水利事业奖励条例

第一条　兴办水利事业之奖励，除法律另有规定外，依本条例办理之。

第二条　有左列各款事实之一者，得予以奖励：

　　一、兴办水利事业有显著之成绩者

　　二、兴办水利事业卓著勤劳者

　　三、消弭水患保全甚大者

　　四、于水利学术有特殊之发明或贡献经采用有效者

　　五、于公共水利事业捐助款项在五万元以上或劝募在十万元以上者

　　六、其他经水利委员会认为应予给奖者

第三条　奖励分左列两种：

　　一、褒扬

　　二、给予水利奖章

第四条　褒扬方法如左：

　　一、明令褒扬

　　二、立碑

　　三、给予遍额

第五条　水利奖章分宝光、金色、银色三种，每种各分三等，其式样由水利委员会定之。

第六条　本条例第三条所定之两种奖励得对于一人同时为之。

第七条　本条例应予明令褒扬者，由水利委员会呈请行政院转呈国民政府行之。

第八条　按本条例应立碑者，由水利委员会撰给碑文或转请行政院或国民政府撰给之。

第九条　依本条例应给予匾额者，由水利委员会颁给或转请行政院或国民政府颁给之。

第十条　依本条例给予水利奖章者，由水利委员会核给之汇报行政院备案并咨内政部备查。

第十一条　各省市政府查有合于本条例第二条各款事实之人员，得造具事实清册连同应受奖励人履历表报，由水利委员会核办。

第十二条　给予水利奖章匾额者均应附给奖励证书，其式样由水利委员会定之。

第十三条　条例自公布日施行。

203. 甘肃省水利林牧公司关于呈送三十三年临时春修工程一览表以备核查事给第七区专署的公函

1944 年 6 月 10 日　　酒历 1—1166

甘肃水利林牧公司酒泉工作总站公函三三酒字第 182 号

甘肃省第七区行政督察专员公署：

　　查三十三年应行整理酒泉县属之丰乐川、三四坝、夹边沟、新地坝、中渠堡、新城坝、屯升渠、茹公渠、洪水坝、图迹坝以及金塔县之六坪、玉门县之昌马大坝，共计十一处。前经派员分往查勘后，即拟具意见报告。敝总管理处请予核拨工款各在案。兹以洪水、图迹、茹公、屯升四渠口工程浩大，共需四百余万元，正在筹集中。而丰乐川、三四坝、夹边沟、新地坝、中渠堡、新城坝、六坪、昌马大坝各工款，已蒙先行核准，除分别通知各该县渠水利定期开工，并随时派员前往监修外，相应将各渠坝工程项目及补助办法并款额开列一览表，具函送请，誊照备查。

　　附表一纸。①

兼主任原素欣（印）
中华民国卅三年六月十日

204. 甘肃水利林牧公司酒泉总站金塔六坪驻工处关于工程竣工并请金塔县政府接收的公函及金塔县长处理意见

1944 年 6 月 24 日　　酒历 3—2436

甘肃省水利林牧公司酒泉工作总站金塔六坪驻工处公函金字第十四号

金塔县政府：

　　查临时整理六坪工程业已于六月二十三日竣工，当日洪水入坪情形甚属良好。所有坪口及各坝退水道工程系属固定结构，管理较易。惟西拦河退水闸系活动堰，镶闸板九十块，低水时，镶板拦河，洪水时，取去闸板，开放退水闸以期蓄泄有方。兹请贵府派专人负责管理闸板数量，每年点验遗交，妥为保管，至希查照办理，实纫公谊。此致金塔县政府。

临时整理金塔六坪工程驻工主管顾淦臣（印）
中华民国三十三年六月二十四日

---

① 编者按：一览表未见。

处理意见：

派农会会长并水利会总干事接收管理。

阎崇义（印）

六月廿四日

205—1. 甘肃水利林牧公司酒泉工作总站邀请第七区专署派员 参加六坪工程验收的公函即七区专员处理意见

1944 年 6 月 29 日　　酒历 1—613

甘肃省水利林牧公司酒泉工作总站公函三三酒字第 202 号

甘肃省第七区行政督察专员公署：

本年临时整理金塔六坪工程，于五月一日开工前，即派雇帮工程师淦臣前往计划施工。兹据该工程师函报，六坪工程已于六月二十三日晨五时竣工，同日晨七时放水，请予派员验收。除派郭副总工程师道文前往验收外，相应函请贵署派员参加为荷。

兼主任原素欣（印）

六月二十七日

处理意见：

拟派吴其璋同志参加。

赵飘萍（印）

七月一日

发县长参加。

刘亦常

七月一日

205—2. 甘肃省第七区专署命令金塔县长参加六坪验收的代电

1944 年 7 月 3 日　　酒历 1—613

甘肃省第七区行政督察专员公署公函专二卯字第 1121 号

金塔阎县长密：

水利林牧公司酒泉站已派郭副工程师道文，前往该县验收六坪工程，仰该县长代表本署前往参加具报。

专员兼司令刘

中华民国三十三年七月六日

205—3. 金塔县长向七区专署汇报参加六坪工程验收情形的代电

1944 年 7 月 27 日　　酒历 1—613

甘肃省第七区行政督察专员兼保安司令刘钧鉴：

案奉钧署专二午江电开"水利林牧公司酒泉站派郭副工程师道文，前往该县验收六坪工程，仰该县长代表本署前往参加具报"等因奉此，正遵办间，复准该站三三酒字第二二零号函称"郭副工程师调赴关外，特改派黄帮工程师静安办理"等由。兹查黄工程师于七月二十四日抵县，适职赴乡监办后，查土地当由秘书席鸿业及建设科长张文质陪同前往六坪查验结果。据该工程师称"建修部分确已完全竣工，并与原订计划图样无误；各坪口尺寸均合原有分水比例；惟摄影机无着，未拍得工程照片"等情，除由黄工程师径行呈报外，理合将参加查验情形，电呈钧署鉴核为祷。

金塔县县长阎重义叩感印
中华民国三十三年七月二十七日

206. 甘肃省第七区专署关于协助甘肃水利林牧公司酒泉工作总站进山考察事宜给马罗汉的训令①

1944 年 7 月 8 日　　酒历 1—613

令马罗汉：

顷准甘肃水利林牧公司酒泉工作总站原主任素欣"面请饬藏民头目协助价雇马匹十五只，以便赴祁连山勘测森林水利事宜"等由。查该总站进山勘测，攸关民众福利，应准照办。仰该罗汉于该站派人进山时妥为协助，互于使用；价格应参照地方实际情形，与该总站负责人洽商协议。此令。

专员兼司令刘
中华民国三十三年七月八日

207. 甘肃省政府关于转发水利公司河西卅二年度旧渠临时修理工程竣工放水概况表及工作报告给第七区员的训令即七区专员处理意见

1945 年 4 月 17 日　　酒历 1—1166

甘肃省政府训令建二水（卅四）卯字第 2199 号

---

① 编者按：马罗汉，原文件未标明身份。从"仰该罗汉于该站派人进山时妥为协助"一句判断，当为祁连山中藏族首领。

令第七区行政督察专员公署：

建设厅案呈甘肃水利林牧公司本年三月廿日三四总字第 517、534 号函称"兹检送甘肃河西卅三年度旧渠临时修理工程工浚放水后，概况表三份，即希察照荷存转为荷。兹将本公司承办甘肃省河西农田水利工程三十三年度各渠站全年工作汇编总报告用特检送三份，即请查照荷转为荷"各等情，并附概况表及工作报告各六分，据此。除特附件转送行政院水利委员会并抽存外，合行检发原件各一份，令仰该署查收参考，并仰抄转有关各县政府知照为要。此令。

附发河西卅二年度旧渠临时修理工程工竣放水概况表及河西农田水利三十二年度工作报告各一份。[①]

主席谷正伦（印）

建设厅厅长张心一（印）

中华民国三十四年四月十七日

处理意见：

二科研究并转饬有关各县政府切实保护已修工程。

赵飘萍（印）

五月十一日

208. 甘肃省政府关于调整监放赈灾指导及协助技术视察人员旅费与生活津贴给金塔县政会计主任的训令

1946 年 10 月 19 日　　酒历 3—887

甘肃省政府训令建二水（35）酉字第 6270 号

令金塔县政会计主任王鉴璋：

查以工代赈办理各县交通、水利等工程，由本府派出监放赈灾指导及协助技术视察人员往返旅费及在工作点时间较长者停支旅费，着支生活津贴一案，兹经调整其旅费标准：

（一）简任日支四千元；

（二）荐任日支三千五百元；

（三）委任日支三千元；

（四）雇员日支二千五百元；

（五）随从日支二千元。

生活津贴，以河西生活程度较高，每月：

（一）简任支拾万元；

（二）荐任支九万元；

---

① 编者按：放水概况表与年度报告均未见。

（三）委任支捌万元；

（四）雇员支柒万元。

其他各地：

（一）简任支捌万元；

（二）荐任支柒万元；

（三）委任支陆万元；

（四）雇员支五万元。

均自本年八月份起实行，除分行外，合行令仰遵照。此令。

主席谷正伦（印）

建设厅厅长张心一（印）

中华民国三十五年十月十九日

209. 甘肃省政府关于抄发建设厅消除河西水利纠纷办法给七区的训令

1947 年 1 月 22 日　　酒历 1—1166

甘肃省政府训令建二水（36）子字 469 号

令第七区行政督察专员公署：

准"本省三十五年全省行政会议秘书处移送建设厅提请弭除河西水利纠纷一案，经大会修正通过嘱核办"等由，合行抄发原办法，令仰遵照。此令。

主席郭寄峤（印）

中华民国三十六年元月廿二日

附办法：

（一）县与县间之水利纠纷由专员公署召集有关县政府、参议会及有关地方公正士绅详细商讨解决办法；

（二）各县渠与渠间之水利纠纷由县水利委员会详细商讨解决办法。

210—1. 中山乡户民孙郁兰等关于保王青选出外给金塔县长的保状及金塔县长处理意见

1947 年 3 月 11 日　　酒历 3—888

具保状人中山乡民户孙郁兰等谨于县长案下保得王青选出外，愿由民等负责将三塘保柴夫如数交清，如有延误情事保人愿负完全责任，所具报状是实，谨呈金塔县县长喻。

具保状人：孙郁兰（印）成国胜（印）成国忠（印）

李生俊（印）顾成铎（印）

中华民国三十六年三月十一日

处理意见：

姑准保释。

喻大镛（印）

三月十一日

210—2. 中山乡十二保户民王青选情愿负责柴薪的具结

1947年3月 酒历3—888

具甘结人中山乡十二保户民王青选今于县长案下情愿负责送安家漕柴薪五十车，倘若不齐，愿受政府严厉之处分，所具甘结是实，谨呈金塔县县长喻。

具结人王青选（印）

中华民国三十六年三月

211—1. 河西水利工程总队关于黄万里业已出任总队队长给金塔县政府的代电

1947年3月22日 酒历3—887

水利委员会甘肃河西水利工程总队代电工（36）寅字第□号

金塔县政府公鉴：

查本总队原由水利委员会委托甘肃水利林牧公司代办，自本年度起改由会直辖。顷奉水利委员会水新人字第 14853 号令开"兹派黄万里兼本会甘肃河西水利工程总队总队长此令"等因，遵于本年三月十七日接即视事并借兰州中正门外南城巷二十号办公，除分行外，特电请查照并随时协助为荷。

水利委员会甘肃河西水利工程总队总队长黄万里养印

中华民国卅六年三月廿二日

211—2. 甘肃省水利局关于黄万里业已出任省水利局局长给金塔县政府的代电

1947年3月24日 酒历3—887

甘肃省水利局代电水 36 寅字第 21 号

金塔县政府公鉴：

案奉甘肃省政府本年二月二十二日秘人铨（卅六）丑字第1257号训令以奉行政院本年丑元人电开"（36）年二月十一日本院第（776）次会议决议任命黄万里为甘肃省水利局局长，又奉甘肃省政府令颁木质关防一颗，文曰'甘肃省水利局关防'，饬启用报查"各等因，奉此，遵于三十六年三月一日到职，并借兰州中正门外南城巷二十号成立水利局，同日启用关防，除呈报并分行外，特请查照为荷。

甘肃省水利局局长黄万里水（36）寅敬印

中华民国卅六年三月廿四日

212. 金塔县参议会请求县政府救济三塘坝上四沟受旱民众的公函

1947 年 4 月 9 日　　酒历 3—887

金塔县参议会公函金参秘（36）卯字第四〇〇号

　　接准中山乡上四沟民众代表赵立业等十三人声请书称"呈为呈田地干荒不能下种，恳乞派员查验，设法协水救护，以维民生事。缘因本年春水三塘坝三上、三下其他各岔均已灌过，惟民等上四沟迄今未得点水，以致田地干荒不能下种，民不聊生，如不恳祈予以设法协水救护，民等上四沟民众非流失所不可，情迫已急，只得联名具请喊呈钧会电鉴作主，恩准派员查验，属实准予设法协水救护，以维民生。恩允则上四沟民众幸甚无极矣"等由，准此，相应函转贵府查照设法救济以顾春耕，并希见复为荷！此致金塔县政府。

议长顾子材

副议长王安世

中华民国三十六年四月九日

处理意见：

　　以饬协济。

喻大镛（印）

四月十一

213. 甘肃省政府关于河西十二年水利计划期间地方水利规章仍需照旧办理事有给金塔县政府的训令

1947 年 4 月 24 日　　酒历 3—887

甘肃省政府训令建水（卅六）卯字第 27264 号

令金塔县政府：

　　查本省河西各县水利工程，已奉中央核定十二年计划并由水利委员会设立甘肃河西水利工程总队，按照计划逐年进行。在该计划进行期间及未完成以前，所有该县水利规章务须照旧办理，不准稍有更张，以免发生纠纷而致农田受旱，影响生产。除分行外，合行令仰切实遵照。此令。

主席郭寄峤（印）

中华民国三十六年四月廿四日

处理意见：

提水利委会报告。

喻大镛（印）

214. 金塔县水利会议记录

1947年4月26日 酒历3—887

时　　间：三十六年四月廿六日上午十时

地　　点：本府会议室

出席者：赵积寿　顾子材　王□全　杨国相　陈繁章　李生俊　白汝珪
孙国正　张生才　姜建周　狄绪光　李经年　王国□　王耀亭
赵□□　何兴业　成国胜　喻大镛　雷声昌　吴永昌

主　　席：喻大镛

记　　录：姜昌宏

甲、报告事项：

一、主席报本年各坝水利员均经民选，应负□□□各该坝分别服务。

二、各□□□□□浇灌情形彼此协备。

三、赵专员报告王子六坝与金塔坝开水日期互相协济，勿以互相争执。

四、王委员耀亭报告梧桐坝冬灌情形及现有干苗地五十余石。

乙、各坝水利员分别报告各坝浇灌情形

一、西坝水利员报告该坝干地百余石，苗地一百参于石。

二、东坝水利员报告干苗地一百余石。

三、威虏水利员报告干苗地一百二十余石。

四、三塘坝水利报告该坝干地一百余石，苗地一百二十石。

五、梧桐水利员报告该坝春灌情形。

六、户口坝水利员报告该坝干苗地一百八十余石，干地现止浇灌。

七、金东金西水利员报告现干苗及育苗需水等情。

丙、决议事项

本年农历三月初一日卯时谷雨，至初六日卯时至第五日即满，至
十二日未时止为谷雨第五日后六日零三时，由金塔坝开水。

215. 金塔县参议会请求县政府处理金东坝民众
提请开掘新河道呈文的公函

1947年6月9日 酒历3—887

金塔县参议会公函金参秘（36）巳字第四六〇号

接准中正乡东坝民众赵讲鲁等二十人声请书称"呈为呈请派员勘查水道，准予改挖新河以免倒失而利灌溉事。缘因本坝河身高仰，势如屋脊，两岸均系沙堤。每逢流水之际，不独沿岸渗漏，不时有倒失之患。每经倒失，非需大批柴夫，经三五日，甚至十余天，始能堵住。尤其每年洪水暴发之时，他坪顺流浇灌，本坝置之高搁。究其原因，由于河身过高，人力无法看护，民众等早有采改新河之举。因修水库，征工日繁，人力不逮，无法举办。今者水库告竣，征工较易，本坝五分首人开会决议，自本坝五坪口起，改挖二华余里之新河，原日之五坪决定下移，按地势情形绝对能使河身降低二公尺余，可为一劳永逸之举。其河址经过地段原在照旧之上三分，河址业已划定，并无伤害耕地及房院，即有损者不过边尾之硗地。如万分不能避免，依照清丈□亩赔偿损失。恳祈钧会会同县政府勘查准予改挖，以免倒失而利农灌，并祈饬令本乡乡农会理事长方进仁协助办理，则本坝民众戴德无涯矣"等由，准此，相应转函贵府查照准予办理，见复为荷！此致金塔县政府。

议长顾子材

副议长王安世

中华民国三十六年六月九日

216—1. 金塔县水利会议记录

1947 年 6 月 30 日　　酒历 3—887

地　点：县政府会议室

出席者：赵积寿　顾子材　李生俊　赵开祖　孙国正　喻大镛

　　　　陈璠章　刘水利代

主　席：喻大镛

记　录：姜昌宏

甲、决议事项：

　　一、建修东西拦河六坝共推代表二人，东三坝推李水利员生俊，西三坝推赵开祖为代表负责监修。

　　二、按旧例派柴八百车，人夫五百名，每日计划民夫一百名，限五日内修竣，定七月三日开工。

乙、散会。

216—2. 金塔县政府关于征集民工柴草等
修理东西拦河堤给各坝水利员的训令

1947 年 6 月 30 日　　酒历 3—887

金塔县政府训令建（36）午字第 1458 号

令金东乡、金西坝、户口坝、梧桐坝、三塘坝、威鲁坝、东坝、西坝水利委员杨国相、陈璠章、白汝珪、张生才、李生俊、赵开祖、孙国正、何兴业：

查本县东西拦河堤岸夏季应修工程急待动工，兹经本府六月卅日召开水利会议决定，仍依照成例在金王八坝征集民工五百名，柴八百车（每车柴重量三百斤），芨芨二百五十斤，定于七月三日开工，限五日内完工并推定李生俊、赵开祖为监修员等语纪录在卷，除分会外，合行抄发。该坝应出柴夫派条一纸，仍该水利员遵照□□办理，事关水利要政，慎勿有误，致于惩处！此令！

附发柴夫派条一纸。

县长喻大铺

中华民国三十六年六月卅日

附件：

柴夫分配数量表（分坝抄）

名称	应配柴（车）	芨芨（斤）	人工（个）
金东坝	194	53	13
金西坝	40	14	34
户口坝	79	27	70
梧桐坝	43	15	40
三塘坝	81	30	70
威鲁坝	114	40	100
东坝	136	40	115
西坝	155	50	135

217. 金塔县参议会请求县政府处理梧桐坝民众呈请饬令三塘坝改建渠道以免水患事的公函

1947年6月　　酒历3—887

金塔县参议会公函金参秘（36）巳字第四六二号

接准中山乡梧桐坝民众代表王浩武等十人声请书称"为呈请恩准饬令三塘坝水利员李生俊重挖新河，复堵旧坝，澈底解除灾害，救济穷苦事。窃查中山乡上梧桐坝南端毗连三塘坝河东岸，屡逢山洪暴发时冲跌敝岔田地、断绝户民灌水之渠道，叠受灾害，实难尽举。历经呈控县府派员亲履详查灾情，如若此害不除，敝坝户民万难存在。鉴及于此，严令伊坝水利员建修在案，惟去岁五月间，蒙县长更查明灾情并严令伊坝水利员从斯河之西岸荒滩另改新渠一道，堵塞旧河，但该水利员性情奸猾敷衍了事。虽则如此，而因去岁一载户民未曾受其灾害，更至冬水结冰膨胀。因时初改之新渠狭小水难流通，立将所堵塞之旧坝仍即溃决新渠路续澄浅，今岁春水户民重受其水患，又冲跌良田数亩。况该三塘坝地方非小，居民三保有奇，微动人工，此害即可解除，弱民方能生存，是此灾害免苦。理合联名呈请钧会鉴核作主，大施仁慈而免穷苦，并乞函转呈县府将三塘坝水利员李生俊，渠长万占秀、秦国禄传案，儆戒令伊限日动工建修，如蒙恩准则民众等实感鸿恩再造矣"等由，准此，查此案事关水利，相应函转贵府查照切实注意办理为荷！此致，金塔县政府。

> 议长顾子材
> 副议长王安世
> 中华民国三十六年六月

处理意见：

　　已饬该坝水利员办理。

> 喻大镛（印）
> 六月十七日

218. 金塔县长关于户口坝应按照规定日期退水给户口坝水利员白汝珪的训令

1947 年 10 月 28 日　　酒历 3—888

金塔县政府训令建（36）酉字第 230 号
令户口坝水利员白汝珪：

　　查立冬节届，该坝退水工程急待整修，仰速征集柴草限十一月五日以前修筑完固，勿蹈上年旧辙，以免冲毁公路，政府之交通，慎勿再误。此令。

> 县长喻大镛（印）
> 秘书陈建周（印）
> 科长姜昌宏（印）
> 中华民国三十六年十月廿八日

219. 甘肃省政府关于金塔县政府四至六月份工作报告同意准予备查给金塔县政府的指令

1948 年 7 月 19 日　　酒历 3—887

甘肃省政府指令水三（37）午字第 2606 号
金塔县马县长：

　　一、本年七月七日秘（37）午字第一四〇〇号代电呈赍，本年四至六月份工作报告关于水库蓄水分配浇灌情形及协助鸳鸯池灌溉工程民工情形准予备查。

二、仰知照。

主席郭寄峤（印）

中华民国三十七年七月十九日

220. 酒泉临水乡夹边沟户民盛发荣等因夹边沟水库推迟完工请求救济民夫食粮等事给七区专员的呈文

1948 年 6 月 18 日　　酒历 1—680

呈甘肃省第七区行政督察专员王为夹边沟水库工程，前因策计不周，未得按期完成，目前奉令起夫复作，惟修坝民夫食粮无法筹出颗粒，恳乞钧署电怜民之穷苦至艰，准予筹措民夫食粮以资完就一篑功之事：

查民沟遭旱灾数年，民之穷苦已达极点，我文翁县长深明被灾之情，格外施恩，准予民沟作小型水库补救农田灌溉，人民藉资永安生活，于是去年秋古七月一日动工修作，限期三月完工。谁知水利工程队王富之工程师把民为儿戏，作工已九个多月，工尚未成，民沟更极穷苦之灾，不堪言状。本年四月间停工，延至现在，奉工程处面给，目下就要动工，并言此工程完就还得五千多人工、口食自备等语。民等奉闻之下，愁惧万状。工愿奉命即作，惟食粮颗粒难筹。近年来，民为水程巨事借贷公私账债。积欠累累，千思无法设想，尤其目前多半户民生活无法维持，日每老幼寻挖野菜暂维残命。对于完竣水库工程，目前时期正好食粮万急，无策可筹，思之无奈，冒敢具实恳求专员电悯艰苦，格外施恩，准予筹措该库民夫食粮，以补前未完就之工程而便早时竣工，则民等全沟子孙永载洪恩大德无极矣！谨呈甘肃省第七区行政督察专员王。

具恳求书人酒泉临水乡夹边沟户民：盛发荣（印）　盛大年（指印）

李成桂（印）　王进禄（指印）

张学义（印）　赵进喜（印）

盛世宽（印）　张大伦（指印）

邓万金（印）　武成林（指印）

孙百寅（指印）景大元（印）

房进宝（指印）郭天明（指印）

盛世杰（指印）武中林（指印）

杨得成（指印）盛发江（指印）

盛同年（印）　唐玉口（指印）

盛汉昌（指印）薛永堂（指印）

杜生林（指印）张宗伦（指印）

中华民国三十七年六月十八日

221. 甘肃省政府关于河西水利工程总队第五分队业已赔偿夹边沟蓄水库工程所借水库剩余工具材料并以此款充还贷款事给金塔县长的训令

1948 年 6 月 23 日　　酒历 3—887

甘肃省政府训令水午字第 2524 号

金塔县马县长：

一、查酒泉县政府及前河西水利工程总队第五分队办理酒泉夹边沟小型蓄水库，拨借鸳鸯池蓄水库剩余工具材料损耗甚多，照现价值三亿三千三百一十九万元，兹由河西水利工程处照价赔偿。

二、上项工具材料原系鸳鸯池蓄水库财产，所有损耗应赔总价三亿三千三百一十九万元，已悉数拨交水费保管委员会，作为该库收入转还农行贷款之用。

三、抄发酒泉夹边沟蓄水库借用材料及损耗折价赔偿表仰知照。[①]

主席郭寄峤（印）

中华民国卅七年六月廿三日

222. 金塔县政府与参议会关于鸳鸯池灌溉工程处所订购小麦按期缴纳的保证

1948 年 7 月　　酒历 3—887

今存到第□号：

鸳鸯池灌溉工程处订购本县中山乡第二保小麦拾老石，限国历八月底以前负责交清，如有短欠由县政府参议会共同负责。

金塔县长喻大铺

金塔县参议会议长李经年

副议长吴国鼎

中华民国三十七年七月

223. 金塔县政府关于填报本县已有灌溉工程调查表给七区专员的呈文

1948 年 9 月 23 日　　酒历 1—680

甘肃省第七区行政督察专员兼保安司令王：

一、37 申字第二二四六号代电奉悉。

二、遵将本县已有灌溉工程依式查填调查表一份。

---

① 编者按：《夹边沟蓄水库借用材料及损耗折价赔偿表》原档案未见。

三、出电赍省府外谨赍鉴核备查。

金塔县县长马元鹗（印）

民国三十七年九月廿三日

附件：

金塔县已有或已办灌溉工程调查表①

工程名称	鸳鸯池蓄水库
所在乡村	中山乡鸳鸯池佳山的水峡口
灌溉区域	全县中山、中正两乡
引用水源	祁连山雪水由讨来、洪水二河汇来
可引水量	1 200 立方公尺
实引水量	1 200 立方公尺
工程概要	解决全民水利问题增加粮食生产
开工年月	三十二年六月
完工年月	三十六年五月
灌溉面积	172 480.65 市亩
受益价值	水利林牧公司拨发
工程费用②	
经费来源	
还贷情形	农行贷款迄今未偿还
工程现状	灌溉工程增修溢洪道
养护办法	本县水董会负责养护
主管机关	县政府

机关长官马元鹗（印）　　　　　主管科长姜昌宏（印）　　　　　主办统计人员赵海琰（印）

224. 酒泉县政府关于夹边沟水库业已正式蓄水
给第七区专员的呈文及七区专员处理意见

1949 年 5 月 11 日　　　酒历 1—683

甘肃省政府酒三（38）辰字第 3609 号

甘肃省第七区行政督察专员兼保安司令王：

一、查本县临水乡夹边沟蓄水库工程，前因闸门欠固，经由水利工程队用砖改砌，自本年三月份起复修，已于四月底全部竣工。

二、自本月一日起，该库已正式蓄水。现已储足两公尺深，水量足灌该沟现有地亩。今后该沟缺水问题将不致再度发生。

---

① 编者按：此表中可引水量未写明以何种单位计算，而灌溉面积之数量明显夸大。

② 编者按"原表格中"工程费用"与"经费来源"两项空缺。

三、报请核备。

酒泉县县长喻大铺（印）

处理意见：

备查，并嘱喻县长撰文报道。

五月十一日

225. 金塔县政府关于征集民工柴草等修理东西拦河堤与六坪口给各坝水利员的训令

时间不详　　酒历 3—887

令金东坝、金西坝、户口坝、梧桐坝、三塘坝、威鲁坝、东坝、西坝水利委员刘玉堂、王自得、王生存、顾生□、张尚年、王永吉、马仲□：

查本县东西拦河堤岸及六坪口夏季应修工程，急待动工，兹经第四次水利会议决定，仍按旧例在金王八坝征集民夫一千四百名，柴一千车（每车柴重量三百斤），芨芨五百斤，定五月廿八日开工（即古四月廿八），限七日内完工，民夫每日每工发给主食费三百元，由参议会会同监修人员鉴发等语记录在卷，除分引外，合引检发该坝应出柴夫派条一纸，仰该水利员遵照讯即督催，务于五月廿八日，齐交拦河点验，以利兴工，事关水利要政，慎勿有误，致于惩处。此令。

附发派条一纸。

县长喻大铺

名称	应分配柴（车）	芨芨（斤）	人工（个）
金东坝	133	102	253
金西坝	43	25	112
户口坝	33	84	133
梧桐坝	83	24	28
三塘坝	101	88	141
威鲁坝	143	53	211
东坝	150		232
西坝	132	108	251
合计	一千车	八百斤	一千四百个